21世纪大学物理学精品教材

大学物理学

（上册）

主编：黄致新　潘武明
　　　王建中　熊水兵

华中师范大学出版社

内容简介

本书是根据教育部制定的《理工科非物理类专业大学物理课程教学的基本要求》编写的，内容包括力学和电磁学。为适应新课程改革以后大学物理教学的需要，做好大学物理与中学物理教学的衔接工作，本书对传统教学体系的内容进行了调整和扩充，力图在加强学生理论基础的同时，着重培养学生的科学思维方法和科学思维能力。

本书可作为理工科大学以及师范院校非物理专业的大学物理教材，也可作为成人教育以及自学考试等物理课程的参考用书。

新出图证（鄂）字 10 号
图书在版编目（CIP）数据

大学物理学. 上册/黄致新等主编. —武汉：华中师范大学出版社，2019.12（2025.1 重印）
　ISBN 978-7-5622-8880-0

Ⅰ.①大… Ⅱ.①黄… Ⅲ.①物理学—高等学校—教材 Ⅳ.①O4

中国版本图书馆 CIP 数据核字（2019）第 299893 号

大学物理学（上册）

ⓒ 黄致新　潘武明　王建中　熊水兵　主编

编 辑 室：高教分社	电　　话：027-67867364
责任编辑：苏　睿	责任校对：缪　玲　　封面设计：甘　英
出版发行：华中师范大学出版社	社　　址：湖北省武汉市珞喻路 152 号
邮　　编：430079	销售电话：027-67861549
邮购电话：027-67861321	传　　真：027-67863291
网　　址：http://press.ccnu.edu.cn	电子邮箱：press@mail.ccnu.edu.cn
印　　刷：武汉市籍缘印刷厂	督　印：刘敏
开　　本：787mm×1092mm　1/16	印　　张：21.75　　字数：450 千字
版　　次：2020 年 1 月第 1 版	印　　次：2025 年 1 月第 2 次印刷
印　　数：3001—4400	定　　价：58.00 元

敬告读者：欢迎举报盗版，请打举报电话 027-67867353

前　言

物理学是研究宇宙间物质存在的基本形式,以及物质的性质、运动、相互作用、相互转化等基本规律的科学。由于其研究的对象是普遍的,研究的规律是基本的,使得物理学成为自然科学的带头学科。而且近代科学技术发展的历史表明,物理学也是技术革命的先导,因为人类历史上几次技术革命均由物理学引发。另外,以相对论和量子论为基础的物理学描绘了物质世界的一幅完整图像,它揭示出各种运动形式的相互联系与相互转化,充分体现了世界的物质性与物质的统一性,因此物理学也是科学的世界观和方法论的基础。

对于理工科非物理专业的大学低年级学生来说,全面系统地学习物理学的基本知识,掌握物理学的基本规律和基本的研究方法,将会使其科学素养得到进一步提升,科学思维方法得到更好的掌握,科学思维能力得到进一步加强。因此,大学物理学已成为综合性大学以及高等师范院校理工科非物理专业大学低年级学生的一门重要的基础课程。但是,由于科学技术的迅猛发展,时代的不断进步,学生从中学进入大学以后存在诸多的不适应,物理教学衔接方面也存在诸多问题。为了解决这些问题,我们编写并重新修订了本套《大学物理学》教材,在编写与修订过程中我们注意了以下几点:

（1）由于新课程改革的不断推进,学生在高中阶段学习物理课程时采用的是模块选修方式,有的学生没有选修热学部分内容,有的学生没有选修光学部分内容,为了方便老师教学,也为了让学生从整体上认识和掌握物理学的思想和方法,我们在编写本教材时,加强了热学部分及光学部分的相关内容。

（2）为了适应大学物理课程学时减少的现状,我们在保证课程理论的系统性、完整性、科学性的前提下,精选内容、减少篇幅,教材编排采用分篇进行的方式,任课教师可以针对不同专业的要求,适当选取合适的内容来进行教学。对于打 * 号的内容,教师也可以灵活选用。

（3）为了使学生能够学好物理学,我们在注重阐明物理学的基本概念、基本规律和基本方法的同时,在每一篇的开头还对物理学的发展以及相关物理知识的框架进行了系统描述。

（4）为了使学生适应时代发展的要求,我们在教材编写的过程中加强了近、现代物理知识的内容。一方面把相对论和量子论作为重点放在第五篇单独进行编写,另一方面在教材中尽量把物理学和现代高科技的发展以及学科发展前沿进行关联。

（5）为了培养学生的科学思维方法,提高学生分析问题和解决问题的能力,教材中精选了部分例题,并在每一章后列出了若干思考题。

(6) 为了方便教学,我们对教材内容做了适当调整,把力学中的振动和波动部分放到了光学部分前面,而且在振动部分增加了旋转矢量表示方法,把电磁振荡与电磁波也放在了光学部分前面,以方便课内的教学衔接。在近代物理基础部分,我们新增了"量子力学基础"一章,使化学专业学生在学习量子化学课程之前,对量子力学能有初步的了解和认识。

(7) 由于学时有限,为了方便教师针对不同专业的学生选取合适的大学物理教学内容,我们对有些章节标以 * 号,以方便教师选取。

本套教材分上、下两册,本书为上册。上册内容包括第一篇力学、第二篇电磁学,下册内容包括第三篇波动与光学基础、第四篇热学、第五篇近代物理。近代物理部分主要包括相对论基础和量子论基础部分。对于新时代的大学生来说,学习和掌握一些相对论基础和量子论基础部分的内容,对于其形成科学的世界观,掌握科学的方法论是有帮助的,因此我们也适当加强了这部分的内容。

参与本套教材编写工作的老师有潘武明(负责编写和修订第一篇力学、第三篇波动与光学基础)、王建中(负责编写和修订第二篇电磁学)、熊水兵(负责编写和修订第三篇波动与光学基础、第四篇热学)、黄致新(负责编写和修订第五篇近代物理),全套教材由黄致新负责统稿和定稿。华中师范大学物理科学与技术学院课程与教学论及学科教学(物理)方向的部分硕士研究生在本套教材的编写过程中参与了插图绘制等工作。

本套教材的编写修订工作得到了华中师范大学物理科学与技术学院的领导以及讲授大学物理课程的老师们的大力支持,得到了张本威教授、杨亚东教授、刘守印教授、胡响明教授、黄光明教授、吴少平教授的鼎力相助;公共物理教研室的相关老师对本套教材的编修工作也提出了很多宝贵的意见;湖北大学丁益民教授,黄冈师范学院王小兰教授,湖北第二师范学院胡森副教授参与了本书有关内容的讨论和编修工作;教材在编修的过程中,我们还参阅了大量的文献资料;在此,我们对这些文献资料的作者,对所有参与这次编修工作的人员一并表示衷心的感谢!

由于水平有限,书中疏漏之处在所难免,恳请广大读者批评指正。

编 者

2019 年 9 月于武昌桂子山

目 录

第一篇 力 学

第1章 质点运动学 ······ 1

1.1 质点 速度 加速度 ······ 1
    1.1.1 质点 ······ 1
    1.1.2 参照系 ······ 2
    1.1.3 速度 ······ 2
    1.1.4 加速度 ······ 5
1.2 直线运动 ······ 7
1.3 自然坐标系 ······ 10
    1.3.1 自然坐标 ······ 10
    1.3.2 自然坐标系中的加速度 ······ 11
1.4 角速度与角加速度 ······ 13
    1.4.1 角坐标与角速度 ······ 13
    1.4.2 角加速度 ······ 14
    1.4.3 线量与角量的关系 ······ 14
1.5 相对运动 ······ 16
    1.5.1 相对速度与加速度 ······ 16
    1.5.2 伽利略时空观 ······ 17
思考题 ······ 19
习题1 ······ 20

第2章 质点动力学 ······ 24

2.1 牛顿三定律 ······ 24
2.2 常见的力 ······ 26
    2.2.1 重力 ······ 26

2.2.2　弹力 …………………………………………………… 27
　　2.2.3　摩擦力 …………………………………………………… 27
2.3　牛顿定律的应用 …………………………………………………… 28
　　2.3.1　牛顿定律的适用范围 …………………………………………………… 32
2.4　抛体运动 …………………………………………………… 32
　　2.4.1　无空气阻力的抛体运动 …………………………………………………… 32
　　2.4.2　实际的抛体运动 …………………………………………………… 34
2.5　动量与动量定理 …………………………………………………… 35
　　2.5.1　质点动量定理 …………………………………………………… 35
　　2.5.2　质点系的动量定理 …………………………………………………… 37
2.6　动能与动能定理 …………………………………………………… 39
　　2.6.1　功及功率 …………………………………………………… 39
　　2.6.2　动能与动能定理 …………………………………………………… 40
　　2.6.3　质点系动能定理 …………………………………………………… 41
2.7　保守力与势能 …………………………………………………… 43
　　2.7.1　保守力 …………………………………………………… 43
　　2.7.2　势能曲线 …………………………………………………… 46
2.8　机械能守恒定律 …………………………………………………… 47
　　2.8.1　功能原理 …………………………………………………… 47
　　2.8.2　机械能守恒定律 …………………………………………………… 48
　　2.8.3　能量守恒定律 …………………………………………………… 49
2.9　角动量定理 …………………………………………………… 50
　　2.9.1　力矩与角动量 …………………………………………………… 50
　　2.9.2　角动量定理 …………………………………………………… 51
　　2.9.3　质点系的角动量定理 …………………………………………………… 52
2.10　非惯性参照系及惯性力 …………………………………………………… 54
　　2.10.1　非惯性参照系 …………………………………………………… 54
　　2.10.2　平动惯性力 …………………………………………………… 54
　　2.10.3　惯性离心力 …………………………………………………… 56
　　2.10.4　科里奥利力 …………………………………………………… 57
　　2.10.5　力学相对性原理 …………………………………………………… 58
*2.11　对称性与守恒律 …………………………………………………… 59
　　2.11.1　什么是对称性 …………………………………………………… 59

2.11.2　对称性与守恒律 ……………………………………………… 60
　　2.11.3　几个常见的守恒律 …………………………………………… 61
思考题 ………………………………………………………………………… 63
习题 2 ………………………………………………………………………… 64

第 3 章　刚体力学基础 …………………………………………………… 69

3.1　质心运动定理 ……………………………………………………… 69
　　3.1.1　刚体的质心 ……………………………………………………… 69
　　3.1.2　质心运动定理 …………………………………………………… 70
3.2　定轴转动　转动动能及角动量 …………………………………… 71
　　3.2.1　平动与定轴转动 ………………………………………………… 71
　　3.2.2　转动的动能与角动量 …………………………………………… 72
3.3　转动惯量的计算 …………………………………………………… 73
　　3.3.1　由定义计算转动惯量 …………………………………………… 73
　　3.3.2　垂直轴定理 ……………………………………………………… 77
　　3.3.3　平移轴定理 ……………………………………………………… 77
3.4　定轴转动的转动定理 ……………………………………………… 78
　　3.4.1　对转轴的力矩 …………………………………………………… 79
　　3.4.2　转动定理 ………………………………………………………… 79
3.5　定轴转动的动能定理 ……………………………………………… 80
　　3.5.1　力矩功 …………………………………………………………… 80
　　3.5.2　定轴转动的动能定理 …………………………………………… 81
　　3.5.3　重力场中定轴转动的机械能 …………………………………… 81
3.6　角动量定理对刚体的应用与旋进 ………………………………… 83
　　3.6.1　角动量定理的积分形式 ………………………………………… 83
　　3.6.2　旋进 ……………………………………………………………… 84
思考题 ………………………………………………………………………… 85
习题 3 ………………………………………………………………………… 86

第 4 章　流体力学基础 …………………………………………………… 90

4.1　流体运动学描述 …………………………………………………… 90
　　4.1.1　理想流体 ………………………………………………………… 90
　　4.1.2　描述流体运动的基本方法 ……………………………………… 91

4.1.3 几种常见的流动与流量 ······ 92
4.2 伯努利方程 ······ 93
4.2.1 连续性方程 ······ 93
4.2.2 伯努利方程 ······ 94
*4.3 实际流体 ······ 97
4.3.1 流体的黏性 ······ 97
4.3.2 黏性流体的流动 ······ 100
4.3.3 雷诺数 ······ 101
思考题 ······ 102
习题 4 ······ 104

第二篇 电 磁 学

第 5 章 真空中的静电场 ······ 106
5.1 库仑定律 ······ 106
5.1.1 电荷 ······ 106
5.1.2 库仑定律 ······ 107
5.1.3 静电力的叠加原理 ······ 109
5.2 静电场 电场强度 ······ 109
5.2.1 静电场 ······ 109
5.2.2 电场强度矢量 ······ 110
5.2.3 电场强度的叠加原理 ······ 111
5.2.4 电场强度的计算 ······ 112
5.3 静电场的高斯定理 ······ 117
5.3.1 电场线 ······ 117
5.3.2 电场强度通量 ······ 119
5.3.3 静电场的高斯定理 ······ 121
5.3.4 高斯定理的应用 ······ 123
5.4 静电场的环路定理 ······ 126
5.4.1 静电场的环路定理 ······ 126
5.4.2 电势 ······ 128
5.4.3 电场强度与电势的关系 ······ 131
5.4.4 电势的计算 ······ 132

思考题	136
习题 5	137

第 6 章 静电场中的导体与电介质 144

6.1 静电场中的导体ᅠ144
- 6.1.1 静电场中的导体ᅠ144
- 6.1.2 导体的静电性质ᅠ145
- 6.1.3 尖端放电ᅠ148
- 6.1.4 空腔导体的静电性质ᅠ148

6.2 电容和电容器ᅠ152
- 6.2.1 电容 孤立导体电容ᅠ152
- 6.2.2 电容器ᅠ153
- 6.2.3 几种常用电容器及其电容的计算ᅠ154
- 6.2.4 电容器的连接ᅠ157

6.3 静电场中的电介质ᅠ157
- 6.3.1 电介质的极化ᅠ157
- 6.3.2 电介质中的场方程(高斯定理与环路定理)ᅠ161

6.4 静电场的能量ᅠ166
- 6.4.1 点电荷系统的静电能(相互作用能)ᅠ166
- 6.4.2 电容器中的储能ᅠ167
- 6.4.3 静电场的能量ᅠ168

思考题ᅠ170

习题 6ᅠ171

第 7 章 稳恒磁场 177

7.1 稳恒电流ᅠ177
- 7.1.1 稳恒电流ᅠ177
- 7.1.2 电流稳恒的条件ᅠ178
- 7.1.3 电动势ᅠ179

7.2 毕奥-萨伐尔定律ᅠ181
- 7.2.1 磁感应强度ᅠ181
- 7.2.2 毕奥-萨伐尔定律ᅠ186
- 7.2.3 毕奥-萨伐尔定律的应用ᅠ187

7.2.4 运动电荷的磁场 ································· 191
7.3 磁场的高斯定理和安培环路定理 ····················· 194
　　7.3.1 稳恒磁场的高斯定理 ·························· 194
　　7.3.2 稳恒磁场的安培环路定理 ······················ 196
7.4 洛伦兹力和安培力 ································· 202
　　7.4.1 洛伦兹力 ···································· 202
　　7.4.2 洛伦兹力应用实例 ···························· 204
　　7.4.3 安培力　安培定律 ···························· 208
　　7.4.4 磁力做的功 ·································· 214
7.5 磁介质 ··· 215
　　7.5.1 磁介质 ······································ 215
　　7.5.2 磁化强度与磁化电流 ·························· 217
　　7.5.3 磁介质中的磁场 ······························ 219
　　7.5.4 铁磁质 ······································ 223
思考题 ·· 225
习题 7 ·· 226

第8章　随时间变化的电磁场 ···························· 234

8.1 电磁感应现象和法拉第电磁感应定律 ·················· 234
　　8.1.1 电磁感应现象 ································ 234
　　8.1.2 法拉第电磁感应定律 ·························· 236
　　8.1.3 楞次定律 ···································· 238
8.2 动生电动势 ······································· 240
　　8.2.1 动生电动势 ·································· 240
　　8.2.2 动生电动势的计算 ···························· 244
8.3 感生电动势 ······································· 245
　　8.3.1 感生电动势 ·································· 245
　　8.3.2 涡电流 ······································ 248
　　8.3.3 感生电动势的计算 ···························· 251
8.4 自感现象和互感现象 ······························· 254
　　8.4.1 自感现象 ···································· 254
　　8.4.2 互感应 ······································ 256
8.5 磁场的能量 ······································· 261

8.5.1 磁场的能量 ………………………………………………… 261
8.5.2 磁场能量的计算 …………………………………………… 263
8.6 麦克斯韦电磁场理论的两个基本假说 …………………………… 265
8.6.1 麦克斯韦电磁场理论的产生 ……………………………… 265
8.6.2 麦克斯韦电磁场理论的两个假说 ………………………… 265
8.7 麦克斯韦方程组 …………………………………………………… 270
8.7.1 麦克斯韦电磁方程组的积分形式 ………………………… 271
8.7.2 麦克斯韦方程组的微分形式 ……………………………… 272
8.7.3 麦克斯韦电磁场理论的意义和影响 ……………………… 272
8.7.4 赫兹实验 …………………………………………………… 273
思考题 …………………………………………………………………… 275
习题 8 …………………………………………………………………… 276

第 9 章 直流电与交流电 …………………………………………… 285

9.1 直流简单电路 ……………………………………………………… 285
9.1.1 欧姆定律 …………………………………………………… 285
9.1.2 焦耳定律 …………………………………………………… 290
9.2 基尔霍夫定律 ……………………………………………………… 292
9.2.1 基尔霍夫第一定律 ………………………………………… 292
9.2.2 基尔霍夫第二定律 ………………………………………… 293
9.3 交流电路概述 ……………………………………………………… 294
9.3.1 简谐交流电 ………………………………………………… 295
9.3.2 交流电路中的基本元件及其作用 ………………………… 297
9.4 简谐交流电路的分析方法 ………………………………………… 300
9.4.1 矢量图解法 ………………………………………………… 300
9.4.2 复数解法 …………………………………………………… 304
9.5 交流电的功率 ……………………………………………………… 307
9.5.1 功率和功率因数 …………………………………………… 307
9.5.2 视在功率和无功功率 ……………………………………… 310
9.6 谐振电路 …………………………………………………………… 311
9.6.1 串联谐振 …………………………………………………… 311
9.6.2 并联谐振 …………………………………………………… 313
9.7 变压器原理 ………………………………………………………… 315

  9.7.1 理想变压器 …………………………………………………… 316
  9.7.2 理想变压器的变比关系 ………………………………………… 316
  9.7.3 理想变压器输出功率和输入功率的关系 ……………………… 318
 思考题 …………………………………………………………………… 318
 习题 9 …………………………………………………………………… 319

习题参考答案 …………………………………………………………… 324

参考文献 ………………………………………………………………… 335

第一篇 力　学

力学是研究物体做机械运动所遵循规律的一门学科。所谓机械运动是指各物体之间或物体内各部分之间的相对位置随时间的变动，这种运动形式是存在于自然界中最普遍和最基本的运动形式，这也导致力学是研究其他运动形式的基础。

本篇所讨论的力学问题是以伽利略的时空观和牛顿通过实验与观察总结出的三大定律为基础，也称经典力学或牛顿力学。它主要研究低速范围内宏观物体的运动规律。所谓低速，是指物体的运动速度远小于真空中的光速。所谓宏观物体，是指物体的大小在人体尺度上下几个数量级，人们用感官可以感知的物体。经典力学主要包括运动学、动力学和静力学。运动学只描述物体的运动，不涉及引起运动状态变化的原因。动力学则研究物体的运动与物体相互作用的内在联系。静力学是研究物体在相互作用下的平衡问题，它实质上是动力学中的特例。

经典力学中所呈现的基本概念和基本规律，以及一些基本的研究方法，是学习其他物理学分支学科内容的重要基础。

第1章　质点运动学

力学是研究物体作机械运动所遵循规律的一门学科，所谓机械运动是指物体空间位置随时间变化的现象。这是物质各种运动中最简单的一种，也是最基本的一种形态，它提供了研究物质运动其他形态的工作语言及方法。本章将从简单的运动出发，讨论描述物体运动的各种基本物理量及其应用。

1.1　质点　速度　加速度

由于力学主要研究物体空间位置随时间的变化，所以时间与空间是力学中的两个最基本概念。经典力学中，我们把描述物体存在的空间看作一个欧几里德几何空间，也就是说，通常的平面几何、立体几何足以描述物体所经历的物理空间。我们也把这种空间称为平直空间，这是基于光在空间走过的路径为直线的假定。对于时间的概念，我们可以用均匀的、绝对的时间尺度来测量事件发生的先后次序，并且时间与空间是相互独立的。这样的时空概念是从大量的实验中总结出来的，称为伽利略时空观。

1.1.1　质点

研究物体空间运动时，如果物体的形状和大小与所研究的问题无关，或者起的作用很小,这时我们可以把物体看成一个具有质量但没有空间大小的实体,这种抽象化的实体称为质点。严格地说,质点是理想化而非实际存在的东西,因为即使电子也有一定的大小,但在某些问题中,物体的大小与形状相对来说的确不重要,这时运用质点的概念极为适宜。例如,在研究地球绕太阳公转时,虽然地球的半径很大,但比起绕太阳公转运动的轨道半径来说却很小,这时可以把地球看成质点。但是在研究地球自转时,就不能把它当质点处理了,因为这时地球上不同地方的速度会有差异。从运动学角度看,把物体看成质点就是用物体上某一点的运动代替整个物体的运动。因此,只有当物体上各点速度差异对所研究的问题不起作用或者作用不大时,将物体看成质点才是合适的。

另外,一切实际的物体总是可以看成是质点的集合体,所以质点的概念并不单是对物体本身的一种抽象,这种理论上的抽象也适于研究物体运动其他的一些方面,这一点在后面的讨论中将会看到。

1.1.2 参照系

世界上一切物体都是运动的,这种运动称为绝对运动。力学中我们往往关心的是一个物体相对另一个物体的位置随时间变化的规律,这样的运动称为相对运动。为了确定一个物体的运动,必须先选择另一物体作为参照物,这个被选为参照物的物体就称为参照系或参考系。在参照系确定之后,虽然可以说出物体相对参照系是静止的还是运动的,但不能具体反映运动的快慢、速度的大小、位置变化多少等问题。要想定量地描述运动的快慢,必须在参照系上面建立适当的坐标系,将质点的相对位置量化。参照系与坐标系是描述机械运动不可缺少的部分。

另外,从运动学角度看,选择什么样的物体作为参照系都是一样的。例如,可以选择相对地面匀速运动的物体作为参照系,也可以选择相对地面加速运动的物体作为参照系。但从动力学角度看,这两种参照系有着本质上的差别,前者被称为惯性参照系,后者被称为非惯性参照系。两种参照系内的动力学规律完全不相同,所以选择参照系最好从实际问题出发,以方便为主。

1.1.3 速度

在给定的坐标系中,设质点位于坐标系内 P 点,如图 1-1 所示,我们定义从坐标系原点 O 指向质点所在位置 P 的有向线段为质点的位置矢量,简称位矢,用 r 表示。当质点运动时,它的位置矢量也会随时间发生变化,所以位置矢量一般是时间的函数。

如图 1-2 所示,设 t 时刻质点位于坐标系中 A 点,位置矢量为 $r(t)$,经过一段时间 Δt 后,质点沿着轨道运动到 B 点,位置矢量为 $r(t+\Delta t)$。我们定义这段时间内质点的位移矢量为

$$\Delta \boldsymbol{r} = \boldsymbol{r}(t+\Delta t) - \boldsymbol{r}(t), \tag{1-1}$$

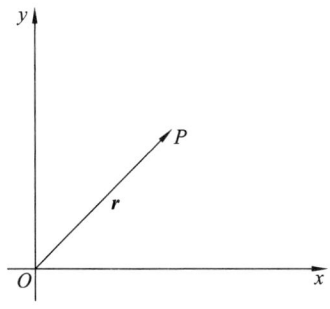

图 1-1　位置矢量

位移矢量的大小为 A,B 两点间距离，方向由 A 指向 B。为了反映这段时间内质点运动的快慢，我们定义 Δt 时间内质点的平均速度为

$$\overline{\boldsymbol{v}} = \frac{\Delta \boldsymbol{r}}{\Delta t}。 \tag{1-2}$$

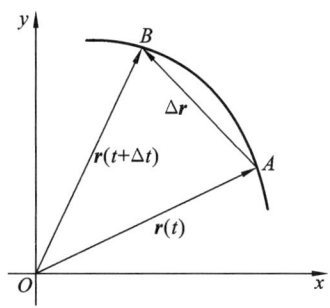

图 1-2　平均速度

从几何图形上看，$\Delta \boldsymbol{r}$ 为从 A 点指向 B 点的有向线段。由此得出，位移的大小与质点走过的真实路径在一般情况下是不一样的，甚至可以相差很大。因为真实走过的路径是弧长 $\overset{\frown}{AB}$，而位移的大小是这段弧所对应的弦长。因此，平均速度并不反映质点在轨道上运动的快慢，而是反映 Δt 时间内质点从 A 点到 B 点运动的平均快慢。

为了真实反映质点在轨道上运动的快慢，我们把时间的间隔逐步取小，如图 1-3 所示，可以发现，这时质点的位置逐步向 A 点靠拢，其位移的大小也逐步接近真实的轨道长度。当 $\Delta t \to 0$ 时，由数学理论知道，弧长 $\overset{\frown}{AB}$ 等于弦长 $|\Delta \boldsymbol{r}|$，这时位移的大小就是真实的路程。因此，定义 A 的瞬时速度为

$$\boldsymbol{v} = \lim_{\Delta t \to 0} \frac{\Delta \boldsymbol{r}}{\Delta t} = \frac{\mathrm{d}\boldsymbol{r}}{\mathrm{d}t}。 \tag{1-3}$$

它真实地反映了质点在轨道上运动的快慢。瞬时速度也简称速度，其单位为 m/s，物理意义为单位时间内质点的位移。

从上面的定义知道，速度的方向就是 $\Delta t \to 0$ 时位移的方向。而 $\Delta t \to 0$ 时，$\Delta \boldsymbol{r}$ 的方向指向轨道的切线，由此得出结论：速度的方向总是沿着轨道的切向。

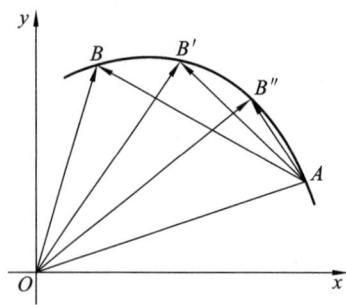

图 1-3　瞬时速度

速度的大小称为速率，若以 Δs 表示质点从 A 点运动到 B 点走过的弧长，则由 $\Delta t \to 0$ 时，$\Delta s = |\Delta \boldsymbol{r}|$ 知道

$$v = |\boldsymbol{v}| = \lim_{\Delta t \to 0} \frac{|\Delta \boldsymbol{r}|}{\Delta t} = \lim_{\Delta t \to 0} \frac{\Delta s}{\Delta t} = \frac{\mathrm{d}s}{\mathrm{d}t}。 \tag{1-4}$$

(1-4) 式说明速率的意义为质点在单位时间内沿轨道走过的弧长。

如图 1-4 所示，在直角坐标系中，位置矢量 $\boldsymbol{r}$ 可以正交分解成

$$\boldsymbol{r} = x\boldsymbol{i} + y\boldsymbol{j} + z\boldsymbol{k},$$

其中，x, y, z 为描述质点位置的三个分坐标；$\boldsymbol{i}, \boldsymbol{j}, \boldsymbol{k}$ 为沿三个坐标轴的单位矢量。

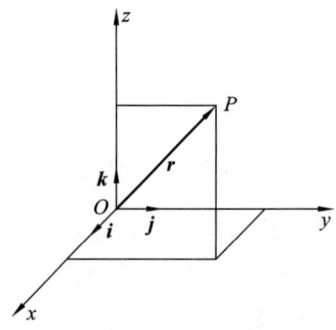

图 1-4　位置矢量分解

显然，对于运动的质点，位置矢量的各分量都是时间的函数，即

$$x = x(t), \quad y = y(t), \quad z = z(t), \tag{1-5}$$

(1-5) 式也称为质点的运动学方程，它反映了质点空间位置随时间变化的运动规律。由于在某时刻质点的空间位置是确定的，故运动学方程必须是时间的单值函数。找出质点的运动学方程，是质点运动学的主要任务，若已知它，则质点的运动速度可求。由定义

$$\boldsymbol{v} = \frac{\mathrm{d}\boldsymbol{r}}{\mathrm{d}t} = \frac{\mathrm{d}}{\mathrm{d}t}(x\boldsymbol{i} + y\boldsymbol{j} + z\boldsymbol{k})$$

$$= \frac{\mathrm{d}x}{\mathrm{d}t}\boldsymbol{i} + \frac{\mathrm{d}y}{\mathrm{d}t}\boldsymbol{j} + \frac{\mathrm{d}z}{\mathrm{d}t}\boldsymbol{k}$$

$$= v_x \boldsymbol{i} + v_y \boldsymbol{j} + v_z \boldsymbol{k}, \tag{1-6}$$

式中，v_x, v_y, v_z 称为速度沿 x 轴、y 轴、z 轴的分量，它们是速度正交分解的结果。

速度的大小为

$$|\boldsymbol{v}| = \sqrt{v_x^2 + v_y^2 + v_z^2}, \tag{1-7}$$

其方向可用方向余弦确定：

$$\cos\alpha = \frac{v_x}{v}, \quad \cos\beta = \frac{v_y}{v}, \quad \cos\gamma = \frac{v_z}{v}, \tag{1-8}$$

式中，α、β、γ 为速度与三个坐标轴的夹角。

1.1.4　加速度

在曲线运动中，质点速度的大小与方向都会随时间变化，为了反映这种变化，必须引入速度对时间的变化率，也就是加速度的概念。设质点运动轨道如图 1-5 所示，在 Δt 时间内质点从 A 点运动到 B 点，速度由 $\boldsymbol{v}_A$ 变化到 $\boldsymbol{v}_B$，这段时间内速度的改变量为

$$\Delta \boldsymbol{v} = \boldsymbol{v}_B - \boldsymbol{v}_A \text{。} \tag{1-9}$$

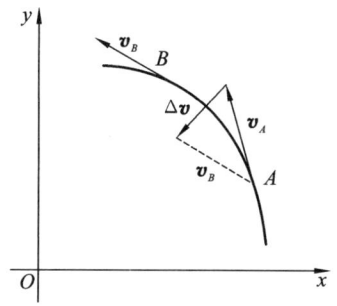

图 1-5　速度增量

我们把速度的改变量与这段时间的比值称为这段时间内质点的平均加速度，即

$$\bar{\boldsymbol{a}} = \frac{\Delta \boldsymbol{v}}{\Delta t} \text{。} \tag{1-10}$$

同样，平均加速度描述了 Δt 时间内速度的平均变化的快慢，但没有反映出质点在空间某点上速度变化的快慢。为了描述质点在轨道上某点处速度变化量，我们取平均加速度在 $\Delta t \to 0$ 时的极限，并把它称为瞬时加速度，简称加速度，即

$$\boldsymbol{a} = \lim_{\Delta t \to 0} \frac{\Delta \boldsymbol{v}}{\Delta t} = \frac{\mathrm{d}\boldsymbol{v}}{\mathrm{d}t} = \frac{\mathrm{d}^2 \boldsymbol{r}}{\mathrm{d}t^2} \text{。} \tag{1-11}$$

从 (1-11) 式看出，数学上加速度为速度对时间的一阶导数或者为位置矢量对时间的二阶导数。加速度也是矢量，从图 1-5 中看出，加速度的方向总是向着轨道曲线凹的一侧沿着 $\Delta \boldsymbol{v}$ 的方向。

在直角坐标系中，由定义

$$\boldsymbol{a} = \frac{\mathrm{d}\boldsymbol{v}}{\mathrm{d}t} = \frac{\mathrm{d}}{\mathrm{d}t}\left(\frac{\mathrm{d}x}{\mathrm{d}t}\boldsymbol{i} + \frac{\mathrm{d}y}{\mathrm{d}t}\boldsymbol{j} + \frac{\mathrm{d}z}{\mathrm{d}t}\boldsymbol{k}\right) = \frac{\mathrm{d}^2 x}{\mathrm{d}t^2}\boldsymbol{i} + \frac{\mathrm{d}^2 y}{\mathrm{d}t^2}\boldsymbol{j} + \frac{\mathrm{d}^2 z}{\mathrm{d}t^2}\boldsymbol{k}$$

$$= a_x \boldsymbol{i} + a_y \boldsymbol{j} + a_z \boldsymbol{k}, \tag{1-12}$$

式中,加速度分量

$$a_x = \frac{\mathrm{d}v_x}{\mathrm{d}t} = \frac{\mathrm{d}^2 x}{\mathrm{d}t^2}, \quad a_y = \frac{\mathrm{d}v_y}{\mathrm{d}t^2} = \frac{\mathrm{d}^2 y}{\mathrm{d}t}, \quad a_z = \frac{\mathrm{d}v_z}{\mathrm{d}t} = \frac{\mathrm{d}^2 z}{\mathrm{d}t^2}。$$

如果用大小和方向表示加速度,则可记为

$$a = \sqrt{a_x^2 + a_y^2 + a_z^2},$$

与三个坐标轴的夹角的方向余弦为

$$\cos\alpha = \frac{a_x}{a}, \quad \cos\beta = \frac{a_y}{a}, \quad \cos\gamma = \frac{a_z}{a}。$$

例 1-1 已知质点的运动学方程为 $x = 2t, y = 4 + t^2$,式中,t 以秒为单位,x, y 以米为单位。求:

(1) 运动轨道。

(2) 求 $t_1 = 1$ s 到 $t_2 = 2$ s 段时间内的位移及平均速度。

(3) $t = 1$ s 时的瞬时速度。

解 (1) 从运动学方程中消去时间 t,得到轨道方程

$$y = 4 + \frac{x^2}{4}。$$

(2) 由位置矢量定义 $\boldsymbol{r} = x\boldsymbol{i} + y\boldsymbol{j}$,得

$$\boldsymbol{r} = 2t\boldsymbol{i} + (4 + t^2)\boldsymbol{j},$$

当 $t = 1$ s 时,$\boldsymbol{r}(1) = 2\boldsymbol{i} + 5\boldsymbol{j}$;$t = 2$ s 时,$\boldsymbol{r}(2) = 4\boldsymbol{i} + 8\boldsymbol{j}$。

故这段时间的位移

$$\Delta \boldsymbol{r} = \boldsymbol{r}(2) - \boldsymbol{r}(1) = 2\boldsymbol{i} + 3\boldsymbol{j},$$

平均速度

$$\overline{\boldsymbol{v}} = \frac{\Delta \boldsymbol{r}}{\Delta t} = \frac{2\boldsymbol{i} + 3\boldsymbol{j}}{2 - 1} = 2\boldsymbol{i} + 3\boldsymbol{j}。$$

(3) 由瞬时速度定义,得

$$\boldsymbol{v} = \frac{\mathrm{d}\boldsymbol{r}}{\mathrm{d}t} = \frac{\mathrm{d}}{\mathrm{d}t}[2t\boldsymbol{i} + (4 + t^2)\boldsymbol{j}] = 2\boldsymbol{i} + 2t\boldsymbol{j},$$

当 $t = 1$ s 时,$\boldsymbol{v} = 2\boldsymbol{i} + 2\boldsymbol{j}$。

例 1-2 已知质点的运动学方程为

$$\boldsymbol{r} = b\cos\omega t \boldsymbol{i} + 2b\sin\omega t \boldsymbol{j},$$

其中,ω, b 为常数,求质点速度与加速度随时间变化的规律。

解 由题意

$$x = b\cos\omega t, \quad y = 2b\sin\omega t,$$

故由速度定义

$$v_x = \frac{\mathrm{d}x}{\mathrm{d}t} = -b\omega\sin\omega t,$$

$$v_y = \frac{dy}{dt} = 2b\omega\cos\omega t,$$

于是速率为

$$v = \sqrt{v_x^2 + v_y^2} = b\omega\sqrt{\sin^2\omega t + 4\cos^2\omega t},$$

速度与 x 轴间夹角的正切为

$$\tan a = \frac{v_y}{v_x} = \frac{2b\omega\cos\omega t}{-b\omega\sin\omega t} = -2\cot\omega t,$$

而加速度分量为

$$a_x = \frac{dv_x}{dt} = -b\omega^2\cos\omega t,$$

$$a_y = \frac{dv_y}{dt} = -2b\omega^2\sin\omega t,$$

故加速度大小为

$$a = \sqrt{a_x^2 + a_y^2} = b\omega^2\sqrt{\cos^2\omega t + 4\sin^2\omega t},$$

加速度与 x 轴间夹角的正切为

$$\tan a = \frac{a_y}{a_x} = \frac{2\sin\omega t}{\cos\omega t} = 2\tan\omega t。$$

1.2 直线运动

物体在一条直线上运动时,其位置矢量可以仅用一个坐标分量表示,一般选择质点运动的直线为 x 轴。由于物体做直线运动其所有矢量(如位移、速度、加速度)只有两个可能的方向,即沿 x 轴正方向或沿 x 轴负方向,因此我们可以用正负号来表示矢量的方向。我们规定,沿 x 轴正方向的矢量取正号,反之取负号。这样,位移、速度、加速度在直线运动中就可以用数量来处理了。

运动学中主要有两类典型的问题。其一是已知运动学方程,求质点运动过程中速度、加速度随时间变化的规律。这类问题可以按照速度、加速度的定义求得,在上节中我们已经讨论过,这里不再重复。另一类问题是已知质点的速度或者加速度的变化规律,反过来求解质点的运动学方程以及轨道。解决这一类问题通常要应用初始条件($t=0$ 时质点的坐标与速度)通过积分来解决。下面通过几个例子来说明解决这类问题的方法与手段。

例 1-3 质点沿着直线做匀加速运动,设 $t=0$ 时质点位于 x_0 处,其速度为 v_0,求质点的运动学方程。

解 对于均加速运动,可以将其加速度视为常数。将加速度的定义改写成

$$dv = a\,dt,$$

对上式两边同时积分,并利用初始条件 $t=0$ 时 $v=v_0$,得

$$\int_{v_0}^{v} dv = \int_{0}^{t} a\,dt = a\int_{0}^{t} dt,$$

即
$$v - v_0 = at \quad \text{或} \quad v = v_0 + at,$$

上式就是匀加速度运动中速度随时间变化的规律。再利用速度定义 $v = \dfrac{dx}{dt}$，得到

$$\frac{dx}{dt} = v_0 + at.$$

将上式改写成 $dx = (v_0 + at)dt$，再次利用初始条件 $t = 0$ 时 $x = x_0$，积分得

$$\int_{x_0}^{x} dx = \int_{0}^{t} (v_0 + at)dt,$$

由此得到匀加速运动的运动学方程

$$x = x_0 + v_0 t + \frac{1}{2}at^2.$$

讨论：应用速度与加速度定义时还可以做适当的变量代换，例如，例 1-3 中加速度可做如下变量代换

$$a = \frac{dv}{dt} = \frac{dv}{dx} \cdot \frac{dx}{dt} = v\frac{dv}{dx},$$

于是得到
$$a\,dx = v\,dv.$$

将上式两边同时积分

$$a\int_{x_0}^{x} dx = \int_{v_0}^{v} v\,dv,$$

完成积分后得到
$$a(x - x_0) = \frac{1}{2}(v^2 - v_0^2),$$

整理后得到
$$v^2 = v_0^2 + 2a(x - x_0).$$

这是大家熟悉的公式。这里，速度不是随时间变化，而是随坐标变化，这也是数学变换带来的方便之处。

例 1-4 已知质点沿 x 轴运动，其加速度 $a = -\omega^2 \cos\omega t$，当 $t = 0$ 时，质点位于 $x = 1$ 处并且速度为零，求质点在 $t = \dfrac{2\pi}{\omega}$ 时的速度，并找出运动学方程。

解 （1）由加速度定义 $a = \dfrac{dv}{dt}$，得

$$-\omega^2 \cos\omega t = \frac{dv}{dt},$$

改写成（分离变量）
$$dv = -\omega^2 \cos\omega t\,dt,$$

两边同时积分
$$\int dv = -\int \omega^2 \cos\omega t\,dt,$$

得到
$$v = -\omega\sin\omega t + c.$$

将 $t = 0$ 时，$v = 0$ 代入方程，得到 $c = 0$。所以速度变化规律为

$$v = -\omega\sin\omega t.$$

当 $t = \dfrac{2\pi}{\omega}$ 时,速度 $v = -\omega\sin\omega\dfrac{2\pi}{\omega} = 0$。

（2）将速度函数 $v = \dfrac{dx}{dt} = -\omega\sin\omega t$ 改写成

$$dx = -\omega\sin\omega t\, dt,$$

两边同时积分后得到

$$x = \cos\omega t + c。$$

利用条件 $t = 0$ 时 $x = 1$,求得 $c = 0$,所以运动学方程为

$$x = \cos\omega t。$$

例 1-5　质点从高处垂直下落时,若考虑空气阻力与速度的一次方成正比,则加速度有如下规律:$a = A - Bv$,其中,A,B 为常数。求下落过程中质点速度变化规律。

解　由加速度定义

$$a = \dfrac{dv}{dt} = A - Bv,$$

所以

$$\dfrac{dv}{A - Bv} = dt,$$

两边同时积分后得到

$$-\dfrac{1}{B}\ln(A - Bv) = t + c。$$

初始条件为 $t = 0$ 时 $v = 0$,所以,

$$c = -\dfrac{1}{B}\ln A,$$

故有

$$\ln\dfrac{A}{A - Bv} = tB,$$

或者

$$v = \dfrac{A}{B}(1 - e^{-Bt})。$$

分析:当时间 t 足够大时,速度 $v = \dfrac{A}{B}$ 为常数,质点速度不再变化。我们把这一速度称为下落过程的收尾速度。因为下落过程中,随着速度的增大,空气阻力也增大,而重力是不变的,当空气阻力增大到等于重力时,合外力为零,质点保持匀速运动。日常生活中看到的雨滴下落就是这种情况,雨滴的收尾速度一般在 3 m/s ～ 6 m/s。

例 1-6　质点沿 x 轴做加速运动,其加速度 $a = -x$。设开始时,质点位于 $x = 1\text{(m)}$ 的地方且速度为零,求运动学方程。

解　对加速度定义式作变换

$$a = \dfrac{dv}{dt} = \dfrac{dv}{dx}\cdot\dfrac{dx}{dt} = v\dfrac{dv}{dx},$$

按照题设条件

$$a = \frac{dv}{dt} = -x,$$

代入上式得

$$v\frac{dv}{dx} = -x。$$

上式可以改写成

$$vdv = -xdx,$$

两边同时积分后

$$\frac{1}{2}v^2 = -\frac{1}{2}x^2 + c。$$

利用初始条件 $t=0$ 时 $x=1, v=0$ 得 $c=1/2$，所以，

$$v = \sqrt{1-x^2}。$$

再由速度定义 $v = \frac{dx}{dt} = \sqrt{1-x^2}$，得到

$$\frac{dx}{\sqrt{1-x^2}} = dt,$$

积分后得

$$\arcsin x = t + c,$$

利用初始条件 $t=0, x=1$，得 $c = \arcsin 1$，故运动学方程为

$$x = \sin(t + \arcsin 1)。$$

1.3 自然坐标系

1.3.1 自然坐标

如果质点在平面上运动而且轨道已知，则采用自然坐标描述质点的运动较为方便。在自然坐标系中，用质点在轨道上走过的弧长为坐标来确定质点的位置，坐标原点就取在轨道上。从质点位置沿弧线到坐标原点的弧长 s 就是该坐标系的坐标，如图 1-6 所示，因此在自然坐标系中，运动学方程（坐标随时间变化规律）为

$$s = s(t)。 \tag{1-13}$$

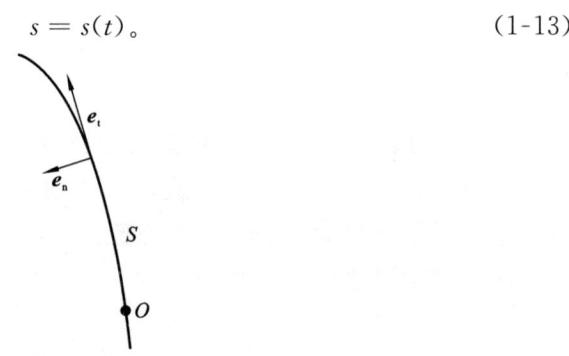

图 1-6　自然坐标

自然坐标系中，轨道上任何一点都可选取两个相互垂直的单位矢量 e_t 和 e_n，规定 e_t 沿着轨道的切线，指向质点运动的方向，其大小为一个单位，简称为单位切矢量；规定 e_n 沿着轨道的法线，并指向曲线凹的一侧，其长度也是一个单位，称为单位法矢量。在自然坐标系中，任何矢量（如力、加速度等）应按照运动轨道的切向与法向进行正交分解。这种沿轨道建立的坐标系称为自然坐标系。

应该注意，自然坐标系与直角坐标系不同，自然坐标系中单位切矢量与单位法矢量都是随时间变化的。因为运动质点在轨道上不同的位置上，虽然切矢量与法矢量的大小没改变，但方向却在不断改变。

1.3.2 自然坐标系中的加速度

由于质点的速度总是沿着轨道的切向，所以在自然坐标系中速度只有一个分量

$$\boldsymbol{v} = v\boldsymbol{e}_t = \frac{\mathrm{d}s}{\mathrm{d}t}\boldsymbol{e}_t。 \tag{1-14}$$

为了更好地理解自然坐标系中加速度分解，考察质点沿如图 1-7 所示的轨道运动，设质点 t 时刻位于图中的 P_1 点且向 P_2 点运动。

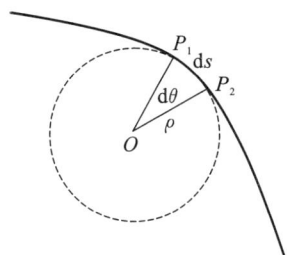

图 1-7 曲率圆

我们可以想象弧 $\overset{\frown}{P_1P_2}$ 为某个圆的一段弧，这个圆称为该处的曲率圆，而这个圆的半径则称为该处的曲率半径。由图 1-7 可以看出

$$\rho\mathrm{d}\theta = \mathrm{d}s \quad \text{或} \quad \frac{1}{\rho} = \frac{\mathrm{d}\theta}{\mathrm{d}s}, \tag{1-15}$$

我们把 $\frac{1}{\rho}$ 称为曲线在该处的曲率，它反映了轨道在那个地方的弯曲程度。

由加速度的定义知，在自然坐标系中加速度为

$$\boldsymbol{a} = \frac{\mathrm{d}\boldsymbol{v}}{\mathrm{d}t} = \frac{\mathrm{d}}{\mathrm{d}t}(v\boldsymbol{e}_t) = \frac{\mathrm{d}v}{\mathrm{d}t}\boldsymbol{e}_t + v\frac{\mathrm{d}\boldsymbol{e}_t}{\mathrm{d}t}。 \tag{1-16}$$

如图 1-8 所示，设质点在 Δt 时间内从 P_1 点运动到 P_2 点，两处的单位切矢量分别为 $\boldsymbol{e}_{t1}$ 和 $\boldsymbol{e}_{t2}$，它们之间的夹角为 $\Delta\theta$。

注意到当 Δt 很小时，$\Delta\theta$ 也很小，这时弧长等于弦长，即

$$|\Delta\boldsymbol{e}_t| = |\boldsymbol{e}_{t1}| \cdot \Delta\theta = \Delta\theta。$$

由于 $\boldsymbol{e}_{t1}$ 与 $\boldsymbol{e}_{t2}$ 以及 $\Delta\boldsymbol{e}$ 构成等腰三角形，故当 $\Delta\theta \to 0$ 时，$\Delta\boldsymbol{e}_t \perp \Delta\boldsymbol{e}_{t1}$ 指向轨道的法

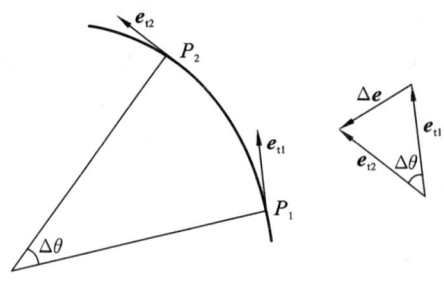

图 1-8

向 e_n。从上面的分析知道，考虑方向后上式可以改写成

$$\Delta e_t \approx e_n \cdot \Delta \theta。$$

将上式两边除以 Δt，并取极限 $\Delta t \to 0$，即

$$\lim_{\Delta t \to 0} \frac{\Delta e_t}{\Delta t} = \lim_{\Delta t \to 0} \frac{\Delta \theta}{\Delta t} e_n,$$

或者

$$\frac{d e_t}{d t} = \lim_{\Delta t \to 0} \frac{\Delta e_t}{\Delta t} = \frac{d \theta}{d t} e_t。$$

借助自然坐标 s 将上式表示成

$$\frac{d e_t}{d t} = \frac{d \theta}{d s} \cdot \frac{d s}{d t} e_t = \frac{v}{\rho} e_n。$$

上式最后一步用到了(1-15)式，把上面的表达式代回(1-16)式就得到自然坐标下加速度的表达式

$$\boldsymbol{a} = \frac{d v}{d t} \boldsymbol{e}_t + \frac{v^2}{\rho} \boldsymbol{e}_n = a_t \boldsymbol{e}_t + a_n \boldsymbol{e}_n, \tag{1-17}$$

式中，$a_t = \dfrac{d v}{d t}$ 是加速度沿轨道切向分量，称为切向加速度；$a_n = \dfrac{v^2}{\rho}$ 是加速度沿轨道法向的分量，称为法向加速度。

加速度的大小和方向，分别由下面两式确定

$$a = \sqrt{a_t^2 + a_n^2}, \quad \theta = \arctan \frac{a_n}{a_t}, \tag{1-18}$$

式中，θ 是加速度 $\boldsymbol{a}$ 与切向之间的夹角。

通过上面的讨论可以看出，若运动过程中，法向加速度始终为零(曲率为零)，那么加速度的方向保持沿切向不变，只能改变大小，这就是变速直线运动。如果切向加速度保持为零，而法向加速度的大小不变，只能改变加速度的方向，这就是匀速圆周运动。一般的曲线运动中，质点的切向加速度与法向加速度都会改变。

例 1-7 质点在半径为 R 的圆轨道上运动，若运动学方程为 $s = \dfrac{1}{3} A t^3$，式中，A 为常数，求 t 为何值时加速度与速度间的夹角为 $45°$。

解 质点运动的速率

$$v = \frac{ds}{dt} = At^2,$$

切向加速度

$$a_t = \frac{dv}{dt} = 2At,$$

所以,加速度为

$$\boldsymbol{a} = a_t \boldsymbol{e}_t + a_n \boldsymbol{e}_n = 2At\boldsymbol{e}_t + \frac{A^2 t^4}{R}\boldsymbol{e}_n。$$

当速度与加速度间成 45° 夹角时,有

$$\frac{a_t}{a_n} = 1,$$

即

$$2At = \frac{A^2 t^4}{R},$$

由此求得

$$t = \sqrt[3]{\frac{2R}{A}}。$$

1.4 角速度与角加速度

1.4.1 角坐标与角速度

当质点在一半径为 R 的圆周上运动时,由于转动半径不变,这时质点的位置可以用与参照轴与位置矢量之间的夹角 θ 来确定,如图 1-9 所示,我们将 θ 称为角坐标。在质点沿圆周转动过程中,角坐标随时间变化,所以,

$$\theta = \theta(t) \tag{1-19}$$

就是角坐标下的运动学方程,式中,θ 以弧度为单位。

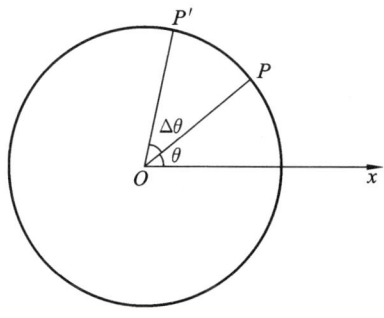

图 1-9 角坐标

假定质点在 t 时刻处于图 1-9 的 P 点,经过 Δt 时间后质点运动到 P' 点,定义这段时间内的角位移为

$$\Delta\theta = \theta(t+\Delta t) - \theta(t)。 \tag{1-20}$$

为了反映质点在轨道上转动的快慢,我们定义 P 点处的角速度大小为

$$\omega = \lim_{\Delta t \to 0} \frac{\Delta \theta}{\Delta t} = \frac{\mathrm{d}\theta}{\mathrm{d}t}, \tag{1-21}$$

其意义为单位时间内质点转过的角度,单位为 rad/s。

角速度为矢量,其方向可由右手螺旋定则确定,即以右手四指沿质点运动方向弯曲,仰直大拇指所指的方向就是角速度的方向,如图 1-10 所示。

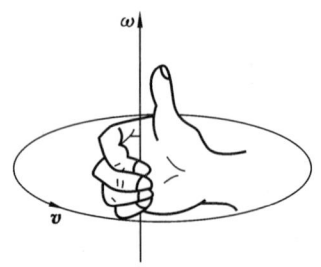

图 1-10　右手螺旋定则

由于角速度方向总是垂直于转动平面的,因此在平面转动过程中,ω 只有两个可能的方向,我们可以用正负号来代表角速度的方向。通常约定 $\omega > 0$ 表示质点逆时针转动,角速度方向垂直纸面向上;反之,$\omega < 0$ 表示质点顺时针转动,角速度方向垂直纸面向下。

1.4.2　角加速度

当质点在圆轨道上转动时,角速度也可能发生变化,为了反映角速度变化的快慢,我们引入角加速度,其大小为角速度对时间的变化率,即

$$\beta = \frac{\mathrm{d}\omega}{\mathrm{d}t} = \frac{\mathrm{d}^2\theta}{\mathrm{d}t^2}。 \tag{1-22}$$

从数学上看,角加速的大小为角坐标对时间的二阶导数或者角速度对时间的一阶导数。在国际单位制中,角加速度的单位为 $\mathrm{rad/s^2}$。

角加速度也是一矢量,在平面转动的情况下角加速度的方向与角速度方向要么同向,要么反向。因此也可用正负号表示角加速度的方向。规定:如 $\pmb{\beta}$ 与 $\pmb{\omega}$ 同号,则表示加速转动;若 $\pmb{\beta}$ 与 $\pmb{\omega}$ 反号,则表示减速转动。

1.4.3　线量与角量的关系

从前面的分析可以看出,质点沿圆周运动时,既可以用线速度 v 描述质点的运动状态,也可以用角速度来描述质点的运动状态。下面我们就来找出这两种描述之间的关系。

从图 1-9 可以看出,Δt 时间内质点从 P 点运动到 P' 点走过的弧长

$$\Delta s = R\Delta\theta,$$

两边除以 Δt,并取极限 $\Delta t \to 0$,得

$$v = \lim_{\Delta t \to 0} \frac{\Delta s}{\Delta t} = R \lim_{\Delta t \to 0} \frac{\Delta \theta}{\Delta t} = R\omega, \tag{1-23}$$

由此看出，线速度的大小等于角速度的大小乘以转动半径。如果考虑到角速度的矢量性，利用右手定则（右手定则：右手四指向第一个矢量 $\boldsymbol{\omega}$，以最小的转角转向第二个矢量 $\boldsymbol{R}$，大拇指所指的方向就是速度 $\boldsymbol{v}$ 的方向），如图 1-11 所示，上式可改写成更一般的表达式

$$\boldsymbol{v} = \boldsymbol{\omega} \times \boldsymbol{R}, \tag{1-24}$$

式中，$\boldsymbol{R}$ 为质点的位置矢量。(1-24) 式反映了线速度与角速度的关系。对坐标原点不在转动平面的情况，(1-23) 式不适用，但 (1-24) 式仍适用。

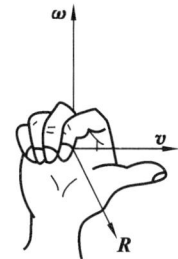

图 1-11 右手定则

将 (1-23) 式两边同时对时间 t 求导数，可以得到角加速度与线加速度大小的关系

$$a_{\mathrm{t}} = \frac{\mathrm{d}v}{\mathrm{d}t} = R \frac{\mathrm{d}\omega}{\mathrm{d}t} = R\beta, \tag{1-25}$$

上式说明角加速度仅与切向加速度有关，而法向加速度

$$a_{\mathrm{n}} = \frac{v^2}{R} = \omega^2 R \tag{1-26}$$

仅与角速度有关。

例 1-8 质点沿半径为 $0.1 \mathrm{~m}$ 的圆周运动，运动学方程为 $\theta = t^2$，式中，θ 以弧度为单位，t 以秒为单位。求：

(1) $t = 2 \mathrm{~s}$ 时，质点的角速度与角加速度。

(2) $t = 2 \mathrm{~s}$ 时，质点的切向加速度与法向加速度。

解 (1) 由定义

$$\omega = \frac{\mathrm{d}\theta}{\mathrm{d}t} = 2t ~(\mathrm{rad/s}),$$

$$\beta = \frac{\mathrm{d}\omega}{\mathrm{d}t} = 2 ~(\mathrm{rad/s^2}),$$

所以，$t = 2 \mathrm{~s}$ 时，角速度 $\omega = 2 \times 2 = 4 \mathrm{~rad/s}$，角加速度 $\beta = 2 \mathrm{~rad/s^2}$。

(2) 由定义，线速度为

$$v = \omega R = 2t \times 0.1 = 0.2t \text{(m/s)},$$

切向加速度为
$$a_t = \beta \cdot R = 0.2 \text{ (m/s}^2\text{)},$$

法向加速度为
$$a_n = \omega^2 R = 4t^2 \times 0.1 = 0.4t^2 \text{(m/s}^2\text{)},$$

将 $t = 2$ s 代入上面的关系式,得

$$v = 0.4 \text{ m/s},$$
$$a_t = 0.2 \text{ m/s}^2, a_n = 1.6 \text{ m/s}^2.$$

例 1-9 半径为 1 m 的轮盘以匀角加速从静止开始转动,在 20 s 末角速度达到 100 rad/s,求:

(1) 角加速度。

(2) 20 s 内轮盘的转数。

解 (1) 由题意,角加速度为常数,即

$$\beta = \frac{d\omega}{dt} = 常数,$$

改写成
$$d\omega = \beta dt,$$

两边积分后得
$$\omega = \beta t + c_o$$

由初始条件 $t = 0$ 时 $\omega = 0$,得到 $c = 0$,所以,$\omega = \beta t$,故

$$\beta = \frac{\omega}{t} = \frac{100}{20} = 5 \text{ rad/s}^2.$$

(2) 将 $\omega = \frac{d\theta}{dt} = \beta t$ 改写成

$$d\theta = \omega dt = \beta t \, dt,$$

两边积分后得
$$\theta = \frac{1}{2}\beta t^2 + c,$$

当 $t = 0$ 时,$\theta = 0$,所以 $c = 0$。

于是,角坐标下运动学方程为

$$\theta = \frac{1}{2}\beta t^2,$$

当 $t = 20$ s 时, $\theta = \frac{1}{2} \times 5 \times 20^2 = 1\,000$ rad,故转数为

$$n = \frac{\theta}{2\pi} = \frac{1}{2\pi} \times 1\,000 = 160(转).$$

1.5 相对运动

1.5.1 相对速度与加速度

设有两个质点 m_1 与 m_2,它们的坐标位置矢量分别为 $\boldsymbol{r}_1, \boldsymbol{r}_2$,第二个质点相对第一个质点的位置矢量为

$$\boldsymbol{r}_{21} = \boldsymbol{r}_2 - \boldsymbol{r}_1.$$

如图 1-12 所示，现在讨论当两个质点均在运动时，第二个质点相对第一个质点的运动速度如何确定。

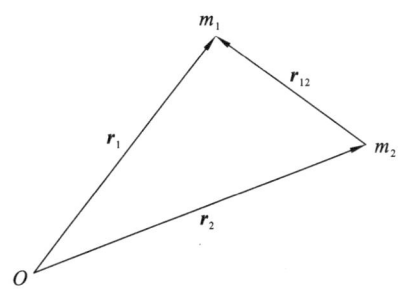

图 1-12　相对运动

按照速度的定义，相对速度为相对坐标对时间的变化率，即相对速度

$$\bm{v}_{21} = \frac{\mathrm{d}\bm{r}_{21}}{\mathrm{d}t} = \frac{\mathrm{d}\bm{r}_2}{\mathrm{d}t} - \frac{\mathrm{d}\bm{r}_1}{\mathrm{d}t} = \bm{v}_2 - \bm{v}_1 。 \tag{1-27}$$

(1-27) 式表明，两质点之间的相对速度等于这两个两质点的速度差。

(1-27) 式还有另一种用法，即

$$\bm{v}_2 = \bm{v}_1 + \bm{v}_{21}, \tag{1-28}$$

这说明，第二个质点的速度可用第一个质点的速度加上相对速度来表示。许多情况下，把第一质点取为参照系（运动参照系 S'），只考虑第二个质点的运动，这时把运动参照系（第一个质点）的速度称为牵连速度，而把要研究的质点（第二个质点）的运动速度称为绝对速度。这样，(1-28) 式就可以解释为质点的绝对速度等于运动参照系的牵连速度加上该质点相对运动参照系的相对速度。例如，飞机在空中飞行时空气就是参照系，气流的速度就是牵连速度，由于飞机是相对空气运动的，所以地面上看飞机的速度（绝对速度）就是飞机相对空气飞行的速度（相对速度）加上气流的速度（牵连速度）。现在我们用绝对速度的概念把 (1-28) 式改写成两参照系之间的速度变换形式

$$\bm{v}_{绝} = \bm{v}_{牵} + \bm{v}_{相}, \tag{1-29}$$

将上式两边同时对时间 t 求导数，立刻得到两参照系之间的加速度的变换式

$$\bm{a}_{绝} = \bm{a}_{牵} + \bm{a}_{相} 。 \tag{1-30}$$

上面这两个变换式对解决复杂的运动学问题是很有用的，因为利用它可以将一个复杂运动分解成几个简单运动。

1.5.2　伽利略时空观

描述相对运动时，通常会遇到速度、加速度从运动坐标系到固定坐标系的变换。为方便起见，选择运动坐标系 S' 与固定坐标系 S 的三个坐标轴在 $t=0$ 时重合。现在考虑其中最简单的一种情况，运动坐标系 S' 相对固定坐标系 S 以恒定速度 v_0 沿 x 轴

方向运动,并假定固定参照系为惯性参照系,如图 1-13 所示。

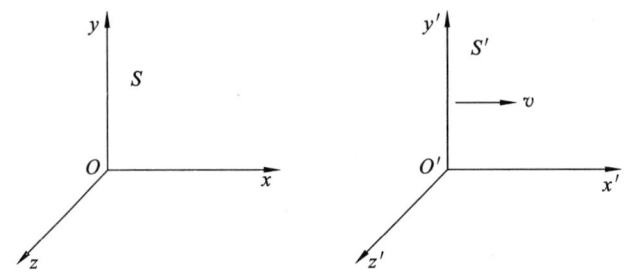

图 1-13 坐标变换

显然有

$$\begin{aligned} x &= x' + v_0 t, \\ y &= y', \\ z &= z', \\ t &= t'. \end{aligned} \tag{1-31}$$

(1-31) 式称为伽利略坐标变换。在狭义相对论出现以前,伽利略变换一直被视为两个惯性参照系之间时空变换的正确理论。从伽利略坐标变换式出发容易证明速度变换式(1-29)式。伽利略坐标变换的另一个作用是指出了不同惯性系之间的时空间关系,从(1-31)式容易导出

$$\begin{aligned} |\Delta \boldsymbol{r}| &= |\Delta \boldsymbol{r}'|, \\ \Delta t &= \Delta t', \end{aligned} \tag{1-32}$$

这就是说,空间两点间的距离以及时间的间隔在所有惯性系中都相同,与惯性系的选择无关,而且时间与空间毫无关联,因此人们把伽利略这种观点称为绝对时空观。狭义相对论证明,对高速运动的惯性参照系来说,伽利略变换是不成立的,但对低速运动的惯性系来说它是足够精确的。

例 1-10 一质点沿 x 轴运动,其运动学方程为 $x = 3t\boldsymbol{i}$,另一质点沿 y 轴运动,它的运动学方程为 $y = 4t\boldsymbol{j}$。这里 x, y 以 m 为单位,t 以 s 为单位。求两质点之间的相对运动速度。

解 两质点的速度分别为

$$\boldsymbol{v}_1 = \frac{\mathrm{d}\boldsymbol{r}_1}{\mathrm{d}t} = \frac{\mathrm{d}}{\mathrm{d}t}(3t\boldsymbol{i}) = 3\boldsymbol{i},$$

$$\boldsymbol{v}_2 = \frac{\mathrm{d}\boldsymbol{r}_2}{\mathrm{d}t} = \frac{\mathrm{d}}{\mathrm{d}t}(4t\boldsymbol{j}) = 4\boldsymbol{j},$$

两质点的相对速度为

$$\boldsymbol{v}_{21} = \boldsymbol{v}_2 - \boldsymbol{v}_1 = 4\boldsymbol{j} - 3\boldsymbol{i},$$

相对速度的大小为

$$v = |\boldsymbol{v}_{21}| = \sqrt{4^2 + 3^2} = 5 \text{ (m/s)}.$$

讨论：用两质点之间的距离对时间求导数的方法得出的结果是不是两质点的相对速度？为什么？

例 1-11 一棒长为 l，绕其上一端在水平面上以角速度 ω 转动，棒上有一小虫从 O 点以速度 v_0 在棒上爬行，如图 1-14 所示。当小虫爬到棒的中点时在地面上看到小虫的速度多大？

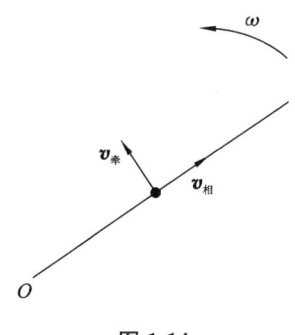

图 1-14

解 取转动的棒为运动参照系，则在地面上看到的绝对速度度为 $\dfrac{l}{2}$ 处棒的转动速度（牵连速度）加上小虫相对棒的爬行速度（相对速度），这样就把一个复杂的运动分解成了直线运动与转动的叠加。

牵连速度大小为 $\qquad v_{牵} = r\omega = \dfrac{l}{2}\omega$（方向垂直于棒），

相对速度大小为 $\qquad v_{相} = v_0$（方向沿棒），

由速度变换 $\boldsymbol{v}_{绝} = \boldsymbol{v}_{相} + \boldsymbol{v}_{牵}$ 可得小虫的速度大小为

$$v_{绝} = \sqrt{v_{相}^2 + v_{牵}^2} = \sqrt{v_0^2 + \dfrac{l^2}{4}\omega^2}$$

思 考 题

1-1 质点的瞬时速度的大小等于速率，能否由此推断平均速度的大小也等于平均速率？为什么？举例说明。

1-2 说明以下各对物理量的意义。

$$\Delta \boldsymbol{r} \text{ 与 } |\Delta \boldsymbol{r}|, \quad \dfrac{\mathrm{d}\boldsymbol{r}}{\mathrm{d}t} \text{ 与 } \left|\dfrac{\mathrm{d}\boldsymbol{r}}{\mathrm{d}t}\right|, \quad \dfrac{\mathrm{d}\boldsymbol{v}}{\mathrm{d}t} \text{ 与 } \left|\dfrac{\mathrm{d}\boldsymbol{v}}{\mathrm{d}t}\right|。$$

1-3 "加速度越大，物体的速度也越大。"这句话对吗？举例说明。

1-4 匀加速运动是否一定是直线运动？举例说明。

1-5 直线运动中位置矢量的方向是否不变？举例说明。

1-6 在匀速圆周运动中，速度的方向总是沿圆周的切线，加速度方向是否指向圆心?为什么?

1-7　质点以恒定速度沿如图所示曲线运动,你能说出曲线上 A,B,C 三点处哪一点的加速度最大吗?为什么?

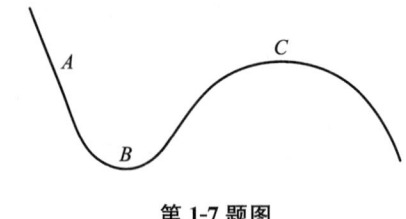

第 1-7 题图

1-8　说明下面各量的联系与区别,它们之间是什么关系?

$$\frac{\mathrm{d}\boldsymbol{r}}{\mathrm{d}t} 与 \frac{\mathrm{d}r}{\mathrm{d}t}, \quad \frac{\mathrm{d}\boldsymbol{v}}{\mathrm{d}t} 与 \frac{\mathrm{d}v}{\mathrm{d}t}。$$

1-9　下面积分各代表什么物理量?

$$\int \boldsymbol{a}\mathrm{d}t, \quad \int_0^t \boldsymbol{a}\mathrm{d}t, \quad \int \boldsymbol{v}\mathrm{d}t, \quad \int_0^t \boldsymbol{v}\mathrm{d}t$$

1-10　质点 A 和质点 B 同时从 A,B 两点出发,分别以速度 v_1 沿 AC 和以速度 v_2 沿 BD 做匀速直线运动,质点 A 与质点 B 会相遇吗?为什么?

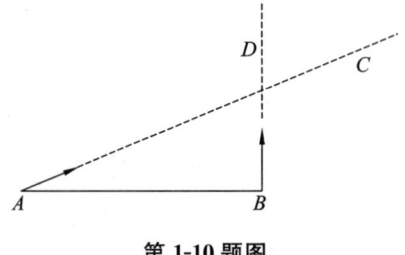

第 1-10 题图

习　题　1

1-1　质点沿直线运动,其运动学方程为 $x = 6t - 2t^2$(t 以秒为单位,x 以米为单位),求:

(1) 质点在 1 s ~ 2 s 内的位移,以及这段时间的平均速度。

(2) 质点第 3 s 末的瞬时速度与加速度。

(3) 画出质点运动的 $v\text{-}t$ 图。

1-2　质点的运动学方程为 $\boldsymbol{r} = 3t\boldsymbol{i} + (-2 + 2t^2)\boldsymbol{j}$($t$ 以秒为单位,x 以米为单位),求:

(1) 质点的轨道方程。

(2) 质点在 1 s ~ 2 s 内的位移。

(3) $t = 1$ s 时的速度以及加速度。

1-3 如图所示,一质点在半径为 10 m 的圆周上运动,以 P(任意)点为自然坐标的起点,质点从 P 点出发,走过的弧长随时间变化关系为 $s = 2t^2$(t 以 s 为单位,s 以 m 为单位),求:

(1) $t = 1$ s 时,质点运动的角位移与角速度(大小及方向)。

(2) $t = 1$ s 时,质点运动的速度与加速度。

(3) $t = 5$ s 时,质点在圆周上的转数。

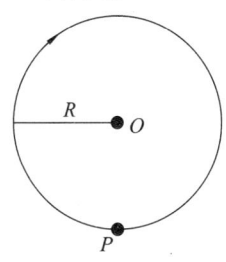

第 1-3 题图

1-4 一质点沿半径为 0.1 m 的圆周转动,其角位移 θ 由下式表示:
$$\theta = 2 + 4t^3,$$
式中,θ 的单位是 rad,t 的单位是 s。问:

(1) 在 $t = 2$ s 时,此质点的法向加速度和切向加速度各是多少?

(2) 当 θ 角等于多少时,合加速度和半径成 $45°$ 角?

1-5 一飞轮的角加速度为常数并等于 2 rad/s²,该轮由静止开始转动,经过某一时间间隔后开始计时,在 5 s 内飞轮转过 75 rad。问:在开始计时以前,飞轮已转动了多长的时间?

1-6 物体绕某轴以匀角加速度自静止开始转动,试证:该物体上任一点的法向加速度与其角位移成正比。又问:物体转过多大角度时,合加速度与法向加速度的方向成 $60°$ 角?

1-7 一人骑自行车以速率 3 m/s 至西向东行驶,观察到雨滴以 4 m/s 竖直落下。问:地面上的人看到雨滴下落的速度是多少?方向如何?

1-8 一电梯以 2 m/s 的速度上升,当电梯底板距离地面 10 m 时,从电梯底板上竖直向上以相对电梯 5m/s 的速度抛出一小球,问:

(1) 以地面为参照系,小球能上升的最大高度是多少?

(2) 经过多长时间小球又回到电梯上?

1-9 如图所示,河的两岸互相平行,一船由 A 点朝与岸垂直的方向匀速驶去,经 10 min 到达对岸 C 点。若船从 A 点出发仍按第一次渡河速率不变但垂直到达彼岸 B 点,需要 12.5 min。已知 $BC = 120$ m,求:

(1) 水流速度 v。

(2) 河宽 l。

(3) 第二次渡河时船的速度 u。

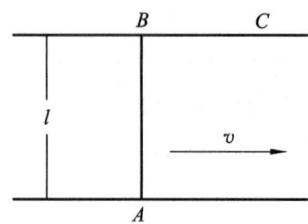

第 1-9 题图

1-10 站台上送行的人,在火车开动时站在第一节车厢的最前面,火车开动后经过 $\Delta t = 26$ s,第一节车厢的末尾从此人的面前通过。假定火车做匀加速运动,问:第七节车厢驶过他面前需要多长时间?

1-11 一物体和探测气球从同一高度竖直向上运动,物体的初速度为 $v_0 = 49.0$ m/s,而气球以速度 $v = 19.6$ m/s 匀速上升,问:探测气球上的观察者分别在第 2 s 末、第 3 s 末测得物体的速度是多少?(重力加速度 $g = 9.8$ m/s^2)

1-12 如图所示,列车在圆弧形轨道上自东转向北行驶,在我们所讨论的时间范围内,其运动学方程为 $s = 80t - t^2$(长度单位为 m,时间单位为 s)。$t = 0$ 时,列车在图中 O 点。此圆弧形轨道的半径 $r = 1\,500$ m。求:列车驶过 O 点以后前进至 1 200 m 处的速率及加速度。

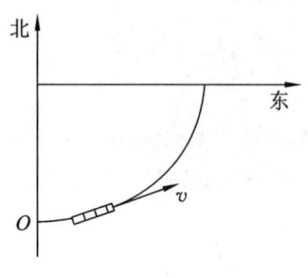

第 1-12 题图

1-13 一质点做直线运动,其瞬时加速度的变化规律为 $a = -A\omega^2\cos\omega t$(式中的 A、ω 为常数),在 $t = 0$ 时,$v_x = 0$,$x = A$,求此质点的运动学方程。

1-14 质点从坐标原点开始沿直线运动,其加速度为 $a = -2t$,方向与速度相反,假定质点的初速度 $v_0 = 8$ m/s,问:

(1) 4 s 后质点的运动速度为多大?

(2) 这段时间内质点的位移多大?

1-15 汽车在笔直公路上行驶的 v-t 曲线如图中折线 $ABCDEF$ 所示。

(1) 说明途中每一段折线 $0A,AB,BC,CD,DE,EF$ 代表什么样的运动。

(2) 根据趋向给出的数据,求出整个运动过程中汽车行驶的路程、位移和平均速度。

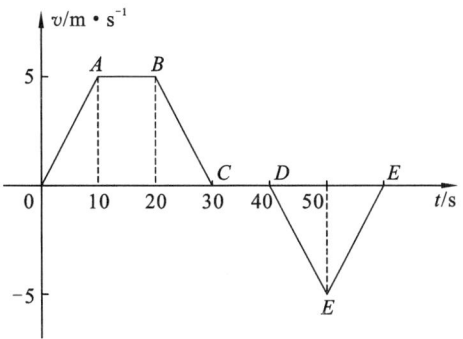

第 1-15 题图

1-16 如图所示,岸上的人用绳跨过定滑轮拉船靠岸。如果人以恒定的速率 3 m/s 水平拉绳子,假定滑轮距离水面的高度为 $h=6$ m,当船到岸边的距离为 $L=8$ m 时,船运动的速率多大?

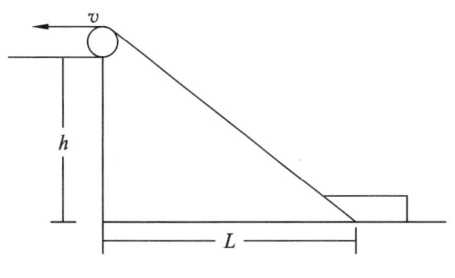

第 1-16 题图

第 2 章 质点动力学

质点动力学是力学的一个重要部分,它不仅论述了支配质点做机械运动的基本规律,也为物理学的其他分支提供了工作语言以及研究方法。质点力学的基本任务是在给定的外力与质点初始运动条件下,预言质点将会发生什么样的特定运动。质点动力学的基本理论是建立在牛顿所建立的三个定律的基础之上的。本章主要讲述牛顿三定律及其应用,由牛顿三定律导出的其他一些相关定理,包括角动量定理、动量定理、动能定理以及相应的守恒定律。

2.1 牛顿三定律

历史上,在很长一段时间里,人们一直深信要使一个物体保持运动状态必须不断地用力推它,一旦推动力不再作用,物体便会静止下来,由此得出结论:力是维持物体运动的原因。伽利略最先指出这种理论是错误的。为了得到正确答案,伽利略仔细地观察了从斜面上下滑的小球,发现当地面光滑程度越高,小球下滑时所走过的距离就越长。反过来,地面越粗糙,小球下滑时所走过的距离就越短。于是,伽利略推断小球的运动状态改变与地面的摩擦有关,如果没有摩擦,小球会一直匀速运动下去。

牛顿进一步提炼了伽利略的推断,成功地总结出一条定律:所有物体将保持其静止或匀速直线运动的状态,除非有外力迫使它们改变这种状态。这就是说,力是改变物体运动状态的原因,而不是维持运动状态的原因。

习惯上称上述定律为牛顿第一定律。它指出所有物体都具有保持原有运动状态的特性,这种特性被称为物体的惯性,故牛顿第一定律也称为惯性定律,它说明力才是改变物体运动状态的根本原因。

应当注意,物体是否做匀速直线运动,不仅仅取决于物体所受到的外力,还取决于描述物体运动时所选择的参照系。牛顿第一定律实际上指出了存在一种特定的参照系,在那样的参照系中,物体不受力或者受到的合外力为零时,物体将会保持原有的运动状态,通常把牛顿第一定律成立的参照系称为惯性参照系。严格地说,所谓惯性参照系实际上并不存在,它只是一个理想的模型。对于许多对精度要求不高的实际问题,固定在地球表面或者相对地面做匀速运动的物体都可以近似地看成惯性参照系,而那些相对地面做加速运动的物体都是非惯性参照系。事实上,牛顿就是以地面为参照系观察物体运动而总结出牛顿第一定律的。

为进一步给出力与运动状态改变之间的关系,通过大量的实验观察,牛顿指出:

物体获得的加速度大小与它受到的合外力成正比,其比例系数为物体的质量,即

$$\boldsymbol{F} = \sum \boldsymbol{F}_i = m\boldsymbol{a}, \tag{2-1}$$

利用加速度定义,上式可以改写成

$$\boldsymbol{F} = m\frac{\mathrm{d}\boldsymbol{v}}{\mathrm{d}t} = m\frac{\mathrm{d}^2\boldsymbol{r}}{\mathrm{d}t^2}。 \tag{2-2}$$

(2-1)式称为牛顿第二定律,它给出了力、质量及加速度三者之间的关系。按照牛顿第二定律,对于质量一定的物体,一旦知道其受到的合外力,利用(2-2)式可以求出物体的加速度,从而可以找出质点的运动学方程,掌握质点的运动规律,所以说牛顿第二定律是描述质点运动的基本方程。

牛顿第二定律是一个矢量方程,在实际应用中往往需要选取适当的坐标系,将矢量方程化为数量方程。在直角坐标系下,将力与加速度沿三个坐标轴分解便得到直角坐标系下的分量式

$$F_x = m\frac{\mathrm{d}^2 x}{\mathrm{d}t^2}, \quad F_y = m\frac{\mathrm{d}^2 y}{\mathrm{d}t^2}, \quad F_z = m\frac{\mathrm{d}^2 z}{\mathrm{d}t^2},$$

或者

$$F_x = m\frac{\mathrm{d}v_x}{\mathrm{d}t}, \quad F_y = m\frac{\mathrm{d}v_y}{\mathrm{d}t}, \quad F_z = m\frac{\mathrm{d}v_z}{\mathrm{d}t}。 \tag{2-3}$$

在自然坐标系下,将外力与加速度沿着轨道的切向与法向投影得到牛顿第二定律的分量式

$$\begin{aligned} F_\mathrm{t} &= ma_\mathrm{t} = m\frac{\mathrm{d}v}{\mathrm{d}t}, \\ F_\mathrm{n} &= ma_\mathrm{n} = m\frac{v^2}{\rho}。 \end{aligned} \tag{2-4}$$

从上面的讨论可以看出,牛顿第二定律在不同坐标系下的分量式是不相同的,但这些方程在描述质点运动规律方面完全是等价的。正因为如此,我们把这些分量表达式统一地称为质点的动力学方程,它是描述质点运动的基本方程。从数学上看,动力学方程是一组二阶微分方程。

按照近代物理的观点,力是不能用物体的加速度来定义的,而是由相互作用物体之间单位时间转移动量多少来描述,即力

$$\boldsymbol{F} = \frac{\mathrm{d}(m\boldsymbol{v})}{\mathrm{d}t} = \frac{\mathrm{d}\boldsymbol{p}}{\mathrm{d}t}。 \tag{2-5}$$

不过在经典力学中,质量是不随运动状态改变的,这时(2-5)式与牛顿第二定律完全相同。对于高速运动的物体,其质量随运动速度而改变,牛顿第二定律不再适用,而(2-5)式仍然正确,所以我们可以把(2-5)式看成力的定义。

通过对两物体间相互作用的研究,牛顿指出,在物体 A 以力 $\boldsymbol{F}_A$ 对物体 B 作用的同时,物体 B 也以力 $\boldsymbol{F}_B$ 作用于物体 A。两作用力 $\boldsymbol{F}_A$ 与 $\boldsymbol{F}_B$ 总是大小相等,方向相反,

而且在一条直线上,即

$$F_A = -F_B \text{。} \tag{2-6}$$

(2-6)式也称为牛顿第三定律,它指出物体间的相互作用力是同时产生的,也同时消失。在分析复杂相互作用力时,利用它能帮助我们找出反作用力。

2.2 常见的力

用牛顿定律解决力学问题时首先遇到的是力的问题,自然界中常遇到的力有重力、弹力、摩擦力,下面就来对它们的特点进行分析。

2.2.1 重力

为了从理论上解释开普勒行星运动的三大定律,牛顿提出宇宙间任何物体之间存在万有引力,并指出质量为 m_1 与质量为 m_2 的两质点之间的万有引力由下面的式子决定:

$$F = -\frac{Gm_1m_2}{r^2}\frac{r}{r}, \tag{2-7}$$

式中,$G = 6.6720 \times 10^{-11} \text{ N·m}^2/\text{kg}^2$,称为引力常数。万有引力的方向总是指向施力物体。理论与实验都证明了牛顿的万有引力定律的正确性。

地球表面的物体无论静止还是运动,总会受到地球的万有引力,引力的方向指向地心。由于地球的自转,相对地面静止的物体实际上与地球一道绕地轴做圆周运动,有一向心加速度。如图 2-1 所示,引起物体做向心加速运动的力也是由地球的引力提供的。除地球引力的这一分力外,地球对物体引力的另一分力称为重力。

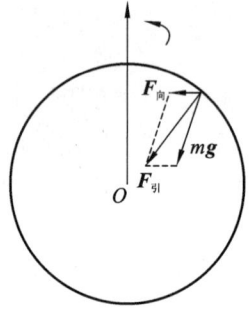

图 2-1 引力与重力

由于地球自转的角速度很小,在地面附近研究力学问题时对一些精度要求不高的问题,常作下面的近似处理:

(1) 不计地球自转的影响,并且将地球看成质量分布均匀的球体,认为重力大小就是地球对地球表面物体的万有引力。

(2) 对地面附近运动的物体,只要距离地面的高度远小于地球的半径,则可认为万有引力半径不变,总等于地球的半径,经过这样的简化后,重力的大小就是

$$F = \frac{GMm}{R_e^2} = mg, \tag{2-8}$$

式中,M 是地球的质量,R_e 是地球的半径,$g = \frac{GM}{R_e^2} \approx 9.8 \text{ m/s}^2$。重力的方向大致指向地心,但存在一个小的偏向角,这个偏向角与物体所在地理位置有关。

2.2.2 弹力

两物体相互接触时,两物体都会发生弹性形变。而形变的物体总企图恢复原状,因而彼此相互施加作用力,这种作用力称为弹力。例如,弹性绳子被拉长后企图恢复原长,因而绳子拉物体时绳子中的力就是弹力。又例如,把物体放在桌面上,桌子表面会被压凹,物体本身也因受力而变形,物体与桌面之间的力也是弹力。

实验证明,在一定范围(弹性范围)内,物体间的弹力与物体本身的弹性形变的大小成正比。对于弹性绳子或弹簧,弹力的大小遵从胡克定律

$$\boldsymbol{F} = -k\Delta\boldsymbol{r}, \tag{2-9}$$

式中,k 是劲度系数,Δr 是偏离平衡位置的位移(伸长量或者形变大小),负号表示力的方向与形变位移方向相反。

2.2.3 摩擦力

摩擦力的性质很复杂,至今还没有完全弄清楚,多数研究者认为摩擦力是由两物体接触面上分子之间的内聚力引起的。实际上两物体接触时,只有表面凸起的地方才有相对接触,而许多地方是不接触的。也就是说,实际的接触面积与物体的表面积是不一样的。实验结果表明,物体间的摩擦力确实与物体间的实际接触面积有关,与物体的表面积无关,而物体之间的实际接触面积与物质受到的正压力有关。实验还表明,摩擦力的方向总是沿物体的接触面的切线并且与物体相对运动的方向相反。

(1) 静摩擦力:当两相互接触的物体间有相对运动趋势时,它们的接触面上存在的摩擦力称为静摩擦力。静摩擦力的性质可以用实验演示出来。

如图 2-2 所示,当水平拉力 $\boldsymbol{F}$ 为零,物体相对桌面静止。逐渐增加拉力 $\boldsymbol{F}$,物体仍然静止,由牛顿第一定律知,此时水平方向 $F = f$(静摩擦力),这说明静摩擦力 f 在一定范围内可以自动调节其大小,保持与外力平衡。当拉力 $\boldsymbol{F}$ 超过一定大小时,物体开始滑动,这说明静摩擦力有一最大值。通常把最大限度的静摩擦力称为最大静摩擦力,实验上由经验公式描述最大静摩擦力:

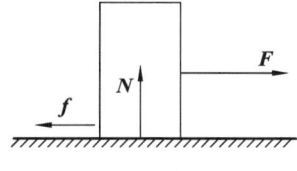

图 2-2 静摩擦力

$$f_{\text{静}} = \mu_s N, \tag{2-10}$$

式中，μ_s 为静摩擦系数，可由实验决定；N 为接触表面上受到的正压力。

（2）滑动摩擦力：当一物体在另一物体表面上运动时，两物体接触面上阻止物体相对滑动的摩擦力称为滑动摩擦力。其大小主要取决于接触面的光滑程度、物体的运动速度以及物体受到的正压力，用公式表示为

$$f_{\text{滑}} = \mu N, \tag{2-11}$$

式中，μ 为滑动摩擦系数，N 为接触面上的正压力。大家知道，推动静止的物体比较费力，而一旦推动之后，维持物体的运动就比较省力。这说明在同一条件下，滑动摩擦力小于最大静摩擦力。

（3）"湿摩擦"阻力：当物体在液体或气体中运动时也会遇到阻力，这种阻力称为介质的"湿摩擦"阻力。例如，你跑得越快，就会感觉到空气对你的阻力越大。"湿摩擦"阻力产生的原因与上面介绍的"干摩擦"阻力是不一样的，它是由气体或液体的黏性引起的。一般来说，物体在气体或液体中运动受到介质的"湿摩擦"阻力的大小与物体的运动速度有关。当物体运动速度比较小时，物体受到介质的"湿摩擦"阻力近似地与相对运动速度成比，其方向与运动速度方向相反，即

$$\boldsymbol{f} = -c_1 \boldsymbol{v}, \tag{2-12}$$

式中，c_1 与物体的形状有关，对同一物体可视为常数，负号表示阻力的方向总与速度的方向相反。

当物体相对介质的运动速度较大时，它受到的"湿摩擦"阻力的大小近似地与相对运动速度平方成正比，即

$$f = c_2 v^2, \tag{2-13}$$

式中，系数 c_2 与运动物体的形状有关。

除了上面常见的力外，在实际问题中还会遇到其他一些类型的力。总体来说，力可能是位置、速度、时间的函数。例如，万有引力、弹性力是相对位置的函数，"湿摩擦"阻力是速度的函数，受迫振动中的周期性外力、交变电场对带电粒子的作用力都是时间的函数。

2.3 牛顿定律的应用

原则上讲，运用牛顿三大定律加上适合的初始条件可以求解所有质点动力学问题。但对具体情况来说，求解牛顿动力学方程并不是一件十分容易的事。质点动力学要解决的基本问题大致有两类：一类是已知质点的运动情况（如速度、加速度、轨道等），求解引起质点做某种特点运动时受到的外力，也称为第一类质点动力学问题。解决此类问题的数学工具相对简单，基本不需要解微分方程，只用简单的积分方法就可以了。第二类质点动力学问题是已知作用在质点上的力和初始条件，求解质点运动规律（运动学方程）。处理这类问题的数学工作相对难度要高一些，本书只介绍能用简单

微积分法求解的部分。

不管是第一类还是第二类质点动力学问题,均可参照下面的方法与步骤进行。

(1) 隔离被研究的物体,分析其受力情况,画出物体受力草图。在实际问题中常常是许多物体联系在一起的,这些物体彼此之间的相互作用情况可能很复杂。首先要把被研究的物体与其他物体分开,便于对其进行研究,这种方法称为"隔离体法"。所谓"隔离体法"并不是简单地把被研究的物体孤立起来,而是把外界和它的关系通过对它的作用力反映出来,在此基础上写出被隔离物体受到几个力的作用,以及每一个力的大小、方向。

(2) 根据实际情况选择坐标系,建立质点的动力学方程。这包括两层含义:其一,因为牛顿定律只对惯性参照系成立,故尽量不要选择加速运动的物体作为参照系。其二,对物体运动情况加以分析,选取适当坐标系,可以使牛顿定律相对容易求解。在运用牛顿定律建立动力学方程时应注意,当对力、速度、加速度等矢量投影时,若它们的方向与坐标轴正方向一致,取正号,否则取负号。

(3) 求解牛顿定律在坐标系中的分量式。在求解这些分式方程时常常会遇到一些积分常数,这些常数的值必须通过质点运动过程中的某些特定值(初始条件)来确定,如 $t = t_0$ 时质点处于的位置与速度就是一个初始条件。另外,当方程过于复杂时,为抓住问题的主要方面,也常常采用近似法。

(4) 对结果进行讨论。做这一步的目的主要是分析计算结果的物理意义。另外,有些解在数学上是成立的,但在实际问题中是没有意义的或不可能的,这样的解应当舍去。

下面就是牛顿定律应用的几个例子。

例 2-1 今以一力 F 阻止物体从斜面上下滑,斜面的倾角为 θ,物体质量为 m,物体与斜面的摩擦系数为 μ_s,问:阻止物体下滑的力 F 与斜面成多大角度时所需的力最小?

解 (1) 隔离被研究物体 m,分析其受力,如图 2-3 所示。

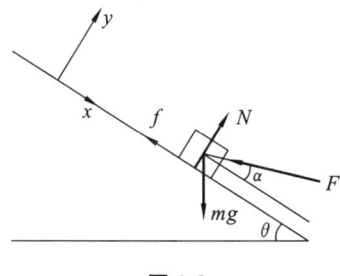

图 2-3

(2) 沿斜面而选取直角坐标系,建立牛顿定律的分量式:
$$mg\sin\theta - F\cos\alpha - \mu_s N = 0,$$

$$N - F\sin\alpha - mg\cos\theta = 0。$$

(3) 解方程。由上面两式消去 N，得

$$F = mg\,\frac{\sin\theta - \mu_s\cos\theta}{\cos\alpha + \mu_s\sin\alpha}。$$

分析：分子为定数，只有当分母 $\cos\alpha + \mu_s\sin\alpha$ 取得最大值时 F 最小。由数学理论知，分母的极大值满足

$$(\cos\alpha + \mu_s\sin\alpha)' = 0，$$

或

$$-\sin\alpha + \mu_s\cos\alpha = 0，$$

由此求得

$$\tan\alpha = \mu_s。$$

(4) 讨论：因为夹角 α 满足上式时分母取极大值，所以，力 F 与斜面间夹角 α 满足上式时所需的力 F 最小。如果没有仔细思考，仅凭直觉很可能误认为，F 沿斜面向上（$\alpha = 0$）时，使物体不下滑时所需的力 F 最小，因而得出 $F = mg\sin\theta$ 这样的错误结论。

例 2-2　有一长为 R 的细绳，一端固定在 O 点，另一端系一质量为 m 的小球。令小球绕 O 点在铅直面内做圆周运动，小球在最高点时，若绳子中的张力为零但小球不下落，其速度为多大？以此为初始条件，求轨道上各位置的速度与绳子中的张力。

解　小球在最高点的受力分析如图 2-4(a) 所示，由于质点运动轨道已知，本题选择自然坐标方便一些。因小球最高点处绳中张力 $T = 0$，法向动力学方程为

$$mg = m\frac{v_o^2}{R},$$

所以，最高点的速度 $v_o^2 = Rg$（初始条件）。

分析运动过程受力如图 2-4(b) 所示。

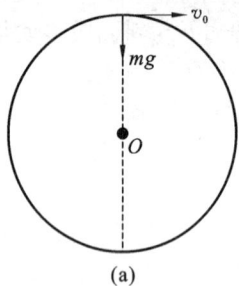
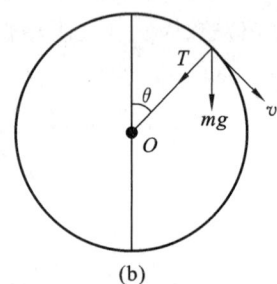

图 2-4

建立切向与法向动力学方程：

$$mg\sin\theta = ma_t = m\frac{\mathrm{d}v}{\mathrm{d}t},\qquad ①$$

$$T + mg\cos\theta = ma_n = m\frac{v^2}{R}。\qquad ②$$

第 2 章 质点动力学

解方程：

利用
$$\frac{\mathrm{d}v}{\mathrm{d}t} = \frac{\mathrm{d}v}{\mathrm{d}\theta} \cdot \frac{\mathrm{d}\theta}{\mathrm{d}t} = \omega \frac{\mathrm{d}v}{\mathrm{d}\theta} = \frac{v}{R} \frac{\mathrm{d}v}{\mathrm{d}\theta},$$

代回方程 ① 得到
$$v \frac{\mathrm{d}v}{\mathrm{d}\theta} = gR\sin\theta,$$

或者
$$v\mathrm{d}v = gR\sin\theta\mathrm{d}\theta。$$

两边同时积分后，得
$$v^2 = -2gR\cos\theta + c,$$

利用初始条件：$\theta = 0$ 时，$v^2 = v_0^2 = gR$，得 $c = 3Rg$，

最后得到
$$v^2 = Rg(3 - 2\cos\theta)。$$

将上式代回方程 ②，可得绳中张力
$$T = \frac{mv^2}{R} - mg\cos\theta = mg(3 - 2\cos\theta) - mg\cos\theta = 3mg(1 - \cos\theta)。$$

讨论：最低点 $\theta = \pi$，张力 T 最大，为 $6mg$；最高点 $\theta = 0$，张力最小，$T = 0$。

例 2-3 质量为 m 的物体在涂油的平地上滑行，若物体的初速度为 v_0，受到油面的摩擦力 $f = -av$（a 为常数），求物体能滑过的最远距离。

解 设物体沿 x 轴方向运动，$t = 0$ 时位于坐标原点，速度为 v_0。由牛顿第二定律，得
$$-av = m\frac{\mathrm{d}v}{\mathrm{d}t} = m\frac{\mathrm{d}v}{\mathrm{d}x} \cdot \frac{\mathrm{d}x}{\mathrm{d}t} = mv\frac{\mathrm{d}v}{\mathrm{d}x},$$

即
$$-\frac{a}{m} = \frac{\mathrm{d}v}{\mathrm{d}x} \quad \text{或} \quad \mathrm{d}v = -\frac{a}{m}\mathrm{d}x。$$

两边同时积分后，得
$$v = -\frac{a}{m}x + c,$$

利用初始条件：$x = 0$ 时，$v = v_0$，得 $c = v_0$，故解为
$$x = \frac{m}{a}(v_0 - v)。$$

当物体静止时，$v = 0$，$x_{\max} = \frac{m}{a}v_0$ 就是物体能走过的最大距离。

例 2-4 物体沿 x 轴做直线运动。$t = 0$ 时，物体位于 $x = A$ 处，且速度为零。物体受到一随时间做周期变化的外力 $F = -mA\omega^2\cos\omega t$ 作用，其中，m 为物体质量，A,ω 为常数，求物体的运动学方程。

解 将牛顿第二定律
$$-mA\omega^2\cos\omega t = m\frac{\mathrm{d}v}{\mathrm{d}t}$$

改写成
$$dv = -A\omega^2 \cos\omega t \, dt,$$
两边同时积分,得
$$v = -A\omega \sin\omega t + c,$$
当 $t = 0$ 时,$v = 0$,故 $c = 0$。

利用速度定义,得
$$v = \frac{dx}{dt} = -A\omega \sin\omega t,$$
改写成
$$dx = -A\omega \sin\omega t \, dt,$$
两边同时积分,得
$$x = A\cos\omega t + c',$$
利用初始条件:当 $t = 0$ 时,$x = A$,得 $c' = 0$,最后得到运动学方程为
$$x = A\cos\omega t。$$

2.3.1 牛顿定律的适用范围

按照狭义相对论的理论,在描述物体高速运动时牛顿定律不再适用。这是因为,当物体速度接近光速时,其质量发生显著变化,而牛顿理论认为物体的质量是描述物体惯性大小的量,是不变量。从时间与空间的观点上看,狭义相对论认为:对于高速运动的物体,时间与空间是不可分割的,它们是关联在一起的物理量;而牛顿力学认为:时间与空间是互不联系的两个独立概念。现代物理学证实,在物体高速运动时,狭义相对论的理论是正确的,牛顿力学在物体速度与光速相差不很大的情况下已不能正确地描述物体的运动。现代物理学还证明,对微小的粒子,即对分子、原子尺度大小的粒子,牛顿力学也不能很好地描述粒子的运动规律。这是因为微观物体除了粒子性的一面外还有波动性的一面,称为波粒二象性。因此,从本质上说,把微观物体简单地看成质点是不对的。微观粒子的运动规律要用量子理论来描述,才能得到圆满的解释。但是,在物体速度不是高速(相比光速),其尺寸远远大于分子、原子尺度的情况下,用牛顿定律描述物体的运动规律还是足够精确的。

2.4 抛体运动

上一节讨论了牛顿定律在一维问题中的应用,这一节我们以抛体运动为例,探讨用牛顿定律求解物体在二维空间运动的一般方法,以及如何将复杂运动分解成简单运动的合成,了解运动叠加原理的要点。为讨论方便,讨论中忽略空气阻力。

2.4.1 无空气阻力的抛体运动

假定物体以初速度 v_0 从坐标原点相对地面以仰角 θ 被斜向上抛出,如图 2-5 所示。

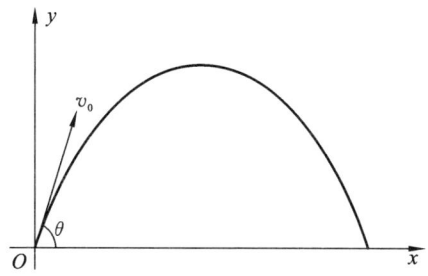

图 2-5　抛体运动

选择 x 轴沿水平方向，y 轴垂直地面向上。按照牛顿第二定律，在直角坐标系中的分量式为

$$F_x = m\frac{\mathrm{d}v_x}{\mathrm{d}t} = 0, \tag{2-14}$$

$$F_y = m\frac{\mathrm{d}v_y}{\mathrm{d}t} = -mg. \tag{2-15}$$

由于 x 方向没有外力作用，从方程(2-14)知 v_x 是一常数，既然抛出时沿 x 方向的分速度为 $v_0\cos\theta$，那么这一速度不会变化，即方程(2-14)的解为

$$v_x = v_0\cos\theta, \tag{2-16}$$

这表明，物体在水平方向是做匀速直线运动。将(2-15)式改写成

$$\mathrm{d}v_y = -g\mathrm{d}t,$$

两边同时积分，并利用初始条件得到

$$v_y - v_{y0} = -gt,$$

或者

$$v_y = v_0\sin\theta - gt. \tag{2-17}$$

这表明，物体沿 y 轴方向做匀加速运动，加速度为 $-g$。由此我们得到结论：在忽略空气阻力的情况下，抛体运动可以看成水平方向的匀速直线运动与竖直方向的匀加速直线运动的叠加。这并不是一种巧合，经过长期的观察与研究，人们早已认识到，一些复杂的运动总可以看成由几个简单独立运动叠加而成。反过来，若已知一个复杂运动是由哪些简单独立运动叠加而成，那么这个复杂运动的规律就是这几个简单独立运动规律的合成。无空气阻力的抛体运动就是这样一种运动，它可视为由水平方向的匀速直线运动与竖直方向上重力引起的匀加速运动叠加而成。

为了得到抛体运动的运动学方程，只需要将(2-16)式及(2-17)式改写成

$$v_x = \frac{\mathrm{d}x}{\mathrm{d}t} = v_0\cos\theta, \quad v_y = \frac{\mathrm{d}y}{\mathrm{d}t} = v_0\sin\theta - gt,$$

然后两边乘以 $\mathrm{d}t$，积分后便得到运动学方程

$$x = v_0 t\cos\theta, \tag{2-18}$$

$$y = v_0 t\sin\theta - \frac{1}{2}gt^2, \tag{2-19}$$

这里已利用了初始条件确定出不定积分中常数。抛体运动的轨道可以从上面两式消去时间 t 得到，结果为

$$y = x\tan\theta - \frac{gx^2}{2v_0^2\cos^2\theta}。 \quad (2\text{-}20)$$

由此看出，抛体运动的轨道是一条抛物线。在(2-20)式中，令 $y = 0$，可得到抛体的射程

$$x = \frac{v_0^2}{g}\sin 2\theta。 \quad (2\text{-}21)$$

从上式不难看出，抛体的射程由初速度以及抛射角 θ 确定。对于相同的初速度，当抛射角 $\theta = 45°$ 时，射程最远。

2.4.2 实际的抛体运动

实际的抛体运动问题中，空气阻力是存在的。假定空气阻力与质点运动速度的一次方成正比($-cv$)，我们仍可用上面的方法来求解牛顿定律的分量式，有兴趣的同学可以去解这组方程。这里我们仅给出一些空气阻力下抛体运动的特点。

(1) 有空气阻力时，抛体运动的初速度对射程有很大的影响，初速度越大，对射程的影响越大。例如，加农炮的理论射程（按无阻力抛体计算）可达 46 km，由于空气阻力的作用，实际射程仅在 13 km 左右。

(2) 在平地上抛出物体时，有空气阻力与无阻力相比，抛体在空间飞行的时间相差不大，相对于对射程的影响来说，空气阻力对抛体飞行时间的影响很小。

(3) 当空气阻力为 $-cv$ 时，理论上水平射程不会超过 $\frac{cv_x}{m}$，这里 c 为阻力系数，m 为抛体质量，两种模型的轨道比较如图 2-6 所示。

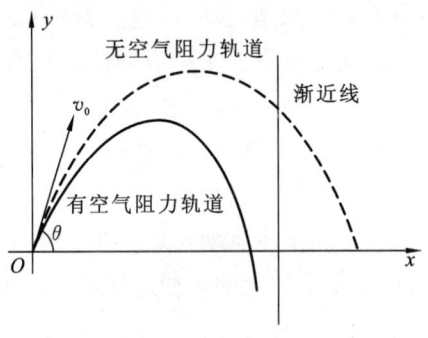

图 2-6

例 2-5 泥块从转动着的轮边缘飞出，如果轮子转动的角速度为 ω，轮子半径为 R，轮子以速度 $v = \omega R$ 在水平地面上前进，试求泥块能到达的最大高度。

解 如图 2-7 所示，以匀速运动的轮子为参照系，当泥块脱离轮边缘后，开始做抛体运动，抛体的初速度为 ωR。以轮心为坐标原点，设泥块飞出时与竖直轴的夹角为

θ(等于抛出时的仰角)。

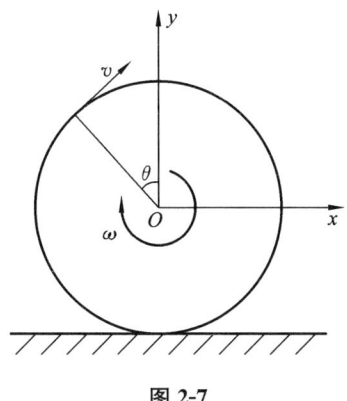

图 2-7

由题意知，y 方向初速度 $\omega R\sin\theta$，按照抛体运动速度公式
$$v_y = \omega R\sin\theta - gt,$$
上升到最高点时条件为 $v_y = 0$，由此求得达到最高点需要的时间为
$$t = \frac{\omega R\sin\theta}{g}.$$

从图 2-7 可以看出，θ 处泥块上升的高度为
$$y' = R + R\cos\theta + \omega R\sin\theta \cdot t - \frac{1}{2}gt^2,$$
将达到最大高度需要的时间代入上式，得到
$$y' = R + R\cos\theta + \frac{\omega^2 R^2}{2g}\sin^2\theta, \qquad ①$$

由此看出，轮子边缘不同处，泥块上升的高度是不一样的，上升高度是随着 θ 值不同而变化的。所以，要求上升的最大高度值，即需要求 y' 的极大值。令 $\dfrac{\mathrm{d}y'}{\mathrm{d}\theta} = 0$，求得
$$-R\sin\theta + \frac{\omega^2 R^2}{g}\sin\theta\cos\theta = 0,$$
由上式求得 θ 满足下式的地方泥块飞行的高度最高
$$\cos\theta = \frac{g}{\omega^2 R},$$
将上面的值代回 ① 式，求得最大高度为
$$y'_{\max} = R + \frac{g}{2\omega^2} + \frac{\omega^2 R^2}{2g}.$$

2.5 动量与动量定理

2.5.1 质点动量定理

牛顿第二定律指出，物体受外力作用后会产生加速度，力与速度之间的关系是瞬

时对应的,当外力变化时,物体的加速度也随之改变。物理学中,我们也常常关心外力作用在物体上一段时间后,物体运动状态会发生什么样的变化?这类问题称为力作用的时间累积效应。

假定物体质量为 m,初速度为 $\boldsymbol{v}_0$,受到一随时间变化的外力作用。把牛顿第二定律改写成

$$\boldsymbol{F}\mathrm{d}t = \mathrm{d}(m\boldsymbol{v}), \tag{2-22}$$

将上式两边同时积分,得到

$$\int_0^t \boldsymbol{F}\mathrm{d}t = \int_{v_0}^v \mathrm{d}(m\boldsymbol{v}) = m\boldsymbol{v} - m\boldsymbol{v}_0, \tag{2-23}$$

等式左边反映了力作用的时间累积效果,称为冲量。冲量是一矢量,在国际单位制中冲量的单位为 N·s。

等式右边的量 $m\boldsymbol{v}$ 称为物体的动量,它是描述物体运动状态的力学量。(2-23)式称为动量定理,它表明在一段时间内作用在物体上的冲量,等于在这一段时间内物体动量的改变量。显然,在直角坐标系中动量定理的分量式为

$$\int F_x \mathrm{d}t = mv_x - mv_{x0},$$

$$\int F_y \mathrm{d}t = mv_y - mv_{y0}, \tag{2-24}$$

$$\int F_z \mathrm{d}t = mv_z - mv_{z0}.$$

由动量定理看出,如果外力作用的时间很短,但物体的动量却发生了明显的变化,这时外力必定很大,这样的外力称为冲力,如图 2-8 所示。

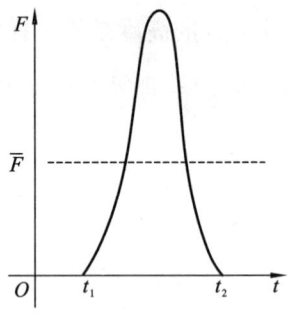

图 2-8　冲力

实际应用动量定理时,有两点应引起注意:其一,若在一段时间内外力变化不容易确定(如打夯、冲击过程),常常采用平均冲击力来计算冲量,这时动量定理可简化为

$$\int_0^t \boldsymbol{F}\mathrm{d}t = \overline{\boldsymbol{F}}\Delta t = m\boldsymbol{v} - m\boldsymbol{v}_0. \tag{2-25}$$

其二,在物体受冲击的瞬间,由于物体受到的其他一些恒定力(如重力)比冲击力小许多,计算时可以忽略不计。

例 2-6 一物体开始静止在光滑的平面上，在 $t = 0$ 时受到随时间变化的水平外力作用。设外力沿 x 轴方向，大小为 $F = ct$（c 为常数）。求速度和位移随时间变化的规律，并求 $t = 6\text{ s}$ 时物体的位置与速度。

解 由动量定理，得
$$\int_0^t F \mathrm{d}t = mv - 0,$$
将 $F = ct$ 代入上式，得速度变化规律为
$$v = \frac{1}{m} \int_0^t ct \, \mathrm{d}t = \frac{c}{2m} t^2 \text{。}$$
再由速度定义
$$v = \frac{\mathrm{d}x}{\mathrm{d}t} = \frac{c}{2m} t^2,$$
得到
$$\int_0^x \mathrm{d}x = \frac{c}{2m} \int_0^t t^2 \, \mathrm{d}t,$$
完成积分后得到运动学方程
$$x = \frac{c}{6m} t^3,$$
所以，当 $t = 6\text{ s}$ 时，
$$x = \frac{c}{6m} t^3 = \frac{36c}{m},$$
$$v = \frac{c}{2m} \times 6^2 = \frac{18c}{m} \text{。}$$

通过这个例子可以看出，如果外力随时间变化，应用动量定律求解动力学问题比直接应用牛顿定律求解方便得多。

2.5.2 质点系的动量定理

现在考查由 n 个质点组成的系统。我们把系统内每个质点的动量之和称为系统的动量，即系统的动量为
$$\boldsymbol{p} = \sum_i^n m_i \boldsymbol{v}_i \text{。} \tag{2-26}$$

如图 2-9 所示，我们把系统的第 i 个质点受到系统外部的力称为外力，记为 $\boldsymbol{F}_i$，而系统内第 i 个质点受系统内第 j 个质点的力称为内力，记为 $\boldsymbol{F}_{ij}$。

由于内力总是成对出现，并且质点间的相互作用力总是大小相等、方向相反，因此，第 i 个质点受第 j 个质点的力 $\boldsymbol{F}_{ij}$ 总是与第 j 个质点受第 i 个质点的力大小相同、方向相反，总有
$$\boldsymbol{F}_{ij} = -\boldsymbol{F}_{ji} \text{。} \tag{2-27}$$

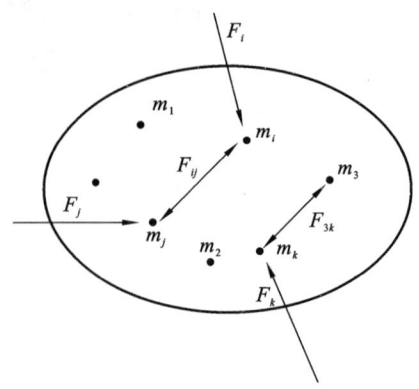

图 2-9 外力与内力

对第 i 个质点来说，动量定理

$$\int_0^t \left(\boldsymbol{F}_i + \sum_j \boldsymbol{F}_{ij} \right) \mathrm{d}t = m_i \boldsymbol{v}_i - m_i \boldsymbol{v}_{i0}$$

成立。将上式对系统内所有质点求和得到

$$\int_0^t \left(\sum \boldsymbol{F}_i + \sum_{ij} \boldsymbol{F}_{ij} \right) \mathrm{d}t = \sum m_i \boldsymbol{v}_i - \sum m_i \boldsymbol{v}_{i0},$$

由于系统内部所有内力的和为零，于是简化成

$$\int_0^t \boldsymbol{F} \mathrm{d}t = \int_0^t \sum \boldsymbol{F}_i \mathrm{d}t = \sum m_i \boldsymbol{v}_i - \sum m_i \boldsymbol{v}_{i0} = \boldsymbol{p} - \boldsymbol{p}_0 。 \tag{2-28}$$

上式就是质点组的动量定理，可表述为：系统受到外力的总冲量等于整个系统动量的改变量，且与系统的内力无关。从上面的分析可以看出，系统的总动量只能因外力而改变，系统内力虽然可以改变单个质点的动量，但不能改变系统的总动量。

一个特别重要的情况是不受外力的孤立系统，这样的系统受到外冲量为零。由动量定理得到

$$\boldsymbol{p} - \boldsymbol{p}_0 = 0, \quad 即 \quad \boldsymbol{p} = \boldsymbol{p}_0, \tag{2-29}$$

这就是孤立系统的动量守恒定律。它表明孤立系统内每个质点动量都可以发生变化，动量可以从一个质点转移到另一质点，但在转移过程中，动量既不会产生，也不会消失，系统的总动量是守恒的。

在实际问题中，质点系完全不受外力的情况是少见的。如果作用在质点系上的外力沿某个方向的分量为零，那么由动量定理知道，系统总动量沿外力为零的方向是不变的，在这种情况下质点系的总动量不一定守恒。

例 2-7 水平光滑轨道上有一小车，长度为 L，质量为 M。车的一端有一个质量为 m 的人，人和车起初都静止不动。现人从车的一端运动到另一端，求人及车相对地面移动的距离。

解 将人与车看成一个系统，因水平方向外力为零，故系统沿水平方向动量守

恒。设用 v 和 V 分别表示人及车相对地面的速度，则由动量守恒定律

$$mv + mV = 0$$

求得车的速度为

$$V = -\frac{m}{M}v。$$

由相对运动的理论知道，人相对车的速度为

$$v' = v - V = \frac{M+m}{M}v,$$

人走过车长 L 所需时间为

$$t = \frac{L}{v'} = \frac{ML}{(M+m)v},$$

这段时间内，人相对地面移动的距离为

$$x = vt = \frac{ML}{M+m},$$

车相对地面移动的距离为

$$X = |V|t = \frac{mL}{M+m}。$$

2.6 动能与动能定理

2.6.1 功及功率

物理学中除了研究力作用的时间累积效果以外，在许多情况下还要考查力作用在物体上，经过一段空间位移后，物体的运动状态发生什么样的变化。这类问题称为力作用的空间累积效应。

假定物体沿如图 2-10 所示的轨道运动。物体在 a 点的速度为 $\boldsymbol{v}_a$，经过曲线 c 到达 b 点时速度为 $\boldsymbol{v}_b$，由于整个运动过程中受到的力 $\boldsymbol{F}$ 是可以变化的，因此我们必须把 $\overset{\frown}{ab}$ 分成许多小段的 $\mathrm{d}\boldsymbol{r}_i$，每段足够小，以致每小段可以看成直线，同时，每小段内的外力 $\boldsymbol{F}_i$ 也可看成是不变的。

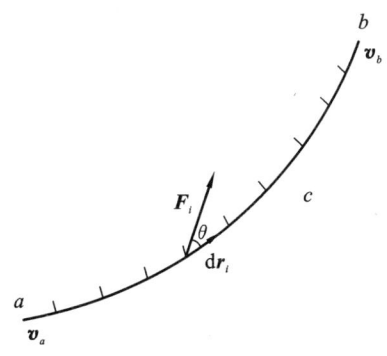

图 2-10 功的定义

我们定义每小段上外力 F_i 做的元功为

$$dw = F_i \cdot dr_i = F_i dr \cos\theta, \qquad (2\text{-}30)$$

用文字表示就是：元功等于沿位移方向的力乘以这小段位移。显然，质点从 a 点运动到 b 点的过程中，外力所做的总功就是每小段上做的元功之和，即

$$A = \int dw = \sum F_i \cdot dr_i = \int_{ab} F \cdot dr, \qquad (2\text{-}31)$$

从上式看出，功是用来反映力作用的空间累积效应。

在直角坐标系中

$$F = F_x i + F_y j + F_z k,$$
$$dr = dx i + dy j + dz k,$$

功的表达式为

$$A = \int_{ab} F \cdot dr = \int_{ab} F_x dx + F_y dy + F_z dz \qquad (2\text{-}32)$$

功是标量，其单位为焦耳（J）。若有几个力同时对一物体做功，那么合力做的功就是每个分力做的功之和，即

$$A = \sum_i A_i = \sum \int_{ab} F_i \cdot dr_0 \text{。} \qquad (2\text{-}33)$$

从上面的讨论看出，一般来说外力做功与物体经过的路径有关，这也是通常计算外力做功的不便之处，数学上把(2-33)式的积分称为路径积分，它不同于普通的定积分。但是，对于某些特殊的运动，如直线运动以及后面讨论的保守力场中质点运动，路径积分可化为定积分，这时做功计算变得简单，这也是本书讨论的重点。

单位时间内做功的多少称为功率。由于在 Δt 时间内做的元功为 $F \cdot \Delta r$，所以，功率可表示为

$$P = \lim_{\Delta t \to 0} \frac{F \cdot \Delta r}{\Delta t} = F \cdot \lim_{\Delta t \to \infty} \frac{\Delta r}{\Delta t} = F \cdot v \text{。} \qquad (2\text{-}34)$$

功率是标量，表示做功的快慢，国际单位制中功率的单位为 J/s。

例 2-8 物体沿 x 轴运动时，受到外力 $F = 5x$ 作用，其中，F 以牛顿为单位，x 以米为单位。求从 $x = 0$ 到 $x = 2$ 这段路径上外力做的功。

解 由功的定义（直线运动，化为定积分）

$$A = \int_{ab} F \cdot dr = \int_0^2 F dx = \int_0^2 5x dx = \frac{5}{2} x^2 \Big|_0^2 = 10 \text{ (J)} \text{。}$$

2.6.2 动能与动能定理

还是假定质点沿着图 2-10 所示的轨道从 a 点运动到 b 点，整个过程中牛顿第二定律成立。选取自然坐标系，将牛顿第二定律写成分量式

$$F_t = m \frac{dv}{dt},$$

$$F_n = m\frac{v^2}{\rho}。$$

注意到质点在轨道上运动时只有切向力做功,因为在每点上法向力与该处的位移垂直,是不做功的,所以,讨论做功时仅需讨论切向方程。将切向方程改写成

$$F_t = m\frac{dv}{ds} \cdot \frac{ds}{dt} = mv\frac{dv}{ds},$$

故有
$$F_t ds = mv dv。$$

利用初始条件两边同时积分得

$$A = \int_{ab} \boldsymbol{F} \cdot d\boldsymbol{r} = \int_{ab} F_t ds = m\int_{v_0}^{v} v dv = \frac{1}{2}mv^2 - \frac{1}{2}mv_0^2, \tag{2-35}$$

式中,$\frac{1}{2}mv^2$ 称为质点运动的动能,其单位同样为焦耳。(2-35)式称为动能定理。它可表述为:外力对质点所做的功等于质点动能的改变量,即质点的动能是靠外力做功改变的。动能与功有相同的单位,但它们是两个不同性质的物理量。动能是由速度决定的,因而是描述运动状态的量;功是针对整个运动过程的,是一个过程量。功的计算要比动能计算复杂许多。

在动能定理中当功 $A > 0$,表示外力对质点做正功,质点的动能增加。若 $A < 0$,表示外力对质点做负功,质点损失动能,这时也可以说质点对外界做了功。总体来说,功是动能转化多少的一种量度。

例 2-9 设小球沿 x 轴运动,经过坐标原点时速度为 2 m/s,这时突然对小球施加一个外力,其大小为 $F = 6x$,方向沿小球的运动方向。当球运动到 $x = 2$ m 处时速度变化多少?已知小球的质量为 2 kg。

解 本题用动能定理比直接解牛顿定律简单。

从 $x = 0$ 到 $x = 2$ m,外力做功

$$A = \int_0^2 F_x dx = \int_0^2 6x dx = 3x^2 \big|_0^2 = 12 \text{ (J)}。$$

由动能定理

$$A = \frac{1}{2}mv^2 - \frac{1}{2}mv_0^2$$

得到
$$\frac{1}{2} \times 2v^2 = A + \frac{1}{2}mv_0^2 = 12 + \frac{1}{2} \times 2 \times 2^2 = 16 \text{ (J)},$$

所以
$$v = 4 \text{ (m/s)}。$$

讨论:能用动能定理进一步求出该题中的运动学方程吗?想一想如何求?

2.6.3 质点系动能定理

同 2.5.2 中类似,如果质点系由 n 个质点组成,用 A_i 表示系统外力对系统内第 i 个质点做的功,用 A_{ij} 表示系统内第 j 个质点对系统内第 i 个质点做的功(内力做功)。对第 i 个质点来说,动能定理成立:

$$A_i + \sum_j A_{ij} = \frac{1}{2} m_i v_i^2 - \frac{1}{2} m_i v_{i0}^2,$$

将上式对质点系内所有的质点求和得

$$\sum_i A_i + \sum_{ij} A_{ij} = \frac{1}{2} \sum_i m_i v_i^2 - \frac{1}{2} \sum_i m_i v_{i0}^2, \tag{2-36}$$

这就是质点系的动能定理。应该注意,虽然内力总是成对出现,而且大小相等、方向相反,但是由于功是标量,通常第 i 个质点对第 j 个质点所做的功是不能被第 j 个质点对第 i 个质点所做的功相抵消的。例如,两物体之间相互摩擦时,摩擦力对两物体所做的功都是负功,不可相互抵消。

引入下面两个定义:

(1) 一个系统的总动能等于这个系统内每个质点的动能之和,即

$$E_k = \frac{1}{2} \sum m_i v_i^2。$$

(2) 系统外(内)力所做的总功为每个外(内)力做功之和,即

$$\sum_i \int \boldsymbol{F}_i \cdot \mathrm{d}\boldsymbol{r}_i = \sum A_i = A,$$

$$\sum_{ij} \int \boldsymbol{F}_{ij} \cdot \mathrm{d}\boldsymbol{r} = \sum_{ij} A_{ij} = A'。$$

于是,质点系动能定理可以写成更简洁的形式:

$$A + A' = E_k - E_{k0}。 \tag{2-37}$$

上式表明,系统内力与外力做的总功等于系统动能的改变量。这一结论称为系统的动能定理。

例 2-10 质量为 M 的卡车载有一质量为 m 的木箱,以速度 v 沿平直路面行驶。卡车因故突然急刹车在路面上滑行一段距离 L 后静止,木箱相对卡车向前滑动了 l 距离。已知卡车与木箱间的摩擦系数为 μ_1,求:

(1) 卡车滑动的距离 L。

(2) 卡车与地面的摩擦系数 μ_2。

解 (1) 将木箱作为研究对象,由质点动能定理,有

$$-f(L+l) = -\mu_1 mg(L+l) = 0 - \frac{1}{2} mv^2,$$

由此求得

$$L = \frac{v^2}{2\mu_1 g} - l。 \qquad ①$$

(2) 将木箱与车看成一个系统,则内外力做功别为

$$\sum A_{外} = -\mu_2 (M+m)gL,$$

$$\sum A_{内} = -\mu_1 mgl。$$

由质点系动能定理,得

第 2 章 质点动力学

$$-\mu_2(M+m)gL - \mu_1 mgl = 0 - \frac{1}{2}(M+m)v^2,$$

从 ① 式中求出 $v^2 = 2\mu_1 g(L+l)$，代入上式，求得

$$\mu_2 = \left[1 + \frac{Ml}{(m+M)L}\right]\mu_1.$$

2.7 保守力与势能

2.7.1 保守力

如果力只是坐标位置的函数，空间每一点都有一个力的作用，我们把这样的空间称为力场。如果质点在这样的力场中运动时，力场做功与质点所经过的实际路径无关，只与质点运动的起点与终点的位置有关，我们就把这样的力场称为保守力场，对应的力称为保守力。

如图 2-11 所示，设想质点在外力场中从 a 点运动到 b 点可以沿三条不同的路径 L_1, L_2, L_3，当质点沿这三条不同路径从 a 点运动到 b 点时，外力做的功都相同，那么外力就是一个保守力。物理学中把不是保守力的其他力统称为非保守力。

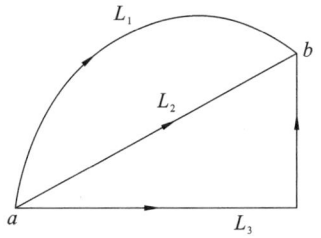

图 2-11 保守力场

保守力的上述特点还可以进一步抽象。设想质点从 a 点沿曲线 L_1 运动到 b 点，然后沿曲线 L_3 从 b 点回到 a 点，这样，质点轨道是闭合的。如果外力是保守力，那么沿闭合轨道做功

$$\oint \boldsymbol{F} \cdot \mathrm{d}\boldsymbol{r} = \int_a^b \boldsymbol{F} \cdot \mathrm{d}\boldsymbol{r} + \int_b^a \boldsymbol{F} \cdot \mathrm{d}\boldsymbol{r} = \int_a^b \boldsymbol{F} \cdot \mathrm{d}\boldsymbol{r} - \int_a^b \boldsymbol{F} \cdot \mathrm{d}\boldsymbol{r} = 0, \tag{2-38}$$

结果表明，保守力沿任意闭合路径做功为零。下面就来分析常见的保守力。

(1) 重力

设质量为 m 的质点沿曲线 c 从 a 点运动到 b 点，如图 2-12 所示，现在考查重力做功。

在直角坐标系中，

$$A = \int_a^b F_x \mathrm{d}x + F_y \mathrm{d}y + F_z \mathrm{d}z,$$

在仅考虑重力做功情况下，

$$F_z = -mg, \quad F_x = F_y = 0,$$

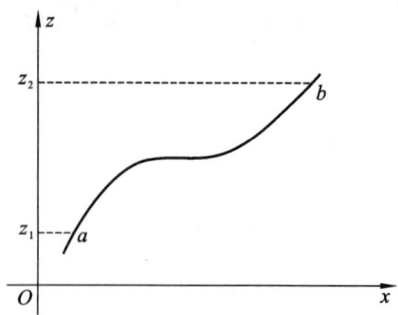

图 2-12 重力做功

所以，

$$A = \int_a^b -mg\,dz = -mg\int_{z_a}^{z_b} dz = -mg(z_b - z_a)。 \tag{2-39}$$

计算结果表明，重力做功与轨道 c 的形状没有关系，只与起点 z_a 与终点 z_b 的位置有关。由此可以推断，重力是保守力。

(2) 万有引力

设质量为 M 的质点位于坐标原点静止不动，另一质量为 m 的质点在 M 的引力作用下沿曲线 c 从 a 点运动到 b 点，如图 2-13 所示。

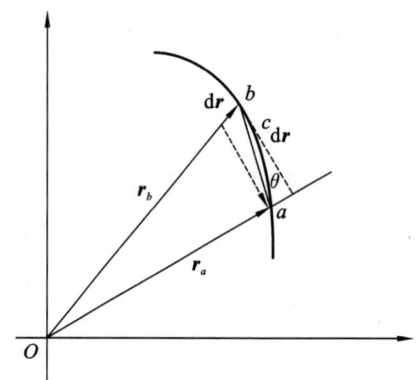

图 2-13 万有引力做功

在此过程中，引力为

$$\boldsymbol{F} = -\frac{GMm}{r^2}\frac{\boldsymbol{r}}{r},$$

由定义，引力做功为

$$A = \int_a^b dA = \int_a^b \boldsymbol{F}\cdot d\boldsymbol{r} = -\int_a^b \frac{GMm}{r^2}\frac{\boldsymbol{r}}{r}\cdot d\boldsymbol{r} = -\int_a^b \frac{GMm}{r^2}dr = GMm\left(\frac{1}{r_b} - \frac{1}{r_a}\right)。 \tag{2-40}$$

由此可见，万有引力做功也仅与质点起点位置 r_a 与终点位置 r_b 有关，而与实际通过什么路径无关。当质点沿一闭合路径回到起点时($r_a = r_b$)，做功一定为零，所以，万有引力也是保守力。

（3）弹力

如图 2-14 所示，将弹簧的一端固定，另一端连接一质量为 m 的物体，用 x 表示弹簧的伸长量。

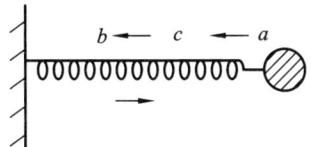

图 2-14 弹力做功

现在计算物体由 a 点运动到 b 点再回到 c 点过程中弹力对物体做的功。

物体从 a 点到 b 点过程中弹力做功为

$$A_1 = \int_a^b \boldsymbol{F} \cdot \mathrm{d}\boldsymbol{r} = -\int_a^b kx\,\mathrm{d}x = -\frac{k}{2}(x_b^2 - x_a^2),$$

物体从 b 点到 c 点过程中弹力做功为

$$A_2 = -\int_b^c kx\,\mathrm{d}x = -\frac{k}{2}(x_c^2 - x_b^2),$$

整个过程中弹力做功为

$$A = A_1 + A_2 = \frac{-k}{2}(x_c^2 - x_a^2), \tag{2-41}$$

其结果与质点从 a 点直接运动到 c 点时弹力做功相同，说明弹力做功与质点经过的路径无关，仅由起点与终点的位置确定。

（4）摩擦力

设物体在一水平面内运动，其轨迹如图 2-15 所示。

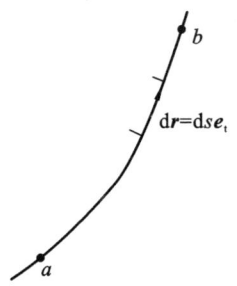

图 2-15 摩擦力做功

现考查质点从 a 点运动到 b 点时，摩擦力所做的功。若物体与平面之间的摩擦系数为 μ，物体的质量为 m，则滑动摩擦力为

$$f = -\mu m g e_t,$$

式中，e_t 是自然坐标系中的单位切矢量。注意到位移与力的方向相反，则有

$$A = \int_a^b \boldsymbol{F} \cdot \mathrm{d}\boldsymbol{r} = \int_a^b -\mu mg \boldsymbol{e}_t \cdot (\mathrm{d}s \boldsymbol{e}_t) = -\int_a^b \mu mg \mathrm{d}s = -\mu mg \int_a^b \mathrm{d}s = -\mu mg s_{ab},$$

式中，s_{ab} 是 a 点与 b 点之间质点经过的路程。结果表明，摩擦力做功不仅取决于起点与终点的位置，还与质点经过的路径有关。因此，经过不同曲线轨道，从 a 点出发到达 b 点，摩擦力做功不同，所以说摩擦力不是保守力。

2.7.2 势能曲线

通过前面的讨论我们知道，一方面，保守力自身是位置的函数，空间每一点对应一个力。另一方面，保守力做功与物体经过的实际路径无关，仅由物体在力场中的始末位置确定，一旦空间的始末位置确定，保守力做功也唯一确定。这样一来，我们可以在保守力场中对空间每一点引入一个位置函数，这个函数从初始位置到末尾位置的增量，恰好等于物体在这个保守力场中从初始位置出发到达末尾位置时保守力所做功的负值。这样引入的位置函数称为势能函数，简称为势能，用 E_p 表示。如果用 A_{ab} 表示物体从 a 点运动到 b 点时保守力所做的功，那么

$$-(E_{pb} - E_{pa}) = A_{ab}, \tag{2-42}$$

即保守力做功等于相应势能改变的负值，这也可看成势能的定义。若保守力做正功，则势能减小，反之，势能增加。应该注意，势能的数值通常与势能的零点选择有关，但势能的改变量与零势能点位置选择无关。在物理学中，有意义的物理量是势能差，而不是势能的绝对值，所以势能的零势点位置往往不必明确指出。

在前面的讨论中，我们已经知道重力、弹力以及万有引力做功的表达式分别为

$$A_{ab} = -mg(z_b - z_a) \text{（重力）},$$

$$A_{ab} = -\left(\frac{1}{2}kx_b^2 - \frac{1}{2}kx_a^2\right) \text{（弹力）},$$

$$A_{ab} = -\left(\frac{-GMm}{r_b} - \frac{-GMm}{r_a}\right) \text{（万有引力）},$$

与势能定义(2-42)式比较，不难看出，重力势能为 mgz，弹力势能为 $\frac{1}{2}kx^2$，而引力势能为 $-G\frac{Mm}{r}$。当然，势能函数还可以相差一个常数。应当指出的是，势能是系统内各物体之间相互作用以及它们相对位置所确定的一种能量，因此，势能的概念是针对系统的而不是针对保守力的，只是为了方便，习惯上才把它称为某力的势能。例如，重力势能实际上是指地球与受力物体共同的能量。

当零势能点给定以后，势能仅是坐标的函数。通常以物体间的相对位置为横坐标，以系统的势能值为纵坐标画出关系曲线，这样的曲线称为势能曲线。例如，若取 $z = 0$ 为零势能点，重力势能为 $E_p = mgz$，E_p 与 z 的关系就是一条通过坐标原点的

直线,直线的斜率为 mg,如图 2-16(a) 所示。再如,若取 $r \to \infty$ 为零势能点,引力势能为 $E_p = -\dfrac{GMm}{r}$。由于 $r > 0, E_p < 0$,所以这是一条第四象限内的双曲线,如图 2-16(b) 所示。至于弹性势能,若取平衡位置为零势能点,则可表示成 $E_p = \dfrac{1}{2}kx^2$,这是一条通过坐标原点的抛物线,如图 2-16(c) 所示。势能曲线在近代物理中占有很重要的地位,在许多领域都有非常重要的应用。

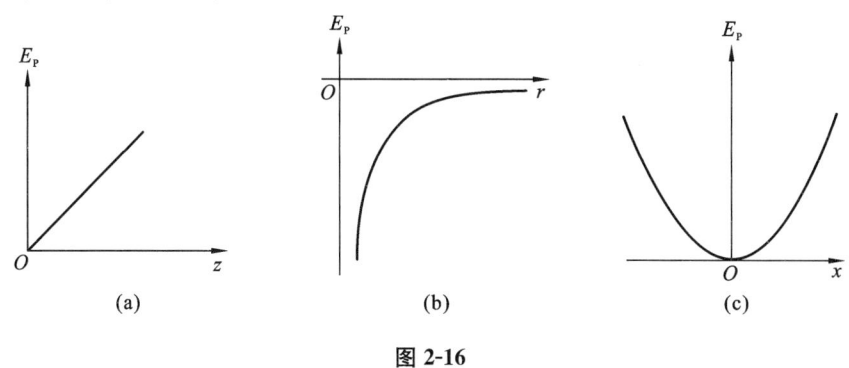

图 2-16

2.8 机械能守恒定律

2.8.1 功能原理

若把系统内力做功分为保守力做功 $A'_{保}$ 与非保守力做功 $A'_{非保}$,可将质点系的动能定理(2-35)式改写成,

$$A_{外} + A'_{保} + A'_{非保} = E_k - E_{k0},$$

利用势能定义,保守力做功

$$A'_{保} = -(E_p - E_{p0}),$$

于是,可将上式进一步简化为

$$A_{外} + A'_{非保} = (E_p + E_k) - (E_{k0} + E_{p0})。 \quad (2-43)$$

物理学中把动能与势能的和称为机械能,记为 $E = E_p + E_k$。利用机械能的定义,(2-43)式可写成

$$A_{外} + A'_{非保} = E - E_0, \quad (2-44)$$

(2-44)式称为功能原理,它表明功和机械能之间的转换关系,即外力和非保守内力对质点系所做的功等于质点机械能的改变量。这一结论说明,只有非保守力才能改变孤立系统的机械能。

例 2-11 如图 2-17 所示,一小木块从静止开始沿倾角为 θ 的斜面滑下,又在水平面内继续滑行一段距离后静止。若小木块在斜面上静止时,距水平面的高度为 h,斜面与水平面的滑动摩擦系数均为 μ,求木块在水平面上滑动的距离 s。

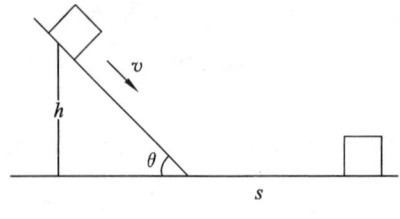

图 2-17

解 将木块与地球看成一个系统,则无外力做功,内力非保守力为摩擦力,其做功分为两部分。斜面上摩擦力做功

$$A_1 = -\mu mg\cos\theta \frac{h}{\sin\theta} = -\mu mgh\cot\theta,$$

水平面上摩擦力做功

$$A_2 = -\mu mgs.$$

系统初态的机械能为

$$E_0 = E_{k0} + E_{p0} = mgh,$$

以地平面为零势点,系统末态的机械能为

$$E = E_k + E_p = 0.$$

由功能原理

$$A_1 + A_2 = E - E_0$$

得到

$$-\mu mgh\cot\theta - \mu mgs = 0 - mgh,$$

由此求出木块在水平面上的滑动距离

$$s = h\left(\frac{1}{\mu} - \cot\theta\right).$$

2.8.2 机械能守恒定律

从功能原理知道,若外力及非保守内力对质点系不做功或者做功的总和为零,即

$$A_{外} + A'_{非保} = 0,$$

这时 $E = E_0 =$ 常数,或者

$$E_k + E_p = E_{k0} + E_{p0}, \tag{2-45}$$

上式称为机械能守恒定律。它表明,如果某一个过程中,外力与非保守内力均不做功或者它们做功的和为零,那么质点系总机械能在此过程中保持不变。系统内部的保守力做功,只能引起质点系内部的动能和势能相互转化,在动能与势能相互转化的过程中,能量既不能产生,也不能消灭,它只能从一种形式转化为另一种形式。

例 2-12 如图 2-18 所示,质量为 100 g 的物体系在劲度系数 $k = 1$ N/m 的轻质弹簧的一端,另一端固定在 O 点,弹簧原长 $l_0 = 0.8$ m。释放物体让它落下,不计一切阻力,当弹簧运动到铅直位置时拉长到 $l = 1$ m,求该时刻物体的速度。

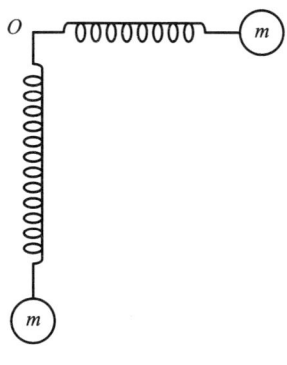

图 2-18

解 取小球、弹簧、地球为一个系统。整个过程中,只有弹力、重力做功,两者均为保守力,故整个过程机械能守恒。

水平位置:取水平位置为零势点,这时由于小球速度为零,有
$$E_0 = 0。$$

竖直位置:机械能为 $E_2 = \frac{1}{2}mv^2 + \frac{1}{2}k(l-l_0)^2 - mgl$。

由机械能守恒定律,有
$$\frac{1}{2}mv^2 + \frac{1}{2}k(l-l_0)^2 - mgl = 0,$$

求得
$$v = \sqrt{2gl - \frac{k(l-l_0)^2}{m}} = 4.4 \text{ m/s}。$$

由此可见,本题若用牛顿定理求解将会很困难(因为要求解变力的微分方程),而用机械能守恒定律求解则比较简便。所以,对于不涉及时间变化而又满足机械能守恒条件的问题,应尽量使用机械能定律求解,这样会带来许多方便。

2.8.3 能量守恒定律

前面已经看到,如果一个系统有外力或者非保守内力做功,那么这个系统的机械能就会发生变化。例如,一粒子弹射入木块时,由于木块与子弹之间摩擦力做功,系统的总机械能减少了。但是,在机械能减少的同时,木块与子弹的温度由于摩擦而增加了。这说明通过摩擦力做功,把子弹的一部分机械能转化为热能。自然界中除了机械能以外,还有许多其他形式的能量,如化学能、原子能等。经过长期的观察与研究,人们发现,各种形式的能量都可以相互转化。对于一个孤立系统来说,内部某种形式的能量减少,必然会有等量的其他形式的能量增加,系统内部各种形式的能量总和是一个守恒量。也就是说,能量既不会消失,也不能创造,它只能从一种形式转化成另一种形式,而且在转化过程中,各种形式能量的总和不变,这一结论称为能量守恒定律。能

量守恒定律是从实验观察分析总结出来的理论,也是自然界中最普遍的定律之一,不仅在物理学中,在化学、生物学中也都有十分重要的地位。

2.9 角动量定理

物理学中除了用动量、动能描述质点的运动状态以外,还有另一重要的物理量,称为角动量。为了说明什么是角动量,它满足什么样的动力学规律,我们先从力矩谈起。

2.9.1 力矩与角动量

假定质点的位置矢量为 r,受到的力为 F,如图 2-19 所示。

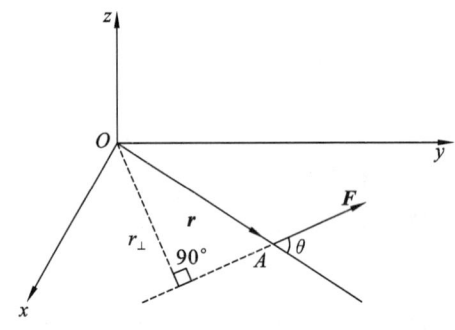

图 2-19 力矩定义

定义质点的位置矢量 r 与质点受到外力 F 的矢量积为质点受到的力矩,记为 N:

$$N = r \times F, \tag{2-46}$$

显然,力矩是与参照点(轴)选择有关的矢量,称为轴矢量。其大小为

$$N = r \cdot F\sin\theta, \tag{2-47}$$

式中,θ 是 r 与 F 两矢量间的夹角。(2-47) 式还可记为

$$N = F \cdot (r\sin\theta) = Fr_\perp, \tag{2-48}$$

式中,$r_\perp$ 是矢量 r 在垂直于 F 作用线上的投影,称为力臂,如图 2-19 所示。当 $F \mathbin{/\mkern-6mu/} r$ 时,即当 $\theta = 0°$ 时或 $\theta = 180°$ 时,力的作用线通过坐标系原点,此时相对坐标系原点的力矩为零。

由定义知道,力矩的方向总是垂直于矢量 r 与 F 构成的平面,其指向服从右手螺旋定则,即沿矢量 r 的方向伸开右手四指,并向 F 方向弯曲,转过最小夹角 θ,这时竖直大拇指的指向就是力矩的方向。力矩的基本单位是牛顿·米(N·m),它与功的基本单位相同,但力矩和功是两个完全不同的物理量,前者为矢量,后者为标量。

当质点在空间以速度 v 运动时,我们定义质点的位置矢量 r 与动量 p 的矢量积为质点的角动量,如图 2-20 所示,即角动量

$$L = r \times p = r \times mv。 \tag{2-49}$$

这种定义与力矩的定义类似,故角动量也是轴矢量。另外,有时也称角动量为动

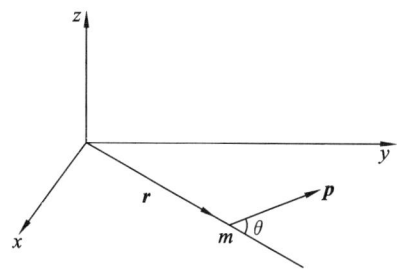

图 2-20 角动量定义

量矩。同力矩情况类似，角动量的大小也与参照点的选择有关，同一运动对不同的惯性参照系来说，角动量的大小是不一样的。与力矩类似，角动量也是矢量，它垂直于 r 与 p 构成的平面，指向也遵从右手螺旋定则，其大小为

$$L = rp\sin\theta = r_\perp\, p。 \tag{2-50}$$

(2-50) 式表明，只有动量垂直位置矢量 r 的分量才对角动量有贡献，当 r 与 p 间的夹角 $\theta = 0°$ 时或 $\theta = 180°$ 时，质点的角动量为零。

2.9.2 角动量定理

力矩与角动量之间有什么样的关系呢？下面就来讨论这个问题。将牛顿第二定律两边同时用位置矢量 r 做矢量积，得到

$$r \times F = r \times \frac{\mathrm{d}p}{\mathrm{d}t} \tag{2-51}$$

上式左边就是作用在质点上的力矩。利用运算

$$\frac{\mathrm{d}}{\mathrm{d}t}(r \times p) = \frac{\mathrm{d}r}{\mathrm{d}t} \times p + r \times \frac{\mathrm{d}p}{\mathrm{d}t} = v \times p + r \times \frac{\mathrm{d}p}{\mathrm{d}t},$$

并注意到上式中 v 与 p 是平行矢量，因此有 $v \times p = 0$，于是得到

$$r \times \frac{\mathrm{d}p}{\mathrm{d}t} = \frac{\mathrm{d}}{\mathrm{d}t}(r \times p)。 \tag{2-52}$$

将 (2-52) 式代回 (2-51) 式，得

$$N = r \times F = \frac{\mathrm{d}}{\mathrm{d}t}(r \times p),$$

或者写成更简洁的形式

$$N = \frac{\mathrm{d}L}{\mathrm{d}t}, \tag{2-53}$$

(2-53) 式就是质点的角动量定理，它反映了质点受到力矩作用时，角动量随时间的变化规律。

一个特别重要的情况是当质点不受力或者所受力矩为零的情况，例如，物体仅受到万有引力或者库仑力作用时，由角动量定理立即得到

$$\frac{\mathrm{d}L}{\mathrm{d}t} = 0 \quad \text{或} \quad L = r \times p = \text{常矢量}, \tag{2-54}$$

这就是物体的角动量守恒定理。在某些情况下,质点受到的力矩不为零,但力矩在某个坐标轴上投影为零,这时,质点的角动量沿这个坐标轴的分量仍然守恒,是由于力矩是矢量的缘故。

例 2-13 如图 2-21 所示,水平光滑的桌面中间有一小孔,轻绳的一端伸入孔中,另一端系一质量为 m 的小球。当小球在半径为 r_1 的圆周上做匀速圆周运动时,绳子下端的拉力为 f。如果继续向下拉绳子,使小球沿着半径为 r_2 的圆周上做匀速圆周运动,这时小球的速度是多少?拉力做了多少功?

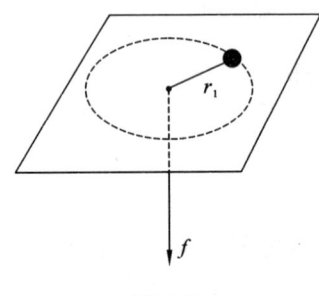

图 2-21

解 (1) 小球受到的拉力是向心力,如以小孔处为参照点,无论拉力怎么变化,力矩总是为零,由此可以判定整个变化过程中,小球的角动量不变。开始时,小球转动的角速度可由牛顿定律求得

$$f = m\omega_1^2 r_1, \qquad ①$$

运动变化过程中,角动量守恒

$$m\omega_1 r_1^2 = m\omega_2 r_2^2,$$

由上式求得

$$\omega_2 = \frac{r_1^2}{r_2^2}\omega_1,$$

从 ① 式求出 ω_1 代入上式,得到结果

$$\omega_2 = \frac{r_1}{r_2^2}\sqrt{\frac{fr_1}{m}}。$$

(2) 按照动能定理,拉力做功应等于小球动能的增加,即

$$A = \frac{1}{2}m\omega_2^2 r_2^2 - \frac{1}{2}m\omega_1^2 r_1^2 = \frac{1}{2}m\omega_1^2 r_1^2\left(\frac{r_1^2}{r_2^2} - 1\right) = \frac{1}{2}fr_1\left(\frac{r_1^2}{r_2^2} - 1\right)。$$

2.9.3 质点系的角动量定理

对于由 n 个质点组成的系统,我们把系统内所有质点角动量之和称为质点系的总角动量,即系统的角动量为

$$\boldsymbol{L} = \sum_{i}^{n} \boldsymbol{r}_i \times \boldsymbol{p}_i。 \qquad (2-55)$$

用 $\boldsymbol{F}_i$ 表示第 i 个质点所受到的外力,$\boldsymbol{F}_{ij}$ 表示系统内第 i 个质点受到第 j 个质点的内力。对第 i 个质点来说,牛顿第二定律成立,即

$$F_i + \sum_j F_{ij} = \frac{dp_i}{dt},$$

用位矢 r_i 对上式两边做矢量积,并对系统内所求质点求和,得到

$$\sum_i r_i \times F_i + \sum_{ij} r_i \times F_{ij} = \sum_i r_i \times \frac{dp_i}{dt}。 \qquad (2\text{-}56)$$

由于内力总是成对出现,而且它们大小相等、方向相反,所以这些成对的内力对任意点的力矩之和为零,即

$$\sum_{ij} r_i \times F_{ij} = 0。$$

利用(2-52)式将(2-56)式等式右边改写为

$$\sum r_i \times \frac{dp_i}{dt} = \frac{d}{dt}\sum(r_i \times p_i),$$

这样,(2-56)式就可简化为

$$\sum r_i \times F_i = \frac{d}{dt}\sum_i(r_i \times p_i) = \frac{dL}{dt}。 \qquad (2\text{-}57)$$

若用 N 表示系统受到的合外力矩,(2-57)式进一步简化为

$$N = \sum r_i \times F_i = \frac{dL}{dt}, \qquad (2\text{-}58)$$

(2-58)式就是质点系的角动量定律,其意义为:质点系的总角动量对时间的变化率等于作用在质点系上所有的外力矩之和,与系统的内力无关。

当一个系统不受外力矩时,由角动量定理立刻得到

$$\sum(r_i \times p_i) = 常矢量,$$

这时我们称系统的角动量守恒。由此可见,对于一个孤立系统来说,系统的角动量与动量和能量一样,既不能产生,也不能消灭,只能从系统内的一个物体转移到另一个物体,而且在角动量转移过程中,系统的总角动量保持不变。

例 2-14 如图 2-22 所示,在一半径为 R 的轻质定滑轮上,跨过一根轻软绳,绳的一端系有质量为 m 的托盘,另一端系有质量为 m 的物体,另有一质量为 m' 的橡皮泥从托盘正上方 h 高处自由下落到静止的托盘上,求托盘开始运动时的速度。

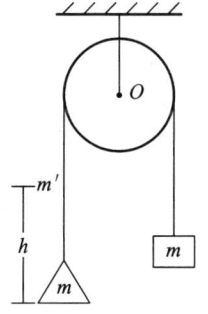

图 2-22

解 将托盘 m 以及橡皮泥 m' 看成一个系统，因为碰撞时间短，重力的影响可以不计，只有 O 点处的反作用力需要考虑。若取 O 点为参照点，则碰撞时 O 点处的反作用力产生的力矩也为零。这样就可看成碰撞瞬间系统受到的外力矩为零，因此系统的角动量是守恒量（对 O 点）。

橡皮泥自由下落 h 高后速度为

$$v_o = \sqrt{2gh},$$

所以碰撞前系统角动量为 $\quad L = rm'v_o\sin\theta_i = m'v_o R,$

碰撞后系统角动量为 $\quad L' = \sum r_i m_i v = (m' + 2m)vR。$

由角动量守恒 $L = L'$，得到

$$m'v_o R = (m' + 2m)vR,$$

由此解得 $\quad v_o = \dfrac{m'}{m' + 2m}\sqrt{2gh}。$

应该注意，本题中系统的动量并不守恒，因为碰撞瞬间，O 点处的反作用力也是足够大的，不可忽略。但是，由于参照点选择适当，使得外力矩为零，所以角动量才能守恒。

2.10 非惯性参照系及惯性力

2.10.1 非惯性参照系

在运动学中选择任何一个物体作参照系都是等价的，但在讨论动力学问题时情况要复杂很多，下面我们从平动非惯性参照系开始谈起。

为简单起见，假定水平表面有一个质量为 m 的物体受到一个外力 F 的作用，我们选择下面两种参照系来分析动力学问题。

第一，以地面为参照系。在这个参照系中，观察者看到物体受力 F 作用后做加速运动，其加速度大小满足牛顿第二定律 $F = ma$。

第二，以物体本身做参照系。由于观察者与物体一起运动，观察到物体的速度不变（恒为零），于是观察者会得出结论：在这个参照系中，牛顿定律不成立。因为观察到物体受到外力作用，但没有引起物体做加速运动。

通过上面的讨论可以发现，动力学问题中参照系分为两类：一类是牛顿定律成立的参照系，称为惯性参照系。另一类是牛顿定律不成立的参照系，称为非惯性参照系。大量的实验观察表明，如果讨论问题时精度要求不高，相对地面匀速运动或静止的参照系是比较好的惯性系，而相对地面加速运动的参照系为非惯性系。下面就来讨论非惯性系中的力学规律。

2.10.2 平动惯性力

为了说明惯性系中的力学特点，我们从静力学问题谈起。设想一辆小车相对地面以加速度 a 做直线运动（平动），将质量为 m 的小球用轻绳固定在车壁上，相对车厢处于静止状态,如图 2-23 所示。

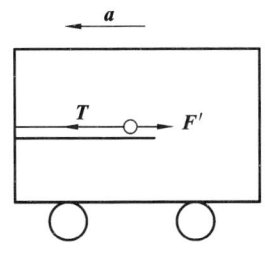

图 2-23 平动惯性力

在小车上观察,小球受到绳子的拉力 $T = ma$,观察者看到小球处于静止状态。于是观察者设想,还有另一个力作用在小球上,才能使小球保持静止。这个设想的力 F' 必须恰好抵消绳子的拉力,才能符合牛顿运动定律,即

$$F' = -ma, \tag{2-59}$$

我们把这个设想的力称为平动惯性力,简称惯性力。

通过上面的分析可以发现,在非惯性参照系中讨论力学问题时,为了解释所发生的力学现象,必须引入"惯性力"。这就是说,在非惯性系中讨论力学问题时,除了考虑真实力(有施力物体的力)之外,还要多加一个假想的"惯性力"才能正确地描述所观察到的现象。应该指出,把惯性力看作假想的,只是因为它没有施力物体,也没有反作用力,但是惯性力的作用效果确实是可以观察到的。如高速运动的汽车突然刹车时,车厢内所有人都会感受到"惯性力"的作用。

现在,我们来讨论非惯性中质点满足的动力学方程。假定 S 为惯性系,S' 为相对 S 以加速度 a_0 运动的非惯性系,由相对运动理论可知,两参照系之间的加速度变换为

$$a = a_0 + a', \tag{2-60}$$

式中,a 为 S 系中的加速度(绝对加速度),a' 为 S' 系中的加速度(相对加速度)。在 S 系中牛顿定律成立,有

$$F = ma,$$

将(2-60)式代入上式,得

$$F = m(a_0 + a'),$$

由此得到 S' 系中的动力学方程

$$F - ma_0 = ma' \quad 或 \quad F + F' = ma', \tag{2-61}$$

这就是平动非惯性中质点运动应满足的动力学方程,它表明在平动非惯性系中,真实力与惯性力的合力等于质点的质量乘以加速度。

例 2-15 小车以加速度 a 在水平面上前进,将质量为 m 的小球用轻绳拴在车上竖直的细杆上,如图 2-24 所示。求细绳与竖直杆间的夹角 θ。

解 取小车为参照系(非惯性系)观察,这样,问题便成为一个静力学问题。

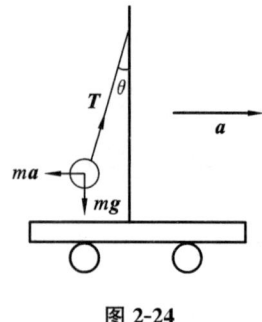

图 2-24

小球受到的真实力有重力 mg 与绳拉力 T，受到的平动惯性力为 $F'=-ma$。小球在三个力作用下达到平衡，有

$$T\sin\theta = ma,$$
$$T\cos\theta = mg,$$

两式相除得
$$\tan\theta = \frac{a}{g}.$$

讨论：本题也可在惯性参考系中求解，只不过那样你考察的就是一个动力学问题。这里仅要说明的是如何在非惯性系中解决力学问题。

2.10.3 惯性离心力

上面讨论的问题中，仅考虑了非惯性直线运动（平动）的情况，没有涉及参照系的转动。下面就来先来讨论转动参照系中的静力学特点。

如图 2-25 所示，一转盘以角速度 ω 绕过质心的铅直轴转动。质量为 m 的小球用细绳与转轴相连，小球静止在盘面不动。

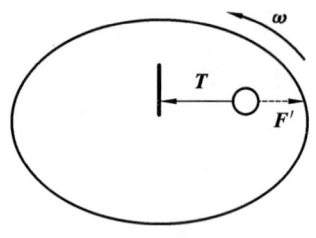

图 2-25 惯性离心力

从地面参照系观察，小球受到绳子的拉力 $T=-m\omega^2 r$ 做匀速圆周运动，拉力 T 提供了小球做匀速圆周运动的向心力，力与运动之间符合牛顿运动定律。若以转盘为参照系（非惯性系），小球受到绳子拉力 T 的作用，但静止在盘面，因此，力与运动之间的关系不符合牛顿第二定律。为了解释在转动参照系中所观察到的静力学现象，观察者必须设想小球还受到另一个惯性力 F' 的作用，此力与绳子的拉力相平衡，即

$$F' = -T = m\omega^2 r, \tag{2-62}$$

由于这个惯性力作用线通过圆心,沿半径指向外,所以称它为惯性离心力。应该注意,向心力 T 和惯性离心力作用在同一小球上,大小相等,方向相反,但它们不是作用力与反作用力。向心力(绳子拉力)是真实力,可以出现在惯性系中,也可出现在非惯性系中,而惯性离心力则是假想的,它只能出现在非惯性系中。

例 2-16 将小球用长为 l 的绳子拴在铅直的杆上,让杆以角速度 ω 转动,如图 2-26 所示。求绳与杆之间的夹角 θ。

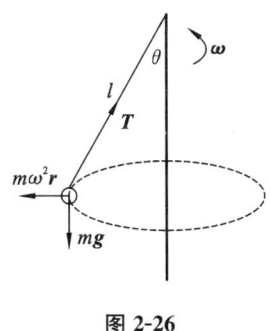

图 2-26

解 取与小球一道旋转的参照系(转动参照系),在该参照系中观察到的就是静力学问题。

小球受到的真实力有绳子拉力 T 和重力 mg,受到的离心力为
$$f = m\omega^2 r = m\omega^2 l\sin\theta。$$
三力平衡,有
$$T\cos\theta = mg,$$
$$T\sin\theta = f = m\omega^2 l\sin\theta,$$
由此求得
$$\cos\theta = \frac{g}{\omega^2 l}。$$

2.10.4 科里奥利力

现在进一步分析质点相对转动参照系运动的力学问题,如图 2-27(a) 所示,在转盘上沿着半径开有一个光滑的槽,当转盘绕着过质心且垂直于盘面的转轴以角速度 ω 转动时,槽内有一个小球以速度 v 相对转盘运动。

在地面观察者看来,小球除了沿半径方向的匀速运动以外,还在垂直半径方向上有一个匀加速运动,这个加速度是由槽的内壁施给小球的力引起的,由此得出结论:槽内壁施加给小球的力与小球获得加速度满足牛顿运动定律。如图 2-27(b) 所示,假定 Δt 时间内,质点是从 A 点沿曲线 AB' 运动到 B' 点的。物体在垂直于相对速度 v 的方向上走过的路程不是 $\widehat{AA'}$ 而是 $\widehat{BB'}$。因为 $\widehat{AA'}$ 这段路程与质点运动无关,是由转盘转动产生的,扣除这段路程后,这段时间内由于转动半径的增大,在垂直于相对速度的方向上多走了一段路程 Δs:

$$\Delta s = \widehat{BB'} - \widehat{AA'} = \overline{OB}\omega\Delta t - \overline{OA}\omega\Delta t$$
$$= (\overline{OB} - \overline{OA})\omega\Delta t = \overline{AB}\omega\Delta t = v\omega(\Delta t)^2, \quad (2\text{-}63)$$

当 Δt 很小时，Δs 可以看成直线，v 与 ω 都是恒量。将上式与匀加速直线运动的公式

$$\Delta s = \frac{1}{2}a(\Delta t)^2$$

比较可知，这段路程相当于在垂直于相对速度的方向上有一匀加速运动，其的加速度为

$$a = 2v\omega。$$

由于 a 的方向既垂直于相对速度的方向，也垂直于 $\boldsymbol{\omega}$ 的方向，用矢量标记上式就是

$$\boldsymbol{a} = 2\boldsymbol{\omega}\times\boldsymbol{v}, \quad (2\text{-}64)$$

这个加速度称为科里奥利加速度，它是由小球相对转动参照系运动而引起的。从上面的分析可以看出，槽内壁上的作用力就是引起小球产生科里奥利加速度的原因，因此，槽内壁上的作用力

$$\boldsymbol{F} = m\boldsymbol{a} = 2m\boldsymbol{\omega}\times\boldsymbol{v}。$$

对于转盘上的观察者（非惯性参照系）来说，也能观察到槽壁施于小球的作用力，但看到小球在做匀速直线运动。于是观察者得出结论：在转动参照系内，对运动的质点牛顿定律也不成立。为了解释观察到的现象，必须假想还有另外一个力与槽壁上的作用力相抵消，小球才能做匀速直线运动，这个假想的力就称为科里奥利力

$$\boldsymbol{f}' = -\boldsymbol{f} = -m\boldsymbol{a} = -2m\boldsymbol{\omega}\times\boldsymbol{v}。 \quad (2\text{-}65)$$

应该注意，科里奥利加速度是在惯性参考系中观察到的，而科里奥利力是在转动参考系中引入的，这两者之间没有物理上的联系。

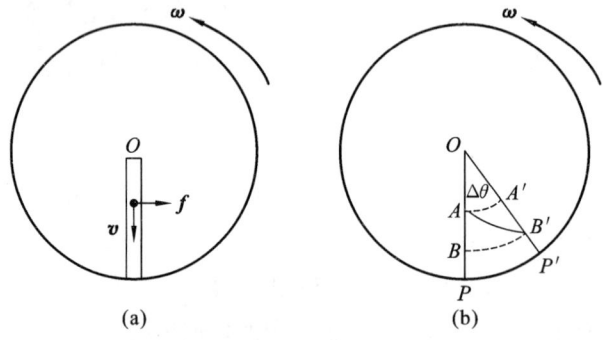

图 2-27　科里奥利力

2.10.5　力学相对性原理

从两相对运动参照系的加速度变换式

$$\boldsymbol{a} = \boldsymbol{a}_0 + \boldsymbol{a}'$$

可知，如果两参照系均为惯性参考系，相对加速度为零（$\boldsymbol{a}_0 = 0$），则在这两惯性系中

观察质点加速度相等。这意味着,两惯性系之中动力学方程
$$F = ma = ma'$$
完全一样。在经典力学中,力学规律是由牛顿第二定律描述的。两惯性系之间牛顿动力学方程完全相同,表明两惯性系之间的力学规律完全一样。但要注意,力学规律相同,并不代表运动过程也一样。例如,在地面上看自由落体过程是直线运动过程,而在水平匀速运动的汽车上看自由落体过程是一个平抛过程。所谓力学规律相同,是指这两种不同过程所对应的是同一种加速运动,加速度为 g。

所有惯性系中力学规律相同的概念,最早是伽利略通过大量实验总结出来的。经过后人对其的不断提炼,总结出下面的结论:一切惯性系中,物体运动所遵循的力学规律完全相同。也可以说,对力学规律而言,一切惯性系都是等价的,这一结论称为力学的相对性原理。

爱因斯坦对力学相对性原理做了进一步推广,认为不仅仅是力学规律,整个物理学(包括力学、电磁学、光学等)对惯性系都有相同的物理规律,即物理学规律对任何惯性系都是相同的,这一结论称为广义相对性原理。相对论就是从广义相对性原理出发得到的,尽管那里的时空观与经典时空观完全不一样。

*2.11 对称性与守恒律

2.11.1 什么是对称性

人们最早认识对称性是从几何图形开始的,例如,一个人或一个矩形都是左右对称的,这种左右对称的几何图形在艺术、建筑中有广泛的应用。随着数学与物理学的发展,对称性的概念已从直观的几何图形的对称性研究发展到包括系统内部的对称性以及物理规律对称性的研究,下面就来讨论这一问题。

对一个系统来说,总是存在各种不同的内部状态。对我们所研究的问题来说,这些状态中有些是等价的,有些则是不等价的。例如,对于一个给定的正方形,可以把它的空间位置定义为它的一个状态,当将正方形绕过几何中心且垂直于正方形平面的 e(单位矢量)轴转动 $90°$ 时,我们察觉不到正方形的空间位置有何变化,这时可以认为,正方形绕 e 轴转动 $90°$ 或 $90°$ 的整数倍所得到的状态都是等价状态,而正方形绕 e 轴转动其他角度得到的状态与原来的状态是不等价状态。上面所讲的是几何图形的等价概念,然而对物理系统来说情况要复杂得多,通常针对所研究的问题不同,系统状态的定义与分类是不一样的。按照分析力学的观点,所有力学系统的状态都可以用系统的哈密顿量统一描述,不管这个状态下系统内部质点的运动状态是否相同。

把系统从一种状态变到另一种状态称为变换,或者说对系统实行一种操作。由于力学系统的状态可用系统的哈密顿量来描述,因而对系统状态的变换实际上是对系统的哈密顿量进行变换。通常系统的哈密顿量是时空坐标的函数,因此对系统的操作通常是对空间与时间的操作。对空间的操作包括空间平移、转动、反演、镜像反射、标

度变换等,对时间的操作包括时间平移与时间反演。当然,如果系统的哈米顿量中包含电荷、粒子数等参量,还可以对系统进行电荷共轭、粒子置换等操作。一般来说,一个特定的力学系统有多少有意义的操作与系统的哈米顿量有直接的关系。

如果一个操作使系统由一种状态变到另一种等价状态,则称系统在该操作下是不变的,或者说系统对这一操作是对称的,通常把这种操作称为系统的对称操作。上面有关对称性的定义是德国数学家魏尔首先提出来的。通俗地说,所谓系统的对称性就是系统在某种变换操作下具有的不变性。例如,如果系统在空间平移变换下不变,则称系统具有空间平移对称性;如果系统在时间反演变换下不变,则称系统具有时间反演对称性。

在物理学中,除了研究系统的对称性问题以外,还研究某个物理规律所具有的对称性,即物理学中的定律、公式在某种变换下的不变性。例如,在伽利略变换

$$r = r' + v_0 t', \quad t = t'$$

下,质点的质量 m 与加速度 a 都是不变的,所以牛顿第二定律 $F = ma$ 具有伽利略时空变换下的不变性。由于伽利略变换是描述两不同惯性系之间的时空变换,因此牛顿第二定律在伽利略变换下的对称性意味着不同惯性系之间质点所遵循的力学规律是相同的。需要注意的是,两惯性系中质点运动规律相同并不代表两惯性系之间观察到的结果也一样,例如,在地面上看自由落体运动过程是直线运动过程,而在匀速前进的火车上看,自由落体运动过程是平抛运动过程,它们是两种不同的结果。物理规律的不变性是指在这两个参照系中,质点的运动可以由同一个动力学方程描述。

2.11.2 对称性与守恒律

将对称性概念引入物理学推动了整个物理学向更高、更深的层次发展,寻找系统的对称性已成为物理学许多分支中解决实际问题的重要方法与手段。可以毫不夸张地说,对称性问题的研究属于整个物理学乃至整个自然界中最高层次的研究,这是由对称性与守恒律之间的关系决定的。

20世纪初,随着研究对称性的专门数学工具——群论的出现,对称性问题的研究进入了快速发展时期。人们开始认识到对称性与守恒律之间存在一种因果关系,这种因果关系由德国女数学家尼约特在1918年总结成如下的定理:从每一自然界的对称性可得一守恒律;反之,每一守恒律均揭示蕴含其中的一种对称性。

这个定理揭示了对称性与守恒律之间的因果关系,这种关系与系统本身的性质无关,无论是物理系统、化学系统、生物系统还是数学系统,都遵守这一定理。换句话说,从对称性与守恒律关系得出的结论是一个普适的结论,与具体学科无关。我们知道,牛顿定律只对经典力学成立,麦克斯韦方程组只对电磁学成立,而由对称性与守恒律关系导出的物理规律不仅对经典力学成立,对电磁学也成立,实际上对所有的物理学分支都成立。从这个意义上讲,不难理解为什么说对称性问题的研究属于物理学中最高层次的研究。

2.11.3 几个常见的守恒律

下面我们用几个简单的力学例子进一步说明对称性与守恒律之间的关系。为了简单、方便，假定我们讨论的仅是稳定约束的力学系统，这时描述系统状态的哈米顿量就是系统的能量。

(1) 系统空间平移对称性与动量守恒。

考虑仅由两个质点组成的力学系统，描述系统状态的能量函数为

$$E = \frac{1}{2}m_1 v_1^2 + \frac{1}{2}m_2 v_2^2 + V(|\boldsymbol{r}_1 - \boldsymbol{r}_2|),$$

式中，$V(|\boldsymbol{r}_1 - \boldsymbol{r}_2|)$ 是两质点间的势能；$\boldsymbol{r}_1, \boldsymbol{v}_1$ 与 $\boldsymbol{r}_2, \boldsymbol{v}_2$ 分别表示两质点的坐标与速度。

当坐标系做一个小的平移 $-\delta\boldsymbol{r}$ 时，相当于整个系统向相反的方向移动了 $\delta\boldsymbol{r}$，质点的坐标矢量分别变为 $\boldsymbol{r}_1 + \delta\boldsymbol{r}_1$ 及 $\boldsymbol{r}_2 + \delta\boldsymbol{r}_2$。显然，质点的动能不是坐标的函数，因此空间平移时质点的动能是不变的，但空间平移时质点间的势能将会随移动发生变化。当 $\delta\boldsymbol{r}$ 足够小时，势能变化为

$$\delta V(|\boldsymbol{r}_1 - \boldsymbol{r}_2|) = \nabla_1 V \cdot \delta\boldsymbol{r} + \nabla_2 V \cdot \delta\boldsymbol{r} = (\nabla_1 V + \nabla_2 V) \cdot \delta\boldsymbol{r}, \quad ①$$

注意，这里用 $\delta\boldsymbol{r}$ 而不用 $d\boldsymbol{r}$ 表示空间位置的变化，是因为这里位置的变化不是质点运动的真实位移而是空间平移。上式中

$$\nabla_1 = \boldsymbol{i}\frac{\partial}{\partial x_1} + \boldsymbol{j}\frac{\partial}{\partial y_1} + \boldsymbol{k}\frac{\partial}{\partial z_1}, \quad \nabla_2 = \boldsymbol{i}\frac{\partial}{\partial x_2} + \boldsymbol{j}\frac{\partial}{\partial y_2} + \boldsymbol{k}\frac{\partial}{\partial z_2},$$

它们分别是对两个质点坐标运算的矢量微分算符。如果系统具有空间平移不变性，则 $\delta V = 0$，于是要求（因为 $\delta\boldsymbol{r}$ 是任意的）

$$\nabla_1 V + \nabla_2 V = 0。 \quad ②$$

从势能函数与保守力的关系可知

$$\nabla_1 V = -\boldsymbol{F}_{12}, \quad \nabla_2 V = -\boldsymbol{F}_{21},$$

所以，② 式可以改写成

$$\boldsymbol{F}_{12} + \boldsymbol{F}_{21} = 0。 \quad ③$$

由力的定义

$$\boldsymbol{F}_{12} = \frac{d\boldsymbol{p}_1}{dt}, \quad \boldsymbol{F}_{21} = \frac{d\boldsymbol{p}_2}{dt},$$

这样，③ 式等价于

$$\frac{d}{dt}(\boldsymbol{p}_1 + \boldsymbol{p}_2) = 0,$$

即

$$\boldsymbol{p}_1 + \boldsymbol{p}_2 = 常矢量,$$

这就是两质点系统的动量守恒定律。于是可得到，如果系统具有空间平移对称性，则

系统的总动量是守恒量。上面的推导并没有用牛顿第二定理,这就说明动量守恒定律是一个普适定律,在牛顿定律不成立的情况下动量守恒定律仍然可以成立。

（2）空间转动对称性与角动量守恒。

考虑一个质量为 m 的质点以速度 v 在外场(有势场)中运动,描述系统状态的能量函数为

$$E = \frac{1}{2}mv^2 + V(r),$$

如果将系统绕 e(单位矢量)轴转动一个无穷小角度 $-\delta\theta$,相当于整个坐标系绕 e 轴反向转动 $\delta\theta$ 角,这时质点的位置矢量与速度分别变为

$$\delta r = e \times r \cdot \delta\theta, \quad \delta v = e \times v \delta\theta,$$

因此在空间转动下,系统的动能改变量为

$$\delta\left(\frac{1}{2}mv^2\right) = mv \cdot \delta v = mv \cdot (e \times v)\delta\theta = 0,$$

而系统的势能改变量为

$$\delta V(r) = \nabla V(r) \cdot \delta r = \nabla V(r) \cdot (e \times r)\delta\theta.$$

利用下面两等式

$$F = -\nabla V, \quad A \cdot (B \times C) = (C \times A) \cdot B,$$

可将系统势能的改变量改写成

$$\delta V(r) = -(r \times F) \cdot e\delta\theta.$$

由于 e 和 $\delta\theta$ 是任意选择的,因此,如果系统在空间转动下不变,则要求

$$r \times F = 0。$$

上式表明,如果系统在空间转动下不变,则系统受到的力矩必定为零,这一说法与系统角动量守恒是等价的。由此可以得出结论：系统具有空间转动对称性时,系统的角动量守恒。这一结论在原子核物理中得到广泛应用,尽管在微观领域内牛顿力学不再适用。

（3）时间平移对称性与能量守恒。

为简单起见,仍考虑两质点系统,对于稳定的力学系统来说,描述系统状态的能量 E 是不含时间 t 的,所以系统的总能量

$$E = \frac{1}{2}m_1v_1^2 + \frac{1}{2}m_2v_2^2 + V(|r_1 - r_2|),$$

显然,动能部分只是速度的函数,势能部分只是相对坐标的函数,因此在时间平移操作下系统的能量是不变的,这就意味着系统的能量本身是一个守恒量。

在上面的简化力学模型中,我们对系统的能量函数进行时空变换得到三个基本守恒定律。严格地说,证明这三个基本定律应该对系统的哈密顿函数或拉格朗日函数进行时空变换。不过在我们选择的模型中,哈密顿函数恰好等于系统的能量。有关哈

米顿函数与拉格朗日函数的知识,将在分析力学课程中学习。

一般来说,一个系统有对称的一面,也有不对称的一面。研究系统的不对称性与研究系统的对称性同样重要。由系统的对称性可以找到系统的守恒律,由系统的不对称性同样可以找到系统的不守恒律。例如,弱相互作用下宇称不守恒就是一个不守恒定律。大自然本身就是一个艺术师,将对称与不对称的因素巧妙地组合在各种事物中,等待人类不断地挖掘其中的奥秘。

思 考 题

2-1 用绳子系一物体,使其能在竖直平面内做圆周运动。当物体达到最高点时,有人认为,物体此时受到重力、绳子的拉力及向心力三个力的作用,由于此时物体没有下落,可见物体还受到一个离心力与这些力平衡。分析一下,这种说法对吗?

2-2 分析比较一下物体质量与重量、质心与重心这些物理量的联系与差别。

2-3 物体受到的重力与其质量成正比,为什么在自由落体过程,质量大的物体并不比质量小的物体下落得快?

2-4 开普勒第三定律指出,行星轨道运行周期的平方正比于椭圆轨道的长轴的三次方,即 $T^2 = Ca^3$,其中,比例系数 C 是与行星无关的量。你能应用万有引力定律从圆轨道特例中找出 C 的表达式吗?

2-5 物体受到的摩擦力,其方向总是与物体运动的方向相反吗?或者说摩擦力总是阻碍物体的运动,这样的观点对吗?举例说明。

2-6 自行车车轮以角速度 ω 在水平面转动,有一小虫沿着车轮的条幅以速度 V 爬行,当小虫距离车轮中心距离为 R 时,以车轮为参照系,分析小虫受到的离心力与科利奥利力的大小与方向,小虫应该怎样爬动?

2-7 在质点力学中,常会用到隔离体法来分析解决物体的受力问题,隔离体法的要点和作用是什么?

2-8 将一物体推上斜面的过程中,什么力做正功?什么力做负功?什么力不做功?

2-9 说明为什么非保守力一定不存在相应的势能。

2-10 一艘正在航行的船上站立着两个人,如果这两个人都以完全相同的速度跳离船,可以有两种方式:(1) 两人同时从船的尾部跳离船;(2) 两人一前一后从船的尾部跳船。比较一下,哪种跳离船的方式对船的航行速度影响大些?为什么?

2-11 很明显,在不同惯性系中观察到质点的速度是不一样的,因而动能也是不一样的。那么,动能定理能对所有惯性系成立吗?说明为什么。

2-12 跳伞运动员在临近着陆时,总要用力向下拉降落伞,知道这是什么原因吗?

2-13 行星绕太阳运动是在三维空间,但为什么行星运动的轨道却在固定的平面(二维空间)?请说明其物理原因。

习 题 2

2-1 将质量为 m 的小球用细绳挂在倾角为 θ 的光滑斜面上,求:(1)若斜面以加速度 a 沿如图所示的方向运动时绳子中的张力及小球对斜面的正压力。(2)小球刚好可以离开斜面时加速度 a 的值。

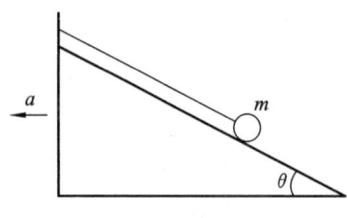

第 2-1 题图

2-2 如图所示,天平左端挂一定滑轮,一轻绳跨过定滑轮,绳的两端分别系上质量为 m_1 和 m_2 的物体,天平右端的托盘内放有砝码。若不计滑轮和绳的质量,忽略所有的摩擦力,且绳不可伸长,问:天平和砝码共重多少时才能保持天平平衡?

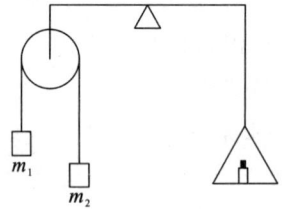

第 2-2 题图

2-3 在半球形碗的光滑内面,质量为 m 的小球正以角速度 ω 在水平面内做匀速圆周运动,碗的半径为 R,如图所示,试求小球做圆周运动的水平面离地面的高度 h。

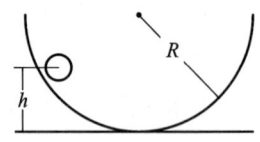

第 2-3 题图

2-4 如图所示,细杆的一端支在地面上,以恒定的角速度 ω 绕过支点 O 的竖直轴旋转,杆与地面间的夹角为 θ,质量为 m 的小环套在杆上,可以沿着杆滑动。假定杆与小环之间的摩擦可以不计,问:小环在什么位置(L)上能维持稳定的运动?

2-5 如图所示,力 F 作用在放置在水平地面上质量为 M 的物体上,如果力与水平面间夹角为 θ,物体与地面的摩擦系数为 μ,问:

(1)要使物体匀速运动,F 应为多大?

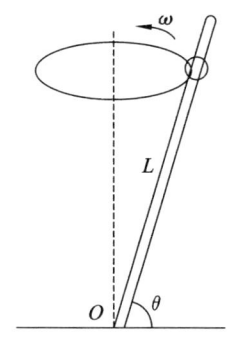

第 2-4 题图

(2) 角度 θ 大过多少后,无论 F 多大都不能使物体运动?

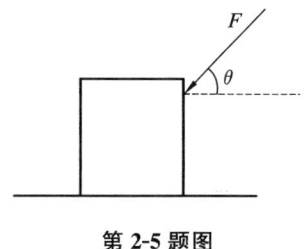

第 2-5 题图

2-6 桌上有一质量 $M=1$ kg 的木板,板上放着一个质量 $m=2$ kg 的物体,物体与板之间、板与桌面之间的滑动摩擦系数均为 $\mu=0.25$,静摩擦系数均为 $\mu_s=0.30$。问:

(1) 现在板上加一水平力 F,使板和物体一道以加速度 $a=1$ m/s^2 运动,物体与板之间的摩擦力以及板与桌面间的摩擦力各为多大?

(2) 要将板从物体下抽出,需要将水平 F 加到多大?

2-7 一架开始静止的升降机以加速度 1.22 m/s^2 上升,当速度达到 2.44 m/s 时,有一螺帽从升降机的天花板上落下,天花板与升降机地板之间距离 2.74m。以升降机为参照系,求:

(1) 螺帽下落过程中满足的力学方程,并由此求出螺帽下落的加速度。

(2) 螺帽从天花板下落到地面所需要的时间。

2-8 大炮置于一倾斜角为 φ 的山脚,炮弹以初速度 v_0 仰角 θ 发射,忽略空气阻力,试证:炮在斜坡上的射程为

$$2v_0^2 \cos\theta \sin(\theta-\varphi)/g\cos^2\varphi,$$

式中,θ 为大炮的仰角。

2-9 将一物体从原点抛出,初速为 v_0,与水平方向成仰角 θ_0,忽略空气阻力,试证:如果地面是水平的,那么物体被抛出的距离为

$$\frac{v_0^2 \sin 2\theta}{g}.$$

2-10 斜向上抛出一小球,抛出时初速度与水平面成 $60°$ 角。1 秒后球仍然斜向上飞行,但飞行方向与水平面成 $45°$ 角。求：

(1) 此球到达最高点的时间。

(2) 此球在最高点时的速度。

2-11 将质量为 m 的小物体放在倾角为 θ 的光滑斜面上,如图所示,当斜面以加速度 a 运动时,小物体相对斜面的加速度多大？对地面加速度又是多大？

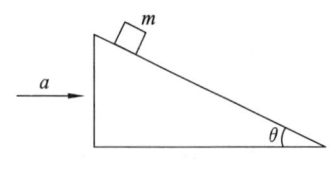

第 2-11 题图

2-12 一质量为 2 kg 静止的物体受到沿 x 轴方向变力的作用,力的大小为 $F = 2x$(x 以 m 为单位,F 以 N 为单位)。问：物体沿 x 轴运动 2 m 过程中变力做功多少？这时物体的速度多大？

2-13 一质量为 m 的滑块在表面涂润滑油的平面上滑行,所受到的阻力与速率有关：$F(v) = -cv$（c 为常数）。设在 $t = 0$ 时,滑块的初速为 v_0。求：速率随位移 x 变化的规律,并由此找出滑块能所走过的最远距离（$v = 0$）。

2-14 如图所示,长为 $2L$ 的不可伸长的细绳一端固定于 A 点的钉上,另一端系一质量为 m 的小球,小球可绕 A 点在铅直平面内转动。在与 A 点同一水平线上的 B 点也有一挂钉,A 与 B 之间的距离为 L,开始时小球与 A 点位于同一水平线上,以初速度 v_0 向下运动,为了使小球在 B 点处做圆周运动并击中 A 点,v_0 至少要多大？

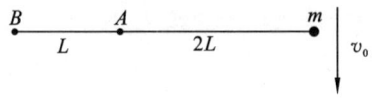

第 2-14 题图

2-15 劲度系数为 k 的弹簧下端竖直悬挂着两个质量相同的物体,物体的质量均为 m。系统达到平衡后,突然去掉下面的物体,试求上面物体运动的最大速度。

2-16 把质点放在半径为 R 的光滑球面顶端（球面相对地面不动）,质点下滑时将在什么地方脱离球面？

2-17 将一长为 L 的细绳拉直放在光滑的桌面上,其中有 1/5 的绳子从桌子边缘向下自由悬挂,放手后绳子会沿着桌边滑下。求：当绳末端刚好离开桌面时绳的速度。

2-18 如图所示,弹簧经过平衡位置时物体 m 的速度为 3 m/s,弹簧最大能被压缩 0.5 m,如果物体与地面的摩擦系数为 0.25,求弹簧的弹性系数 k($m = 1$ kg)。

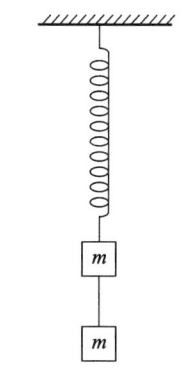

第 2-15 题图

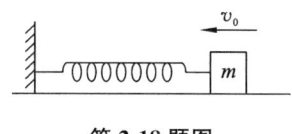

第 2-18 题图

2-19 一静止物体受到沿 x 方向随时间变化力 $F=2t$(t 以 s 为单位,F 以 N 为单位) 的作用,经过 4 秒后,物体的速度多大?这段时间物体受到的平均冲力多大?(假定物体质量 $m=1$ kg)

2-20 两质点的质量分别为 $m_1,m_2(m_1=m_2)$,放在光滑的水平面上,用一根长为 L 的绳子两端各拴一个质点,若起初按住 m_2 不动,让 m_1 绕着它以角速度 ω 旋转,然后突然将 m_2 放开,求以后此系统质心的运动状态及绕质心转动的角动量。

2-21 一质量为 m 的木块放置在水平面上,今有一质量为 γm 的子弹以速率 v_0 水平地射入木块,最后在木块中静止。问:子弹有多少初动能转变成它与木块碰撞时生成的热能?若 μ 为木块与平面间的滑动摩擦系数,则子弹静止以前木块将滑动多远?

2-22 用棒击打质量为 0.3 kg、速率为 20 m/s 水平飞来的球,球受冲击后飞到竖直上方 10 m 的高度。问:棒给球的冲量有多大?若棒与球的接触时间为 0.02 s,则球受到的平均冲力有多大?

2-23 一炮弹以初速 v_0 沿 $45°$ 仰角发射,当它位于弹道最高点时,炮弹炸成两块等质量的碎片,其中一片相对于地面向下运动,其初速为 $\sqrt{2}v_0$。求:爆炸后另一碎片运动的方向和速率。

2-24 一个中子撞击一个静止的碳原子核,如果碰撞是完全弹性的正碰,求碰撞后中子动能减少的百分比(已知中子与碳原子核的质量比为 $1:12$)。

2-25 当质点在半径为 R 的圆周上以速度 V 做匀速圆周运动时,质点相对圆心的角动量为多少?相对圆心的力矩多大?(假定质点的质量为 m)

2-26 在光滑的水平桌面上，用一根长为 l 的绳子把一质量为 m 的质点联结到一固定点 O，起初绳子是松弛的，质点以恒定速率 v_0 沿一直线运动。运动过程中质点与 O 点的最近距离为 b，当此质点与 O 点的距离达到 l 时绳子就绷紧了，进入一个以 O 为中心的圆形轨道。问：(1) 质点初始动能与最终动能之比是多少？能量到哪里去了呢？(2) 在质点做匀速圆周运动的某个时刻，绳子突然断了，质点将如何运动？质点的角动量如何变化？

第 3 章　　刚体力学基础

前面讨论的主要对象是质点,这是不考虑物体大小和形状的理想模型。然而,在许多实际问题中,物体大小和形状起十分重要的作用,这时就不能把物体视为质点。例如,各种机器的转动、星体的自转、分子的转动,都不可视为理想的质点。本章主要讨论刚体力学的基础知识,包括刚体质心运动定理,刚体定轴转动的特点与描述方法,转动动能以及转动角动量所遵循的动力学规律。

3.1　质心运动定理

如果物体在外力作用下,它的体积与形状不发生变化或者变化很小可以忽略不计,我们就把这样的物体抽象为刚体。刚体也是为简化问题而提出的理想模型,因为实际物体都不是严格刚性的。当受到外力作用时,物体的形状或多或少会发生变化,如物体的拉伸、压缩、弯曲等形变。刚体的概念就是把物体的这些微小形状变化忽略不计。

在研究刚体运动规律时,可以把刚体分割成无数多个很小的部分,每个微小的部分也称为质元,如图 3-1 所示。

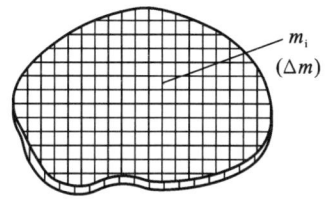

图 3-1　刚体模型

由于刚体形状不变,所以刚体上各微小部分的相对位置是固定不变的。一般情况下,刚体上每一个微小部分也可视为质点,因此,刚体本身也可视为质点间相对位置不变的质点系,质点系的所有定理也适用于刚体。

3.1.1　刚体的质心

对刚体来说,有一个很重要的几何参量,称为质心,其定义为

$$r_c = \frac{\sum m_i r_i}{m}, \tag{3-1}$$

式中,m_i 是刚体上的第 i 个质元的质量,r_i 是它的坐标,$m = \sum m_i$ 是刚体的总质量。

从(3-1)式可以看出,刚体质心的意义为质元的坐标分布对总质量的平均值,由此得出结论:如果一个刚体质量分布对某个轴(面)具有对称性,那么刚体的质心必定落在对称轴(面)上。由于刚体的质量是连续分布的,在实际计算质心时,常把上面定义改为积分形式

$$r_c = \frac{\int r \mathrm{d}m}{m},$$
(3-2)

在直角坐标系下,分量式为

$$x_c = \frac{1}{m}\int x \mathrm{d}m, \quad y_c = \frac{1}{m}\int y \mathrm{d}m, \quad z_c = \frac{1}{m}\int z \mathrm{d}m。$$
(3-3)

例 3-1 如图 3-2 所示,求质量为 m、半径为 R 的均质半球的质心。

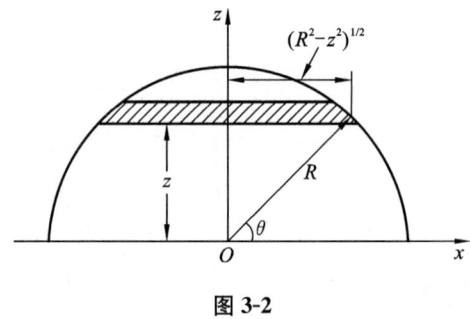

图 3-2

解 如图 3-2 所示,从对称性考虑,半球的质心必定在 z 轴上,只要求出质心坐标在 z 轴上的位置即可。将半球分割成许多半径为 $\sqrt{R^2-z^2}$ 的小圆盘,其厚度为 $\mathrm{d}z$,小圆盘的体积为

$$\mathrm{d}V = \pi r^2 \mathrm{d}z = \pi(R^2-z^2)\mathrm{d}z。$$

由于半球的密度 $\rho = \dfrac{m}{V} = \dfrac{3m}{2\pi R^3}$,故小圆盘的质量

$$\mathrm{d}m = \rho \mathrm{d}V = \frac{3m}{2R^3}(R^2-z^2)\mathrm{d}z。$$

由定义

$$z_C = \frac{1}{m}\int z \mathrm{d}m = \frac{3}{2R^3}\int_0^R z(R^2-z^2)\mathrm{d}z = \frac{3}{8}R,$$

即匀质实心半球的质心位于 $z = 3/8R$ 处。

3.1.2 质心运动定理

刚体运动时,质心也会随刚体一起运动,定义质心处的速度

$$v_c = \frac{\mathrm{d}r_c}{\mathrm{d}t} = \frac{1}{m}\sum m_i \frac{\mathrm{d}r_i}{\mathrm{d}t} = \frac{1}{m}\sum m_i v_i,$$
(3-4)

定义质心处的加速度

$$a_c = \frac{d\bm{v}_c}{dt} = \frac{1}{m}\sum m_i \frac{d\bm{v}_i}{dt} = \frac{1}{m}\sum m_i \bm{a}_i. \tag{3-5}$$

现在分析刚体运动过程中,质心所遵从的运动规律。按照牛顿第二定律,刚体上第 i 个小质元服从的动力学方程为

$$\bm{F}_i + \sum_i \bm{F}_{ij} = m_i \bm{a}_i, \tag{3-6}$$

式中,$\bm{F}_i$ 是作用在第 i 个质元上的外力,$\bm{F}_{ij}$ 是刚体上第 i 个质元受到第 j 个质元的作用力。将(3-6)式对所有质元求和,并注意到质元间的相互作用力总是成对出现的,它们大小相等,方向相反,所以其合为零,从而得到

$$\bm{F} = \sum \bm{F}_i = \sum m_i \bm{a}_i,$$

利用(3-5)式,即 $m\bm{a}_c = \sum m_i \bm{a}_i$,将上式化为

$$\bm{F} = \sum \bm{F}_i = m\bm{a}_c, \tag{3-7}$$

这就是质心运动定理。这个定理不仅对刚体成立,它对质点系也适用。质心运动定理表明,刚体的质心运动规律就像一个单质点的运动规律。此单质点的质量等于刚体的总质量,作用在单质点上的力就是刚体受到的所有外力之和。按照这个定理,刚体受到外力作用时,其质心的运动规律完全可以确定。

3.2 定轴转动 转动动能及角动量

3.2.1 平动与定轴转动

如图 3-3 所示,如果刚体上任一条直线在运动的各个时刻始终保持彼此平行,这种刚体的运动称为刚体的平动。注意到刚体内部任何两点的位置是固定不变的,因此刚体平动时它上面各点的运动情况完全相同,各处的速度和加速度完全一样。这种情况下,刚体上任何一点的运动都能代表整个刚体的运动,所以只需要研究刚体上任一点的运动就可以了,由此得出结论:刚体平动可以视为质点运动而无需专门讨论。

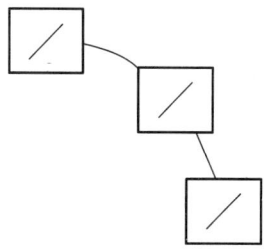

图 3-3 刚体的平动

电机的转动、飞轮的旋转、门窗的启动都是刚体定轴转动的例子。这种运动的特点是刚体上的各点都绕着同一转轴做圆周运动。在刚体绕固定轴转动过程中,转轴和轴线的空间位置和方向相对参照系是固定的。如图 3-4 所示,从刚体上一点 A 作到转

轴的垂线 OA，OA 称为 A 点的转动半径。OA 转过的角度称为刚体的角位移的大小，用 $\Delta\theta$ 表示。由于刚体上各点相对位置不变，因此刚体绕定轴转动时，同一段时间 Δt 内刚体上各点的角位移大小相同，这意味着刚体上各点的角速度、角加速度也完全相同，也就是说，描述刚体定轴转动只要一个角坐标就足够了。

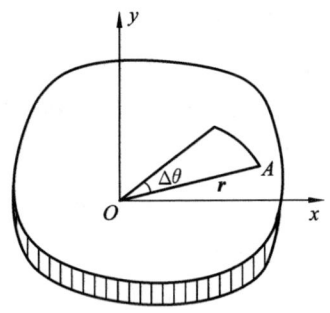

图 3-4　刚体绕定轴转动

应当注意，刚体绕固定轴转动时，不在同一圆周上各点的转动半径是不一样的，所以刚体上各点的线速度与线加速度也不相同，因此单说刚体的速度、加速度是没有意义的。

3.2.2　转动的动能与角动量

如图 3-5 所示，刚体绕 z 轴以角速度 ω 转动。刚体上第 i 个质元 m_i 到转轴 O 点的垂直距离为 r_i，小质元以 O 点为圆心，以 r_i 为半径做圆周运动，其线速度的大小为

$$v_i = \omega r_i, \tag{3-8}$$

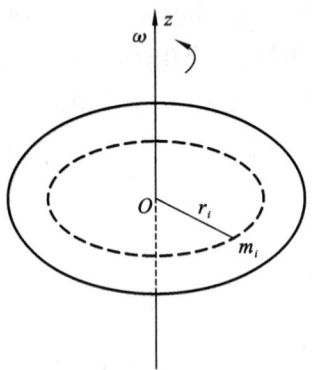

图 3-5　定轴转动模型

相应的，小质元的动能为

$$E_i = \frac{1}{2} m_i v_i^2。 \tag{3-9}$$

由于整个刚体可以看成质点系，故整个刚体的转动动能为

$$E_k = \sum E_i = \frac{1}{2}\sum m_i v_i^2 = \frac{1}{2}\sum m_i \omega^2 r_i^2 = \frac{1}{2}\omega^2 \sum m_i r_i^2 = \frac{1}{2}\omega^2 I, \quad (3\text{-}10)$$

式中,$I = \sum m_i r_i^2$ 是描述刚体转动的一个重要的物理量,称为转动惯量。(3-10)式表明,刚体绕固定轴转动的动能等于角速度的平方乘以转动惯量的一半。

还是参考图 3-5,刚体绕固定轴转动时,到转轴垂直距离 r_i 的质元 m_i 的角动量大小为 $L_i = r_i m_i v_i$,其方向与角速度方向一致。由于定轴转动过程中,刚体上每一点角动量方向一致,都沿角速度的方向,故整个刚体转动时的总角动量为

$$L = \sum L_i = \sum r_i^2 m_i \omega = \omega \sum m_i r_i^2 = I\omega, \quad (3\text{-}11)$$

上式也可以用矢量表示成

$$\boldsymbol{L} = I\boldsymbol{\omega}。 \quad (3\text{-}12)$$

(3-12)式表明,刚体定轴转动时角动量等于刚体的转动惯量乘以角速度,而且角动量的方向总是与角速度一致。

例 3-2 如图 3-6 所示,两质量均为 m 的小球,用长为 $2L$、质量可以不计的细杆连接起来,放在光滑的水平面上。当系统绕过质心转轴以角速度 ω 转动时,系统的角动量与转动动能各是多少?

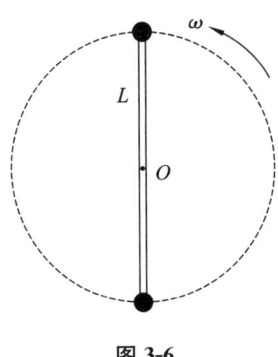

图 3-6

解 按照定义,系统的转动惯量为
$$I = \sum m_i r_i^2 = mL^2 + mL^2 = 2mL^2,$$
由(3-12)式,系统的角动量为
$$\boldsymbol{L} = I\boldsymbol{\omega} = 2mL^2\boldsymbol{\omega},$$
由(3-10)式,系统的转动动能为
$$E_k = \frac{1}{2}\omega^2 I = m\omega^2 L^2。$$

3.3 转动惯量的计算

3.3.1 由定义计算转动惯量

对于质量连续分布的物体,转动惯量定义中对质元的求和可以改成对质元的积

分,这样,转动惯量可以重新定义为

$$I = \int r^2 \mathrm{d}m,\qquad(3\text{-}13)$$

式中,$\mathrm{d}m$ 为物体上的某个质量微元,r 是该质量微元到转轴的垂直距离。如果物体的密度是均匀分布的,则 $\mathrm{d}m$ 可改写成密度乘以体积。在国际单位制中,转动惯量的单位为 $\mathrm{kg} \cdot \mathrm{m}^2$。下面是几个计算转为惯量的例子。

例 3-3 对长为 L、质量为 m 的匀质细棒,计算:(1)通过棒的一端并与棒垂直轴的转动惯量。(2)通过棒的中心并与棒垂直轴的转动惯量。

解 (1)如图 3-7 所示,将细棒分割成许多质量微元,每个质量微元的宽度为 $\mathrm{d}x$,它到转轴的垂直距离为 x。由于棒的质量是均匀分布的,所以棒的密度 $\rho = \dfrac{m}{L}$。宽为 $\mathrm{d}x$ 的微元,其质量为 $\mathrm{d}m = \rho \mathrm{d}x = \dfrac{m}{L}\mathrm{d}x$。利用转动惯量定义,得

$$I = \int r^2 \mathrm{d}m = \int_0^L x^2 \cdot \dfrac{m}{L} \mathrm{d}x = \dfrac{1}{3} m L^2。\qquad(3\text{-}14)$$

(2)如果转轴通过质心,如图 3-8 所示,这时质量微元相对转轴的分布发生变化,其他不变,故有

$$I = \int r^2 \mathrm{d}m = \int_{-\frac{L}{2}}^{\frac{L}{2}} x^2 \cdot \dfrac{m}{L} \mathrm{d}x = \dfrac{1}{12} m L^2。\qquad(3\text{-}15)$$

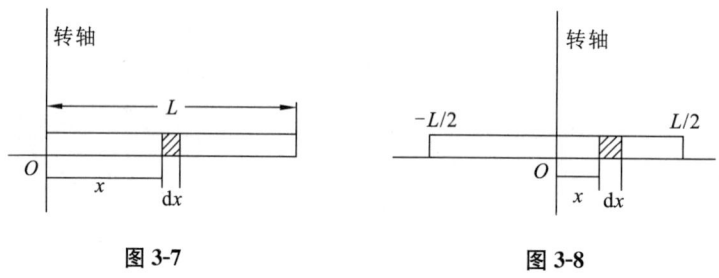

图 3-7　　　　　图 3-8

从上述两种情况可以看出,同一物体对不同的转轴,转动惯量的大小是不一样的。所以说,物体的转动惯量的大小除了与物体的质量、形状有关以外,还与转动轴的位置有关。

例 3-4 求半径为 R、质量为 m 的圆环与圆盘相对过质心并垂直于环(盘)面转轴的转动惯量。

解 (1)设圆环本身很细,其本身的厚度和半径相比可以忽略不计。为了计算通过环心且垂直于环平面转动的转动惯量,可将圆环分割成许多小弧元,如图 3-9 所示,环上任何质量微元 $\mathrm{d}m$ 到转轴的垂直距离均为 R。

由定义,圆环绕该转轴的转动惯量为

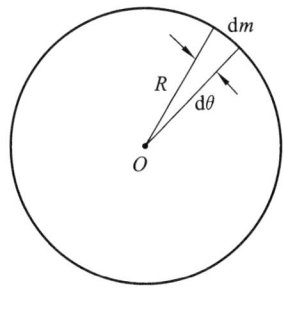

图 3-9

$$I = \int r^2 \mathrm{d}m = \int R^2 \mathrm{d}m = R^2 \int \mathrm{d}m = mR^2 。 \tag{3-16}$$

（2）为计算圆盘相对通过盘心且垂直于盘面转轴的转动惯量，可将圆盘分割成一系列同心圆环，如图 3-10 所示。

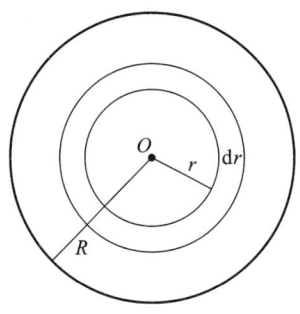

图 3-10

对半径为 r、宽度为 $\mathrm{d}r$ 的小圆环，其面积为 $\mathrm{d}s = 2\pi r \mathrm{d}r$。设圆盘的面密度为 ρ，则小圆环的质量为

$$\mathrm{d}m = \rho \mathrm{d}s = \frac{m}{\pi R^2} \cdot 2\pi r \mathrm{d}r = \frac{2m}{R^2} r \mathrm{d}r 。$$

由于整个圆盘可视为由不同半径的同心圆环叠加而成，所以整个圆盘相对通过质心且垂直于盘面的转动惯量为

$$I = \int r^2 \mathrm{d}m = \int_0^R r^2 \frac{2m}{R^2} r \mathrm{d}r = \frac{2m}{R^2} \int_0^R r^3 \mathrm{d}r = \frac{1}{2} mR^2 。 \tag{3-17}$$

比较质量相同、半径相同的圆环与圆盘的转动惯量不同，就可以知道转动惯量的大小还与物体质量相对转轴的分布有关。对质量一定的物体，质量分布到距转轴位置越远，物体绕该轴转动时转动惯量就越大，反之，转动惯量就越小。一些常见刚体的转动惯量如表 3-1 所示。

表 3-1 几种常见刚体的转动惯量

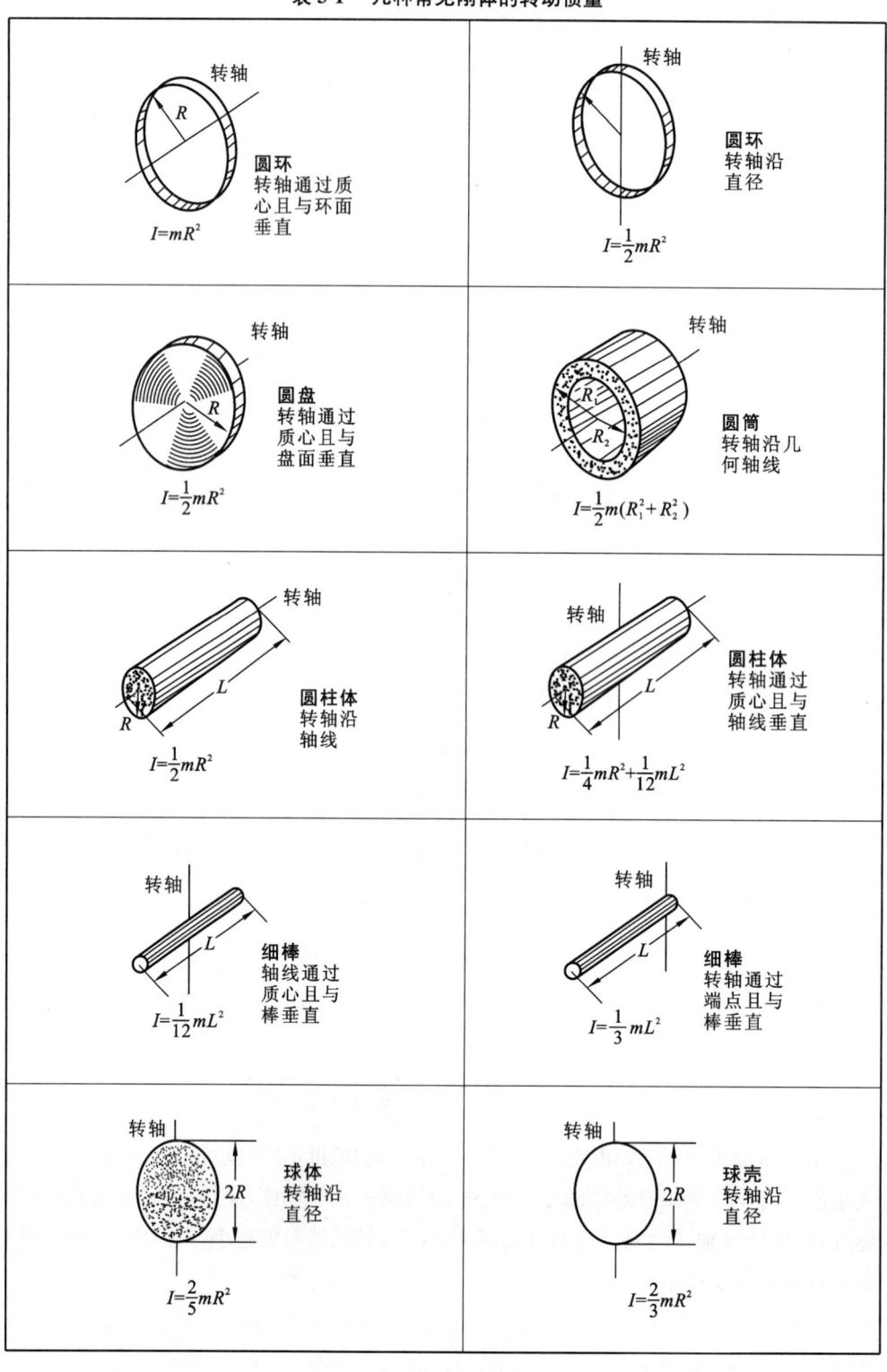

3.3.2 垂直轴定理

现在考虑一个任意形状的薄平板状的刚体，如图 3-11 所示，将此平板置于 Oxy 平面内，刚体对于 z 轴的转为惯量为

$$I = \sum m_i r_i^2 = \sum m_i(x_i^2 + y_i^2) = \sum m_i x_i^2 + \sum m_i y_i^2。 \tag{3-18}$$

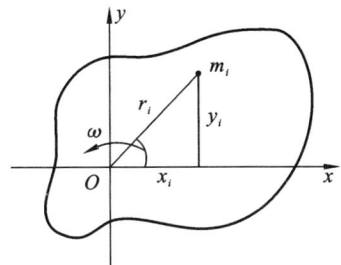

图 3-11 垂直轴定理

对于平板状的刚体，其上任一点的 z 坐标为零，故求和项 $\sum m_i x_i^2$ 按定义正是该物体对 y 轴的转动惯量，记为 I_y。同样，$\sum m y_i^2$ 是该物体对 x 轴的转动惯量，记为 I_x，于是，(3-18) 式可简化为

$$I = I_x + I_y, \tag{3-19}$$

上式称为垂直轴定理，它对任意形状的薄平板都成立。用文字表示就是：薄平板内两正交轴的转动惯量之和等于通过两轴交点且垂直于板面第三轴的转动惯量。利用这个定理可以化简转动惯量的计算。例如，对于一个位于 Oxy 平面的圆盘来说，如将坐标原点放在盘心处，取 z 轴垂直于盘面，则有

$$I_z = \frac{1}{2}mR^2 = I_x + I_y,$$

由于圆盘具有对称性，$I_x = I_y$，于是垂直轴定理为

$$\frac{1}{2}mR^2 = 2I_x = 2I_y,$$

即圆盘绕盘面上过直径的转轴的转动惯量 $I_x = I_y = \frac{1}{4}mR^2$。上述结果当然也可由定义直接积分求得，但要困难许多。

3.3.3 平移轴定理

如图 3-12 所示，设 C 为刚体的质心，A 为刚体上任一点，过 A 点及 C 点有两个平行转轴 e_1 与 e_2，这两个转轴均垂直于刚体表面。设刚体上某一质量微元 m_i 相对 e_1 轴的位置矢量为 r_i，相对 e_2 轴的位置矢量为 r_i'，以 C 点为坐标原点，A 点的位置矢量为 d，显然，$r_i' = r_i - d$。

由定义，刚体相对 e_2 轴的转动惯量为

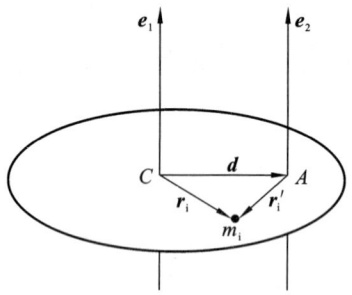

图 3-12 平移轴定理

$$I = \sum m_i r_i'^2 = \sum m_i (r_i - d)^2 = \sum m_i r_i^2 + \sum m_i d^2 - 2\sum m_i r_i \cdot d,$$
(3-20)

上式中第一项为刚体对过质心转轴的转动惯量,记为 I_c。第二项与第三项可进一步改写为

$$\sum m_i d^2 = (\sum m_i) d^2 = m d^2,$$
$$2\sum m_i r_i \cdot d = 2(\sum m_i r_i) \cdot d。$$
(3-21)

当把坐标原点取在刚体质心上时,利用质心定义

$$r_c = \frac{1}{m} \sum m_i r_i = 0,$$

可知(3-21)式为零。这样,相对刚体上过 A 点轴的转动惯量简化为

$$I = I_c + m d^2,$$
(3-22)

此式称为平行轴定理,它可用于任何形状的刚体,但仅限于平行轴。此定理可表述为:刚体对任意轴的转动惯量等于它相对过质心的一个平行轴的转动惯量加上刚体质量乘以两轴之间距离的平方。应用此定理,可以方便地求得圆盘相对一个垂直于圆盘平面且通过盘边缘轴的转动惯量为

$$I = I_c + m R^2 = \frac{1}{2} m R^2 + m R^2 = \frac{3}{2} m R^2。$$

总之,平行轴定理可以帮助我们省去很多不必要的计算,它还告诉我们,在所有的平行轴中,过质心的那根轴的转动惯量最小。

3.4 定轴转动的转动定理

从前面的讨论可知,力矩是与坐标轴位置选取有关的物理量。刚体在定轴转动时,转动轴本身对刚体要附加力的作用,这个附加力称为约束反作用力。如果我们针对转动轴取力矩,那么转动轴上的约束反作用力的力矩就总是为零(因为力臂为零),这样问题就会变得简单了。这种情况下,只需要考虑其他的外加力矩对刚体转动产生的影响。

3.4.1 对转轴的力矩

设刚体绕 z 轴转动,如外力位于刚体平面上,其作用点为 p,用 r 表示力作用点到转动轴的位置,如图 3-13 所示,由定义,外力矩为

$$N = r \times F, \tag{3-23}$$

其中,力矩的大小 $N = rF\sin\theta = Fd$,N 的方向由右手螺旋定则确定。在定轴转动中,外力矩总是垂直于转动平面,只有两个可能的指向,所以力矩的方向可以用正、负号表示。规定:力矩的方向沿角速度的方向时取正号,反之则取负号。

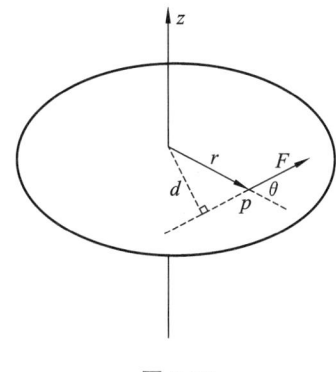

图 3-13

如果外力不在刚体转动平面内,可利用力的正交分解,将外力分解成转动平面内的分量 F_1 与垂直于转动平面的分量 $F_{2\perp}$。由于 $F_{2\perp}$ 平行于转动轴,不会引起转动,只是对转动轴附加了一个压力,因此在研究定轴转动时可以不考虑。这就是说,(3-23)式中的力仅考虑转动平面内的外力。

3.4.2 转动定理

按照角动量定理,质点系受到的外力矩等于系统角动量对时间的微分,即

$$N = r \times F = \frac{dL}{dt}。$$

刚体做定轴转动时,$L = I\boldsymbol{\omega}$,由此得到

$$r \times F = \frac{d}{dt}(I\boldsymbol{\omega}) = I\frac{d\boldsymbol{\omega}}{dt} = I\boldsymbol{\beta}, \tag{3-24}$$

上式就是定轴转动的转动定理,可表述为:刚体定轴转动时,合外力矩等于转动惯量乘以刚体转动的角加速度。实际应用时,如果仅考虑对转轴的外力矩,(3-24)式可用标量表示为

$$N = I\beta。\tag{3-25}$$

例 3-5 两质量分别为 m_1 和 m_2 的重物由一根不可伸长的绳子连接,绳子跨过一半径为 R、转动惯量为 I 的定滑轮,如图 3-14 所示,若 $m_1 > m_2$,忽略所有摩擦力,求重物的加速度。

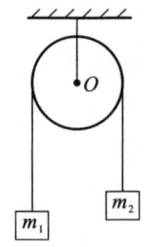

图 3-14

解 本题中应将 m_1,m_2 视为质点,定滑轮视为刚体,它们满足不同的运动定理。如果把坐标原点取在定滑轮的质心,以向下为正方向,则

对 m_1,由牛顿定律,有
$$m_1 g - T = m_1 a_1。 \quad ①$$

对 m_2,由牛顿定律,有
$$m_2 g - T' = m_2 a_2。 \quad ②$$

对滑轮,由转动定理,有
$$TR - T'R = I\beta。 \quad ③$$

显然,m_1 与 m_2 的加速度满足关系 $a_1 = -a_2 = a$,而角加速度与线加速度的关系为
$$a = R\beta, \quad ④$$

利用 $a_1 = -a_2 = a$,从 ①、② 两式求出 $T - T'$ 并代入 ③ 式,得
$$(m_1 - m_2)gR - (m_1 + m_2)aR = I\beta,$$

将 ④ 式代入上式右边,移项后求得
$$a = \frac{(m_1 - m_2)g}{m_1 + m_2 + \dfrac{I}{R^2}}。$$

讨论:本题也可以用系统的角动量定理求解,有兴趣的同学可以思考一下如何完成。

3.5 定轴转动的动能定理

3.5.1 力矩功

由于只考虑对转动轴的力矩,所以下面的讨论均假定力 **F** 在转动平面内。设在力 **F** 的作用下,刚体绕轴转动了一个小角度 $d\theta$,如图 3-15 所示。按照定义,力 **F** 在这段小位移过程中做的功为

$$dA = \boldsymbol{F} \cdot d\boldsymbol{r} = Fdr\cos\beta = F\cos\beta ds = F\cos\beta rd\theta。 \quad (3\text{-}26)$$

从图 3-15 可看出,$\beta + \theta = \dfrac{\pi}{2}$,所以,$\cos\beta = \sin\theta$,于是(3-26)式可改写为

$$dA = Fr\sin\theta d\theta = Nd\theta, \quad (3\text{-}27)$$

即定轴转动过程中，外力做的元功等于力矩乘以刚体转动的角度。从上面讨论可知，刚体从 θ_1 转动到 θ_2 的过程中，外力矩做的总功为

$$A = \int dA = \int_{\theta_1}^{\theta_2} N d\theta, \tag{3-28}$$

相应的，定轴转动过程中，力矩做功的功率为

$$P = \frac{dA}{dt} = N \frac{d\theta}{dt} = N\omega, \tag{3-29}$$

也就是说，定轴转动过程中，外力做功的功率等于力矩乘以刚体转动的角速度。

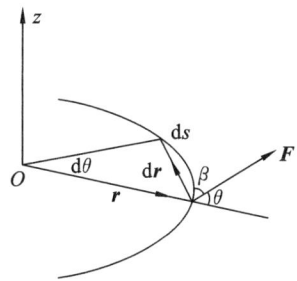

图 3-15 力矩做功

3.5.2 定轴转动的动能定理

设刚体在外力矩的作用下做定轴转动，在某一时刻刚体的角坐标为 θ，角速度为 ω_1，我们来讨论刚体角速度从 ω_1 变化到 ω_2 这期间力矩所做的功。按照 (3-26) 式、(3-28) 式以及转动定理，有

$$A = \int_{\theta_1}^{\theta_2} N d\theta = \int_{\theta_1}^{\theta_2} I \frac{d\omega}{dt} d\theta = \int_{\theta_1}^{\theta_2} I \frac{d\omega}{dt} \frac{d\theta}{dt} dt = \int_{\omega_1}^{\omega_2} I\omega d\omega,$$

完成积分后，得到

$$A = \frac{1}{2} I\omega_2^2 - \frac{1}{2} I\omega_1^2, \tag{3-30}$$

这就是刚体定轴转动的动能定理，它表明，刚体定轴转动过程中，外力矩所做的功等于转动动能的改变量。显然，这个定理是质点组动能定理的一种特殊形式。

3.5.3 重力场中定轴转动的机械能

在均匀重力场中，刚体的势能为

$$E_p = \sum m_i g z_i = \left(\sum m_i z_i \right) g, \tag{3-31}$$

利用质心的定义

$$z_c = \frac{\sum m_i z_i}{m},$$

可得 $\sum m_i z_i = m z_c$，将此结果代回 (3-31) 式并化简，得到刚体重力势能的表达式为

$$E_p = mg z_c, \tag{3-32}$$

上面的结果说明，刚体的重力势能就像一个单质点的重力势能，这个单质点的质量就是刚体的总质量，这个单质点的位置坐标就是刚体质心的坐标。

按照上面的分析，刚体在重力场中定轴转动的机械能为

$$E = mgz_c + \frac{1}{2}I\omega^2 。 \tag{3-33}$$

在许多情况下，非保守外力对刚体不做功，这时刚体的机械能是不变量，故有时也把(3-33)式称为刚体定轴转动的机械能守恒定律。

例 3-6 匀质细杆的质量为 m，长为 l，一端为光滑的支点 O，细杆最初处于水平位置，释放后细杆向下摆动，如图 3-16 所示。求：(1) 细杆在垂直位置时细杆下端的线速度 v。(2) 细杆在垂直位置时对支点的作用力。

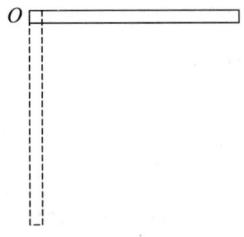

图 3-16

解 (1) 细杆下摆过程中，只有重力做功（支点处的力不做功），因此系统机械能守恒。选择细杆在垂直时质心的位置为零势能点，由机械能守恒(3-33)式，有

$$E = mg\frac{l}{2} + 0 = 0 + \frac{1}{2}I\omega^2,$$

由此求得

$$\omega = \sqrt{\frac{mgl}{I}} 。$$

由于细杆绕其端点转动，所以其转动惯量 $I = \frac{m}{3}l^2$，由此求得 $\omega = \sqrt{\frac{3g}{l}}$。而细杆最低点的线速度为

$$v = \omega l = \sqrt{3gl} 。$$

(2) 细杆受到重力与 O 点处的约束力，由质心运动定理，有

$$\boldsymbol{N} + \boldsymbol{G} = m\boldsymbol{a}_c,$$

取自然坐标系，分量式（在竖直位置）为

$$N_n - mg = m\frac{v_c^2}{r_c}, \qquad ①$$

$$N_t = ma_t 。 \qquad ②$$

细杆在垂直位置时重力矩为零，因而角加速度为零。由切向加速度表达式 $a_t = \beta r_c$ 可知，此时 $a_t = 0$，故从 ② 式得出结论，O 点处的约束力切向分量 $N_t = 0$。利用第一问得的答案以及 ① 式，容易求得支点处的法向力为

$$N_n = mg + \frac{mv_c^2}{r_c} = mg + m\omega^2 r_c = mg + m\frac{3g}{2} = \frac{5}{2}mg。$$

容易看出,此时 $\boldsymbol{N}$ 的方向竖直向上,根据牛顿第三定律,细杆作用于支点处的压力垂直向下,大小等于 $\frac{5}{2}mg$。

3.6 角动量定理对刚体的应用与旋进

3.6.1 角动量定理的积分形式

设刚体运动过程中在 t_1 时刻的角动量为 $\boldsymbol{L}_1$,t_2 时刻的角动量为 $\boldsymbol{L}_2$,将角动量定理改写为

$$\boldsymbol{N}\mathrm{d}t = \mathrm{d}\boldsymbol{L}, \tag{3-34}$$

两边同时积分后,得

$$\int_{t_1}^{t_2} \boldsymbol{N}\mathrm{d}t = \int_{\boldsymbol{L}_1}^{\boldsymbol{L}_2} \mathrm{d}\boldsymbol{L} = \boldsymbol{L}_2 - \boldsymbol{L}_1, \tag{3-35}$$

上式左边的物理量称为冲力矩,反映力矩作用的时间累积效应。由此可看出,刚体角动量的改变等于这段时间内受到的冲力矩。这一结果说明,刚体角动量的改变是由冲力矩确定的,与刚体做什么样的运动无关。

(3-35)式的一个最简单应用就是当外力矩为零的情况,这时,

$$\boldsymbol{L}_2 - \boldsymbol{L}_1 = 0 \quad \text{或} \quad \boldsymbol{L} = 常矢, \tag{3-36}$$

这个结论称为刚体的角动量守恒。在日常生活中,可以看到大量刚体转动过程中角动量守恒的例子。归纳起来常见的有三种情况:第一,刚体转动过程中转动惯量保持不变,角动量守恒要求刚体转动的角速度也不变。地球在自转过程中角速度 ω 保持不变就是一个典型例子。第二,在转动过程中,如果物体的转动惯量发生了变化,那么角动量($L = I\omega$)守恒就意味着物体转动的角速度也发生了变化,但是物体的转动惯量与角速度的乘积保持不变。滑冰运动员常常运用这一原理,因为转动惯量 I 的大小和身体各部分距离转轴的距离平方成正比,所以双臂伸开与双臂仰起可以相当大地改变人对自身对称轴的转动惯量。滑冰运动员在快速旋转时总是双臂抱起以减小转动惯量来增大旋转速度。而在欲停止旋转时总是伸开双臂,增大转动惯量 I 以减小角速度。第三,如果一个刚体系统由两部分组成(复合刚体),整个系统的角动量守恒就意味着当其中一部分角动量发生变化时,另一部分角动量也会发生变化,但总的角动量保持不变。

例 3-7 如图 3-17 所示,竖直悬挂的细杆可以绕过上端的水平轴转动。一质量为 m_1 的子弹以水平速度 v_0 射入杆子的下端,子弹穿过杆子后,飞出的速度为 $v = \frac{1}{4}v_0$,求子弹穿过细杆瞬间细杆转动的角速度(设细杆的质量为 m,长为 l)。

解 将子弹与棒看作一个系统,取悬挂点为力矩的参照点,那么子弹与细杆碰撞瞬间,重力矩以及支点处的约束力矩均为零,系统的角动量守恒。子弹射入前系统的角动量为

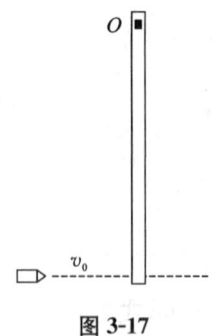

图 3-17

$$L_1 = m_1 v_0 l, (对悬挂点)$$

子弹从细杆射出后，系统的角动量为

$$L_2 = m_1 vl + I\omega,$$

由角动量守恒 $L_1 = L_2$，得

$$m_1 v_0 l = m_1 vl + I\omega,$$

利用已知条件：$v = \dfrac{1}{4} v_0$，$I = \dfrac{1}{3} ml^2$，代入上式得

$$\omega = \frac{9 m_1 v_0}{4 ml}。$$

3.6.2 旋进

图 3-18 所示的是一个陀螺，当陀螺不旋转时，无论以与地面多大夹角 θ 将陀螺放在地面上，它都会在重力矩的作用下向地面翻倒。然而，如果让陀螺高速地绕对称轴旋转起来以后，在相同的条件下将其放到地面就会发现，尽管还是有重力矩的作用，但是陀螺不会翻倒，这时陀螺的对称轴开始绕着竖直方向旋转，如图 3-18 中虚线所示，物理上把这种现象称为旋进或者进动。一般情况下，把物体绕自身的某个对称轴转动称为自旋，而自旋轴绕着空间某个固定轴的转动称为旋进。下面就用角动量定理分析陀螺出现旋进的原因。

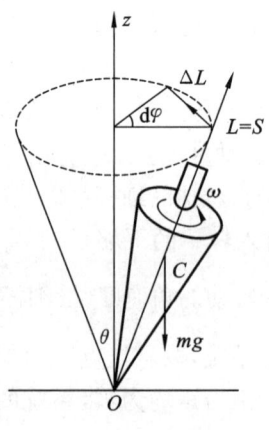

图 3-18 旋进

如图 3-18 所示，以 O 点为参照点，假设陀螺质心的位置矢量为 $\boldsymbol{r}_c$，则重力矩为
$$\boldsymbol{N} = \boldsymbol{r}_c \times m\boldsymbol{g}, \tag{3-37}$$
重力矩的大小为 $N = r_c mg \sin\theta$，方向垂直纸面向内。在 Δt 时间内，重力引起的冲力矩大小为
$$N\mathrm{d}t = mgr_c \sin\theta \mathrm{d}t。\tag{3-38}$$

由角动量定理知道，力矩会引起刚体的角动量发生改变，而角动量改变量 $\Delta \boldsymbol{L}$ 的方向与外冲力矩的方向一致。当陀螺有自旋时，角动量 $\boldsymbol{L}$ 沿自旋角速度的方向 ($\boldsymbol{L} = L\boldsymbol{\omega}$)，而重力矩的方向垂直于自旋角动量方向指向纸面内，因此自旋角动量的变化并不沿重力的方向，而是沿着重力矩的方向，这就是为什么旋转的陀螺受重力作用但不会翻倒的原因。又由于重力矩垂直自旋角动量的方向，因此重力矩不会改变自旋角动量的大小，只会改变自旋角动量的方向。这一点同质点做匀速圆周运动的情况完全相同。质点做匀速圆周运动时，向心力不会改变质点动量的大小，只会改变质点动量的方向。通过上面的分析可以得出结论：在 $\mathrm{d}t$ 时间内，冲力矩的作用会使自旋角动量沿着重力矩的方向发生一个微小的变化 $\Delta \boldsymbol{L}$，使得自旋角动量绕着竖直轴转过一个小角度 $\mathrm{d}\theta$，如图 3-18 所示。由于整个运动过程中重力矩总与自旋角动量保持垂直，使得自旋角动量不断地改变方向，形成了陀螺对称轴绕着空间竖直轴转动的现象，这就是旋进。

设陀螺旋进的角速度为 ω'，由图 3-18 可看出，$\mathrm{d}t$ 时间内陀螺角动量的改变量为
$$\mathrm{d}L = L \sin\theta \mathrm{d}\theta = L \sin\theta \omega' \mathrm{d}t,$$
按照角动量定理，有
$$N\mathrm{d}t = \mathrm{d}L,$$
于是得到
$$mgr_c \sin\theta \mathrm{d}t = L\sin\theta \omega' \mathrm{d}t,$$
由此求出陀螺旋进的角速度为
$$\omega' = \frac{mgr_c}{L} = \frac{mgr_c}{I\omega}。$$

高速旋转物体在外力矩作用下产生旋进现象在日常生活中有广泛的应用。例如，枪弹的发射膛内部都有来复线，使射出的枪弹能绕自身的对称轴高速旋转（自旋角动量很大），这样，子弹头在飞行过程中遇到空气阻力矩时不会翻倒，而是绕着前进的方向的轴线（轨道的切线）旋进，子弹在飞行过程中就不会有大的偏离，从而击中目标。再如，骑过自行车的人都知道，骑车的速度太慢就容易翻倒，而快速骑车反而不容易翻倒，这是由于车轮在高速旋转时遇到重力矩作用时会出现旋进。

思 考 题

3-1 将三节棍斜向上抛向空间，每一节棍在空间的运动很难预先知道，三节棍在空间可能出现各种不同的运动状态。如果不考虑空气阻力，那么三节棍质心的运动

轨迹是什么？

3-2 握住一根均匀棒子的中点要比握住棒子的一端容易些,为什么？

3-3 将一个半径为 R 的圆盘在盘心处挖去一个半径为 r 的小圆盘,剩下部分绕过盘心并垂直于盘面的轴的转动惯量是多少？

3-4 如果把物体看作质点,则作用在物体上的平行力可以直接加减。如果把物体看作刚体,作用在刚体上的平行力都可以直接相加减吗？作用在刚体上的平行力在什么情况下才能相加减？（不能相加减的平行力称为力偶）

3-5 对质点来说,我们可以说它的速度与加速度有多大。但是对刚体来说,能不能说刚体的速度、加速度多少？对于刚体定轴转动,需不需要说明刚体绕 a 点的角速度或者刚体绕 b 点的角速度？

3-6 刚体定轴转动中,刚体上任意一点做什么运动？刚体上任意一小质元受到什么样的合外力？由此可以断定,在匀角速度定轴转动过程中,整个刚体的动量并不守恒。

3-7 如果一个刚体是由几部分复合而成的,怎样计算刚体的转动惯量？例如,将一长为 L、质量为 m 的长棒一端竖直地悬挂起来（记为 O 点）,另一端连接上一个半径为 r、质量为 M 的圆盘,整个系统可以绕 O 点在铅直平面内转动,那么这个系绕 O 点转动的转动惯量多大？

习 题 3

3-1 在一个均质等边三角板的三个顶上各施加一个外力,外力的方向是沿三角形的三个边,如图所示,假定三角板的质量为 1 kg,求：

(1) 刚体质心的位置。

(2) 相对质心的力矩。

(3) 质心的加速度。

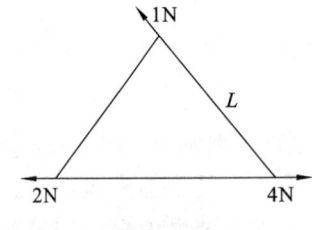

第 3-1 题图

3-2 两个质量分别为 m 和 2m 的小球用质量可以不计、长为 L 的细杆连接,求：

(1) 系统质心的位置。

(2) 相对过质心并垂直于细杆转轴的转动惯量。

3-3 一飞轮的转速为 250 rad/s,受到制动后匀速地减慢,经过 90 s 后停止转

动。求:
(1) 制动后的角加速度和从制动到静止这段时间飞轮转过的转数。
(2) 制动开始后转过 3.14×10^3 rad 时飞轮的角速度。

3-4 质量均为 1 kg 的三个小球用质量可以忽略不计的细杆连结成等边三角形,如图所示,假定等边三角形的边长为 4 cm,求:
(1) 系统质心相对 O 点的位置。
(2) 如果系统绕 O 点在 Oxy 面内以角速度 $\omega = 1$ rad/s 转动,用质心运动定理计算由于系统转动而作用在转轴上的力。

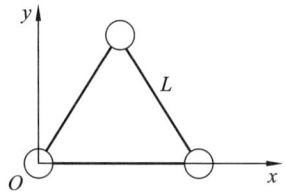

第 3-4 题图

3-5 一半径为 a 的实心球,在离球心距离为 c 处有一个半径为 b 的球形空腔,这里,$a > b + c$。求:
(1) 质心的位置。(提示:利用对称性并且把空心球看成两个实心球复合而成)
(2) 球对于一通过球心与腔体中心轴的转动惯量。

3-6 立方体底面的边长分别为 $2a, 2b$,高为 h,求证:该立方体绕垂直于底面并过质心轴的转动惯量为

$$\frac{m}{3}(a^2 + b^2),$$

式中,m 为立方体质量。

3-7 一半径为 R、质量为 m 的圆环可绕其圆周上的一点转动。
(1) 若转轴垂直于圆环转动平面,求转动惯量。
(2) 若转轴与圆环相切(位于圆环平面),求转动惯量。

3-8 质量为 m、半径为 R 的圆盘以角速度 ω 绕过盘的边缘,并且垂直于盘面转轴转动时,它的转动动能与转动角动量各是多少?

3-9 转动惯量为 20 kg·m²、直径为 50 cm 的飞轮,以 165 rad/s 的角速度转动,现用闸瓦将其制动。闸瓦对飞轮的正压力为 400 N,闸瓦与飞轮之间的摩擦系数为 0.50。求:
(1) 闸瓦作用于飞轮的摩擦力矩。
(2) 制动后,飞轮停止转动需要花费的时间。
(3) 摩擦力矩做的功。

3-10 质量为 M 的圆柱体可以绕着过质心的固定的水平轴 O 自由转动,一轻绳

绕在圆柱面上,自由端系一质量为 m 的物体,如图所示。设滑轮的半径为 R,求:

(1) 绳子中的张力和物体下落的加速度。

(2) 从物体静止开始计时,1 s 后物体下落的距离。

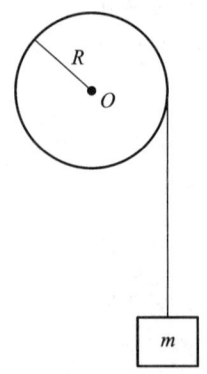

第 3-10 题图

3-11 一根长为 L、质量为 m 的细棒,在竖直平面内可绕过一端点并与细棒垂直的水平轴转动。如图所示,现使细棒从水平位置静止开始自由落下,求:

(1) 细棒开始下落的瞬间,质心处的加速度以及开始转动的角加速度。

(2) 细棒转到竖直位置时的角速度以及转动动能。

(3) 如果将细棒看成质量全部集中在质心上的质点,计算结果正确吗?说明之。

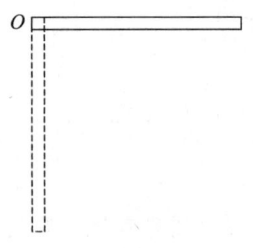

第 3-11 题图

3-12 质量为 M、半径为 r 的圆盘,可以绕过质心并垂直盘面的轴在水平面内自由转动,圆盘的边缘上有一质量为 m 的狗。开始时系统处于静止状态,当狗在圆盘上以恒定的相对速率 v_0 沿着圆盘的边缘跑动时,圆盘的角速度多大?如果狗在圆盘上跑了一周,那么圆盘转了多少角度?

3-13 在半径为 R、质量为 m 的水平转台上有一质量为 $m/2$ 的人,起初人站在转台的边缘,转台以角速度 ω 绕过质心的轴在水平面内旋转。之后,人相对转台沿径向朝着转轴行走,当人走到离转轴为 $R/2$ 处时,转台的角速度变为多少?动能改变多少?能量从哪里来?

3-14 冲击摆由一长为 l 的细棒下端拴一质量为 m 的板组成,将细棒的另一端悬挂在重力场中使整个装置可以绕棒的一端 O 点做自由摆动。最初,冲击摆处于静止状态,现有一质量为 m_1 的子弹水平射入在离转轴 O 相距 l 处冲击摆的板,最后子弹静止在板内。若摆受到冲击后摆动的最大角度为 θ_0,求子弹的入射速率。

3-15 一质量为 1.12 kg、长为 1 m 的匀质细棒,将其上端在重力场中悬挂起来,使其能够在竖直平面内自由转动。如果用 100 N 的力冲击细棒的下端,假定冲击在 0.02 s 内完成,求:

(1) 冲击后细棒所获得的角动量。

(2) 细棒获得的动能以及细棒能转过的最大角度。

3-16 一水平圆盘绕竖直的轴旋转,角速度为 ω_1,该圆盘相对于转轴的转动惯量为 I_1。在这圆盘的正上方有一个角速度为 ω_2 的另一个旋转圆盘,其转动惯量为 I_2。两圆盘相互平行,圆心在同一条铅直线上。上盘的底面有销钉,如果上盘落下,销钉会嵌入下盘,使两圆盘合为一体。当两圆盘合为一体后,问:

(1) 合成体的角速度多大?

(2) 系统动能改变了多少?能量到哪里去了?

(3) 整个过程系统动量守恒吗?为什么?

3-17 一正方形匀质薄板,其边长为 $L = 0.6$ m,质量为 $M = 1$ kg,将薄板的一边固定在竖直轴上,使薄板可以绕该轴自由旋转,如图所示。当薄板静止时,有一质量为 $m = 1 \times 10^{-2}$ kg 的小球以速度 $v_0 = 50$ m/s 垂直击中板的质心,然后以速度 $v_1 = 20$ m/s 返回。求:

(1) 薄板受到的冲力矩。

(2) 木板获得的角速度。

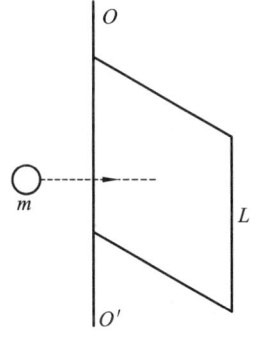

第 3-17 题图

第 4 章 流体力学基础

流体力学是研究大量液体或气体分子运动所表现出来的宏观规律。由于是考虑宏观规律，因此本章内容不涉及流体的微观结构，仅采用宏观的方法来讨论理想流体的基本运动规律。本章所采用的物理量并非是描述单个流体分子的，而是针对大量分子集体行为的，研究流体力学的基本方法还是牛顿运动定律。本章主要介绍描述液体运动的物理量及方法、理想流体的连续性方程、伯努利方程以及描述实际流体运动的基本概念与方法。

4.1 流体运动学描述

4.1.1 理想流体

流体是气体与液体的总称。实际流体都具有流动性、可压缩性以及黏性等特点，大量实验表明，液体的可压缩性很小，例如，水在 10 ℃，500 个大气压下，每增加 1 个大气压，它的体积减小量不到原体积的 2 万分之一。气体的可压缩性表现得十分明显，例如，用不大的力推动活塞就可使气缸内的气体明显压缩。但在可流动情况下，有时也会把气体视为不可压缩的，这是因为气体的密度小，在受压时体积还没来得及改变已快速地流动起来，并迅速达到密度均匀。另一方面，如果气体中各处密度不随时间发生明显变化，气体的压缩性就可以不计。物理上常用马赫数 M 来判定流动气体的压缩性，其定义为 $M=$ 流速/声速，若 $M^2 \ll 1$，则可视气体为不可压缩的。总之，在实际问题中，如果流体的可压缩性与流动性相比是次要因素时，可以将流体视为不可压缩的。

实际流体在流动时或多或少地具有黏性。所谓黏性，就是流体流动过程中各流动层之间由于速度不同所引起的内部摩擦。例如，水在水管中流动时，靠近管壁的水黏附在管壁上，流速为零，水管中心处的水流得最快。总体来说，水管内部离管轴线距离越远的环形流动层，其流速越小，两相邻的流动层之间由于存在速度差，就会出现阻碍各自流动层相对运动的黏性力。在处理实际问题时，若流体的流动是主要的而黏性引起的作用是次要的，就可以认为流体完全没有黏性。

如果在流体运动过程中起主导作用的是流动性和连续性，而可压缩性和黏性起的作用不大，可以忽略不计，就可以把它当作理想流体。换句话说，理想流体是既不可压缩，又无黏性的流体，这是对实际流体抽象出来的理想模型。

4.1.2 描述流体运动的基本方法

描述流体运动的方法大体有两种：一种称为拉格朗日方法，另一种称为欧拉方法。在拉格朗日方法中，将流体视为许多流动的微团，追踪各个流体微团，找出它们的运动规律，类似于研究质点组的方法。欧拉方法把注意力集中到流体内部空间，观察整个流体内部的各种物理量在空间各点上的分布，找出它们随时间变化的关系。例如，流体内部各点处的流速随时间变化为

$$\bm{V} = \bm{V}(x, y, z, t), \tag{4-1}$$

显然，如果流体内部各点速度随时间变化的规律已知，那么整个流体的运动情况就清楚了。

物理学中常把某个物理量的时空分布称为场。欧拉方法中，流体内部各点的速度分布可以看成速度场。描述场的几何方法就是引入所谓的场线，就像在静电场中引入电力线、磁场中引入磁力线一样，在流速场中可以引入流线。流线是这样规定的：流线为流体内部的一条连续有向曲线，流线上每一点的切线方向代表流体内微团经过该点时的速度方向，图 4-1 给出了几种常见的流线。

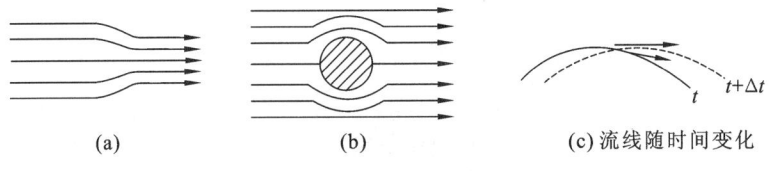

图 4-1　常见的流线

一般情况下，流体内部空间各点的流速随时间变化，因此流线也是随时间变化的。所以在一般情况下流线并不代表流体内微粒运动的轨道，如图 4-1(c) 所示，只有在空间各点的流速不随时间变化时，流线才代表流体中微团的运动轨道。另外，由于流线的切线表示流体内微团运动的方向，所以流线永远不会相交，因为如果流线在空间某处相交，就表示流体中微团经过该点时同时具有两个不同的速度，这显然是不可能的。

如果在流体内部取一微小的封闭曲线，则由通过曲线上各点的流线所围成的细管称为流管，如图 4-2 所示。

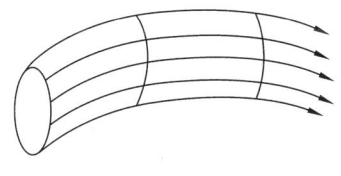

图 4-2　流管

由于流线不会相交，因此流管内、外的流体都不具有穿过流管壁的速度，也就是

说,流管内部的流体不可能流到流管外面,流管外面的流体也不可能流入管内。流管的概念有助于帮助我们孤立流体中的微团以便对其研究。显然,流管在无限变细的情况下就是流线。

4.1.3 几种常见的流动与流量

(1) 稳定流动。流体内部任何一点的流速、温度、密度等不随时间变化的流动称为稳定流动。例如,在稳定流动时,如果流体内某点的速度是沿 x 轴方向,其量值为 3 cm/s,则在流体以后的流动中,该点的流速永远保持这个方向与量值。若流体内部各点的流速随时间变化,则称流动是不稳定的。例如,变速水泵喷出的水流的流动。

(2) 均匀流动。流体流动过程中,如果任意时刻流体内空间各点速度完全相同,不随空间位置而变化,则称流动是均匀的。例如,流体以恒定速率通过均匀长管的流动是稳定的均匀流动;而流体以恒定速率通过一喇叭形长管的流动是稳定的非均匀流动;流体加速通过一喇叭形长管的流动是不稳定的非均匀流动。

(3) 层流与湍流。在流体流动过程中,如果流体内的所有微粒均在各自的层面上做定向运动,则称为层流。由于各流动层之间的速度不一样,所以各流动层之间存在阻碍相对运动的内摩擦,这个内摩擦力就是黏性力。层流在低黏性、高速度及大流量的情况下是不稳定的,它会使各流动层之间的微粒发生大量的交换从而完全破坏流动层,使流体内的微粒运动变得不规则,这种现象称为湍流。湍流发生时,流体内有很大的纵向力(垂直流动层的力),引起更多的能量损耗,实际上湍流是一种三维流动。

(4) 有旋流动。在流体的某一区域内,如果所有微粒都绕某一转轴做旋转,则称流体在做有旋流动。最直观的有旋流动是涡流,但不是只有涡流才是有旋流动。物理上判断流体是否做有旋流动是用所谓的环量来描述的。设想在流体内取一任意的闭合回路 C,如图 4-3 所示,将流速 v 沿此回路的线积分定义为环量 Γ,用公式表示即

$$\Gamma_c = \oint_C \boldsymbol{v} \cdot \mathrm{d}\boldsymbol{l} = \oint_C v\cos\theta \mathrm{d}l \, \text{。} \tag{4-2}$$

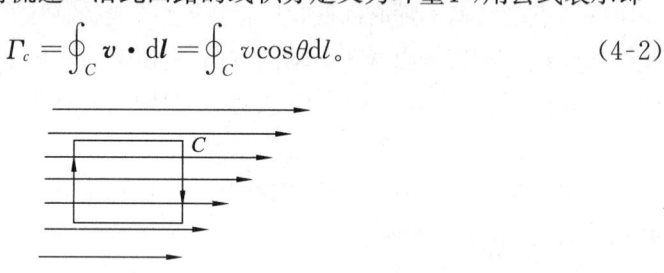

图 4-3 环量

流体内部环量不为零的流动称为有旋流动,环量处处为零的流动称为无旋流动。按照上面的定义,层流也是有旋流动。

从上面的介绍可以看出,一般情况下流体运动是很复杂的。本书中我们只讨论理想流体的稳定流动。由于不可压缩又没有黏性,所以理想流体的流动是没有内部能量消耗的流动。

(5) 流量。流体力学中用流量来描述流体流动的快慢。工业上也称流量为排泄量。设想在流体内部截取一个面 S，定义单位时间内通过截面 S 的流体的体积为通过截面 S 的（体积）流量。如图 4-4 所示，在流体内部取一小面元 S，通过它的边界作一流管，在流管上截取长度为流速 v 的一段体积，由于单位时间内该体积内的流体会全部通过面元 S，所以通过面元 S 的流量就是 $Q = v\cos\theta S$。如果把面元定义为矢量，取其外法线方向为面元的正方向，即 $\boldsymbol{S} = S\boldsymbol{n}$，那么通过面元 S 的流量可以表示为

$$Q = \boldsymbol{v} \cdot \boldsymbol{S}。 \tag{4-3}$$

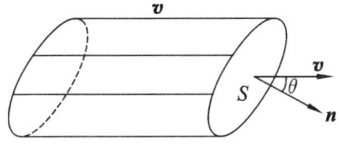

图 4-4 流量

4.2 伯努利方程

4.2.1 连续性方程

现在考察理想流体的稳定流动。如图 4-5 所示，在流体内部取一根很细的流管，在流管的两处分别取截面 S_1, S_2，两截面上的流速分别为 v_1 及 v_2。以截面 S_1, S_2 以及流管内部封闭的体积 V_0 为研究对象。

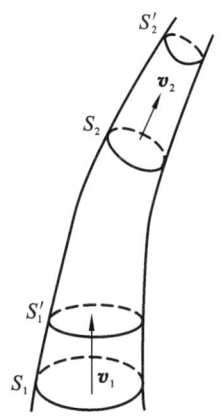

图 4-5 流管内流量守恒

假定经过 Δt 时间后 S_1 面上的流体运动到 S_1'，S_2 面上的流体运动到 S_2'。由于理想流体的不可压缩性，通过 S_1 面流入体积 V_0 内流体的体积 ΔV_1（S_1, S_1' 与流管包围的体积）必然等于从 S_2 面流出的体积 ΔV_2（S_2, S_2' 以及流管包围的体积）。换句话说，就是通过 S_1 截面的流量与通过 S_2 截面的流量相同，即

$$Q_1 = Q_2, \tag{4-4}$$

或者
$$v_1 S_2 = v_2 S_2 \text{。} \tag{4-5}$$

由于这个关系对流管内任意两个截面都成立,因此可以改写成
$$Q = \text{恒量}\text{。} \tag{4-6}$$

(4-6)式表明,理想流体流动时,在同一根流管内部某处横截面越大,该处的流速就越小;反之,横截面越小,该处的流速就越大。所有横截面上的流量都相同,这个结论称为理想流体稳定流动过程中的连续性原理,而(4-6)式则称为连续性方程。

注意:(4-6)式仅对理想流体成立,因为不考虑黏性的条件下,截面 S 上每一点的流速相同。而(4-4)式在流体不可压缩的条件下总是成立的,如果截面 S 上各处的流速不一样,只需要将流量的定义改写成
$$Q = \int_S \mathrm{d}Q = \int_S v\cos\theta \mathrm{d}S = \int_S \boldsymbol{v} \cdot \mathrm{d}\boldsymbol{S} \text{。} \tag{4-7}$$

连续性原理可以帮助我们理解流体内部的流线分布与流速分布的关系。在流速大的地方流管狭窄,流线必定密集;在流速小的地方流管相对粗大,流线稀疏。通过流速的分布情况可以直接判断出流线的分布情况。反过来,也可以通过流线的分部情况,判断出流速分布情况,这一点在分析实际问题时十分重要。

另外,上面定义的流量为单位时间内流过某截面流体的体积,这称为体积流量。实际问题中,有时也把单位时间流过某截面流体的质量称为质量流量,这两者之间相差一个密度因子。如果用质量流量表述连续性原理,则为
$$Q_M = \rho S v = \text{恒量}, \tag{4-8}$$

其物理意义为流动过程中质量守恒。

4.2.2 伯努利方程

由于不计黏性与可压缩性,没有内部能量损耗,理想流体在重力场中流动时,我们可以用功能原理来分析流体的运动规律。设想在流体内部取一个很细的流管,以至在流管内部任意横截面上压强与高度值可以看成一样,如图 4-6 所示。

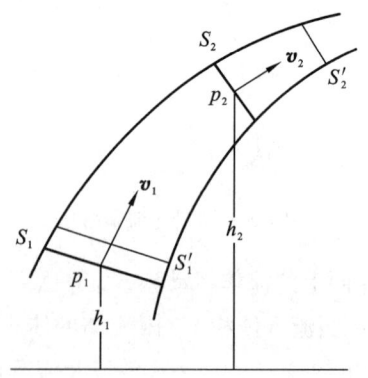

图 4-6 流动过程的能量分析

设流管内 S_1 与 S_2 面上压强、流速、高度分别为 p_1, v_1, h_1 和 p_2, v_2, h_2, 取截面 S_1, S_2 和流管内部所包围的流体与地球所组成的系统为研究对象。假定经过一段时间后,这部分流体运动到 S_1' 和 S_2' 之间,如果是稳定流动,S_1' 与 S_2 之间流体的机械能没有发生任何变化。因此研究对象末态与初态的机械能变化可由 S_1, S_1' 之间流体的机械能与 S_2, S_2' 之间流体的机械能之差表示。由于是不可压缩流体,所以这两部分的质量与体积均相同。设 S_1, S_1' 之间流体质量为 Δm, 则 S_1, S_1' 之间流体的机械能为

$$E_1 = \Delta m \left(\frac{v_1^2}{2} + gh_1 \right), \tag{4-9}$$

而 S_2, S_2' 之间流体的机械能为

$$E_2 = \Delta m \left(\frac{v_2^2}{2} + gh_2 \right), \tag{4-10}$$

因此,这段时间内系统机械能的改变量为

$$\Delta E = E_2 - E_1 = \Delta m \left(\frac{v_2^2}{2} + gh_2 - \frac{v_1^2}{2} - gh_1 \right). \tag{4-11}$$

现在来考虑非保守力所做的功。对理想流体,由于没有黏性,所以没有内力做功,非保守外力只有周围液体的压力。而流管外部的流体由于不能穿过流管壁,所以不可能影响到流管内部的流体,只有流管内 S_1 与 S_2 这两个面上的压力可以对这段流体做功。

S_1 面上压力沿流线方向,所以做正功,由定义,有

$$A_1 = F_1 \Delta x_1 = p_1 S_1 \Delta x_1 = p_1 \Delta V_1,$$

而 S_2 面上压力与流线方向相反,做负功(阻碍流体流动),有

$$A_2 = -F_2 \Delta x_2 = -p_2 S_2 \Delta x_2 = -p_2 \Delta V_2,$$

因此,合外力做功为

$$A = (p_1 \Delta V_1 - p_2 \Delta V_2). \tag{4-12}$$

利用理想流体不可压缩性

$$\Delta V_1 = \Delta V_2 = \frac{\Delta m}{\rho},$$

将(4-12)改写成

$$A = (p_1 - p_2) \frac{\Delta m}{\rho}. \tag{4-13}$$

根据功能原理,非保守力做功等于机械能的改变,得到

$$A = \Delta E,$$

即

$$(p_1 - p_2) \cdot \frac{\Delta m}{\rho} = \Delta m \left(\frac{v_2^2}{2} + gh_2 - \frac{v_1^2}{2} - gh_1 \right),$$

化简后为

$$p_2 + \frac{1}{2}\rho v_2^2 + \rho gh_2 = p_1 + \frac{1}{2}\rho v_1^2 + \rho gh_1, \tag{4-14}$$

由于 S_1, S_2 面是任意选取的，所以同一时间内在流管任一截面上有

$$p + \frac{1}{2}\rho v^2 + \rho g h = 恒量, \quad (4\text{-}15)$$

上式称为伯努利方程，式中的恒量也称伯努利数。注意到流管截面趋近于零时流管化为流线，所以伯努利方程也可用于流线，即沿任意流线伯努利数不变。

注意，伯努利方程并不是对所有的惯性系都成立，这是因为力对所有惯性系是一样的，但在不同惯性系中力做功是不一样的，这是因不同惯性系内观察到路径可能不一样的缘故，而非保守力做功与路径有关，一般情况下应以地面作参照系。

为了解伯努利方程的物理意义，我们讨论流体在水平管内稳定流动，这时伯努利方程退化为

$$p + \frac{1}{2}\rho v^2 = 恒量, \quad (4\text{-}16)$$

上式表明，流速大的地方压强小，流速小的地方压强大。结合连续性原理可以得出结论：理想流体沿着水平管流动时，水管截面小的地方流速快、压强小，而截面大的地方流速慢、压强大。喷雾器、水流抽水机等就是利用这一原理制造的。

静止可以视为运动的特殊情况（$v=0$），所以伯努利方程对静止流体也适用。把静止流体整个看成一个大流管，在流体内分别选取高度为 h_a 与 h_b 的两点，并用流线连接这两点，列出伯努利方程

$$p_a + \rho g h_a = p_b + \rho g h_b,$$

整理后得到

$$p_a - p_b = \rho g (h_b - h_a)。 \quad (4\text{-}17)$$

结果表明，静止流体内部任意两点的压强差正比于这两点的高度差，比例系数与流体的密度有关。对于流体内同一深度的两点（$h_a = h_b$），由(4-17)式可立刻得出

$$p_a = p_b, \quad (4\text{-}18)$$

这就是中学阶段熟悉的结果：静止流体内部等深度点的压强相同。

关于伯努利方程的应用应注意下面几点：(1) 当所有的流线都源于同一流体库，且能量处处相同时，伯努利方程中的常数不会因流线不同而有所不同。这时，对所有的流线来说，伯努利数都相同，此时伯努利方程不限于对一条流线的应用。(2) 对于通风系统中的气流，若压强变化相对无气流时变化不大，这时气体可以看成不可压缩的，伯努利方程仍可适用，不过气流的密度应取平均密度。(3) 对于渐变条件下理想流体的非稳定流动，也可以用伯努利方程求解，这时引起的误差不会很大。(4) 对于实际流体的稳定流动，可先忽略流体的黏滞性，用伯努利方程得到一个理想的结果，然后再用实验做一些修正，也就是说要加入能量损耗项。

例 4-1 水沿着如图 4-7 所示的管内流动，管的上端直径为 2 m，管内流速为 3 m/s，管下端直径为 1 m，管内流速为 10 m/s，假定水可视为理想流体，沿着流线压

强不变,求管的上端相对地面的落差。

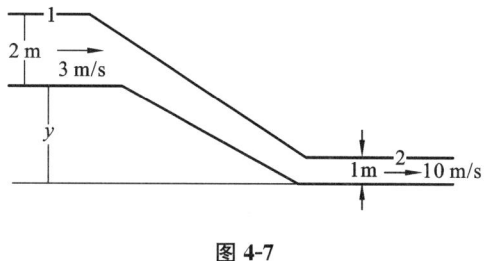

图 4-7

解 沿管中心轴线取一条流线,按伯努利方程,在流线的两端 1、2 处有

$$p_1 + \frac{\rho}{2}v_1^2 + \rho g h_1 = p_1 + \frac{\rho}{2}v_2^2 + \rho g h_2,$$

由题意 $p_1 = p_2, \rho = 1$,所以

$$(h_1 - h_2)g = \frac{1}{2}(v_2^2 - v_1^2),$$

即

$$h_1 - h_2 = \frac{1}{2g}(v_2^2 - v_1^2) = 4.14 \text{ (m)},$$

而落差

$$y = (h_1 - h_2) - 0.5 = 3.46 \text{ (m)}。$$

*4.3 实际流体

前面我们讨论了理想流体运动的规律,许多实际流体在一定的条件下接近理想流体,可以用理想流体的运动规律分析这样的流体运动。但是有些流体的黏性相当大,它们的流动规律会远离理想流体的运动规律。例如,甘油、重油等的黏性都很大,因此在远距离输运过程中必须考虑黏性带来的能量损耗。

4.3.1 流体的黏性

我们从水平管内流体的流动来看什么是流体的黏性。当流体在水平管内流动时,管内的速度分布如图 4-8 所示,靠近管壁流体的流速最慢,而管中心的流速最快。这是什么原因造成的呢?我们知道,当流体在管内流动时,靠近管壁的那层流体实际上是吸附在管壁的表面静止不动的,称为吸附层。吸附层的外侧的流动层相对吸附层有一相对运动速度,这一相对运动会引起相邻流动层之间出现内摩擦,所谓内摩擦,是指由于分子热运动,吸附层的分子将会把动量传给相邻的运动层,使得运动层的速度减慢,而运动层的分子也会把它的动量传给吸附层,欲使吸附层的速度改变(当然对吸附层来说,交换来的动量被管壁吸收不可能产生运动)。由于相邻流动层之间存在分子动量交换,使得相邻流动层之间存在相互作用力,这个作用力称为黏性力。由于黏性力是描述流动层之间的相互作用,所以黏性力的方向沿着流动层的切向,阻碍流体相对流动。管内流体流动时,内部每一流动层都会受到来自上、下两流动层的黏性力,达到平衡时各流动层的速度都不一样,距离管壁越近的流动层流度越小,距离管壁越远的流动层流度越大,这样就形成如图 4-8 所示的速度分布。

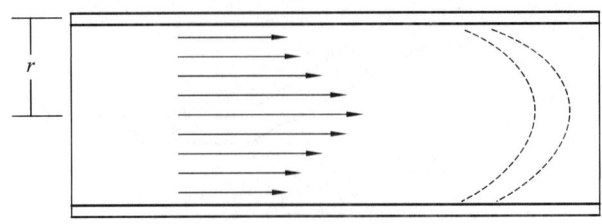

图 4-8　管内实际流体流动

从上面分析可看出,流体低速运动时,由于黏性力的作用,管道内的流体会自然地分层流动,各流动层可以看成只有相互滑动而彼此互不混合,这样的流动称为层流。血液在血管内流动、石油在输油管内的流动等都是层流的例子。

为了知道黏性力的大小与哪些因素有关,设想如图 4-9 所示的实验。

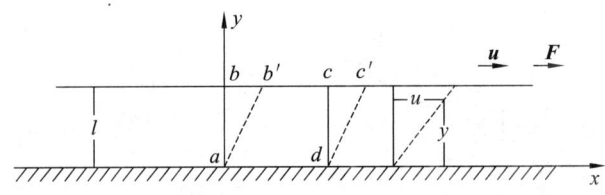

图 4-9　流体黏性实验

在两个靠得很近的大平板之间放入流体,下板固定,在上板面施加一个沿流体表面切向的力 **F**。实验表明,无论力 **F** 多么小都能引起两板间的流体以某个速度流动,这正是流体的特征:当受到切向力时会发生连续形变并开始流动。通过观察可以发现,在流体与板面直接接触处的流体(吸附层)与板有相同的速度。如果图 4-9 中的上板以速度 u 沿 x 方向运动,下板静止,那么中间各层流体的速度是从 0(下板)到 u(上板)的一种分布,流体内各流动层之间存在流速差或速度梯度。实验结果表明,作用在流体上的切向力 F 正比于板的面积(A)和流体上表面的速度 u,反比于板间流体的厚度 l,所以 F 可写为

$$F = \mu \frac{Au}{l}, \tag{4-19}$$

式中,u/l 表示流体内部垂直于流动层方向上单位长度流速的改变量,也就是速度的梯度。若用微分形式表示为 $\dfrac{\mathrm{d}u}{\mathrm{d}l}$ 则更具有普遍性,这时,(4-19) 式可以改写为

$$\mathrm{d}F = \mu \cdot \frac{\mathrm{d}u}{\mathrm{d}l} \mathrm{d}A, \tag{4-20}$$

式中,比例系数 μ 称为流体的黏性系数,(4-20) 式称为牛顿黏性定律。μ 为常数的流

体称为牛顿流体,它反映了黏性力与层流速度的梯度是线性关系,μ 不是常数的流体称为非牛顿流体。

流体的黏性系数 μ 是反映流体黏性大小的物理量,在国际单位制中,黏性系数的单位是牛·秒/米^2。从前面的讨论可知,所谓黏性,是指当流体流动时,由于流体内各流动层之间的流速不同引起各流动层之间有障碍相对运动的内摩擦,而这个内摩擦力就是由(4-20)式确定的,物理学中把它称为黏性阻力。

黏性越强的流体,其流动性越差,越不容易流动,在相同的外界条件下黏性系数也越大,如表 4-1 所示。黏性系数的大小还与流体的温度有关。一般来说,液体与气体的黏性系数随温度变化有相反的变化趋势,如表 4-2 与表 4-3 所示,说明这两种流体有不同的黏性机制在起主导作用。对于气体,影响流动性的主要因素是分子间的相互碰撞。当温度升高时,各流动层间分子的碰撞加剧,引起各流动层之间分子动量交换加剧,因此黏性会加大。对液体而言,分子间的引力阻碍流体本身的流动性,随着温度的升高,液体分子的动能增加,摆脱分子间引力的能力增大,流动性也得到加强,黏性系数相应地减小。

表 4-1 几种流体的黏性系数

流体	温度(℃)	黏性系数($\times 10^{-3}$ Pa·s)
酒精	20	16
甘油	20	830
水银	20	1.55
氧	15	0.019 6
氢	23	0.017 7
氩	23	0.019 6

表 4-2 水的黏性系数随温度的变化

温度(℃)	0	20	40	60	80	100
$\mu(\times 10^{-3}$ Pa·s)	1.792 0	1.005 0	0.656 0	0.468 8	0.356 5	0.283 8

表 4-3 几种气体黏性系数随温度的变化

气体	空气			二氧化碳			氢气		
温度(℃)	0	20	671	0	20	302	−1	20	251
$\mu(\times 10^{-6}$ Pa·s)	18	18.1	42	14	14.8	27	8.3	8.8	13

在实际工作中,测定流体的黏性系数是十分重要的。例如,对润滑油的选择必须考虑黏性系数。在化学研究中,由于黏性系数的大小与分子结构有关,因此可以根据

黏性系数的大小确定高分子物质的分子量。在医学研究中,由于血液的病变与血液的黏性系数有关,因此可以根据血液的黏性系数获得许多病理学方面的资料。

4.3.2 黏性流体的流动

由于黏性力的影响不可忽略,实际流体流动过程中必然会有能量损耗。理论上可以证明,稳定层流过程中黏性力引起单位体积流体的功率损耗与流体速度梯度的平方成正比。

在推导伯努利方程时,已经讨论过了细流管内作用在流体块前、后两个面上压力做功,其表达式为

$$W_1 = A = (p_1 - p_2)\frac{\Delta m}{\rho}。 \tag{4-21}$$

对于黏性流体,仅考虑这个力做功是不够的,还要加上流体内部黏性力所做的功。如同本章第 4.2 节中图 4-6 所示,假定截面 S_1,S_2 分别运动到 S_1',S_2' 的过程中,黏性力对单位流体所做的功为 w,那么在这个过程中黏性力对流体做功为

$$W_2 = -w\Delta V = -w\frac{\Delta m}{\rho}。 \tag{4-22}$$

按照功能原理,非保守力所做的功等于系统机械能的改变,即

$$\Delta E_2 = W_1 + W_2,$$

将(4-9)式、(4-10)式、(4-21)式、(4-22)式代入上面的功能原理,可以得到

$$\frac{1}{2}v_2^2 + gh_2 - \frac{1}{2}v_1^2 - gh_1 = \frac{1}{\rho}(p_1 - p_2 - w),$$

将上式整理后,可以改写成与伯努利方程相近的形式

$$p_1 + \frac{1}{2}\rho v_1^2 + \rho g h_1 = p_2 + \frac{1}{2}\rho v_2^2 + \rho g h_2 + w, \tag{4-23}$$

这就是黏性流体稳定层流时所遵循的规律,其中,单位流体的能量损耗 w 可以通过实验分析得出,也可以根据具体情况进行理论计算。

如果流体在均匀管内稳定流动,那么沿流线方向流速不变,(4-23)式退化为

$$p_1 - p_2 + \rho g(h_1 - h_2) = w, \tag{4-24}$$

此式表明,要维持黏性流体稳定流动,要么保持流管两端有压力差($p_1 - p_2 \neq 0$),用外力做功来弥补黏性力引起的能量损失,要么保持流管两端有高度差($h_1 - h_2 \neq 0$),用重力做功来弥补黏性力引起的能量损失,或者是这两者的结合。由上面的结论可以看出,方程(4-24)在实际应用方面的重要性。如在石油输运管道的设计、工厂送水管道与排废水管道的设计、民用自来水管的设计等方面都会起一定的指导作用。

如果流体在水平放置的管道内稳定流动($h_1 = h_2$),(4-24)式进一步退化为

$$p_1 - p_2 = w, \tag{4-25}$$

此式说明,如果水平管的两端没有压强差,实际流体就不可能流动。这结论与伯努利方程的预言不一样。按照伯努利方程,水平流管两端压强差为零时,管内流体仍然可

以稳定流动。

泊肃叶早年做了流体在水平管内流动的测量,证实(4-25)式是正确的。要想水平管内流体能稳定流动,必须在水平管两端保持一定的压强差。通过测量水平管内流体的流量,泊肃叶证实了下面的流量公式是正确的,即

$$Q = \frac{\Delta p \pi D^4}{128\mu L}, \tag{4-26}$$

式中,L 为管的长度,D 为管的直径,Δp 是管两端的压强差,μ 是流体的黏性系数。(4-26)式也称为泊肃叶公式。按照流量的定义 $Q = S\bar{v}$,可以方便地从泊肃叶公式求出水平管内流体的平均速度为

$$\bar{v} = \frac{\Delta p D^2}{32\mu L}。 \tag{4-27}$$

从上式解出压强差 Δp 并代入(4-25)式,就可以用实验来测量能量损耗 w

$$w = \frac{32\mu L}{D^2}\bar{v}, \tag{4-28}$$

这里平均流速是可以测量的量,说明能量损耗与平均速度成正比。

4.3.3 雷诺数

当流体做稳定层流时,流体内大多数分子的定向运动基本上是在某个薄层状的平面内,流动层与相邻流动层之间只有少量的分子交换。各流动层之间的分子交换是导致层流不稳定的根本因素,当相邻流动层之间的分子发生激烈交换时,流动层会遭到彻底的破坏,流体的流动发展成一种无规则的流体运动——湍流。

如何判定流体内部出现的是层流还是湍流呢?雷诺在 18 世纪研究了在什么情况下,两种不同然而类似的流体有相似的动力学方程。通过研究两种几何形状完全相同的不同流体的流动,雷诺指出,要使描述这些流体流动的动力学方程相似,其条件是这些流体的一个无量纲的参数必须相同,这个参数被称为雷诺数 R:

$$R = \frac{ul\rho}{\mu}, \tag{4-29}$$

式中,u 是流体的特征速度,l 是流动的特征长度,ρ 是流体的密度,μ 是流体的黏性系数。

雷诺数给出了各种流体之间出现相似动力学规律的判据,它是相似性原理在流体力学中的体现。当一种流体的流动在某种条件下发生湍流,如果另一种流体在相同的条件下与这种流体的雷诺数相同,则另一种流体流动时也会发生湍流。

为了确定这个无量纲参数的大小,雷诺设计了一个如图 4-10 所示的实验。

将一长为 L 的玻璃管水平放置,其一端与一个大水桶相连,另一端接上一开关。玻璃管的入口处呈喇叭状,它与一个装满染料的喷嘴相连,可以看到玻璃管内任何一点流体的流动情况。雷诺取染料的平均速率 $\bar{v}$ 为特征速度,玻璃管的直径 D 为特征长度,于是雷诺数

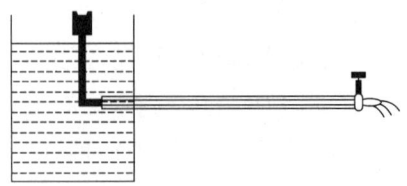

图 4-10　测量雷诺数的实验

$$R = \frac{\bar{v}D\rho}{\mu}。 \tag{4-30}$$

当开关开得很小时,流体的流动很慢,可以看到染料的流动仅局限在管轴的中部且呈直线状,这表明流动是稳定的层流。随着开关的逐渐开大,染料的流动出现上下摆动,这时染料的流动已变为非稳定的了。将开关进一步开大,染料速度 $\bar{v}$ 及 D 增大到一定的程度时,染料扩散到整个玻璃管中,湍流出现了。这就是从层流变成湍流的图像,雷诺测得在出现湍流之前雷诺数 $R = 2\,000$。后来的研究工作对雷诺数进行了更仔细的测定,将水先放上几天让它完全静止,同时造一个相对水完全静止的环境再进行测量,得到的结果是雷诺数 $R = 4\,000$ 时才出现湍流。这个数称为管流雷诺数的上临界数,对实际情况来说,上临界值没有什么实际意义,因为管内流体在雷诺数 $R > 2\,000$ 时就出现湍流了。

雷诺在实验中还发现,载流管内一旦出现湍流欲使它重新回到层流,则只有当 $R < 2\,000$ 时流体才能完全恢复到层流,这个数称为管流雷诺数的下临界数。下临界雷诺数非常重要,它对不规则装置有重要意义。实验测得在各种不规则管内,流动从层流过渡到湍流前的雷诺数 R 在 $2\,000 \sim 4\,000$ 这一范围内。层流的能耗正比于流体的平均速度,而湍流的能耗正比于平均速度的 1.7 到 2.0 次方。

雷诺数的重要意义是,它提供了一个用一种流体的实验结果来预言另一种流体在同样条件下可能会发生什么结果的科学方法。另外,由于湍流出现依赖系统的参数,它同时也是一种无规则运动,所以近来有人认为湍流也是一种混沌现象,不过湍流问题在流体力学中还没有得到圆满的解决。

思　考　题

4-1　有三个底面积相同但形状不同的容器,分别盛有高度相同的同种液体,如图所示,根据静止液体内部压强公式,三个容器内液体对容器底部的压强是一样的,所以每个容器底部受到液体的压力相同。但是,液体对容器底部的压力是容器内液体的重量引起的,这三个容器内液体的重量显然不同,怎样解释这矛盾?

4-2　如图所示,弯成直角的玻璃管内盛有水,玻璃管可以绕竖直轴在水平面内转动。把大小相同的木球与铁球放在玻璃管内让整个装置处于静止状态。如果玻璃管高速旋转,可以看到,木球会沉底,而铁球会浮起,为什么?

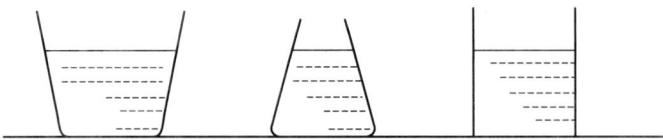

第 4-1 题图

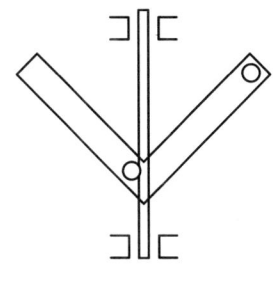

第 4-2 题图

4-3 流迹与流线有什么联系与区别?流体做稳定流动时流迹与流线是否重合?如果是均匀流动,流迹与流线也能重合吗?为什么?

4-4 不同流线上的伯努利数是否相同?在什么情况下,不同流线上的伯努利数是相同的?

4-5 竖直放置的管道内,如果流体处于静止状态,那么液体压强随着高度变化。如果让管道内流体流动起来,这结论还成立吗?举例说明为什么。

4-6 自来水从水龙头流出来时,水柱变得越来越粗还是越来越细?为什么?

4-7 液体流动时,液体内部的压强还是"等高点处的压强相等"吗?为什么?

4-8 两轮船靠得很近并行前进时,有可能会彼此相撞,用伯努利方程解释其原因。

4-9 静止时,装在水桶里面的水表面呈平面,如果让水桶旋转起来,那么桶内水的表面会发生弯曲,为什么?

4-10 如图所示,在粗细均匀的水平管道上连通几根竖直的细管,当管内流体从左至右做稳定流动时,发现这些竖直细管中的液体高度也从左到右一个比一个低,为什么?

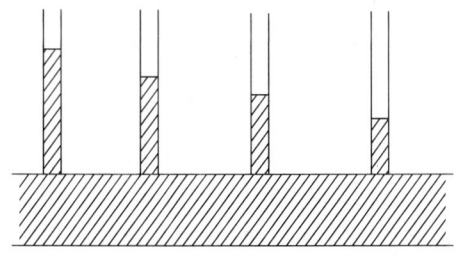

第 4-10 题图

习　　题　　4

4-1　有一个矩形水库,长 200 m,宽 200 m,水深 10 m,求水对水库的底面和侧面的压力。

4-2　二氧化碳气体在均匀粗细的管内做稳定流动,5×10^2 s 内通过某横截面积质量为 0.51 kg,已知该气体的密度 $\rho = 7.5$ kg·m^{-3},管的直径为 2 cm,求二氧化碳在管内流动的平均速度。

4-3　圆柱形木料的一端装有铅块,故木料能够竖直地浮在水中,如图所示。设木料处于平衡时,浸没在水中的长度为 h,圆柱的底面积为 S,现使木料做竖直振动。(1) 求证:振动为简谐振动。(2) 求振动周期(忽略水对木料振动的阻尼作用)。

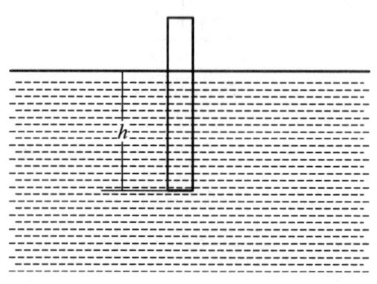

第 4-3 题图

4-4　灭火器每分钟喷出 1.2 m^3 的水,假定喷口处水柱的横截面积为 4 cm^2,问:当水柱喷到 2 m 高时其横截面积有多大?

4-5　水桶内水面的高度为 H,在距离水面下方深为 h 处开一个小孔,水可从小孔中流出,如图所示。求:(1) 水流到达地面的射程。(2) 在容器的水面下什么地方另开一小孔,可使水流的射程与(1)一样?

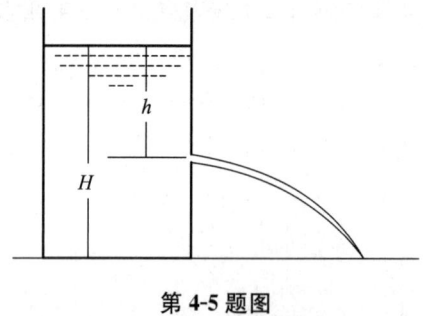

第 4-5 题图

4-6　设有大小、形状完全相同的两个水桶,盛有同样体积的不同液体。在每个桶的侧面距液面下相同深度 h 处都开有一小孔,其中,桶 1 小孔的面积为桶 2 小孔面积的一半。问:(1) 若在相同的时间内由两小孔流出的液体的质量相同,则两液体的密度比 ρ_1/ρ_2 是多少?(2) 从两小孔流出的体积流量之比是多少?(3) 两桶内液体的高度差为多少时,才能使两桶流出的体积流量相等?

4-7 用如图所示的测流速仪测得的水流速度满足下列关系式(设水流可视为理想流体的稳定流动):

$$v = a\sqrt{\frac{2(\rho' - \rho)gh}{\rho(A^2 - a^2)}},$$

式中,ρ 为水流的密度,ρ' 为压强计液体的密度,a 和 A 分别代表压强计 1 端和 2 端处流体的截面积。

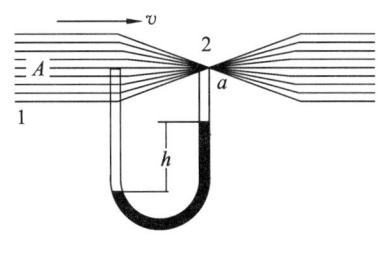

第 4-7 题图

4-8 截面为 5 cm² 的均匀虹吸管从容器很大的容器内把水吸出。虹吸管最高点高于水面 1 m,出口在水面下 0.60 m 处。求:水在虹吸管内做稳定流动时管内最高点的压强和虹吸管的流量。

4-9 一桶的底部有一个洞,水面距桶底 30 cm,当桶以 1.2 m/s² 的加速度上升时,水自洞漏出的速度多大?

4-10 在直径为 305 mm 的输油管内,安装了一个开口面积为原来 1/5 的隔片。管中的石油流量为 0.07 m³/s,其运动黏滞系数 $\mu/\rho = 0.0001$ m²/s,石油经过隔片时是否会变为湍流?

第二篇 电磁学

本篇主要介绍自然界中的电磁现象及其基本规律。

电磁学(电磁场理论)向人们提供了关于电磁场的性质及运动的完整理论。其定量研究可认为是从 1785 年前后库仑(1736—1806)定律建立时开始的,其后,通过高斯(1777—1855)、安培(1775—1836)、奥斯特(1777—1851)、法拉第(1791—1867)等许多物理学家的探索,逐步建立起了以实验为基础的有关电和磁的唯象理论。1865年,麦克斯韦(1831—1879)在系统总结前人成果的基础上,大胆提出了感生电场和位移电流两个假说(这可以认为是麦克斯韦电磁场理论的两个核心思想),并将电磁学定律归结为麦克斯韦方程组。以此为核心的电磁理论称为经典电磁学,是继牛顿力学之后物理学理论的又一重要进展。

电磁现象是非常普遍的自然现象,电磁运动是物质的一种基本运动形式。电磁相互作用是自然界已知的四种基本相互作用之一,其作用范围很广,从宏观对象到微观对象,都受到电磁力的影响。实验已经证明,物质间相互作用不是超距发生的(机械论的观点),而是经由场来传递的(场论的观点),电磁相互作用就是通过电磁场传递的。场的概念是由法拉第首先提出的(称其为"电致紧张状态")。因此可以说,电磁学是研究电磁场的产生、变化和运动规律的场物理学。

第 5 章 真空中的静电场

本章主要研究静止电荷在真空中所激发的静电场。静电场是矢量场,我们要介绍如何用通量和环流表示矢量场的规律与性质。引入描述静电场的两个基本物理量——电场强度和电势,并从基本实验定律即库仑定律出发,导出描述静电场性质的两条基本定理——高斯定理(通量定理)和环路定理。本章所用处理问题的方法,可以在一定条件下用于后面的一些章节(例如磁场部分等),是整个电磁学的重要基础。

5.1 库仑定律

5.1.1 电荷

带电体所带的电量称为电荷。实验表明,自然界中的电荷只有两种。富兰克林(1706—1790)首先提出,与丝绸摩擦过的玻璃棒所带的电荷为正电荷,与毛皮摩擦过的橡胶棒所带的电荷为负电荷。同种电荷相互排斥,异种电荷相互吸引。物体带电的原因可以从以下两个方面加以考察：

其一是内因（物质的电结构）。按照原子理论，在每个原子里，电子环绕由中子和质子组成的原子核而运动。原子中的质子带正电，电子带负电子，中子不带电，质子与电子所带电量的绝对值是相等的。物质结构理论认为，分子是由许多原子所组成，大量不同分子组成各种宏观物体。一般情况下，由于原子中电子数与质子数相等，因而物体呈电中性。

其二是外因。当物体受到摩擦作用时，会造成物体的电子过多或不足，这时，我们说物体带电。当电子过多时物体带负电，当电子不足时物体带正电；当物体与带电物体接触时，也会使其带电；当物体靠近带电物体时，由于感应同样会使物体带电。因此，物体带电的外部原因有三个：摩擦、接触、感应。

电荷有三个重要的特性：电荷的量子性、电荷的守恒、电荷的相对论不变性。下面分别简要介绍说明。

(1) 电荷的量子性：1897 年，英国物理学家汤姆孙(1858—1940)发现电子。根据 1993 年发布的国家标准，电子电荷量为 $e = 1.60217733 \times 10^{-19}$ C，在国际单位制(SI) 中，电荷量的单位为库仑(C)。

1907 年，密立根(1868—1953)从实验中测出所有电子都具有相同的电荷，且带电体所带电荷量都是电子电荷的整数倍，即 $q = ne$，n 为整数 $1, 2, 3, \cdots$，电荷的这种只能取分立的、不连续量值的性质，称为电荷的量子性。量子性是近代物理学中的一个基本概念。尽管近代理论中从理论上已经预言，自然界中应存在具有 $\pm \frac{1}{3}e$ 和 $\pm \frac{2}{3}e$ 的被称为夸克的基本粒子，但至今尚未在实验中发现自由状态的夸克。

(2) 电荷守恒定律：实验表明，在一个与外界没有电荷交换的孤立系统中，不论系统内的电荷如何迁移，系统的电荷量的代数和始终保持不变，这就是电荷守恒定律。电荷守恒定律是自然界的基本守恒定律之一，无论是在宏观领域里，还是在原子、原子核及基本粒子等微观领域里，电荷守恒定律都是成立的，违反电荷守恒定律的过程是不可能实现的。

(3) 电荷的相对论不变性：带电体所带电荷量与带电体的运动速度无关，即带电体相对于不同的参考系，其运动速度与质量可以不同，但其电荷量却不变。

5.1.2　库仑定律

任意两个带电物体之间都有相互作用力。人们为了突出问题的主要制约因素，引入点电荷的概念（物理理想模型）。当一个带电体本身的线度与问题中所涉及的线度相比小很多时，此带电体就可以视为点电荷。点电荷是从实际带电体中抽象出来的，它与牛顿力学中的质点类似。当带电体可以看成点电荷时，则它们的形状、大小对其相互作用力的影响就可以忽略。能否将带电体视为点电荷，要根据物理问题的具体情况分析决定。

1785年，库仑首先通过扭秤实验，发现了两点电荷之间相互作用的规律，即库仑定律。它是静电学中的基本实验定律。定律表述为：在真空中，两个静止的点电荷之间相互作用力的大小与两点电荷电荷量的乘积成正比，与两点电荷间距离的平方成反比，作用力的方向沿着两点电荷的连线，同号电荷相斥，异号电荷相吸。库仑定律的数学表达式为

$$\boldsymbol{F}_{12} = -\boldsymbol{F}_{21} = k\frac{q_1 q_2}{r^2}\boldsymbol{r}_{12}^0 \text{。} \tag{5-1}$$

如图5-1所示，两点电荷的电荷量分别为 q_1 和 q_2，$\boldsymbol{F}_{12}$ 表示 q_1 对 q_2 的静电作用力（库仑力），$\boldsymbol{F}_{21}$ 表示 q_2 对 q_1 的库仑力；$\boldsymbol{F}_{12}$ 与 $\boldsymbol{F}_{21}$ 大小相等，方向相反，$\boldsymbol{r}_{12}^0$ 表示 q_1 指向 q_2 的单位矢量，即 $\boldsymbol{r}_{12}^0 = \dfrac{\boldsymbol{r}_{12}}{r_{12}}$，且有 $\boldsymbol{r}_{12}^0 = -\boldsymbol{r}_{21}^0$。

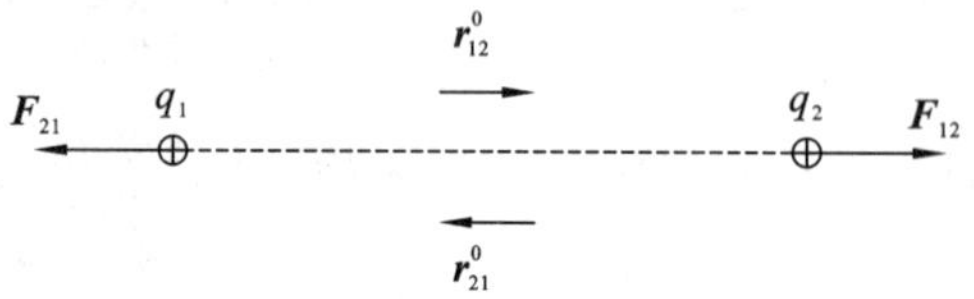

图 5-1　静电力

对库仑定律的理解：
（1）比例系数。公式中的 k 为比例系数，根据实验测得（在国际单位制中）

$$k = 8.987\,55 \times 10^9 \text{ N} \cdot \text{m}^2 \cdot \text{C}^{-2} \approx 9.0 \times 10^9 \text{ N} \cdot \text{m}^2 \cdot \text{C}^{-2},$$

通常，人们引入另一个常量 ε_0 来代替 k，ε_0 称为真空介电常数（或真空介电系数、真空电容率）。

$$k = \frac{1}{4\pi\varepsilon_0},$$

(5-1)式可写为

$$\boldsymbol{F}_{12} = \frac{1}{4\pi\varepsilon_0}\frac{q_1 q_2}{r^2}\boldsymbol{r}_{12}^0, \tag{5-2}$$

这就是真空中库仑定律的数学表达式（矢量式可简化为 $\boldsymbol{F} = \dfrac{q_1 q_2}{4\pi\varepsilon_0 r^2}\boldsymbol{r}^0$，相应的标量式可写为 $F = \dfrac{1}{4\pi\varepsilon_0}\dfrac{q_1 q_2}{r^2}$）。

（2）力的符号。由(5-2)式可看出，当 q_1 与 q_2 同号时，$q_1 q_2 > 0$，表明 q_1 与 q_2 之间是斥力；当 q_1 与 q_2 异号时，$q_1 q_2 < 0$，表明 q_1 与 q_2 之间是引力。式中，ε_0 为真空介电常数（真空电容率），在国际单位制(SI)中，其大小和单位为

$$\varepsilon_0 = \frac{1}{4\pi k} 8.854\,188 \times 10^{-12} \text{ C}^2 \cdot \text{N}^{-1} \cdot \text{m}^{-2} \approx 8.85 \times 10^{-12} \text{ C}^2 \cdot \text{N}^{-1} \cdot \text{m}^{-2}\text{。}$$

（3）库仑定律的适用范围与条件。
条件：库仑定律只适用于点电荷。

适用范围:卢瑟福实验及其他有关实验表明,当电荷之间的距离小到 10^{-15} m(原子数量级)时,库仑定律仍然成立;当电荷之间的距离大到 10^7 m 的时候,库仑定律同样成立。可以这样说,从微观、宏观一直到宇观的整个尺度内,没有特殊理由认为库仑定律会失效。

(4) 库仑定律与万有引力定律的对比。

相似点:都满足平方反比规律,且都满足牛顿第三定律,其中是否有内在的统一性,目前仍然是一个有待讨论的问题。

区别:电场力可以是吸引力,也可以是排斥力,而万有引力则总是引力。

(5) 电介质的影响(参见有关电介质的章节)。当带电体引入电介质时,电介质的每个分子中的正、负电荷会发生微小(微观)移动,因此,除了使电介质极化,呈现极化电荷,还要使电介质产生弹性形变,引起弹性力。

例如,讨论无限大均匀电介质中两个点电荷(最简单的例子)。实验表明:

$$F = \frac{1}{4\pi\varepsilon_0\varepsilon_r}\frac{q_1 q_2}{r^2} = \frac{1}{4\pi\varepsilon}\frac{q_1 q_2}{r^2},$$

式中,$\varepsilon = \varepsilon_0\varepsilon_r$ 是电介质的(绝对)介电系数,ε_r 是电介质的相对介电常数。

5.1.3 静电力的叠加原理

库仑定律只能用于研究点电荷之间的互相作用,在计算任意带电体(有一定形状与大小)之间的相互作用时,不能直接应用库仑定律来计算,这时需要用到力的叠加原理。

大家知道,两个点电荷之间的静电力(库仑力)并不会因第三个点电荷的存在而有所改变。因此,当空间存在多个点电荷时,每个点电荷所受的静电力等于各个点电荷单独存在时施于该点电荷的静电力的矢量和。这个实验的结论称为静电力的叠加原理。静电力的叠加原理不能从更基本的原理推导出来,它来自实验,也得到了实验的证实。

静电力叠加原理的数学表达式为

$$\boldsymbol{F} = \sum_{i\neq j}\boldsymbol{F}_{ij}, \tag{5-3}$$

式中,$\boldsymbol{F}_{ij}$ 为 i 与 j 两个点电荷间的相互作用库仑力。

由于静电力叠加原理是从实验得到的基本原理,由此导致描述电场的一些重要的物理量也满足叠加原理(如电场强度的叠加原理等)。将库仑定律和叠加原理结合起来,原则上可以解决静电学的各种问题。

5.2 静电场 电场强度

5.2.1 静电场

有一个自然而然的问题是,电荷间的相互作用如何进行?对这个问题,历史上有两种观点:超距作用说和近距作用说(即场的观点)。

超距作用说认为,电荷之间的相互作用既不需要物质来传递,同时,力的传递也不需要时间;而近距作用说(即场的观点)认为,不存在所谓超距作用,电荷间的相互作用是通过场这种特殊物质来传递的。场的观点认为,凡有电荷的地方,其周围空间都伴随有电场,运动电荷还会激发磁场。电磁场包括电场和磁场,是一种特殊的物质形态(场是一种特殊的物质)。现在知道,在自然界中有实物物质和场这两种特殊的物质。它们的共性主要是都具有能量和动量,或者说具有力的属性以及能量的属性(物质的共性);但同时两者又有所不同,实物物质具有不可入性,而场这种特殊物质则具有叠加性。

既然静电场是物质的一种,则它就必然具有力的属性(施力的本领)以及能量的属性(做功的本领)。理论和实验都证明,传递静电力的中介物质是电场,即两个电荷间的静电力是通过各自在空间产生的电场作用于另一电荷的。因此,静电力也称静电场力。

通常称产生电场的电荷为源电荷。当源电荷静止且电荷量不随时间改变时,产生的电场称为静电场。

5.2.2 电场强度矢量

实验已证明,处于静电场中的电荷要受到力的作用,且当电荷在场中运动时,电场力要对电荷做功。下面,我们从力和功这两方面来研究静电场的性质,分别引出描述电场性质的两个基本物理量:电场强度和电势。

我们先介绍电场强度。电场(源电荷产生)对处于其中的电荷施以作用力,这是电场的一个重要性质。为了描述电场的这个性质(施力本领),可根据电场对进入其中的电荷的静电力来定量描述。

为了讨论需要,首先引入检验电荷(试探电荷)q_0 这一物理理想模型。检验电荷即试探电荷,是测量电场的工具。作为试探电荷(一般取正电荷)的必备条件是:

(1) 几何线度充分小(可以看成一个空间中的几何点),能细致反映电场中各点的性质。

(2) 电荷量 q_0 足够小,以致其对外电场的影响可以忽略不计。

一般地,将电场空间中某考察点称为场点。置于电场某场点上的试验电荷 q_0 将受到电场作用的静电力 F。实验表明,F 的大小与电量 q_0 成正比,而两者的比值 $\dfrac{F}{q_0}$ 则与试验电荷 q_0 无关,是仅由源电荷产生的电场所决定的物理量。我们用这个物理量作为描写电场的场量,称为电场强度(简称场强),以 E 表示,其定义式为

$$E = \frac{F}{q_0}. \tag{5-4}$$

(5-4) 式表明,电场中某场点的电场强度等于单位正电荷在该点所受到的电场力。在国际单位制(SI)中,E 的单位为牛顿·库仑$^{-1}$(N·C^{-1})。一般而言,空间中不同

的场点,其电场强度的大小与方向不同,即矢量 E 是空间坐标的一个矢量点函数。注意,电场强度是场客观施力本领强弱的量度,与电场中检验电荷 q_0 存在与否无关。

5.2.3 电场强度的叠加原理

前面说过,由于静电力满足叠加原理,必然导致电场强度等物理量也有其相应的叠加原理。这里我们由简单到复杂,分几种常见的情况讨论电场强度的叠加原理。

(1) 点电荷电场的场强。

在点电荷 q 产生的电场中,若在距 q 为 r 的场点 P 处放置试验电荷 q_0,由库仑定律可得 q_0 受到的电场力为

$$F = \frac{qq_0}{4\pi\varepsilon_0 r^2} r^0,$$

再根据场强的定义式,可得点电荷的场强公式为

$$E = \frac{q}{4\pi\varepsilon_0 r^2} r^0 。 \tag{5-5}$$

上式表明,点电荷的场强大小随场点与源点距离的变化而变化(依平方反比律减小),方向则在场点与源点的连线方向上。当 $q > 0$ 时,E 与 r^0 方向相同;当 $q < 0$ 时,E 与 r^0 方向相反。场强在空间呈现球对称分布。

(2) 点电荷系电场的场强。

若源电荷是由几个点电荷组成,则在场点 P 处的场强由场强定义式及电场力叠加原理得到

$$E = \frac{F}{q_0} = \frac{\sum F_i}{q_0} = \sum \frac{F_i}{q_0} = \sum E_i, \tag{5-6}$$

即点电荷系的电场在某场点的场强等于各个点电荷单独存在时在该点产生的电场强度的矢量和。这一结论称为场强叠加原理。

(3) 连续带电体的场的叠加。

利用点电荷的场强公式及场强叠加原理,可以计算电荷连续分布的任意带电体所激发的电场的场强分布。这是计算场强的最基本也是最普遍的方法,原则上讲,它可以解决任意带电体电场的场强空间分布问题。

任何带电体的全部电荷分布,都可以看作许多电荷元 dq(dq 视为点电荷)的集合,在电场中任一场点 P 处,由点电荷的场强公式,每一电荷元 dq 在 P 点产生的场强为

$$d\boldsymbol{E} = \frac{dq}{4\pi\varepsilon_0 r^2} \boldsymbol{r}^0,$$

式中,r 是 dq 到场点 P 的距离。要计算整个带电体在 P 点的场强,就要对所有电荷元在 P 点产生的各个场强 $d\boldsymbol{E}$ 求矢量和,即

$$\boldsymbol{E} = \int d\boldsymbol{E} = \int \frac{dq}{4\pi\varepsilon_0 r^2} \boldsymbol{r}^0 。 \tag{5-7}$$

实际带电体的电荷连续分布的具体形式主要有三种：

① 体分布：带电体的电荷连续分布在整个体积内，以 ρ 代表电荷密度，dV 为电荷元 dq 的体积（称为物理小体积），则 $dq = \rho dV$。

② 面分布：带电体的电荷连续分布在整个面上，以 σ 代表电荷面密度，dS 为电荷元 dq 的面积（称为物理小面积），则 $dq = \sigma dS$。

③ 线分布：带电体的电荷连续分布在线上，以 λ 代表电荷线密度，dl 为电荷元 dq 的长度（称为物理小线段），则 $dq = \lambda dl$。

将上述三种 dq 分布的表达式代入(5-7)式，可得

$$\bm{E} = \begin{cases} \iiint_V \dfrac{\rho dV}{4\pi\varepsilon_0 r^2}\bm{r}^0 & \text{（体分布）}, \\ \iint_S \dfrac{\sigma dS}{4\pi\varepsilon_0 r^2}\bm{r}^0 & \text{（面分布）}, \\ \int_L \dfrac{\lambda dl}{4\pi\varepsilon_0 r^2}\bm{r}^0 & \text{（线分布）}. \end{cases} \quad (5\text{-}8)$$

以上三式中的被积函数都是矢量函数，在具体运算时，通常把被积函数 $d\bm{E}$ 在 x，y，z 三坐标轴方向上的分量式分别写出，分别进行积分运算，最后再求合矢量 $\bm{E}$。

5.2.4 电场强度的计算

下面用例题说明计算电场强度的方法（根据电场强度的定义和场强的叠加原理计算场强）。不同情况下的计算公式如下：

(1) 点电荷场强的计算公式

$$d\bm{E} = \frac{dq}{4\pi\varepsilon_0 r^2}\bm{r}^0 。$$

(2) 点电荷组场强的计算公式

$$\bm{E} = \frac{\bm{F}}{q_0} = \frac{\sum \bm{F}_i}{q_0} = \sum \frac{\bm{F}_i}{q_0} = \sum \bm{E}_i = \sum \frac{dq_i}{4\pi\varepsilon_0 r_i^2}\bm{r}_i^0 。$$

(3) 连续分布电荷场强的计算公式

$$\bm{E} = \int d\bm{E} = \int \frac{dq}{4\pi\varepsilon_0 r^2}\bm{r}^0 ,$$

其中，电荷元 dq 根据电荷分布的不同分别取不同的积分来计算

$$dq = \begin{cases} \rho dV & \text{（电荷体分布）}, \\ \sigma dS & \text{（电荷面分布）}, \\ \lambda dl & \text{（电荷线分布）}. \end{cases}$$

例 5-1 计算电偶极子的场强。

有两个电量相等、符号相反，相距为 l 的点电荷 $+q$ 和 $-q$，它们在其周围空间产生电场。若考察的场点 P 到这两个点电荷的距离比 l 大很多时，这两个点电荷构成的带电系统称为电偶极子。从 $-q$ 指向 $+q$ 的矢量 $\bm{l}$ 称为电偶极子的轴，$q\bm{l}$ 称为电偶极子

的电偶极矩(简称电矩),用符号 p 表示,有 $p = ql$。求:

(1) 电偶极子轴线延长线上任意一点的电场强度。

(2) 电偶极子轴线的中垂线上任意一点的电场强度。

解 (1) 设电偶极子在真空中,可先计算电偶极子轴线的延长线上某点 P' 处的场强 $E_{P'}$。令电偶极子轴线的中点 O 到 P' 的距离为 $r(r \gg l)$,如图 5-2 所示,$+q$ 和 $-q$ 在 P' 点产生的场强分别为 $\boldsymbol{E}_+$ 和 $\boldsymbol{E}_-$,同在轴线上,而方向相反,其大小分别为

$$E_+ = \frac{q}{4\pi\varepsilon_0 \left(r - \frac{l}{2}\right)^2}, \quad E_- = \frac{q}{4\pi\varepsilon_0 \left(r + \frac{l}{2}\right)^2},$$

求 E_+ 和 E_- 的矢量和就相当于求代数和,因而 P' 点的总场强 $E_{P'}$ 的大小为

$$E_{P'} = E_+ - E_- = \frac{1}{4\pi\varepsilon_0}\left[\frac{q}{\left(r - \frac{l}{2}\right)^2} - \frac{q}{\left(r + \frac{l}{2}\right)^2}\right] = \frac{q}{4\pi\varepsilon_0} \frac{2rl}{\left(r^2 - \frac{l^2}{4}\right)^2}。$$

因为 $r \gg l$,所以

$$E_{P'} = \frac{1}{4\pi\varepsilon_0} \frac{2ql}{r^3} = \frac{1}{4\pi\varepsilon_0} \frac{2p}{r^3}, \tag{5-9}$$

$\boldsymbol{E}_{P'}$ 的指向与电矩 $\boldsymbol{p}$ 的指向相同,如图 5-2 所示。

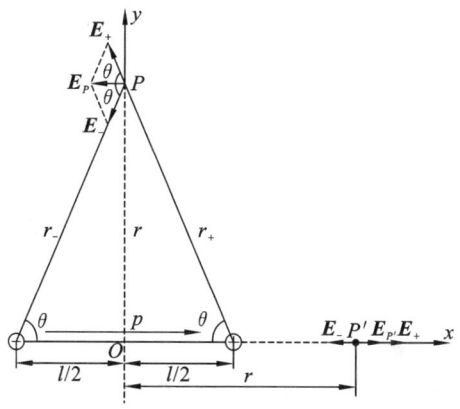

图 5-2 电偶极子的电场

(2) 计算电偶极子的中垂线上某点 P 的场强 $\boldsymbol{E}_P$。如图 5-2 所示,令中垂线上 P 点到电偶极子的中心 O 的距离为 $r(r \gg l)$。$+q$ 和 $-q$ 在 P 点产生的场强 $\boldsymbol{E}_+$ 和 $\boldsymbol{E}_-$ 的大小分别为

$$E_+ = \frac{1}{4\pi\varepsilon_0} \frac{q}{r^2 + \frac{l^2}{4}}, \quad E_- = \frac{1}{4\pi\varepsilon_0} \frac{q}{r^2 + \frac{l^2}{4}},$$

其方向分别在 $+q$ 和 $-q$ 到 P 点的连线上,前者背向正电荷,后者指向负电荷。设连线与电偶极子轴线之间的夹角为 θ,可知 P 点的总场强 $\boldsymbol{E}_P$ 的大小为

$$E_P = E_+ \cos\theta + E_- \cos\theta,$$

因为
$$\cos\theta = \frac{l}{2\sqrt{r^2 + \frac{l^2}{4}}},$$

所以
$$E_P = \frac{1}{4\pi\varepsilon_0} \frac{ql}{\left(r^2 + \frac{l^2}{4}\right)^{3/2}},$$

由于 $r \gg l$,得
$$E_P = \frac{ql}{4\pi\varepsilon_0 r^3} = \frac{1}{4\pi\varepsilon_0} \frac{p}{r^3} = \frac{E_{P'}}{2}, \tag{5-10}$$

E_P 的指向与电矩 p 的指向相反,如图 5-2 所示。

电偶极子是一个重要的物理理想模型,在研究介质的极化、电磁波的发射问题中,都要用到这个理想模型。

例 5-2 求均匀带电细棒中垂面上的 E,设细棒长为 L,带电荷量为 q。

解 此题中,可以不考虑均匀带电细棒的粗细,而将细棒作为均匀带电直线处理。如图 5-3 所示。

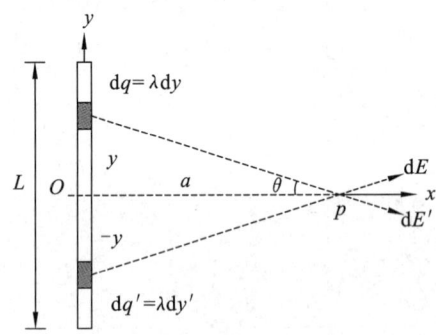

图 5-3 均匀带电细棒的电场

细棒均匀带电,故其 E 具有轴对称,因此只需求出图 5-3 所示 Oxy 平面内细棒中垂线上的 E 即可。取棒的中点为原点 O,选取坐标系,线元 dy 上的电荷在 P 点的场强 dE 的大小为
$$dE = \frac{dq}{4\pi\varepsilon_0 r^2} = \frac{\lambda dy}{4\pi\varepsilon_0 (a^2 + y^2)},$$

注意到,与 dy 关于原点 O 对称的线元 dy' 的电荷 $dq' = \lambda dy'$ 在 P 点产生的场强 dE' 与 dE 对称,它们在 y 轴上的分量相互抵消,故合场强只需求出 x 轴的分量即可
$$dE_x = \frac{\lambda dy}{4\pi\varepsilon_0 (a^2 + y^2)} \cos\theta,$$

$$\cos\theta = \frac{a}{r} = \frac{a}{\sqrt{a^2+y^2}},$$

$$E = E_x = \int_L \frac{\lambda\,\mathrm{d}y}{4\pi\varepsilon_0(a^2+y^2)} \frac{a}{\sqrt{a^2+y^2}}\mathrm{d}y = \int_{-\frac{L}{2}}^{\frac{L}{2}} \frac{\lambda a}{4\pi\varepsilon_0} \frac{\mathrm{d}y}{(a^2+y^2)^{\frac{3}{2}}}$$

$$= \frac{\lambda L}{2\pi\varepsilon_0 a(4a^2+L^2)^{1/2}} \text{（方向与棒垂直）}。$$

讨论：为了进一步认识场的分布情况，我们简要讨论与分析场的渐进行为。这是一种很有意义的训练，也是验证结果正确与否的重要手段。

(1) 当 $L \to \infty$（棒为无限长）时，在空间任一点的场强均垂直于棒，则

$$E = \lim_{L\to\infty} \frac{\lambda L}{2\pi\varepsilon_0 a(4a^2+L^2)^{1/2}} = \frac{\lambda}{2\pi\varepsilon_0 a},$$

即 E 与 a 成反比。

(2) 当 $a \gg L$（场点到棒的距离远大于带电棒的几何线度）时，由 $E = \frac{q}{4\pi\varepsilon_0 a^2}$，其中 $q = \lambda L$，即可得点电荷场强公式。

(3) 当 $a \ll L$（场点十分靠近带电棒，在中间部位靠近，即不太靠近棒的两端）时，由 $E = \frac{\lambda}{2\pi\varepsilon_0 a}$ 可得出结论，无限长带电棒的模型正是这样抽象出来的。

例 5-3 半径为 R 的均匀带电细圆环，设其带电荷量为 q。求圆环轴线上任意一点的场强。

解 取如图 5-4 所示的坐标，设场点 P 距原点（环心）为 x，在环上取电荷元

$$\mathrm{d}q = \lambda\mathrm{d}l = \frac{q}{2\pi R}\mathrm{d}l,$$

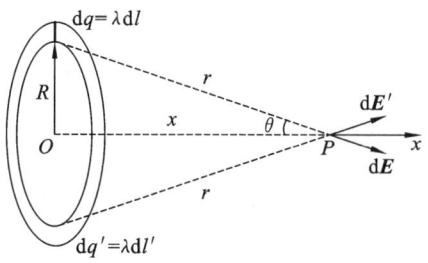

图 5-4 均匀带电圆环的电场

$\mathrm{d}q$ 在 P 点产生的场强 $\mathrm{d}\boldsymbol{E}$ 的大小为

$$\mathrm{d}E = \frac{\mathrm{d}q}{4\pi\varepsilon_0 r^2},$$

由于圆环对 P 点是轴对称的，可在直径的另一端（对称处）取另一电荷元 $\mathrm{d}q' = \lambda\mathrm{d}l'$，$\mathrm{d}q$ 与 $\mathrm{d}q'$ 是对称的（圆环上所有电荷元都可以取为这样一对对的），它们在 P 点的场

强垂直于 x 轴的分量 dE_{yz} 是相互抵消的,只需考虑平行于 x 轴的分量,故 P 点的场强大小为

$$E = \int dE_x = \int \frac{\lambda dl}{4\pi\varepsilon_0 r^2}\cos\theta = \frac{\lambda\cos\theta}{4\pi\varepsilon_0 r^2}\int_0^{2\pi} dl = \frac{q}{4\pi\varepsilon_0 r^2}\cos\theta$$

$$= \frac{qx}{4\pi\varepsilon_0 (x^2+R^2)^{3/2}} \quad (\text{方向沿 } x \text{ 轴的方向})。$$

讨论:

(1) 若 $x=0$,则有 $E=0$,即在环心上的场强为零。

(2) 若 $x \gg R$,则有 $E \approx \dfrac{q}{4\pi\varepsilon_0 x^2}$。可见,在远离环心处的场强近似等于点电荷的场强。

例 5-4 有一均匀带电的薄圆盘,设其半径为 R,电荷面密度为 σ。求圆盘轴线上任一点的场强。

解 本题中圆盘面是二维的,若从点电荷场强出发,就要对电荷元进行二重积分计算。但如果利用例 5-3(带电圆环)的结果,就可简化运算。如图 5-5 所示,将带电圆盘面当作由以 O 为圆心的不同半径的许多带电细圆环组成。任一细圆环的面积(垂直于 x 轴的面)可取为 $2\pi r dr$,其电荷元为

$$dq = \sigma 2\pi r dr,$$

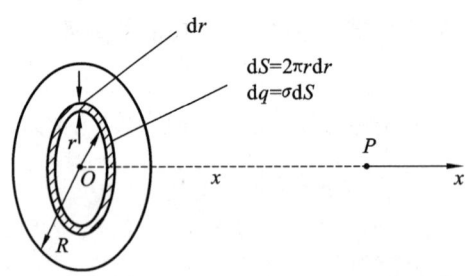

图 5-5 均匀带电圆盘的电场

再利用例 5-3 得到的带电细圆环的场强公式,得出上述电荷元 dq 在 P 点所产生电场的场强大小为

$$dE = \frac{x\sigma 2\pi r dr}{4\pi\varepsilon_0 (x^2+r^2)^{3/2}},$$

则带电圆盘在 P 点的场强大小只需求和(积分)即可

$$E = \int dE = \frac{2\pi\sigma x}{4\pi\varepsilon_0}\int_0^R \frac{r}{(x^2+r^2)^{3/2}}dr = \frac{\sigma}{2\varepsilon_0}\left(1 - \frac{x}{\sqrt{x^2+R^2}}\right)。$$

讨论:

(1) 当 $x \ll R$ 时(P 点无限靠近带电圆盘),由上述计算结果可推得此时的场强为 $E = \dfrac{\sigma}{2\varepsilon_0}$(常量)。在此条件下,有限的盘面对 P 点可视为无限大带电平面(无限大带电

平面是一个有用的理想模型),其场强的分布特点是,在空间所产生电场的场强大小处处相等,与场点到平面的距离无关,而方向垂直于平面。故无限大均匀带电平面两侧的电场是均匀场。若平面带正电,则 E 从带电平面指向两侧;若平面带负电,则 E 从两侧指向带电平面。

(2) 当 $x \gg R$ 时(P 点无限远离带电圆盘),由场强公式可得

$$E = \frac{\sigma}{2\varepsilon_0} \times \left(1 - \frac{x}{\sqrt{x^2+R^2}}\right) = \frac{\sigma}{2\varepsilon_0}\left(1 - \frac{1}{\sqrt{1+\frac{R^2}{x^2}}}\right),$$

将 $\left(1+\frac{R^2}{x^2}\right)^{-\frac{1}{2}}$ 用二项定理展开:

$$\left(1+\frac{R^2}{x^2}\right)^{-\frac{1}{2}} = 1 - \frac{1}{2}\left(\frac{R^2}{x^2}\right) + \frac{3}{8}\left(\frac{R^2}{x^2}\right)^2 + \cdots \approx 1 - \frac{1}{2}\left(\frac{R^2}{x^2}\right),$$

可得到

$$E \approx \frac{\sigma R^2}{4\varepsilon_0 x^2} = \frac{q}{4\pi\varepsilon_0 x^2},$$

不难看出,此时带电圆盘产生的电场近似于点电荷的电场。

5.3 静电场的高斯定理

前面我们已经指出,电场强度 E 是空间矢量点函数,静电场是矢量场。因此,可以用矢量场论的方法,即用场线、通量和环流来描述静电场的性质。本节与下节主要介绍描述矢量场性质的基本方法和由这些方法描述的静电场的性质。

5.3.1 电场线

当电荷分布给定之后,电场中各点的电场强度的大小与方向就确定了。为了直观、形象地描述电场的场强分布,同时为了方便问题的讨论,可以引入电场线这一概念(辅助工具和手段)来形象地描述电场。电场线这一概念是由法拉第首先提出来的。

我们知道,电场中每一点的电场强度都有一个确定的方向,因此,可以在电场中作一系列的曲线,使得曲线上每一点的切线方向都与该点的电场强度 E 的方向一致,这些曲线称为电场线,它可以将场内各点场强的方向直观地表示出来。电场线只是一种假想的线,是人为地画出来的曲线,它并不真实存在。

在电磁学中,为了使电场线既能表示电场中各点的场强的方向,又能定量表示各点的场强的大小,一般对电场线的画法做进一步规定:电场线的数密度(电场线密度)等于该点的场强的大小。这里,电场线的数密度指的是,通过垂直于场强方向的单位面积的电场线的条数。下面对此加以简要说明。

设在电场中任意一点 P 作一与该点场强 E 方向垂直的小面积 $\Delta S_\perp$,如图 5-6 所

示。小面积很小,可认为其上各点的场强都近似等于 P 点的场强。设通过 $\Delta S_\perp$ 的电场线数为 ΔN,则 $\dfrac{\Delta N}{\Delta S_\perp}$ 为通过单位横截面积的电场线的条数,即小面积 $\Delta S_\perp$ 上的平均电场线密度。当 $\Delta S_\perp \to 0$ 时,$\dfrac{\Delta N}{\Delta S_\perp}$ 的极限 $\lim\limits_{\Delta S \to 0} \dfrac{\Delta N}{\Delta S_\perp} = \dfrac{\mathrm{d}N}{\mathrm{d}S_\perp}$,即为 P 点的电场线的数密度(电场线密度)。

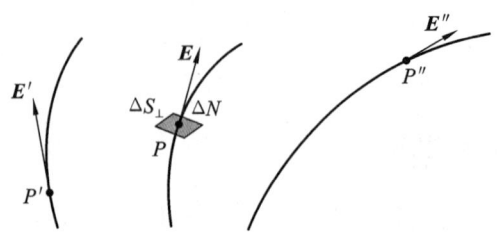

图 5-6　电场线密度

因此,在画电场线时,"电场线的数密度等于该点的场强的大小"的规定,就是要使得 $\dfrac{\mathrm{d}N}{\mathrm{d}S_\perp} = E$。按此规定画出的静电场的电场线,在电场线密集处场强大,在电场线稀疏处场强小,这样一来,电场线就不仅能够表示出各点场强的方向,而且能形象地表示出场强大小的分布情况。

电场线具有以下重要(且有用的)特征:

(1) 电场线总是起始于正电荷,终止于负电荷,或从无穷远处来,或延伸到无穷远处,在无电荷处不会中断。

(2) 在静电场中,电场线不形成闭合曲线。

(3) 任意两条电场线不会在没有电荷的地方相交。

图 5-7 画出了几种不同源电荷所产生电场的电场线平面图。

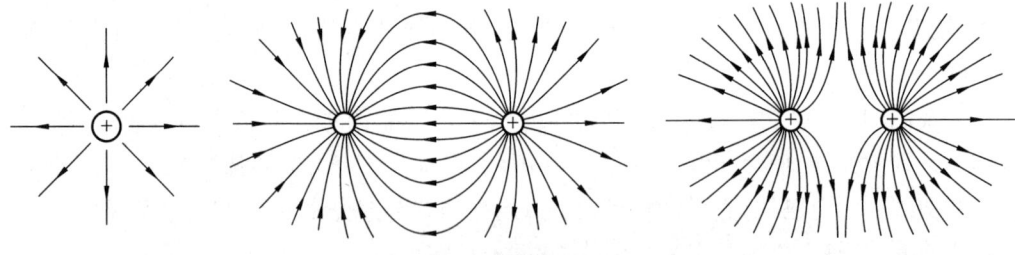

图 5-7　几种电荷分布的电场线

应该注意,电场线是一条条分离的曲线,但我们不能错误地认为电场是不连续的。实际上,场强 E 是空间坐标的连续函数,在电荷周围空间中的电场是连续分布的。

电场线是一些假想的曲线,只是为了形象描绘电场的场强分布所使用的一种几何简化工具或方法。但引入电场线对于分析与解决某些实际问题很有帮助,在研究某些复杂的电场时(如电子管内部的电场、高压电器设备附近的电场等),就常采用模拟方法将其电场线描绘出来,从而方便进一步分析场的性质。

5.3.2 电场强度通量

库仑定律给出的是力与电荷之间的关系,而我们更关心的是场强与场源电荷之间的关系。为了避免矢量求和与积分,而又能定量描述场强与场源电荷之间的关系,引入电场强度通量(简称电通量)这一概念。

通量是描述矢量场性质的重要物理量之一,它总是和某个曲面联系在一起的。静电场是矢量场,因而需要引入电通量这一概念。在静电场中,描述场的矢量是电场强度矢量 E,E 对某个曲面的通量即电场强度通量,简称电通量。

利用前述电场线的概念与图像,可以这样定义电通量:通过(穿过)电场中某个曲面的电场线的总条数(根数),称为通过该曲面的电场强度通量,简称电通量,用 Φ_E 表示。

如图 5-8 所示,$dS_\perp$ 和 dS 是很小的面积元,因此通过(穿过)面积元的电场可视为均匀电场。设通过 $dS_\perp$ 的电场线的条数为 dN,由前述电场线的画法规定可知,$\dfrac{dN}{dS_\perp} = E$,则通过面积元 $dS_\perp$ 的电场线的条数为 $dN = EdS_\perp$。在图 5-8(b) 的情形下,设面积元 dS 的法线方向 $\boldsymbol{n}$ 与场强 $\boldsymbol{E}$ 之间不垂直,而是有一夹角 θ,$dS_\perp$ 是 dS 在垂直于 $\boldsymbol{E}$ 的平面上的投影,则通过面积元 dS 的电场线条数与通过面积元 $dS_\perp$ 的电场线条数相同,有

$$dN = EdS_\perp = EdS\cos\theta,$$

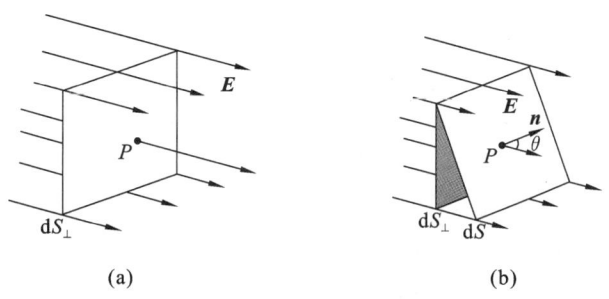

图 5-8 通过小面积元的电通量

乘积 $EdS\cos\theta$ 就是通过面积元 dS 的电通量,可用 $d\Phi_E$ 表示,即

$$d\Phi_E = EdS\cos\theta。$$

下面,我们进一步讨论通过任意曲面的电通量问题。如图 5-9 所示,设电场中有一任意有限大小的曲面 S,其上每一点的电场强度的大小和方向一般而言都是不同的。要计算通过 S 面的电通量,实际上就是计算非均匀电场中,通过任意曲面的电通量的问题。

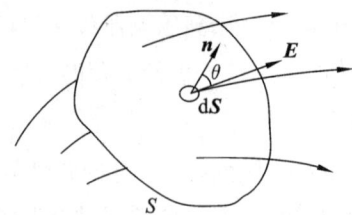

图 5-9 通过任意曲面的电通量

在曲面 S 上任取一面积元矢量 $\mathrm{d}\boldsymbol{S}$,其大小为 $\mathrm{d}S$,方向由法线 $\boldsymbol{n}$ 表示,即有 $\mathrm{d}\boldsymbol{S} = \mathrm{d}S\boldsymbol{n}$。需要注意,图 5-8 中的面积元 $\mathrm{d}S_\perp$ 和 $\mathrm{d}S$,实际上都是面积元矢量,可用 $\mathrm{d}\boldsymbol{S}_\perp$ 和 $\mathrm{d}\boldsymbol{S}$ 表示。设图 5-9 中所取面积元的法线方向 $\boldsymbol{n}$ 与场强 $\boldsymbol{E}$ 之间的夹角为 θ,则 $\boldsymbol{E}$ 通过面积元 $\mathrm{d}\boldsymbol{S}$ 的电通量为

$$\mathrm{d}\Phi_E = \boldsymbol{E} \cdot \mathrm{d}\boldsymbol{S} = \boldsymbol{E} \cdot \boldsymbol{n}\mathrm{d}S = E\cos\theta\mathrm{d}S, \tag{5-11}$$

$\boldsymbol{E}$ 对整个曲面 S 的通量为

$$\Phi_E = \iint_S \boldsymbol{E} \cdot \mathrm{d}\boldsymbol{S} = \iint_S E\cos\theta\mathrm{d}S,$$

若曲面是闭合曲面,则电通量为

$$\Phi_E = \oiint_S \boldsymbol{E} \cdot \mathrm{d}\boldsymbol{S} = \oiint_S E\cos\theta\mathrm{d}S。 \tag{5-12}$$

关于电通量,需要说明两点:

(1) 电通量是代数量,在场强一定时,电通量的正负取决于面积元的法线 $\boldsymbol{n}$ 的取向。对非闭合曲面,面上各处的法线正方向可以任意选取指向曲面的这一侧或那一侧,因此,在计算电通量前应明确规定面积元的法线正方向;对闭合曲面而言,通常规定自内向外的方向为面积元法线的正方向,所以,若电场线从闭合曲面之内向外穿出,电通量为正,若电场线从外部穿入闭合曲面,电通量则为负。

(2) 电通量是指场强对于某个给定面积的通量。$\boldsymbol{E}$ 和 $\boldsymbol{n}$ 都是曲面上的矢量点函数,但电通量不是点函数,因为场中某一点确定之后,该点处面积元 $\mathrm{d}\boldsymbol{S}$ 的大小和方向仍然可以任意选取。因此,只能说通过某一曲面的电通量,而不能说某点的电通量。

例 5-5 地面某处有竖直向下、强度为 2.0×10^4 N/C 的均匀电场 $\boldsymbol{E}$,设有一边长分别为 $l_1 = 3.0$ m,$l_2 = 6.0$ m 的矩形斜平面,它与地平面之间的夹角为 $\alpha = 10.0°$,如图 5-10 所示。试求通过此斜面的电场强度通量 Φ_E。

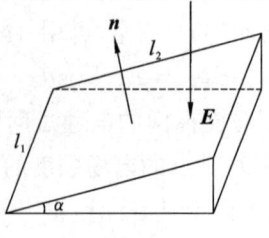

图 5-10

解 如图 5-10 所示,设斜面的法线为 $\boldsymbol{n}$,由题可知,斜面面积的大小为

$$\Delta S = l_1 l_2 = 3.0 \times 6.0 = 18.0 \text{ m}^2, \quad \Delta \boldsymbol{S} = \Delta S \boldsymbol{n}。$$

由于是均匀电场,且斜面为平面,因此电场强度对此斜面的通量为

$$\Phi_E = \boldsymbol{E} \cdot \Delta \boldsymbol{S} = E \cos\theta \Delta S,$$

式中,θ 是斜面 ΔS 的法线方向 $\boldsymbol{n}$ 与场强 $\boldsymbol{E}$ 方向之间的夹角。由几何关系,可知

$$\theta = 180° - \alpha = 170°,$$

将其代入,可得

$$\Phi_E = E \cos\theta \Delta S = E \cos(180° - \alpha) \Delta S$$
$$= 2.0 \times 10^4 (-0.985) \times 3.0 \times 6.0 = -3.55 \times 10^5 \text{ N} \cdot \text{m}^2/\text{C}。$$

注意:电通量是代数量,此题若取斜面的法线倾斜向下,即 $\boldsymbol{n}' = -\boldsymbol{n}$,则计算可得电通量为 $+3.55 \times 10^5 \text{ N} \cdot \text{m}^2/\text{C}$。

5.3.3 静电场的高斯定理

这里讨论的静电场的高斯定理正是通过电通量间接地给出的这一关系,它反映了静电场的一个重要性质 —— 有源性。

1839 年,高斯从理论上证明了电通量和电荷之间的一个简单关系,这一反映电场与场源之间关系的基本规律,可以利用库仑定律和场强的叠加原理导出。先看一种特殊的情况,包围点电荷的闭合曲面是以点电荷为球心的同心球面,如图 5-11 所示,若真空中有一正点电荷 q,以 q 所在的点为球心,取任意长 r 为半径,作一球面 S_1 包围这个点电荷。点电荷 q 的电场具有球对称性,我们知道,球面 S_1 上任一点场强 $\boldsymbol{E}$ 的量值都是 $\dfrac{q}{4\pi\varepsilon_0 r^2}$,$\boldsymbol{E}$ 的方向都沿矢径方向,处处与球面正交。

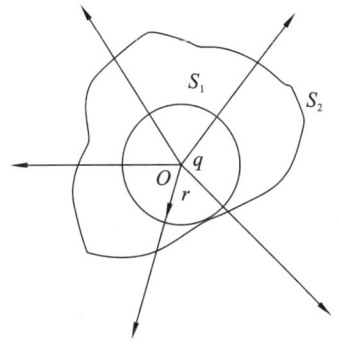

图 5-11 高斯定理证明

由(5-12)式可知,通过整个球面的电通量为

$$\Phi_E \oiint_{S_1} \boldsymbol{E} \cdot \mathrm{d}\boldsymbol{S} = \oiint_{S_1} \dfrac{q}{4\pi\varepsilon_0 r^2} \cdot \mathrm{d}S = \dfrac{q}{4\pi\varepsilon_0 r^2} \cdot 4\pi r^2 = \dfrac{q}{\varepsilon_0},$$

然后,设想有另一任意形状的闭合曲面 S_2,S_2 与球面 S_1 包围同一个点电荷 q,由于电

场线的连续性，可以得出通过闭合面 S_2 和 S_1 的电场线的条数是一样的，则电通量不变，上式仍能成立。可得到结论：通过任一闭合曲面的电通量等于闭合曲面内的电荷 q 除以真空介电常数 ε_0，与闭合曲面的形状无关。

以上讨论了在闭合曲面内仅含有一个点电荷时，通过闭合曲面的电通量。下面进一步讨论在闭合曲面内含有任意电荷系时，通过闭合曲面的电通量。

由于任意电荷系（包括电荷连续分布的任意带电体）均可看作点电荷的集合体，每一点电荷的电场线条数为 $\dfrac{q}{\varepsilon_0}$，所以通过包围任意电荷系的闭合曲面的电通量 Φ，其数值应等于组成该电荷系的各点电荷发出（或终止）的通过该闭合曲面的电场线条数，即电通量 $\Phi_{E_1}, \Phi_{E_2}, \cdots, \Phi_{E_n}$ 的代数和。由于 $\Phi_{E_1} = \dfrac{q_1}{\varepsilon_0}$，$\Phi_{E_2} = \dfrac{q_2}{\varepsilon_0}$，$\cdots$，$\Phi_{E_n} = \dfrac{q_n}{\varepsilon_0}$，所以有

$$\Phi_E = \oiint_S \boldsymbol{E} \cdot \mathrm{d}\boldsymbol{S} = \frac{1}{\varepsilon_0} \sum_{i=1}^n q_i 。 \tag{5-13}$$

最后，若对于任意的闭合曲面而言，一些电荷在曲面的外面，即闭合曲面没有包围这些电荷，则可以证明这些电荷产生的电场对于上述闭合曲面的电通量等于零（证明略）。

综上所述，真空中静电场的高斯定理可以表述为：在真空中的任何静电场中，通过任一闭合曲面的电通量，等于该曲面内所有电荷量的代数和除以 ε_0，而与该曲面外的电荷无关。

高斯定理中的任一闭合曲面一般称为高斯面，高斯定理的数学表达式就是 (5-13) 式。若电荷是连续分布的带电体，则高斯定理的数学表述为

$$\Phi_E = \oiint_S \boldsymbol{E} \cdot \mathrm{d}\boldsymbol{S} = \frac{1}{\varepsilon_0} \iiint_V \rho \mathrm{d}V,$$

式中，V 为 S 所包围的体积（高斯面内的体积），ρ 为电荷体密度。根据具体电荷的分布情况，上面的公式还可以是面积分或线积分的形式。

高斯定理并没有指明源电荷所产生静电场的具体分布情况，而是以数学形式描述了电场与场源电荷间的普遍关系。对于高斯定理的物理意义，可从以下几个方面来理解。

(1) 若闭合面内存在正（负）电荷，则通过闭合面的电通量为正（负），表明有电场线从面内（面外）穿出（穿入）。若闭合面内没有电荷，则通过闭合面的电通量为零，意味着有多少电场线穿入就有多少电场线穿出，说明在没有电荷的区域内电场线不会中断。又若闭合面内电荷的代数和为零，则有多少电场线进入面内终止于面内负电荷，就会有相同数目的电场线从面内正电荷发出穿出面外。

(2) 在闭合面内，只要电荷的代数和保持不变，其电荷的面内空间分布的变化只会改变闭合面上各点场强的大小和方向，但不会改变通过整个闭合面的电通量。而在

闭合面外,有无电荷及电荷在空间如何分布,虽然会影响闭合面上各处场强的大小和方向,但对通过整个闭合面的电通量没有贡献。即高斯定理左边积分号内的场强 E 是面内、面上与面外空间中所有电荷总的贡献,而右边的电荷代数和只是闭合面内所包围的电荷。

可见,高斯定理说明了正电荷是发出电场线的源,负电荷是电场线终止会聚的源,明确地将电场与激发电场的源联系起来,从而表明静电场是有源场(有通量源),这是静电场的最重要的两个基本性质之一。

高斯定理是以库仑定律为基础建立的,是电场力的平方反比规律和叠加原理的直接结果,因此它与库仑定律并不是互相独立的规律,而是用不同形式表示的电场与场源电荷关系的同一客观规律,但它的应用范围比库仑定律更加广泛。库仑定律只适用于静电场,而高斯定理不仅适用于静电场,也适用于变化的电场,它是电磁场理论的基本定理之一。

5.3.4 高斯定理的应用

高斯定理不仅在理论上具有重要性,在解决静电场问题上也有其实用价值。高斯定理的一个重要应用,就是在场强分布具有某种对称性的条件下,提供一种求解场强分布的简便方法。与运用库仑定律求解静电场问题相比,在某种具有对称性的电场中应用高斯定理,经过更为简单的计算就能求出场强的分布。

应用高斯定理计算场强的步骤一般如下:

(1) 分析给定问题中场强分布是否具有某种对称性,如球对称、面对称、轴对称等,从而判断能否用高斯定理简便地求出场强分布(这是运用定理的前提)。

(2) 根据问题的对称性,过场点作恰当的高斯面(这是运用定理的关键)。

要求高斯面形状尽量简单规则,面上的场强最好大小处处相等,面上场强的方向尽量处处与面平行或垂直,以便在一部分面积分中场强可以从积分号中提出来,而另一部分面积分为 0。

(3) 计算出通过高斯面的电通量及高斯面内的总电荷。

(4) 应用高斯定理求出场强。

应当明确,在电场不具有对称性的情况下,高斯定理仍然是成立的,例如,有限长的带电直线、有限大的带电平面、不均匀带电体的电场等,但在这些情况下,由于计算太过复杂,无法用高斯定理直接求得场强的分布。

用高斯定理求场强分布,一般需要电场满足某种高度的对称性(如球形对称等)。下面讨论几个应用高斯定理计算对称分布场强的典型例子。

例 5-6 求均匀带电球面的场强分布。

解 设球面半径为 R,带电量为 q,如图 5-12 所示。

显然,问题具有球形对称,因此不论场点 P 是位于球面内还是球面外,带电球面在 P 点的场强应沿径向(q 为正,则沿 OP 向外;q 为负,则沿 OP 向内),并且在半径 $r=$

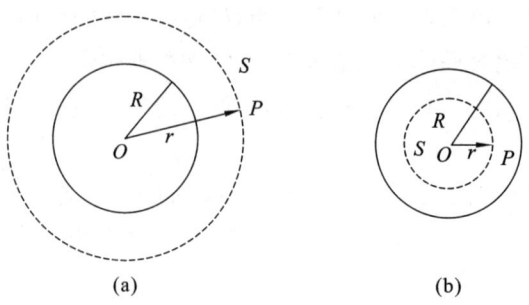

图 5-12 均匀带电球面

OP 的球面上各点场强的大小都相等。一般地，一个电荷呈球对称分布的带电体产生的电场也具有球对称的场强分布。

先计算球面外任意一个场点 P 点的场强。作半径 $r = OP$ 的球形高斯面，通过这个球面的电通量为

$$\oiint_S \boldsymbol{E} \cdot \mathrm{d}\boldsymbol{S} = \oiint_S E\cos\theta \mathrm{d}S = E\oiint_S \mathrm{d}S = 4\pi r^2 E,$$

由高斯定理

$$\oiint_S \boldsymbol{E} \cdot \mathrm{d}\boldsymbol{S} = \frac{q}{\varepsilon_0},$$

可得

$$4\pi r^2 E = \frac{q}{\varepsilon_0}, \quad E = \frac{q}{4\pi\varepsilon_0 r^2}。$$

可见，均匀带电球面在球外产生的场强与位于球心、有相同电荷量的点电荷产生的场强相同。

对于球面内任一场点 P，同样可过场点 P 作半径 $r = OP$ 的高斯面，但此时包围在高斯面内的电荷为零，故有

$$4\pi r^2 E = 0, \quad E = 0,$$

即均匀带电球面的场强分布为

$$\boldsymbol{E} = \begin{cases} \dfrac{q}{4\pi\varepsilon_0 r^2} \boldsymbol{r}^0, & (r > R), \\ 0, & (r < R)。 \end{cases}$$

注意：计算结果显示，在带电球面的内、外区域，场强发生了一个突变。这个结论对于任意的带电面而言都是成立的。

例 5-7 求无限长均匀带电直线的场强分布。

解 设电荷线密度为 λ，如图 5-13 所示，由于带电直线无限长，且电荷分布是均匀的，所以其产生电场的场强沿垂直于该直线矢径方向，而且在距直线等距离处各点的场强 $\boldsymbol{E}$ 的大小相等，即电场是轴对称的，可以考虑用高斯定理解决问题。

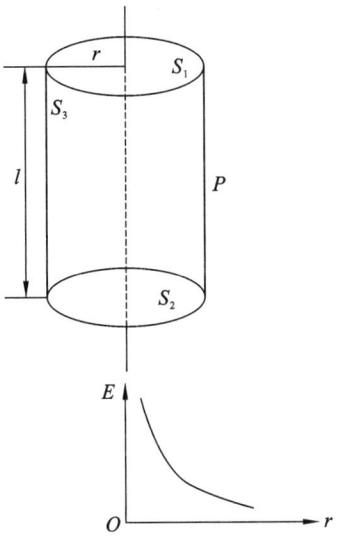

图 5-13　长直带电导线电场

为了求解带电线周围的场强分布，选距离长直带电线为 r 的场点 P，且过 P 点作一个以带电直线为轴的圆柱状闭合面 S 为高斯面，它由三个面组成，上底面 S_1、下底面 S_2 和侧面 S_3，高度为 l。

由于场强 E 与圆柱上、下底面的法线垂直，所以通过两个底面的电通量为零，则有

$$\oiint_S \boldsymbol{E} \cdot \mathrm{d}\boldsymbol{S} = \iint_{S_3} E\cos\theta \mathrm{d}S = E\iint_{S_3} \mathrm{d}S = 2\pi rlE,$$

由高斯定理，有

$$\oiint_S \boldsymbol{E} \cdot \mathrm{d}\boldsymbol{S} = \frac{\lambda l}{\varepsilon_0},$$

所以

$$E \cdot 2\pi rl = \frac{\lambda l}{\varepsilon_0},$$

由此得场强为

$$E = \frac{\lambda}{2\pi r\varepsilon_0}。$$

可见，场强 E 的大小与 r（场点到带电直线的垂直距离）成反比，场强的分布图如图 5-12 所示。

例 5-8　求无限大均匀带电平面的场强分布。

解　设平面上的电荷面密度为 σ，由于均匀带电平面是无限大的，带电平面两侧附近的电场具有面对称性，所以平面两侧的场强垂直于该平面，而且在距平面等距离处场强的大小相等（证明略）。取如图 5-14 所示的高斯面，此高斯面是个圆柱面，它穿

过带电平面,且对带电平面而言是左右两边对称的。其侧面 S_3 的法线与 E 垂直,所以通过侧面的电通量为零。而两个底面 S_1 和 S_2 的法线与 E 平行,且底面上 E 的大小是相等的,设其面积都为 S,则通过高斯面的电通量为

$$\oiint_S \boldsymbol{E} \cdot \mathrm{d}\boldsymbol{S} = 2\iint_{底面} E\cos\theta \mathrm{d}S = 2ES,$$

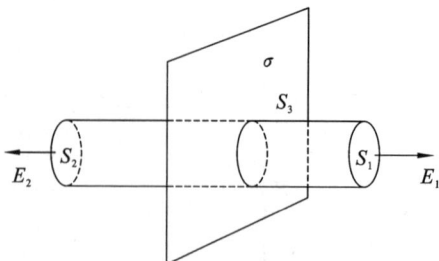

图 5-14　带电大平板的电场

S 是底面的面积。由高斯定理可得

$$\oiint_S \boldsymbol{E} \cdot \mathrm{d}\boldsymbol{S} = \frac{\sigma S}{\varepsilon_0},$$

故有

$$2ES = \frac{\sigma S}{\varepsilon_0}, \quad E = \frac{\sigma}{2\varepsilon_0}。$$

结果表明,场强与场点到带电面的距离无关,是一个常量,即无限大均匀带电平面周围的场强是均匀(匀强)电场。

5.4　静电场的环路定理

静电场的环路定理是反映静电场性质的另一个定理,它与高斯定理结合起来,才能完整地描述静电场。

5.4.1　静电场的环路定理

1. 静电场力做功

我们首先计算点电荷电场中静电场力所做的功。如图 5-15 所示,在静止的点电荷 q 产生的电场中,设有一检验电荷 q_0 由 a 点经某一任意路径 L 移到 b 点,在位移元上,电场力 $\boldsymbol{F}$ 对 q_0 做功

$$\mathrm{d}A = \boldsymbol{F} \cdot \mathrm{d}\boldsymbol{l} = Fdl\cos\theta = Fdr = q_0 E \mathrm{d}r = \frac{q_0 q}{4\pi\varepsilon_0 r^2}\mathrm{d}r,$$

从 a 点到 b 点,总功大小为

$$A = \int_a^b \mathrm{d}A = \frac{q_0 q}{4\pi\varepsilon_0}\int_{r_a}^{r_b}\frac{1}{r^2}\mathrm{d}r = \frac{q_0 q}{4\pi\varepsilon_0}\left(\frac{1}{r_a} - \frac{1}{r_b}\right)。$$

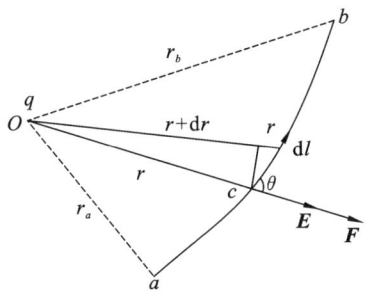

图 5-15　电场力做功

结果表明,检验电荷 q_0 在点电荷的场中由 a 点经任意一条路径 L 移到 b 点时,电场力做的功只与检验电荷 q_0 的起点与终点位置有关,而与其走过的路径无关。

下面再计算点电荷系电场中的电场力所做的功。设在由 $q_1, q_2, \cdots, q_n$ 等点电荷系所产生的静电场中,检验电荷 q_0 由 a 点经任意一条路径 L 移到 b 点,此时电场力所做的功为

$$A = \int_a^b \mathrm{d}A = \int_a^b \boldsymbol{F} \cdot \mathrm{d}\boldsymbol{l} = \int_a^b q_0 \boldsymbol{E} \cdot \mathrm{d}\boldsymbol{l},$$

由叠加原理可知,n 个电荷产生的场强 $\boldsymbol{E}$ 为各个点电荷产生的场强的矢量和,即

$$\boldsymbol{E} = \sum_{i=1}^n \boldsymbol{E}_i,$$

则有

$$A = q_0 \int_a^b \boldsymbol{E} \cdot \mathrm{d}\boldsymbol{l} = q_0 \int_a^b \boldsymbol{E}_1 \cdot \mathrm{d}\boldsymbol{l} + q_0 \int_a^b \boldsymbol{E}_2 \cdot \mathrm{d}\boldsymbol{l} + \cdots + q_0 \int_a^b \boldsymbol{E}_n \cdot \mathrm{d}\boldsymbol{l}$$

$$= \sum_{i=1}^n \frac{q_0 q_i}{4\pi\varepsilon_0} \left(\frac{1}{r_{ia}} - \frac{1}{r_{ib}} \right).$$

上述结果进一步表明,检验电荷 q_0 在点电荷系产生的电场中,由 a 点经任意一条路径 L 移到 b 点时,电场力做的功同样只与检验电荷 q_0 的起点与终点位置有关,而与其走过的路径无关。

实际上,这一结论可以推广到任意连续与非连续的电荷产生的静电场。电荷在静电场中移动时,电场力做功与路径无关,说明静电场力是保守力。

2. 静电场的环路定理(环流定理)

由于静电场力是保守力,其做功与路径无关,可以设想检验电荷 q_0 在静电场中,先从 a 点经过任意一条路径 L_1 移到 b 点,再从 b 点通过任意的另一条路径 L_2 回到 a 点,如图 5-16 所示。

则电场力做的总功为

$$A = \oint_{L_1+L_2} q_0 \boldsymbol{E} \cdot \mathrm{d}\boldsymbol{l} = \int_{a(L_1)}^b q_0 \boldsymbol{E} \cdot \mathrm{d}\boldsymbol{l} + \int_{b(L_2)}^a q_0 \boldsymbol{E} \cdot \mathrm{d}\boldsymbol{l}$$

$$= \int_{a(L_1)}^{b} q_0 \boldsymbol{E} \cdot \mathrm{d}\boldsymbol{l} - \int_{a(L_2)}^{b} q_0 \boldsymbol{E} \cdot \mathrm{d}\boldsymbol{l},$$

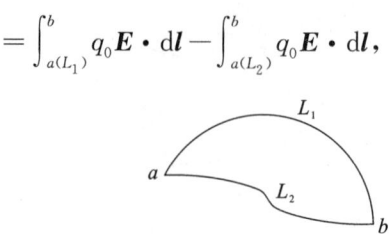

图 5-16 做功与路径无关的证明

由于静电场力做功与路径无关,因此有

$$\int_{a(L_1)}^{b} q_0 \boldsymbol{E} \cdot \mathrm{d}\boldsymbol{l} = \int_{a(L_2)}^{b} q_0 \boldsymbol{E} \cdot \mathrm{d}\boldsymbol{l} = -\int_{b(L_2)}^{a} q_0 \boldsymbol{E} \cdot \mathrm{d}\boldsymbol{l},$$

于是得到

$$A = \oint_{L} q_0 \boldsymbol{E} \mathrm{d}\boldsymbol{l} = q_0 \oint_{L} \boldsymbol{E} \mathrm{d}\boldsymbol{l} = 0 。$$

注意,$L = L_1 + L_2$ 是一个闭合路径(回路),则有结论:在任意静电场中,将检验电荷 q_0 沿着任意闭合路径移动一周,电场力所做的总功(代数和)为零。由于 q_0 不能为零,故得到

$$\oint_{L} \boldsymbol{E} \cdot \mathrm{d}\boldsymbol{l} = 0 。$$

一般将场强 $\boldsymbol{E}$ 沿任意闭合路径 L 的线积分 $\oint_{L} \boldsymbol{E} \cdot \mathrm{d}\boldsymbol{l}$ 定义为 $\boldsymbol{E}$ 沿 L 的环流。不难看出,静电场环流的物理意义是:将单位正电荷沿闭合路径移动一周的过程中,静电场力所做的功。因此,在静电场中,电场强度沿任意闭合路径的环流为零(静电场场强沿任意闭合路径的线积分恒等于零),这就是静电场的环路定理。其数学表达式为

$$\oint_{L} \boldsymbol{E} \cdot \mathrm{d}\boldsymbol{l} = 0 。 \tag{5-14}$$

静电场的环路定理是反映静电场性质的两个基本定理之一。前面的高斯定理说明了静电场是有源场,而这里的环路定理则说明了静电场是保守力场(即有势场,如同引力场一样,可以引进势的概念)。保守力场中的场线是不闭合的,所以静电场属于无旋场。因此,通常说静电场是一种有源无旋场或有源保守力场。

5.4.2 电势

1. 电势能(功能关系)

在力学中,为了反映重力和弹性力等保守力做功与路径无关的特点,引入了重力势能和弹性势能。从以上分析中可知,静电场力也是保守力,它对试验电荷所做的功也具有与路径无关的特点,因此也可以引进相应的势能的概念。

与物体在重力场中具有重力势能一样,电荷处在静电场中一定的位置就应该具有一定的势能,一般称为电荷在静电场中的电势能。静电场力对电荷所做的功就是电

荷电势能改变的量度。

设 W_a 和 W_b 分别表示试验电荷 q_0 在起点 a 和终点 b 处的电势能,可知

$$W_a - W_b = A_{ab} = q_0 \int_a^b \boldsymbol{E} \cdot \mathrm{d}\boldsymbol{l}。$$

静电势能与重力势能一样,是一个相对量。为了说明电荷在电场中某一点电势能的大小,必须首先选定电势能为零的参考点。参考点的选择是任意的,处理问题时怎样方便就怎样选取。在上式中,若选 q 在 b 点处的电势能为零,则有

$$W_a = q_0 \int_a^b \boldsymbol{E} \cdot \mathrm{d}\boldsymbol{l}, \tag{5-15}$$

即试验电荷 q 在电场中某点 a 的电势能,在数值上等于把它从 a 处移到参考点(零势能处)的过程中电场力所做的功。

在电荷为有限分布的带电体的静电场中,通常规定 q 在无限远处电势能为零,则有

$$W_a = q_0 \int_a^\infty \boldsymbol{E} \cdot \mathrm{d}\boldsymbol{l}, \tag{5-16}$$

即电荷 q_0 在电场中某点 a 的电势能,在数值上等于把它从 a 处移到无限远处的过程中电场力所做的功。

需要说明的是,电势能是属于 q_0 和电场这整个系统的,是场源电荷与 q_0 之间的相互作用能。正因为如此,电势能这个量并不能反映静电场本身的客观做功本领的大小,因为它还与 q_0 有关。因此,有必要引入新的物理量来量度静电场本身的客观做功本领。

2. 电势差

由(5-16)式可知,电荷 q_0 在静电场中某点 a 的电势能与 q_0 的大小成正比,但是,比值 $\dfrac{W_a}{q_0}$ 却与 q_0 无关,只取决于电场的性质以及场中给定点 a 的位置。因此,这一比值是一个反映静电场中给定点静电场性质的物理量,称为电势。如以 U_a 表示 a 点的电势,则其定义式为

$$U_a = \frac{W_a}{q_0} = \int_a^\infty \boldsymbol{E} \cdot \mathrm{d}\boldsymbol{l}。 \tag{5-17}$$

上式说明,静电场中某点 a 的电势,数值上等于单位正电荷在该点时的电势能,即等于将单位正电荷从 a 点移到无限远处(参考点)时,电场力所做的功。

由于电势能是相对量,因此电势也是一个相对量,其值也与电势零点的选择有关。上面我们用(5-17)式来定义电场中某点的电势时,实际上已经约定把无限远处的电势选为零电势。关于电势零点的选取可视具体情况而定。若带电体为有限大小,一般习惯规定以无限远处为零电势点(参考点)。这一规定使正电荷产生的电场中各点的电势总为正,负电荷产生的电场中各点的电势总为负。

必须指出,若带电体的电荷是无限分布的,则只能在有限范围内选取某点为电势零点,不能将零电势点定在无限远处,否则就会导致任一场点的电势为无限大或无确定值(即无意义)。

在静电场中,任意两点 a 和 b 的电势之差称为电势差,也称为电压,其表达式为

$$U_a - U_b = \int_a^\infty \boldsymbol{E} \cdot \mathrm{d}\boldsymbol{l} - \int_b^\infty \boldsymbol{E} \cdot \mathrm{d}\boldsymbol{l} = \int_a^b \boldsymbol{E} \cdot \mathrm{d}\boldsymbol{l}, \tag{5-18}$$

即在电场中,a,b 两点的电势差在数值上等于把单位正电荷从 a 点移到 b 点时电场力所做的功。因此,当任一电荷 q 在电场中从 a 点移动到 b 点时,电场力所做的功可用电势差(功能关系)表示为

$$A_{ab} = q(U_a - U_b)。$$

从(5-18)式可知,电场中任意两点的电势差仅与它们的相对位置有关,而与电势零点的选取无关。

在国际单位制(SI)中,电势和电势差的单位为焦耳·库仑$^{-1}$(J·C^{-1}),称为伏特(V)。

3. 电势的几何描述 —— 等势面

电势是描述静电场的标量点函数,电场的电势分布可用等势面来描绘。

一般来说,电势是位置坐标的函数,其值逐点不同,但其中有一些点的电势值是相等的。静电场中电势相等的点所组成的曲面称为等势面。

一般规定,在画等势面图时,必须使两相邻等势面的电势差为常量,于是,在电场空间中就能画出有一定疏密分布的等势面。

图 5-17 是几种常见电场中的等势面和电场线图。必须指出,实际的等势面都是一些三维的曲面,这里所描绘的仅是等势面与纸面的截线。

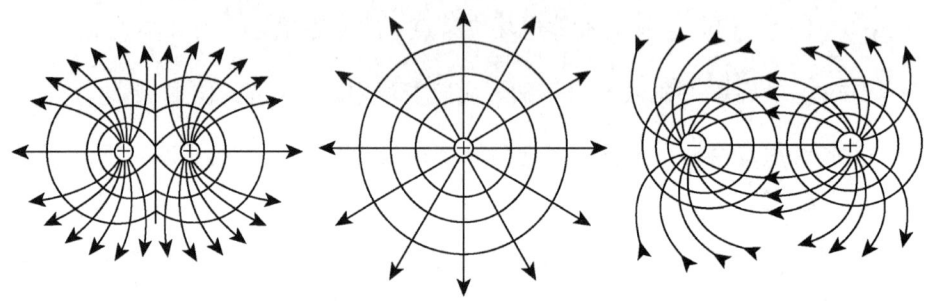

图 5-17 几种常见的等势面与电场线

从各种等势面图中,不难发现等势面有下列特点:

(1) 等势面与电场线处处正交。因为当电荷 q 在等势面上位移 $\mathrm{d}\boldsymbol{l}$,电场力做功为 $\mathrm{d}A = q\boldsymbol{E} \cdot \mathrm{d}\boldsymbol{l} = 0$,在 $\mathrm{d}\boldsymbol{l}$ 和 $\boldsymbol{E}$ 均不等于零的情况下,要满足 $\mathrm{d}A = 0$,只能是电场线垂直于等势面。

(2) 等势面较密集的地方场强大,等势面较稀疏的地方场强小。

(3)电场线的方向总是指向电势降低(降落)的方向。

5.4.3 电场强度与电势的关系

为了进一步研究电场强度与电势之间的关系,我们分析电场在某点的电势的空间变化率。在不同的场点,电势的空间变化率一般是不同的,而且在同一场点,其电势沿不同方向的空间变化率也是不同的。在任意静电场中,取两个邻近的等势面 1 和 2,电势分别为 U 与 $U+dU$,设 $dU>0$,从等势面 1 上任一点 P_1 沿电势增加的方向作等势面的法线 $\boldsymbol{n}^0$,如图 5-18 所示。

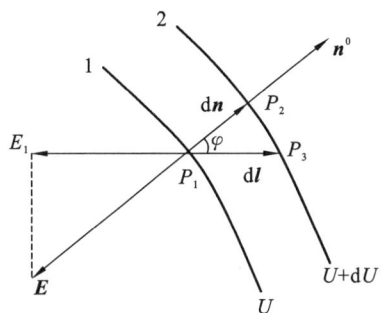

图 5-18 电势与电场的关系

因为电场线总是与等势面正交且指向电势降低的方向,所以 P_1 点的电场强度 $\boldsymbol{E}$ 一定沿着 $\boldsymbol{n}$ 的反方向。在两等势面间取垂直距离 $P_1P_2 = d\boldsymbol{n}$,指向沿电势增加的方向。P_3 是与 P_2 邻近的一点,$P_1P_3 = d\boldsymbol{l}$,$d\boldsymbol{l}$ 的方向由 P_1 指向 P_3,与 $\boldsymbol{n}$ 间的夹角为 φ。

由(5-18)式可得

$$U - (U+dU) = \boldsymbol{E} \cdot d\boldsymbol{l} = -E\cos\varphi dl = \boldsymbol{E} \cdot d\boldsymbol{n},$$

即

$$dU = \boldsymbol{E} \cdot d\boldsymbol{n},$$

由此得

$$E = \frac{dU}{dn}。$$

上述结果表明,电场中任一场点的场强大小为 $E = \dfrac{dU}{dn}$,所以

$$\boldsymbol{E} = -\frac{dU}{dn}\boldsymbol{n}^0, \tag{5-19}$$

通常称 $\dfrac{dU}{dn}\boldsymbol{n}^0$ 为电势梯度(式中,$\boldsymbol{n}^0$ 是法线 $\boldsymbol{n}$ 的单位矢量),负号说明 $\boldsymbol{E}$ 的方向与 $\boldsymbol{n}$ 的方向相反。

结论是:电场中各点的电场强度 $\boldsymbol{E}$ 等于该点电势梯度的负值。这就是场强与电势的微分关系。

将(5-19)式在图示的 $d\boldsymbol{l}$ 方向上取分量,就有

$$E_l = -\frac{dU}{dn}\cos\varphi = -\frac{dU}{dl},$$

即场强 E 在 dl 方向上的分量为 E_l,应等于电势梯度矢量在 dl 方向的分量的负值。若把直角坐标系中的 x 轴、y 轴和 z 轴的方向,分别取为 dl 的方向,就可得到场强 E 沿这三个方向的分量分别为

$$E_x = -\frac{\partial U}{\partial x}, \quad E_y = -\frac{\partial U}{\partial y}, \quad E_z = -\frac{\partial U}{\partial z}, \tag{5-20}$$

电势梯度的单位是伏特·米$^{-1}$（V·m^{-1}）,这也是场强的常用单位之一。

场强和电势之间的微分关系,实际上提供了一种计算场强的方法,即在计算场强时常可先计算电势,因为计算电势的标量积分比计算场强的矢量积分要简单一些。再利用(5-19)式来计算场强。可以直接利用(5-20)式,用求偏导数的方法计算出场强的各个分量,再计算总场强,这样就可以避免复杂的矢量运算。

在电势的定义式中,我们给出了电势与场强的积分关系,提供了由场强求电势的公式,但只有获知在整个积分路径上的所有各点的场强,才能计算出某场点的电势。本节得出的电势与场强的微分关系则给出了由电势求场强的公式,同样,也只有获知电势在某场点邻域上的空间变化率,才能求得该点的场强。

强调一下,任一场点上的场强与该场点的电势之间并不存在什么直接的关系,也就是说,从一点的电势不足以确定该点的场强,从一点的场强也不足以确定该点的电势。

5.4.4 电势的计算

1. 利用点电荷的电势公式和电势叠加原理计算电势

在选无限远处为零电势时,点电荷 q 的电场中任一场点 P 的电势为

$$U = \int_P^\infty \boldsymbol{E} \cdot d\boldsymbol{l} = \int_P^\infty \frac{q}{4\pi\varepsilon_0 r^2} \boldsymbol{r}^0 \cdot d\boldsymbol{r} = \int_P^\infty \frac{q}{4\pi\varepsilon_0 r^2} = \frac{q}{4\pi\varepsilon_0 r}, \tag{5-21}$$

对于点电荷系的电场,其场强满足叠加原理

$$\boldsymbol{E} = \sum_i \boldsymbol{E}_i,$$

故电势为

$$U = \int_P^\infty \boldsymbol{E} \cdot d\boldsymbol{l} = \int_P^\infty \sum_i \boldsymbol{E}_i \cdot d\boldsymbol{l} = \sum_i \int_P^\infty \boldsymbol{E}_i \cdot d\boldsymbol{r} = \sum_i U_i = \sum_i \frac{q_i}{4\pi\varepsilon_0 r_i},$$

即点电荷系场中某场点的电势等于各个点电荷场在同一场点的电势的代数和,这一结论称为电势叠加原理。

对于电荷连续分布的带电体,只需将上式的求和改为积分,即

$$U = \int \frac{dq}{4\pi\varepsilon_0 r}。\tag{5-22}$$

对于体分布、面分布以及线分布的带电体,它们的电荷分布可用电荷体密度 ρ、

电荷面密度 σ 和电荷线密度 λ 分别表示，(5-22) 式可写为

$$U = \begin{cases} \iiint_V \dfrac{\rho \mathrm{d}V}{4\pi\varepsilon_0 r}, \\ \iint_S \dfrac{\sigma \mathrm{d}S}{4\pi\varepsilon_0 r}, \\ \int_L \dfrac{\lambda \mathrm{d}l}{4\pi\varepsilon_0 r} \circ \end{cases} \tag{5-23}$$

这种方法是计算电场的电势空间分布的最基本的方法。因为电势是标量，上式的积分是标量积分，所以电势的积分计算比场强的积分计算简便。

2. 利用电势的定义式计算电势

利用电势的定义式 $U_P = \int_P^\infty \boldsymbol{E} \cdot \mathrm{d}\boldsymbol{l}$ 求电势，也称场强积分法。若场强分布已知，或场强分布很容易用高斯定理求出，则应该用电势定义式求电势分布。此时求空间某场点的电势就是计算该点到电势参考点的场强的线积分。如果积分路线上场强表达式各段不同（场强不连续），则须进行分段积分，在某一区域内积分时，就必须用该区域内的场强表达式。

例 5-9　求半径为 R、均匀带电 q 的细圆环轴线上任一点的电势。

解　本题可以利用点电荷的电势公式和电势叠加原理求解。如图 5-19 所示，由于是细圆环，其粗细可不考虑，将其看成圆环形的带电线。

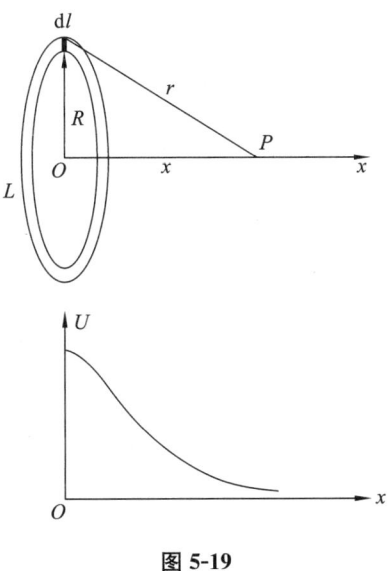

图 5-19

在圆环上取电荷元 $\mathrm{d}q = \lambda \mathrm{d}l$，其中，$\lambda = \dfrac{q}{2\pi R}$。电荷元 $\mathrm{d}q$ 在轴上任意一点 P 的电势为

$$dU = \frac{\lambda dl}{4\pi\varepsilon_0 r},$$

则整个带电圆环在轴上任意一点 P 的电势为

$$U = \int_0^{2\pi R} \frac{\lambda dl}{4\pi\varepsilon_0 r} = \int_0^{2\pi R} \frac{\lambda dl}{4\pi\varepsilon_0 (R^2+x^2)^{\frac{1}{2}}} = \frac{\lambda}{4\pi\varepsilon_0 (R^2+x^2)^{\frac{1}{2}}} \int_0^{2\pi R} dl = \frac{q}{4\pi\varepsilon_0 (R^2+x^2)^{\frac{1}{2}}}。$$

此题也可以利用电势的定义式，先求出场强再求电势（略）。

例 5-10 求半径为 R、总电量为 q 的均匀带电球面的电势分布。

解 如图 5-20 所示，由于电荷为球对称分布，很容易由高斯定理求出场强分布，在例 5-6 中已求得均匀带电球面的场强分布为

$$\boldsymbol{E} = \begin{cases} \dfrac{q}{4\pi\varepsilon_0 r^2} \boldsymbol{r}^0, & (r > R), \\ 0, & (r < R)。 \end{cases}$$

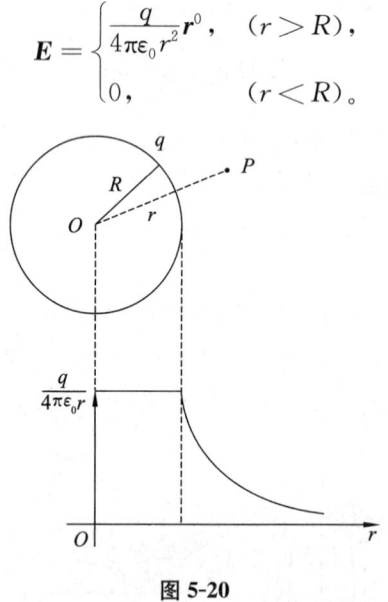

图 5-20

由于电荷属于有限分布，可选无限远处为电势零点，沿径向积分，即可得球面外任一场点的电势为

$$U_{\text{外}} = \int_P^{\infty} \boldsymbol{E} \cdot d\boldsymbol{l} = \int_r^{\infty} \frac{q}{4\pi\varepsilon_0 r^2} dr = \frac{q}{4\pi\varepsilon_0 r},$$

球面内任一场点的电势为

$$U_{\text{内}} = \int_P^{\infty} \boldsymbol{E} \cdot d\boldsymbol{l} = \int_r^R E_1 \cdot dr + \int_R^{\infty} E_2 \cdot dr,$$

式中，$E_1 = 0, E_2 = \dfrac{q}{4\pi\varepsilon_0 r^2}$。所以

$$U_{\text{内}} = 0 + \int_R^{\infty} \frac{q}{4\pi\varepsilon_0 r^2} dr = \frac{q}{4\pi\varepsilon_0 R},$$

即球面外任一场点的电势与所有电荷集中在球心的点电荷产生的电势相同，而球面内任一点的电势都等于球面上的电势，球面内是等势区。

例 5-11 有一无限长均匀带电直线,电荷线密度为 λ,求场中电势分布。

解 无限长均匀带电直线的电荷延伸到了无穷远处,故不能选无穷远处为电势参考零点。可以选取距无限长直线的垂直距离为 r_0 的 P_0 点为电势零点,如图 5-21 所示。

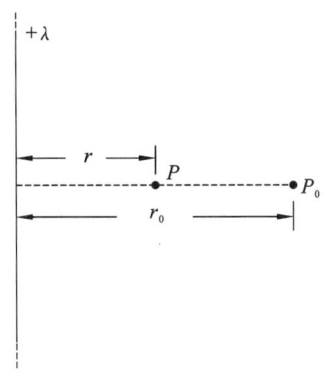

图 5-21

本题要计算任意点 P(距无限长直线的垂直距离为变量 r) 的电势,可以考虑利用前面已经求得的无限长均匀带直线的场强公式,运用电势的定义式求解。

已知无限长均匀带直线的场强公式为

$$E = \frac{\lambda}{2\pi\varepsilon_0 r},$$

过场点 P 沿径向积分可得 P 点与参考点 P_0 的电势差为

$$U_P - U_{P_0} = \int_P^{P_0} \boldsymbol{E} \cdot \mathrm{d}\boldsymbol{l} = \int_r^{r_0} \boldsymbol{E} \cdot \mathrm{d}\boldsymbol{r}$$

$$= \int_r^{r_0} \frac{\lambda}{2\pi\varepsilon_0 r} \mathrm{d}r = \frac{\lambda}{2\pi\varepsilon_0}\ln r_0 - \frac{\lambda}{2\pi\varepsilon_0}\ln r = \frac{\lambda}{2\pi\varepsilon_0}\ln\frac{r_0}{r}.$$

注意,此题若仍取 $r_0 = \infty$ 为电势零点,则会得到 $U_P = \infty$ 的结果。所以,对于无限扩展的源电荷,不能将电势零点选在无限远处,而应选在有限区域内。

例 5-12 计算半径为 R 的均匀带电圆盘轴线上任一点 P 的电势和场强,设圆盘上的电荷面密度为 σ。

解 先求电势。如图 5-22 所示,设轴上 P 点距圆盘中心 O 的距离为 x。在圆盘上取半径为 r、宽为 $\mathrm{d}r$ 的细环,细环带电 $\mathrm{d}q = \sigma 2\pi r \mathrm{d}r$,由例 5-9 知,带电细环在 P 点产生的电势为

$$\mathrm{d}U = \frac{\mathrm{d}q}{4\pi\varepsilon_0 \sqrt{r^2 + x^2}} = \frac{\sigma r \mathrm{d}r}{2\varepsilon_0 \sqrt{r^2 + x^2}},$$

带电圆盘在 P 点产生的电势为

$$U = \int_0^R \frac{\sigma r \mathrm{d}r}{2\varepsilon_0 \sqrt{r^2 + x^2}} = \frac{\sigma}{2\varepsilon_0}(\sqrt{R^2 + x^2} - x),$$

结果表明,轴上各点电势仅是 x 的函数,而

$$E_x = -\frac{dU}{dx} = -\frac{d}{dx}\left[\frac{\sigma}{2\varepsilon_0}(\sqrt{R_2 + x^2} - x)\right]$$

$$= \frac{\sigma}{2\varepsilon_0}\left(1 - \frac{x}{\sqrt{R^2 + x^2}}\right).$$

再求场强。因为已经求出了电势,则可利用电场强度与电势的微分关系式求解。根据圆盘电荷分布的对称性,显然有

$$E_y = 0, \quad E_z = 0,$$

所以

$$\boldsymbol{E} = E_x \boldsymbol{i} = \frac{\sigma}{2\varepsilon_0}\left(1 - \frac{x}{\sqrt{R^2 + x^2}}\right)\boldsymbol{i}.$$

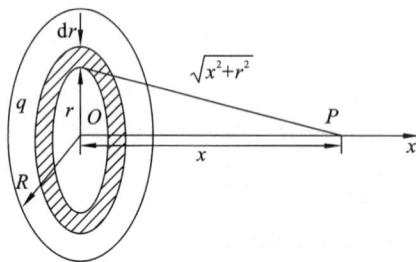

图 5-22

此题还可以拓展,讨论一个特殊的情形(极限情形),即当 P 点无限靠近圆盘时,圆盘可以近似看成一个无限大的均匀带电平面。此时,其场强为

$$E = \frac{\sigma}{2\varepsilon_0},$$

场中任意两点的电势差为

$$U_P - U_{P_0} = \int_P^{P_0} \boldsymbol{E} \cdot d\boldsymbol{l} = \int_x^{x_0} \frac{\sigma}{2\varepsilon_0} dx = \frac{\sigma}{2\varepsilon_0}x_0 - \frac{\sigma}{2\varepsilon_0}x,$$

电势参考点 P_0 为任意选定的距离圆盘(无限大带电平面)有限远的一个点。

若选无限大带电平面本身为零电势点(即 $x_0 = 0$ 处),则可得 P 点的电势为

$$U_P = -\frac{\sigma}{2\varepsilon_0}x.$$

可见,电势是相对量,电势参考零点的选取不同,会导致电势的表达式也不同,但电场强度的表达式是不变的(因为电场是同一个场)。

思 考 题

5-1 根据电场强度的定义式 $\boldsymbol{E} = \dfrac{\boldsymbol{F}}{q}$,能否得出场强与电荷成反比的结论?

5-2 点电荷的场强公式为 $E = \dfrac{q}{4\pi\varepsilon_0 r^2}$,从数学上看,$r$ 趋于 0 时,E 趋于 ∞,应如

何解释?

5-3 库仑定律是否对任意形状的一对带电体都适用?试说明之。

5-4 在正方形的四个顶点上,放置四个带相同电荷量的同号点电荷,试定性画出其电场线的示意图。

5-5 静电场强度沿一闭合回路积分 $\oint \boldsymbol{E} \cdot \mathrm{d}\boldsymbol{l} = 0$,表明了电场线的什么性质?

5-6 电场线是否会相交?为什么?

5-7 静电场中,电场线是否一定与等势面正交?

5-8 静电场中,电场强度为 0 的地方,电势是否一定为 0?电势为 0 的地方,电场强度是否一定为 0?举例说明。

5-9 静电场中,电场强度相等的地方,电势是否一定相等?电势相等的地方,电场强度是否一定相等?举例说明。

5-10 静电场中,电场强度大的地方,电势是否一定高?电势高的地方,电场强度是否一定大?举例说明。

5-11 静电场和万有引力场都属于保守场,能否写出万有引力场中的高斯定理?

5-12 一个金属球带上正电荷后,该球的质量是增大、减小还是不变?

5-13 什么是电荷的量子化?试列举出一些其他具有量子化的物理量。

5-14 两个点电荷相距一定距离,若其连线中点处场强为 0,则这两个点电荷的电荷量与符号有何关系?

5-15 电势零点的选择有何原则?

5-16 高斯面上的电场强度是否仅由高斯面内的电荷所激发?

习 题 5

5-1 半径为 a 的圆环,单位长度上所带的电量为 λ,通过圆环中心的垂直轴上距中心为 z 处有一点电荷 Q。求圆环所受的库仑力。

5-2 如图所示,两个点电荷 q_1 和 q_2,相距为 d,若(1)两电荷同号;(2)两电荷异号。求两点电荷连线上场强为零的那一点的位置。

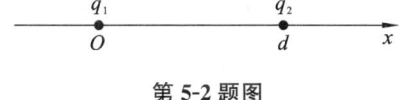

第 5-2 题图

5-3 等边三角形的边长为 a,今在其三个顶点,垂直于三角形平面平行放置三根无限长直导线。导线每单位长度上分别带电 $+\lambda, -\lambda/2, -\lambda/2$。求中心轴上的电场强度以及各导线每单位长度上的作用力。

5-4 一无限长带电圆柱面,面电荷密度 $\sigma = \sigma_0 \cos\varphi$,$\sigma_0$ 为常数,φ 角为与 x 轴间的夹角,如图所示,求柱面轴线 z 上的场强分布。

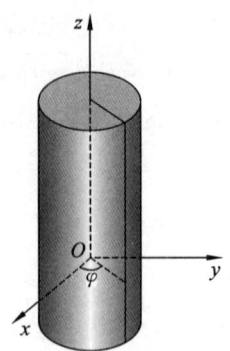

第 5-4 题图

5-5 两个小球质量都是 m，且都带同号电荷 q，各用长为 L 的细线悬挂于一点，如图所示，假设 θ 很小。试证有以下等式近似成立：$x = \left(\dfrac{q^2 l}{2\pi\varepsilon_0 mg}\right)^{\frac{1}{3}}$（$x$ 是两球之间的距离）。

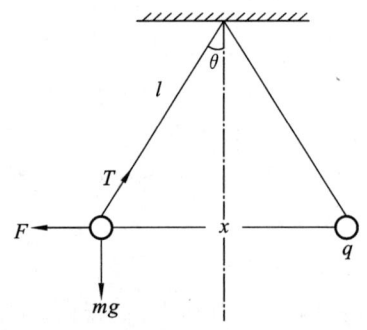

第 5-5 题图

5-6 如图所示，长 $l = 15$ cm 的长直导线 AB 上均匀分布着线密度为 $\lambda = 5 \times 10^{-9}$ C/m 的电荷。试求：

(1) 在导线的延长线上与导线一端 B 相距 $d = 5$ cm 处 P 点的场强。

(2) 在导线的垂直平分线上与导线中点相距 $d = 5$ cm 处 Q 点的场强。

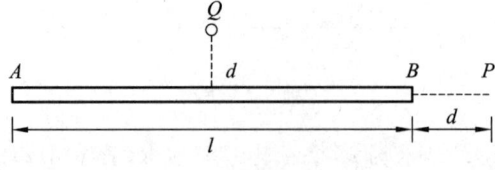

第 5-6 题图

5-7 氢原子由一个质子和一个电子组成。根据经典模型，在正常状态下，电子绕核做圆周运动，轨道半径是 5.29×10^{11} m。已知电子带负电，质子带正电，且带电荷量大小都是 1.60×10^{-19} C，已知电子质量 $m = 9.11 \times 10^{-31}$ kg，万有引力常数 $G = 6.67 \times$

10^{-11} m³/kg·s⁻²。求:(1) 电子受质子作用的库仑力的大小。(2) 电子受质子作用的库仑力是万有引力的多少倍?

5-8 两个小球各带电量 2.0×10^{-7} C,可在如图所示的无摩擦的棒上自由滑动。若每球的质量为 0.10 g,求它们的平衡位置及棒上的反作用力。

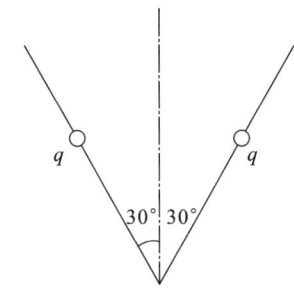

第 5-8 题图

5-9 如图所示,在静止点电荷 q 的电场中,沿着 x 方向放置一根均匀带电细杆,细杆长 L,电荷线密度为 λ,求此带电细杆所受的电场力。

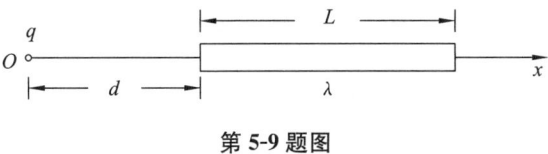

第 5-9 题图

5-10 如图所示,均匀电场与半径为 R 的半球面的半轴线平行。试计算通过此半球面的电通量。

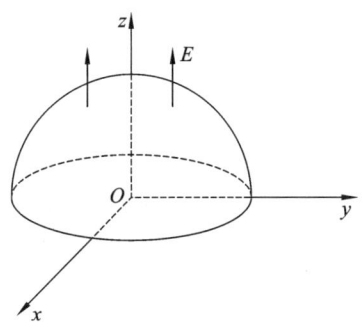

第 5-10 题图

5-11 如图所示,一曲面 S 是圆柱面的一部分,长为 $2L$,半径为 R,对自身轴线张角为 θ_0,曲面均匀带电,电荷面密度为 σ,求轴线中点 P 的场强。

5-12 如图所示,真空中有一长为 L 的均匀带电直线,总电荷量为 q,已知 P 点到带电直线的垂直距离为 d,P 点和直线两端的连线与带电直线间的夹角分别为 θ_1 和 θ_2,求 P 点的电场强度。

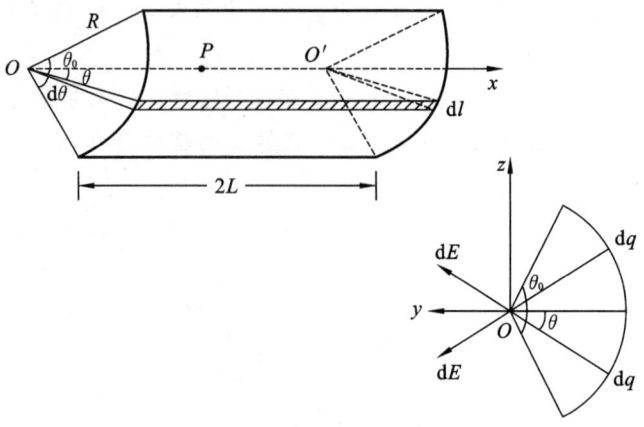

第 5-11 题图

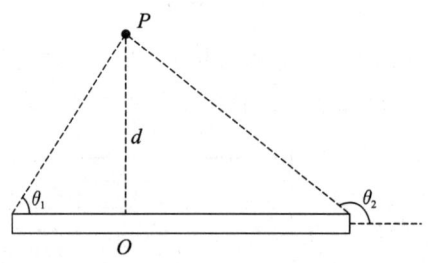

第 5-12 题图

5-13 如图所示,三个无限大平行平面都均匀带电,电荷面密度分别为 σ_1,σ_2,σ_3。求下列情况下各处的场强:(1) $\sigma_1 = \sigma_2 = \sigma_3 = \sigma$。(2) $\sigma_1 = \sigma_3 = \sigma$,$\sigma_2 = -\sigma$。(3) $\sigma_1 = \sigma_3 = -\sigma$,$\sigma_2 = \sigma$。(4) $\sigma_1 = \sigma$,$\sigma_2 = \sigma_3 = -\sigma$。

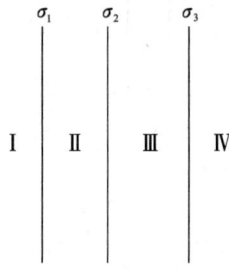

第 5-13 题图

5-14 中性氢原子处于基态时,其电荷分布可看作在点电荷 $+e$ 的周围负电荷按密度 $-\rho(r) = Ce^{-2r/a_0}$ 分布,其中,a_0 是玻尔半径,等于 0.529×10^{-10} m;C 为一常数,其值可由负电荷 $-e$ 定出。试计算:

(1) 半径为 a_0 的球内的净电荷。

(2) 与核的距离为 a_0 处的电场强度。

5-15 如图所示,求 $U_A - U_B$。若将 $-q$ 移去换成 $+q$,$U_A - U_B$ 又将怎样改变?

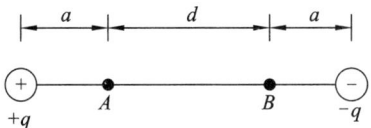

第 5-15 题图

5-16 有一个半径为 R 的带电球体,其电荷体密度为 $\rho = \dfrac{k}{r}$,k 为正常数,r 为球心到球内或球外的矢径的大小,求球体内、外的场强分布。

5-17 如图所示,一个球体内均匀分布着电荷,体密度为 ρ,r 代表从球心 O 到球内一点的矢径。(1) 证明:r 处的电场强度为 $\mathbf{E} = \rho/(3\varepsilon_0)\mathbf{r}$。(2) 若在球内挖去一部分电荷,挖去的体积是一个小球,如图所示,证明:这空腔内的电场是匀强电场 $\mathbf{E} = \dfrac{\rho}{3\varepsilon_0}\mathbf{a}$,式中,$\mathbf{a}$ 是球心到空腔中心的矢径。

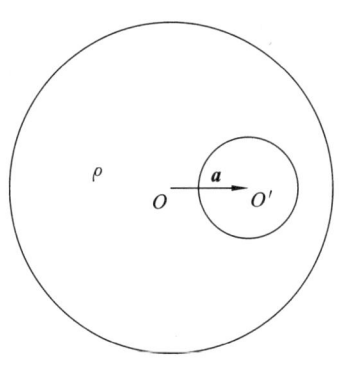

第 5-17 题图

5-18 如图所示,一个均匀带电的球壳,内半径为 R_1,外半径为 R_2,电荷密度为 ρ。求其位于空间中的场强和电势的分布。

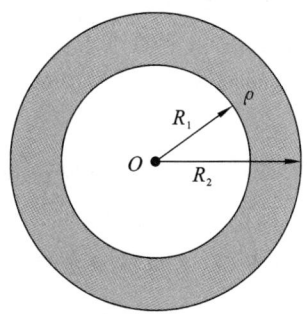

第 5-18 题图

5-19 有两个同心的均匀带电球面,半径分别为 R_1 和 R_2,已知外球面的电荷面密度为 $+\sigma$,大球外面各处的电场强度都是零。试求:

(1) 内球面上的电荷面密度。

(2) 两球面间离球心为 r 处的电场强度 E。

(3) 小球面内的电场强度 E。

5-20 设真空中一均匀带电线,其形状如图所示,$AB = DE = R$,电荷线密度为 λ,求圆心 O 点的电势 U。

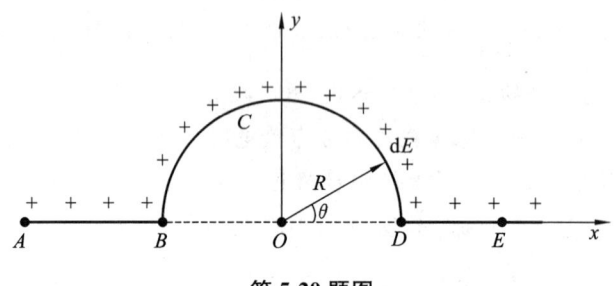

第 5-20 题图

5-21 如图所示,$AB = 2l$,$\overparen{ABC}$ 是以 B 为中心、l 为半径的半圆周,A 点有正电荷 $+q$,B 点有负电荷 $-q$。问:

(1) 把单位正电荷从 O 点沿 $\overparen{OCD}$ 移到 D 点,电场力对它做了多少功?

(2) 把单位负电荷从 D 点沿 AB 延长线移到无穷远去,电场力对它做了多少功?

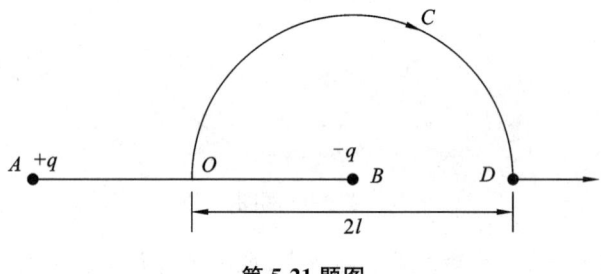

第 5-21 题图

5-22 求均匀带电球体的电势能,设球的半径为 R,带电总量为 q。

5-23 点电荷 q_1, q_2, q_3, q_4 的电荷量均为 4×10^{-9} C,放置在一正方形的四个顶点上,各顶点距正方形中心 O 点的距离为 5 cm,试求:

(1) O 点处的场强和电势。

(2) 将一试探电荷 $q_0 = 10^{-9}$ C 从无穷远移到 O 点,电场力所做的功。

(3) 在(2)所述过程中,q_0 的电势能的改变。

5-24 如图所示,两个正点电荷,其电荷量值均为 q,固定于 y 轴上 $y = +a$ 和 $y = -a$ 两点。试求:

(1) x 轴上任一点的电势;x 轴上哪些点的电位等于原点 O 处电势的一半?

（2）y 轴上任一点的电势。

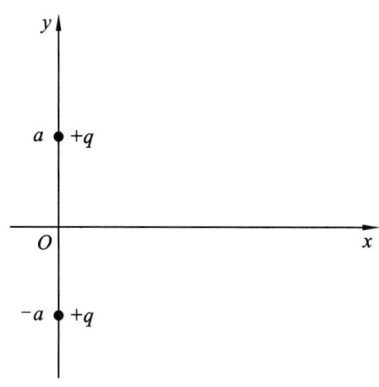

第 5-24 题图

第 6 章 静电场中的导体与电介质

本章研究静电场与导体、静电场与电介质之间的相互作用。主要介绍静电场中导体、电介质的电学性质,介绍电容器的相关内容,并从静电场的能量阐明电场的物质性。

6.1 静电场中的导体

前面我们讨论了真空中的静电场。实际上,在静电场中一般都会有物质(导体或电介质)存在,而且静电场的很多应用都涉及静电场中导体和电介的行为,以及它们对静电场的影响。本节主要讨论导体的静电平衡条件及静电场中导体的静电性质。

6.1.1 静电场中的导体

不同种类的物质,其导电性能是不同的。根据物质导电能力的强弱,可将物质分为三类:导体、半导体和绝缘体(电介质)。

导体:导电能力极强的物体,如铜、铁、铝等。

半导体:导电能力介于导体与绝缘体之间的物体,如硅、锗、硒等。

绝缘体(电介质):导电能力极弱的物体,如石英、玻璃、橡胶等。

某些物质的导电能力不是固定的,会随外界条件变化而变化,如温度改变、电压改变等,都会导致导电能力的改变。导体有不同种类,最常见的导体是金属,其基本特点是内部存在大量可以运动的自由电子。

1. 导体的静电平衡状态

金属导体是由带负电的自由电子和带正电的晶格点阵组成的。当导体不带电,也不受外电场作用时,自由电子的负电荷和晶格点阵的正电荷是等量分布的,因此在宏观上,导体的各部分都呈电中性,这时,除了自由电子的微观热运动外,没有宏观的电荷运动。然而,当导体处在外电场中时,导体中的自由电子将在静电场力作用下,相对于晶格点阵做宏观定向运动,从而引起导体内的可自由移动的电荷重新分布,这就是静电感应现象。在静电感应现象中出现的正、负电荷,称为感应电荷。静电感应现象是在极短的时间内完成的,直到外静电场和导体上重新分布的电荷所产生的电场对自由电子的作用相互抵消,导体中电荷的宏观运动停止,电荷又达到稳定的平衡分布。

电荷的宏观定向运动完全停止,导体感应电荷分布和内外电场分布达到稳定的状态,称为静电平衡状态。下面将要讨论的是,在达到静电平衡之后导体的静电性质,而对达到静电平衡的极短的暂态过程则不予考虑。

2. 导体静电平衡条件

一般而言,导体上的电荷分布和空间的电场分布是相互影响、互相制约的。显然,要使导体表面和内部的任一部分都没有宏观的电荷运动,导体内部自由电子所受的合力必须为零,即导体处于静电平衡状态所必须满足的条件是,导体内部任一点的场强为零:

$$E_内 = E_0 + E' = 0, \tag{6-1}$$

式中,E_0 是外电场,E' 是感应电荷产生的附加场,也称为退极化场。

要注意,此条件中的 $E_内$ 指的是导体内外所有电荷共同产生的合场强,且(6-1)式成立的条件是不存在非静电力。

6.1.2 导体的静电性质

下面讨论在达到静电场平衡状态时的静电性质,即电势 U、电荷 q、电场 E 的分布。

1. 导体上的电荷分布

当导体处于静电平衡状态时,导体所带电荷的分布的特点(普遍结论)是:导体内部处处无净电荷,电荷只分布在导体表面上。

这个结论可以用高斯定理证明。设在导体的内部任取一闭合曲面,如图 6-1 所示,这一闭合曲面上任一点的场强都是零,根据高斯定理可知,通过这一闭合曲面的电通量为零,这一闭合曲面内的净电荷也是零。

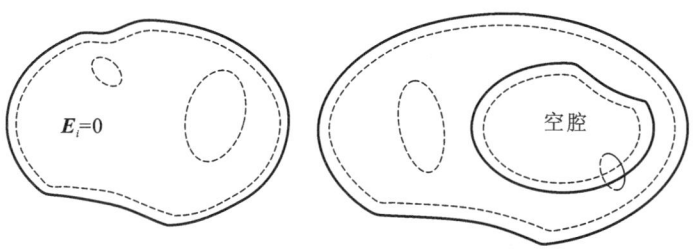

图 6-1 高斯定理的证明

如果带电体内部有空腔存在,而在空腔内没有其他带电体,应用高斯定理,同样可以证明,静电平衡时,仅导体内部没有净电荷,空腔的内表面也没有净电荷,电荷只能分布在导体的外表面。

实验表明(大致的定性规律),对于一般形状不规则的孤立导体,其表面电荷面密度与曲率半径有关。表面曲率半径愈小(曲率愈大处,即导体上凸出与尖锐的部分),电荷面密度愈大。反之,表面曲率半径愈大(曲率愈小处,即导体上平坦的部分),电荷面密度愈小。另外,表面曲率半径为负处(即导体表面凹进去的地方),电荷面密度更小。只有对于像孤立的球形导体这样规则的导体,由于其表面各部分的曲率相同,球面上的电荷分布才是均匀的。

例 6-1 有两个相距很远的球形带电导体,其半径分别为 R_a 和 R_b,用一根细导线连接起来,求两球电荷的面密度之比 $\dfrac{\sigma_a}{\sigma_b}$。

解 如图 6-2 所示。有两个相距很远的球形带电导体,设两球所带电荷量分别为 q_a, q_b,则两球的电势分别为

$$U_a = \frac{q_a}{4\pi\varepsilon_0 R_a}, \quad U_b = \frac{q_b}{4\pi\varepsilon_0 R_b},$$

两球用细导线相连(细导线不影响场的分布),则两球电位相等,有

$$\frac{q_a}{4\pi\varepsilon_0 R_a} = \frac{q_b}{4\pi\varepsilon_0 R_b},$$

由此得

$$\frac{q_a}{R_a} = \frac{q_b}{R_b}。$$

已知半径,不难求得两球的电荷面密度

$$\sigma_a = \frac{q_a}{4\pi R_a^2}, \quad \sigma_b = \frac{q_b}{4\pi R_b^2},$$

所以

$$\frac{\sigma_a}{\sigma_b} = \frac{q_a R_b^2}{q_b R_a^2} = \frac{R_b}{R_a}。$$

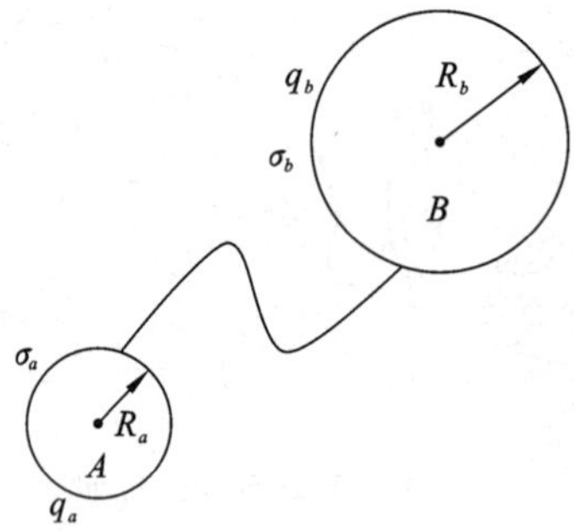

图 6-2

在这个特殊的例子中,电荷面密度与曲率半径成反比(即与曲率成正比)。

2. 导体上的电势分布

当导体达到静电平衡状态时,导体上电势分布的特点是:导体内部电势处处相等,导体是等势体,导体表面是等势面。这一结论可以简单证明如下:在导体内任意取两点 a 和 b,如图 6-3 所示,则有

$$U_a - U_b = \int_a^b \boldsymbol{E} \cdot \mathrm{d}\boldsymbol{l} = 0 \quad (\boldsymbol{E} = 0),$$

则
$$U_a - U_b = 0,$$
即
$$U_a = U_b,$$
显然,由于 a,b 是在导体内部任意取的两点,可知导体是等势体。

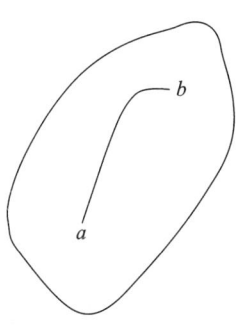

图 6-3　导体的电势

3. 导体上的场强分布

由静电平衡条件知道,在达到静电平衡时,导体内部场强处处为零。此时,导体周围电场分布的特点是:导体表面之外邻近表面处的场强 E 与该处的电荷密度有关。具体而言就是,导体表面附近处场强的方向处处与导体表面垂直,大小与该处电荷面密度成正比。

对以上结论可作简要证明。如图 6-4 所示,在导体上电荷密度为 σ 的某一点处取面积元 ΔS,则在该面积元上的电量是
$$q = \sigma \Delta S,$$
以 ΔS 为横截面,作一柱形封闭面 S,柱的轴线与导体表面正交,它的上、下两个底面紧靠导体表面且与 ΔS 平行,上底面在导体表面之外,下底面在导体表面之内,由于导体内部场强为零,所以通过下底面的电通量为零。在侧面上,场强与侧面的法线垂直,所以通过侧面的电通量也为零。于是只有在上底面上场强与 ΔS 垂直(即与法线方向相同),通过上底面的电通量为 $E\Delta S$,这也就是通过柱形高斯面的总电通量。应用高斯定理,有
$$\oint_S \boldsymbol{E} \cdot \mathrm{d}\boldsymbol{S} = E\Delta S = \frac{\sigma \Delta S}{\varepsilon_0},$$
由此得
$$E = \frac{\sigma}{\varepsilon_0}, \quad \boldsymbol{E} = \frac{\sigma}{\varepsilon_0}\boldsymbol{n}. \tag{6-2}$$

(6-2)式表明,带电导体处于静电平衡时,导体表面附近处场强的方向与导体表面垂直,大小与该处电荷面密度成正比。

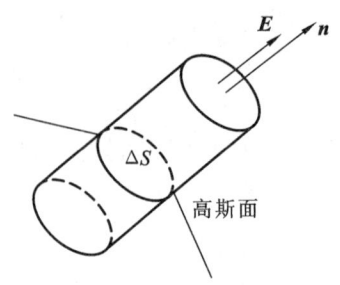

图 6-4 导体表面的电场

6.1.3 尖端放电

前面我们讲过,一个形状不规则的导体带电后,在表面曲率愈大处,电荷的面密度也愈大,而带电导体表面附近的场强又与电荷面密度成正比,因此,在导体表面曲率较大处,场强也较大。对于具有尖端的带电导体,在尖端处的场强就特别大。通常,空气中存在着少量的离子,但还不足以导电。可是在带电体尖端附近的强电场作用下,空气中少量离子会发生激烈的运动,而它们在激烈运动的过程中,与空气分子相碰,会使空气分子电离,从而产生大量的新离子。与尖端所带电荷符号相反的离子,会被吸引过来,与尖端上的电荷中和;与尖端所带电荷符号相同的离子,则会被排斥而从尖端跑开,形成"电风",这种现象称为尖端放电(又称尖端效应)。

在实际生产与日常生活中,尖端效应有利也有弊。应用尖端效应的一个典型例子就是安装在高大建筑物上的避雷针,它就是应用尖端放电的原理防止雷击对建筑物造成破坏。由于静电感应,地面上出现异号电荷,而这些电荷又集中地分布在一些较高的物体上,当电荷积累到一定程度时,就会发生火花放电,形成雷击现象。避雷针可以逐步把感应电荷放到空中去,不致使感应电荷积累过多而形成雷电,从而有效地保护了高大建筑物。

相反,有时尖端效应是需要避免的。例如在高压设备中,由于尖端放电在高压电线的周围会出现所谓"电晕"现象,即由于离子与空气分子碰撞时使空气分子处于激发状态产生的光辐射,会浪费电能。人们为了防止因尖端放电而引起的危险和电能的浪费,并保证能在高电势下正常工作,往往将电极等元件做成光滑的球形,导线表面则极光滑而又有较大曲率半径。

6.1.4 空腔导体的静电性质

空腔导体是指内部有空腔的导体。前面讨论的所有一般导体静电性质的结论,对于空腔导体都适用。但它自身还有一些特殊的性质,在理论与实际上都很有意义。下面简要介绍空腔导体的静电性质及其静电屏蔽现象。

1. 空腔导体的静电性质

在静电平衡时,空腔导体上电荷分布的特点(无论空腔外是否有带电体以及外表面上原来是否带有电荷）是：当空腔导体内无带电体时，空腔内表面上处处无净电荷，电荷只分布在外表面；当空腔导体内有带电体时，空腔内表面上带电，且电荷量与腔内电荷等量异号。

在静电平衡时，空腔导体内、外电势分布的特点是：当空腔导体不接地时，腔内电荷的大小对腔外电势有影响，腔外电荷位置与大小对腔内电势有影响；当空腔导体接地时，则腔内、外电荷的上述影响全部消除。

最后，在静电平衡时，空腔导体内、外电场分布的特点是：腔外电荷（包括外表面上的电荷以及腔外带电体的电荷）在空腔内产生的合场强处处为零；腔内电荷（包括内表面上的电荷以及腔内带电体的电荷）在空腔外产生的场强处处为零。

以上关于空腔导体静电性质的结论，都可以用高斯定理和环路定理等加以论证，此处从略。

2. 静电屏蔽

空腔导体静电性质在实际中有着重要的应用，即静电屏蔽。静电屏蔽现象是法拉第在1836年通过法拉第笼实验首先发现的。

空腔导体如果腔内没有净电荷，则在外电场中达到静电平衡状态时，剩余的电荷只能分布在外表面，导体内和空腔内任何一点处的场强都为零。因此，空腔内部的物体将不会受到任何外部电场的影响。即在静电平衡时，导体空腔内的电场不受腔外电荷与电场的影响，导体空腔的这种屏蔽外界电场的作用称为静电屏蔽现象。

根据前面讨论的空腔导体静电性质可发现，当空腔导体不接地时，静电屏蔽是不完全的、单向的，即此时腔内的电场不受腔外电荷与电场的影响，但腔外的电场要受到腔内电荷与电场的影响。只有当空腔导体接地时，静电屏蔽是完全的、双向的，此时腔内、外两个区域完全隔离、互不影响。

因此得出结论：导体空腔可以保护腔内区域，而接地导体空腔可以保护腔外区域（当然也可保护腔内区域）。静电屏蔽现象在实际中有着重要的应用。例如，等电势高压带电作业中，工作人员穿的均压服就是利用了静电屏蔽的原理；又例如，为了避免外界电场对设备（如某些精密的电磁测量仪器）的干扰，或者为了避免电器设备（如一些高压设备）的电场对外界的影响，一般都在这些设备的外围安装接地的金属外壳（网、罩）。传送弱信号的连接导线，为了避免外界的干扰，也往往在导线外面包一层用金属丝编织的屏蔽线层。

例 6-2 如图 6-5 所示，在内、外半径分别为 R_2 和 R_3 的导体球壳内，有一个半径为 R_1 的导体小球，小球与球壳同心，让小球与球壳分别带上电荷量 q 和 Q，试求：

(1) 小球的电势 U，球壳内、外表面的电势。

(2) 小球与球壳的电势差。

解 (1) 由问题的球对称性可知，小球表面上和球壳内、外表面上的电荷分布是均匀的，小球上的电荷 q 将在球壳的内、外表面上感应出 $-q$ 和 $+q$ 的电荷，而 Q 只能

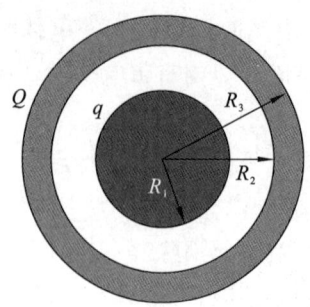

图 6-5 带电导体球壳

分布在球壳的外表面上,故球壳的外表面上的总电荷量为 $q+Q$。根据第 5 章例 5-6 的结果,由高斯定理

$$\oiint_S \boldsymbol{E} \cdot \mathrm{d}\boldsymbol{S} = \frac{q}{\varepsilon_0},$$

可知半径为 r,带电荷量为 q 的球面外的场强大小为

$$E = \frac{q}{4\pi\varepsilon_0 r^2},$$

可得空间中各个区域中的电场强度大小为

导体小球内部 $(r < R_1)$:$E_1 = 0$。

导体球壳与导体小球之间 $(R_1 < r < R_2)$:$E_2 = \dfrac{q}{4\pi\varepsilon_0 r^2}$。

导体球壳内部 $(R_2 < r < R_3)$:$E_3 = 0$。

导体球壳外部 $(r > R_3)$:$E_4 = \dfrac{q+Q}{4\pi\varepsilon_0 r^2}$。

再利用电势的定义式 $U_a = \dfrac{W_a}{q_0} = \int_a^\infty \boldsymbol{E} \cdot \mathrm{d}\boldsymbol{l}$,可得到小球和球壳内、外表面的电势分别为

$$U_{R_1} = \int_{R_1}^{R_2} E_2 \mathrm{d}r + \int_{R_2}^{R_3} E_3 \mathrm{d}r + \int_{R_3}^{\infty} E_4 \mathrm{d}r = \int_{R_1}^{R_2} \frac{q}{4\pi\varepsilon_0 r^2} \mathrm{d}r + \int_{R_2}^{R_3} 0 \cdot \mathrm{d}r + \int_{R_3}^{\infty} \frac{q+Q}{4\pi\varepsilon_0 r^2} \mathrm{d}r$$

$$= \frac{1}{4\pi\varepsilon_0}\left(\frac{q}{R_1} - \frac{q}{R_2} + \frac{q+Q}{R_3}\right),$$

$$U_{R_2} = \int_{R_2}^{R_3} E_3 \mathrm{d}r + \int_{R_3}^{\infty} E_4 \mathrm{d}r = \int_{R_2}^{R_3} 0 \cdot \mathrm{d}r + \int_{R_3}^{\infty} \frac{q+Q}{4\pi\varepsilon_0 r^2} \mathrm{d}r = \frac{q+Q}{4\pi\varepsilon_0 R_3},$$

$$U_{R_3} = \int_{R_3}^{\infty} E_4 \mathrm{d}r = \int_{R_3}^{\infty} \frac{q+Q}{4\pi\varepsilon_0 r^2} \mathrm{d}r = \frac{q+Q}{4\pi\varepsilon_0 R_3}。$$

结果显示,球壳内、外表面的电势相等,这个结论是显然的。

(2) 由电势差的定义式,可得小球和球壳之间的电势差为

$$U_{R_1} - U_{R_2} = \int_{R_1}^{R_2} \boldsymbol{E} \cdot \mathrm{d}\boldsymbol{l} = \frac{q}{4\pi\varepsilon_0}\left(\frac{1}{R_1} - \frac{1}{R_2}\right),$$

注意,若外球壳接地,则球壳外表面上的电荷消失,不难计算出两球的电势差仍为

$$U_{R_1} - U_{R_2} = \frac{q}{4\pi\varepsilon_0}\left(\frac{1}{R_1} - \frac{1}{R_2}\right),$$

即不管外球壳接地与否，两球的电势差恒保持不变。而且，当 q 为正值时，小球的电势高于球壳的电势；当 q 为负值时，小球的电势低于球壳的电势。

例 6-3 如图 6-6 所示，三个面积均为 S 且靠得很近的导体平板 A,B,C，分别带电 Q_A,Q_B,Q_C。试求：

(1) 六个导体表面的电荷面密度 $\sigma_1,\sigma_2,\sigma_3,\sigma_4,\sigma_5,\sigma_6$。

(2) 导体平板之间 a,b 两点的电场强度 E_a,E_b 的大小。

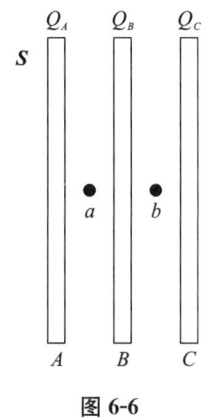

图 6-6

解 依题意，由于三导体平板靠得很近，忽略边缘效应，六个导体表面可近似视为无限大均匀带电平面，导体表面电荷分布是均匀的，板间电场为均匀电场，方向垂直于导体表面。

本题可设水平向右为 x 轴正方向，并运用第 5 章中由高斯定理计算得到的无限大均匀带电平面周围场强的结论(即 $E = \dfrac{\sigma}{2\varepsilon_0}$)和场的叠加原理求解。

(1) 如图 6-7 所示，在三导体平板内分别取 P_1,P_2,P_3 三点，因为导体内场强处处为零，则有

$$E_{P_1} = \frac{1}{2\varepsilon_0}\sum_{i=1}^{6}\sigma_i = \frac{1}{2\varepsilon_0}(\sigma_1 - \sigma_2 - \sigma_3 - \sigma_4 - \sigma_5 - \sigma_6) = 0,$$

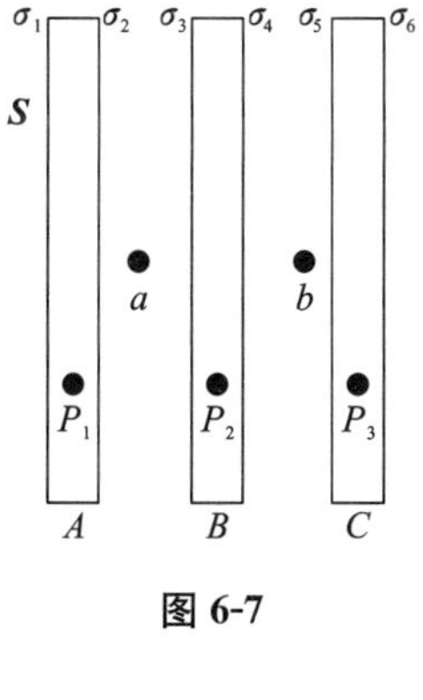

图 6-7

同理

$$E_{P_2} = \frac{1}{2\varepsilon_0}\sum_{i=1}^{6}\sigma_i = \frac{1}{2\varepsilon_0}(\sigma_1+\sigma_2+\sigma_3-\sigma_4-\sigma_5-\sigma_6) = 0,$$

$$E_{P_3} = \frac{1}{2\varepsilon_0}\sum_{i=1}^{6}\sigma_i = \frac{1}{2\varepsilon_0}(\sigma_1+\sigma_2+\sigma_3+\sigma_4+\sigma_5-\sigma_6) = 0。$$

再由电荷守恒定律,可知

$$\sigma_1 S + \sigma_2 S = Q_A,$$
$$\sigma_3 S + \sigma_4 S = Q_B,$$
$$\sigma_5 S + \sigma_6 S = Q_C。$$

将上面六式联立求解,可得六个导体表面的电荷面密度为

$$\sigma_1 = \sigma_6 = \frac{Q_A+Q_B+Q_C}{2S},$$

$$\sigma_2 = -\sigma_3 = \frac{Q_A-Q_B-Q_C}{2S},$$

$$\sigma_4 = -\sigma_5 = \frac{Q_A+Q_B-Q_C}{2S}。$$

(2) 如图 6-7 所示,导体平板间 a 点的电场强度大小 E_a 为

$$E_a = \frac{1}{2\varepsilon_0}\sum_{i=1}^{6}\sigma_i = \frac{1}{2\varepsilon_0}(\sigma_1+\sigma_2-\sigma_3-\sigma_4-\sigma_5-\sigma_6)$$
$$= \frac{1}{2\varepsilon_0}(\sigma_2-\sigma_3) = \frac{\sigma_2}{\varepsilon_0} = \frac{Q_A-Q_B-Q_C}{2\varepsilon_0 S},$$

同理可得 b 点的电场强度大小 E_b 为

$$E_b = \frac{1}{2\varepsilon_0}\sum_{i=1}^{6}\sigma_i = \frac{1}{2\varepsilon_0}(\sigma_1+\sigma_2+\sigma_3+\sigma_4-\sigma_5-\sigma_6)$$
$$= \frac{1}{2\varepsilon_0}(\sigma_4-\sigma_5) = \frac{\sigma_4}{\varepsilon_0} = \frac{Q_A+Q_B-Q_C}{2\varepsilon_0 S}。$$

6.2 电容和电容器

电容是导体和导体组的一个重要性质。下面我们先讨论孤立导体的电容,再讨论电容器的电容。

6.2.1 电容 孤立导体电容

1. 电容

处于带电状态的导体,就像一个存储电荷的容器,具有容纳电荷的本领。电容就是反映导体这种性质的重要物理量,反映了导体的客观储电本领(储蓄电荷的能力)。

2. 孤立导体电容

当一个孤立导体带电荷为 q 时,导体本身具有确定的电势 U。要使大小、形状不

同的导体带同等的电荷 q,它们的电势将各不相同;要使大小、形状不同的导体具有相同的电势,必须给它们带上不同的电量。这说明在电荷量与电势的关系上,不同的导体有不同的性质,有必要找到一个物理量来加以描述。

理论和实验都表明,同一孤立导体所带电荷量 q 与相应电势 U 之间成正比,其比值 $\frac{q}{U}$ 是仅与导体的几何形状和大小有关的物理量,用符号 C 表示,称为孤立导体的电容,即

$$C = \frac{q}{U}。 \tag{6-3}$$

真空中孤立导体的电容是一恒量,仅取决于导体的形状和大小,而与导体是否带电无关,它在量值上等于使孤立导体的电势升高单位电势时所需的电荷量。它是反映孤立导体储蓄电荷能力的物理量。

在国际单位制(SI)中,电容的单位为库·伏$^{-1}$,称为法拉(F),$1\text{ F} = 1\text{ C/V}$。法拉的单位太大,常用微法($\mu$F)或皮法(pF)。换算关系为

$$1\,\mu\text{F} = 10^{-6}\text{ F}, \quad 1\text{ pF} = 10^{-12}\text{ F}。$$

对于一个置于真空中的、半径为 R 的孤立球形导体而言,其电容为

$$C = \frac{q}{U} = \frac{q}{\dfrac{q}{4\pi\varepsilon_0 R}} = 4\pi\varepsilon_0 R, \tag{6-4}$$

即真空中孤立球形导体的电容正比于球的半径。请大家计算地球的电容量。

6.2.2 电容器

孤立导体作为提供电容的元器件是没有实际意义的,因为孤立导体的电容受周围导体的影响,同时,即使是体型巨大的孤立导体,其电容也非常小,无法满足实际的需要。因此在实际中,一般用导体组(电容器)来实现电荷的储存。

电容器是一种其电容不受周围导体影响的导体组,是电工与无线电技术中的重要元器件之一。电容器作为一个储存电荷和电能的元件,被广泛应用于各种电路之中。在实际应用中,电容器的设计原理一般有两条,即

(1) 其电容要求基本不受周围其他导体影响。

(2) 应该有不大的体积而具有较大的电容。

当导体的周围有其他导体存在时,该导体的电势不仅与它自己所带的电量有关,还取决于其他导体的位置和形状。要消除其他导体的影响,可应用静电屏蔽的原理,设计制作一个由两个导体(称为极板)构成的导体组。当电容器的两极板分别带有等量异号电荷 $\pm q$ 时,定义电荷量 q 与两极板间电势差 $U_A - U_B$ 的比值为电容器的电容,即

$$C = \frac{q}{U_A - U_B}, \tag{6-5}$$

不难看出，孤立导体实际上仍可认为是电容器的一种特殊情形，即可视为有一个导体（极板）在无限远处，且电势为零。

电容器电容的大小取决于两极板的形状、大小、相对位置以及将要介绍的极板间电介质的介电系数，增大电容的方法主要是依靠缩小两极板之间的距离。

6.2.3 几种常用电容器及其电容的计算

电容器的电容一般通过实验测定，对于特殊形状的电容器而言，则可由理论计算得到。下面我们就根据电容的定义，计算几种常用的电容器的电容。

1. 平板电容器的电容

平板电容器由大小相同的两平行极板组成，它是最常见的电容器。如图 6-8 所示，设每个极板的面积都为 S，两板内表面之间的距离为 d，并设板面的线度远大于两板内表面之间的距离（即不计边缘效应，电场视为均匀场）。

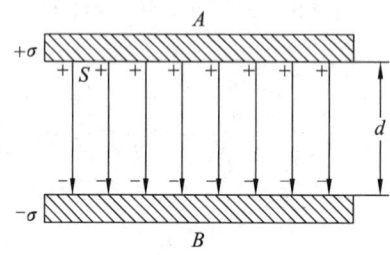

图 6-8 平行板电容器

若设 A 板带正电，B 板带等电量的负电。由于板面很大，两板之间的距离又很小，所以除板的边缘部分外，A 和 B 两板的内表面可以认为是均匀带电的，则电荷面密度 σ 和 $-\sigma$ 都是常量。两极板间匀强电场的场强大小为

$$E = \frac{\sigma}{\varepsilon_0} = \frac{q}{\varepsilon_0 S},$$

式中，$q = \sigma S$ 为任一极板内表面所带电荷量的绝对值。两极板间的电势差大小为

$$U_A - U_B = Ed = \frac{\sigma}{\varepsilon_0}d = \frac{qd}{\varepsilon_0 S},$$

根据电容的定义，即可得平板电容器的电容为

$$C = \frac{q}{U_A - U_B} = \frac{\varepsilon_0 S}{d}.$$

上式表明，平板电容器的电容与极板面积 S 成正比，与两极板间的距离 d 成反比。匀强电场的条件决定于板面线度与两板之间距离之比。当板面线度远大于两极板之间的距离时，平板电容器的电容基本不受外界影响；而且，当两极之间的距离足够小时，使用较小的板面，就可获得较大的电容。

2. 圆柱形电容器的电容

圆柱形电容器由两个同轴的圆柱面导体(极板)构成。如图 6-9 所示,设圆柱面极板的半径分别为 R_A 和 R_B,长度为 L,又设极板的长度 L 比两个极板间的距离($R_B - R_A$)要大得多,则两端的边缘效应可以略去不计。当内、外两极板带电时,电荷都是均匀分布的。这时,两个圆柱面之间的电场具有轴对称性,而且在很大程度上不受外界的影响。

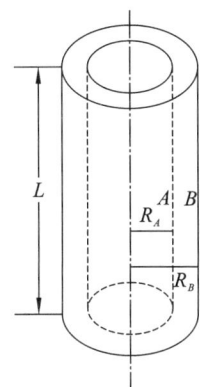

图 6-9 圆柱形电容器

我们设内、外极板分别带有电荷量 $+q, -q$。因为电荷是均匀分布的,所以 $q = \lambda l$(λ 为每单位长度上的电荷,即电荷线密度)。

在两个圆柱面极板之间,离开圆柱轴线的距离为 r 处的场强为

$$E = \frac{\lambda}{2\pi\varepsilon_0 r},$$

由电势差的定义式

$$U_A - U_B = \int_A^B \boldsymbol{E} \cdot \mathrm{d}\boldsymbol{r} = \int_A^B E \mathrm{d}r,$$

由此求得电容为

$$C = \frac{q}{U_A - U_B} = \frac{\lambda l}{U_A - U_B} = \frac{2\pi\varepsilon_0 l}{\ln\dfrac{R_B}{R_A}}。$$

注意,这一结果与外圆柱面导体是否接地并无关系。

3. 球形电容器的电容

球形电容器是由两个同心导体球壳组成的。如图 6-10 所示,设球壳的半径分别为 R_A 和 R_B。又设内球带电荷 $+q$ 均匀地分布在内球壳的外表面上,同时,在外球壳的内、外两个表面上的感应电荷 $-q$ 和 $+q$ 也都是均匀分布的。

外球壳的外表面上的正电荷 q 可用接地法移去(实际上,外球壳是否接地与以下

所推出的电容公式并无关系)。两球壳之间的电场具有球对称性，与单独由带电荷 q 的内球产生的电场强度完全相同，即有

$$E = \frac{q}{4\pi\varepsilon_0 r^2},$$

式中，r 是从球心到场强为 E 的某一场点的距离，E 的方向沿径向由 A 指向 B。再由电势差的定义求得两极板间的电势差

$$U_A - U_B = \int_A^B \boldsymbol{E} \cdot \mathrm{d}\boldsymbol{r} = \int_A^B E\,\mathrm{d}r$$

$$= \int_{R_A}^{R_B} \frac{q}{4\pi\varepsilon_0 r^2}\mathrm{d}r = \frac{q}{4\pi\varepsilon_0}\left(\frac{1}{R_A} - \frac{1}{R_B}\right),$$

根据电容的定义式可得

$$C = \frac{q}{U_A - U_B} = \frac{q}{\frac{q}{4\pi\varepsilon_0}\left(\frac{1}{R_A} - \frac{1}{R_B}\right)} = \frac{4\pi\varepsilon_0 R_A R_B}{R_B - R_A}。$$

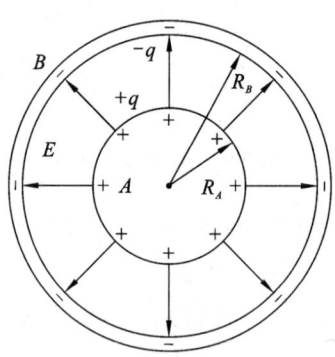

图 6-10 球形电容器

讨论：若两球壳之间的距离 d 很小，而 R_A 和 R_B 相对说来都很大，这时 $d = R_B - R_A \ll R_A$，设 $R_A \approx R_B = R$，可得到电容为 $C = \dfrac{4\pi\varepsilon_0 R^2}{d}$，将球壳的面积 $S = 4\pi R^2$ 代入，得

$$C = \frac{\varepsilon_0 S}{d},$$

此即平板电容器电容的公式。

若 $R_B \gg R_A$，这时前面结论表达式中的分母中可略去 R_A，得

$$C = \frac{4\pi\varepsilon_0 R_A R_B}{R_B} = 4\pi\varepsilon_0 R_A,$$

即得到半径为 R_A 的孤立导体的电容。

通过对上面几个常见电容器电容的具体分析，我们可以将计算电容器电容的一般步骤归纳如下：

(1) 先假设电容器两极板分别带电荷 ±q。
(2) 计算两极板间的电场强度分布。
(3) 由电场强度分布求出两极板间的电势差。
(4) 由电容的定义式计算并得到电容 C 值。

在生产和科研中实际使用的电容器种类繁多,外形也各不相同,但它们的基本结构是一样的。每个电容器的成品,除了标明型号外,还标有两个重要的性能指标:电容和耐压。例如,100 μF—250 V,其中,100 μF 表示电容量的大小,250 V 则表示电容器的耐压。在使用时要特别注意电容器两极板上所加的电压不能超过所标明的耐压值,否则会使得电容两极间的电介质被击穿,电容器遭到损坏。

6.2.4 电容器的连接

在实际应用中,当电容器的容量不适合,或电容器的耐压不够高时,常常需要将若干个电容器适当地连接起来以适应实际的需要。连接电容器的基本方法有串联和并联两种。

1. 串联

电容器串联的特点是:每个电容器都带有相等的电荷量,电压与电容成反比地分配到各个电容器上。几个电容器串联后的等效电容为

$$C = \frac{1}{\frac{1}{C_1} + \frac{1}{C_2} + \cdots + \frac{1}{C_n}}, \tag{6-6}$$

电容器串联使得总电容量减小,但耐压能力提高。

2. 并联

电容器并联的特点是:加在每个电容器上的电压相等,电量与电容成正比地分配到各个电容器上。几个电容器并联后的等效电容为

$$C = C_1 + C_2 + \cdots + C_n, \tag{6-7}$$

电容器并联可以加大总的电容量。

要注意的是,多个电容器串联或并联后使用时,每个电容器两端的电势差不能超过该电容所标明的耐压值。实际应用中,往往根据不同情况,采取多个电容的串、并混合连接来满足各种需求。

6.3 静电场中的电介质

本节主要讨论静电场与各向同性电介质相互作用的规律(即电介质极化的规律)。各向同性在这里的意思是特指电介质朝各个方向极化的难易程度一样。

6.3.1 电介质的极化

1. 电介质电偶极子

电介质与导体的根本差异在于导体内部存在大量可以自由移动的电荷(在金属

导体中即是电子),而电介质中则几乎没有自由电子。电介质分子中的电子被原子核紧紧束缚在周围,即使在外电场作用下,电子也只能相对原子核做微小的移动,而不能像导体中的自由电子那样脱离所属原子做宏观运动。因而电介质在宏观上几乎没有自由电荷,不能导电。就此意义而言,也可认为除导体外,凡处在电场之中能与电场发生相互作用的物质都可称为电介质(又称绝缘体)。气体、油类、纯水、玻璃、云母、塑料、陶瓷、橡胶等都是常见的电介质。

实验表明,电介质在外电场中要产生极化,即在电场作用下介质内部或表面上出现正、负电荷的现象。在极化中出现的电荷称为极化电荷(束缚电荷),它同样可以激发电场。由于极化电荷的数量不大,它激发的电场在电介质内部不能完全抵消外电场,于是在电介质内部的合场强不为零,这导致电介质的问题比导体的问题要复杂(大家应该记得,在静电感应现象中,导体内部的场强是处处为零的)。

分析电介质置于外电场中产生极化(电介质与外电场的相互作用)的原因和机制,需要考察电介质的电结构。电介质的每个分子都是由带负电的电子和带正电的原子核组成。一般而言,正、负电荷在分子中都不集中在一点。在远比分子线度大的距离处,分子中全部负电荷的影响将与一个单独的负电荷等效,这个等效负电荷的位置,称为这个分子的负电荷中心。同理,每个分子的全部正电荷也有一个相应的正电荷中心。如果分子的正、负电荷中心不重合,这样一对距离极近的等量异号的正、负点电荷称为分子的等效电偶极子。

我们知道,反映电偶极子性质的特征量是电偶极矩(电矩)。因此,在研究电介质极化的问题时,一般将电介质的分子看成等效电偶极子,等效电偶极子的电矩则是研究电介质电性质的出发点(即基本单元)。

电介质分子一般分成两类:

(1) 无极分子。在这类电介质中,当外电场不存在时,分子的正、负电荷中心是重合的,其固有电矩为零,这类电介质称为无极分子电介质。

(2) 有极分子。在这类电介质中,当外电场不存在时,分子的正、负电荷中心不相重合,其固有电矩不为零,这种电介质称为有极分子电介质。

这两类电介质在外场中都要发生极化,但它们极化的微观机制与过程是不相同的。

2. 电介质的极化(位移极化和取向极化)

(1) 位移极化(无极分子电介质)。由无极分子组成的电介质,如 H_2,N_2,CH_4 等气体,在外电场作用下,分子的正、负中心将发生微小的相对位移,形成电偶极子。这些电偶极子的方向都沿着外电场的方向,因此在和外电场垂直的电介质两个表面上,分别出现正电荷和负电荷,如图 6-11 所示。这些电荷是和介质分子连在一起的,不能在电介质中自由移动,也不能脱离电介质而独立存在,故称为束缚电荷(极化电荷)。

由无极分子中正、负电荷中心相对位移而引起的这种极化称为位移极化。

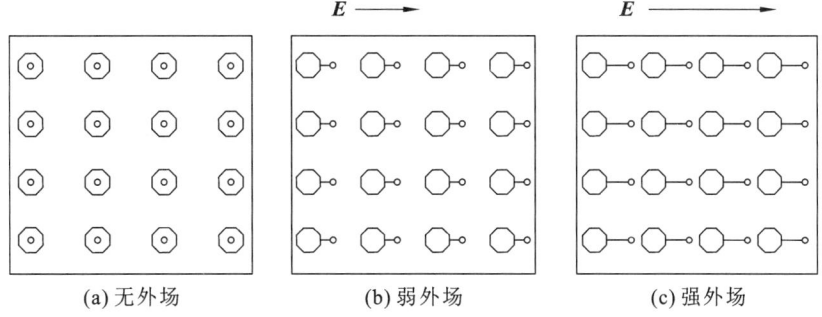

图 6-11　无极分子介质的极化

（2）取向极化（有极分子电介质）。由有极分子组成的电介质，如 SO_2，H_2S，NH_3，有机酸等，虽然每个分子都有一个不为零的等效电矩，但在没有外电场时，由于热运动，分子电矩的排列是杂乱无章的，因而对整个电介质而言，所有分子的电矩的矢量和为零，对外不产生电场。当这种有极分子电介质处在外电场中时，每个分子都将受到力矩的作用，使分子电矩有转向外电场方向的趋势，如图 6-12 所示。

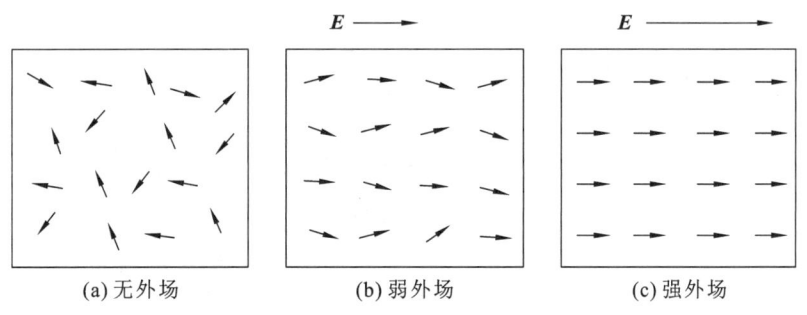

图 6-12　无极分子介质的极化

外电场越强，分子偶极子的排列也越整齐，在宏观上，电介质表面出现的束缚电荷就愈多，电极化的程度也越高。当然，由于分子的无规则热运动，这种转向是部分的，不可能使所有分子全都整整齐齐地按外电场的方向排列。由有极分子电介质的等效电偶极子转向外电场引起的极化称为取向极化（转向极化）。

一般来说，在电介质的极化过程中，这两种极化是可以同时存在的。

虽然这两类电介质极化产生的微观机制不同，但其宏观结果（即在电介质中出现束缚电荷）却是一样的。因此，在对电介质的极化作用宏观描述时，就没有区别两种极化的必要。

3. 极化强度矢量

为了从宏观上定量描述电介质的极化状态（程度与方向），我们引入一个宏观的矢量——极化强度矢量 $\boldsymbol{P}$。

在电介质内,取任一小体积元 ΔV,当无外电场时,该小体积元内所有分子电矩的矢量和 $\sum \boldsymbol{p}_i$ 等于零;但当加有外电场时,由于电介质的极化,$\sum \boldsymbol{p}_i$ 将不等于零。我们取单位体积内分子电矩的矢量和,即

$$\boldsymbol{P} = \frac{\sum \boldsymbol{p}_i}{\Delta V} \tag{6-8}$$

定义为电极化强度矢量(简称极化强度)。式中,$\boldsymbol{p}_i = q_i \boldsymbol{l}$,是 ΔV 中每个分子的电矩。

电极化强度矢量 $\boldsymbol{P}$ 是描述极化状态(程度和方向)的宏观矢量,是矢量点函数。当 $\boldsymbol{P}$ 等于常矢量时,称电介质被均匀极化;当 $\boldsymbol{P}$ 不等于常矢量时,则是非均匀极化。在电介质被均匀极化时,极化电荷只出现在介质的表面,介质内不出现极化电荷(即极化电荷只有面分布,而没有体分布)。

在导体中和真空中无极化电荷,故有 $\boldsymbol{P}_{真空} = 0$,$\boldsymbol{P}_{导体} = 0$。

在国际单位制(SI)中,电极化强度矢量 $\boldsymbol{P}$ 的单位是库仑/米^2。

4. 极化电荷

这里,我们仅讨论电介质均匀极化的情况。电介质极化时,描述电介质极化状态的电极化强度矢量 $\boldsymbol{P}$ 越大(极化程度越高),则在电介质表面上的束缚电荷面密度 σ' 也会越大。因此,$\boldsymbol{P}$ 与 σ' 之间应该是有联系的。为了进一步讨论电介质中的场的问题,找出 $\boldsymbol{P}$ 与 σ' 之间的定量关系是有必要的。

我们从一个简单的特例来分析两者之间的关系,并不加证明地推广到一般情况。设有一小块圆柱状的、均匀各向同性的电介质(圆柱长为 l,端面的面积为 S)在外电场中被向右均匀极化,如图 6-13 所示,其每个分子的等效电矩都按外电场方向排列,且首尾相接。可见,在电介质内部,相邻分子的正、负电荷相互抵消,极化体电荷为零,而在介质的两个端面上,由于最外层分子(即电偶极子)的正、负电荷无法抵消,就出现了极化面电荷。

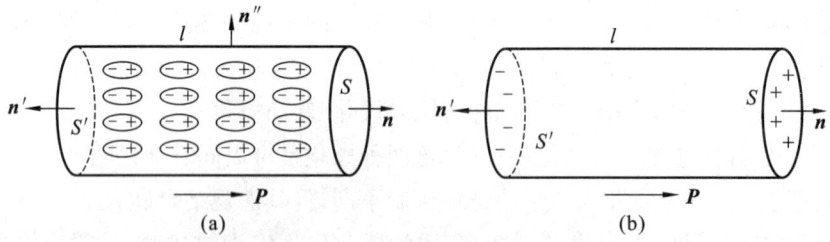

图 6-13

由于是均匀极化,介质内各点的电极化强度矢量 $\boldsymbol{P}$ 是相同的。圆柱体的体积 ΔV 等于圆柱端面的面积 S 和柱长 l 的乘积,总的电矩等于面电荷(端面上的面电荷)乘以柱长 l,而面电荷则等于面电荷密度 σ' 乘以端面的面积 S。于是,根据 $\boldsymbol{P}$ 的定义,

可得
$$P = \frac{\sum p_i}{\Delta V} = \frac{(\sigma' S)l}{Sl}n,$$
于是得到 P 和 σ' 之间的关系
$$P = \sigma' n, \tag{6-9}$$
式中，n 是圆柱端面 S 上，由电介质向外的法线方向上的单位矢量。(6-9)式表明，电极化强度的大小等于极化产生的束缚电荷面密度。(6-9)式也可变形并改写为
$$\sigma' = P \cdot n = P_n。 \tag{6-10}$$
如图 6-12(a)所示，对于圆柱的左端面 S'，由于面上的 P 和法线 n' 反向，则有 $\sigma' = P \cdot n' = -P < 0$。

对于圆柱的侧面，由于面上的 P 和法线 n'' 垂直，则有 $\sigma' = P \cdot n'' = 0$（侧面无极化电荷分布）。

(6-9)式和(6-10)式虽然是从一个特例推导出来的，但可以证明是普遍成立的。在一般情况下，有
$$\sigma' = P \cdot n = P\cos\theta = P_n。$$

6.3.2 电介质中的场方程（高斯定理与环路定理）

在真空中，我们已经讨论过静电场满足的两个场方程（高斯定理和环路定理），而在电介质中场的情况则比较复杂，下面就简要讨论电介质中的场的性质。

1. 电介质中的电场

当电介质置于外电场中时产生极化，在介质表面会出现极化电荷，这些极化电荷同样会激发电场。因此，在电介质的内部，总的电场为
$$E = E_0 + E',$$
式中，E_0 是自由电荷激发的电场，E' 是极化电荷激发的电场，它们是相互作用与相互制约的。

2. 极化规律

实验证明，对于各向同性的电介质（极化的难易程度在各个方向上都一样的介质），电极化强度 P 与电介质内的合场强 E 成正比，即
$$P = \chi_e \varepsilon_0 E, \tag{6-11}$$
此式称为各向同性电介质的极化规律，它反映了 P 与 E 之间的定量关系。

注意，式中 χ_e 是与电介质性质有关的比例系数，称为电极化率。χ_e 是一个无量纲的大于零的纯数。不同的电介质，有不同的 χ_e 值，由介质材料本身的性质决定，与外界电场无关。介质中各点的 χ_e 值为常数（均相同）的电介质，称为均匀电介质。

3. 电介质中的场方程

(1) 电介质中的环路定理。

无论是自由电荷还是极化电荷，它们都按照相同的规律激发电场，因此，在电介

质中的电场 $\boldsymbol{E} = \boldsymbol{E}_0 + \boldsymbol{E}'$ 仍然是保守力场，做功与路径无关。电介质中的环路定理则写为

$$\oint_L \boldsymbol{E} \cdot \mathrm{d}\boldsymbol{l} = 0, \tag{6-12}$$

此式与真空中的环路定理形式上是一样的，但注意式中的 $\boldsymbol{E} = \boldsymbol{E}_0 + \boldsymbol{E}'$，是自由电荷和极化电荷激发的电场叠加得到的和场强。(6-12)式说明，在电介质中的静电场仍然是保守力场(无旋场)。

(2) 电介质中的高斯定理。

电介质中的高斯定理与真空中的高斯定理的形式是否也一样呢？我们仍以均匀电场(平板电容器)中充满各向同性的均匀电介质为例来分析讨论。在如图 6-14 所示的电场中，取一闭合的柱面 S 作为高斯面，高斯面的两端面与极板平行，其中一端面在电介质内，端面的面积为 ΔS。设极板上自由电荷面密度为 σ_0，电介质表面上束缚电荷面密度为 σ'。

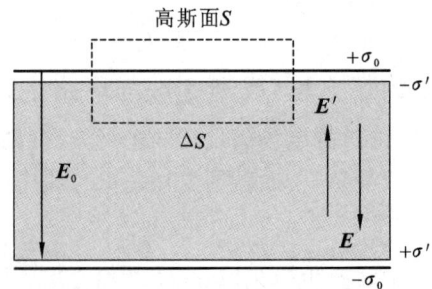

图 6-14 电介质中的高斯定理

对此高斯面 S 来说，由高斯定理，有

$$\oint_S \boldsymbol{E} \cdot \mathrm{d}\boldsymbol{S} = \frac{1}{\varepsilon_0}(q_0 + q'), \tag{6-13}$$

式中，$q_0 = \sigma_0 \Delta S$ (为高斯面内所包围的自由电荷)；$q' = \sigma' \Delta S$ (为高斯面内所包围的极化电荷)。

从(6-13)式可看出，介质中的总的场强分布与束缚电荷的分布有关。而束缚电荷的分布是很复杂的，要计算束缚电荷 q' 很困难。为克服这一困难，需要引入新的物理量，变形与简化方程，使方程中不显含束缚电荷 q'，从而简化计算。

我们现在来考虑电极化强度 $\boldsymbol{P}$ 对整个高斯面的面积分，即 $\oint_S \boldsymbol{P} \cdot \mathrm{d}\boldsymbol{S}$。由于只有在电介质内 $\boldsymbol{P}$ 才不为零，且在此情形中，电介质的端面上的 $\boldsymbol{P}$ 与端面垂直，故有

$$\oint_S \boldsymbol{P} \cdot \mathrm{d}\boldsymbol{S} = \iint_{\Delta S} \boldsymbol{P} \cdot \mathrm{d}\boldsymbol{S} = \iint_{\Delta S} \sigma' \mathrm{d}S = \sigma' \Delta S = q',$$

所以

$$\oiint_S \boldsymbol{E} \cdot \mathrm{d}\boldsymbol{S} = \frac{1}{\varepsilon_0} q_0 - \oiint_S \frac{1}{\varepsilon_0} \boldsymbol{P} \cdot \mathrm{d}\boldsymbol{S},$$

整理可得

$$\oiint_S \left(\boldsymbol{E} + \frac{1}{\varepsilon_0} \boldsymbol{P}\right) \cdot \mathrm{d}\boldsymbol{S} = \frac{1}{\varepsilon_0} q_0,$$

即

$$\oiint_S (\varepsilon_0 \boldsymbol{E} + \boldsymbol{P}) \cdot \mathrm{d}\boldsymbol{S} = q_0。$$

于是,引入一个新的辅助物理量——电位移矢量 $\boldsymbol{D}$

$$\boldsymbol{D} = \varepsilon_0 \boldsymbol{E} + \boldsymbol{P}, \tag{6-14}$$

则可得到

$$\oiint_S \boldsymbol{D} \cdot \mathrm{d}\boldsymbol{S} = q_0,$$

式中,$\oiint_S \boldsymbol{D} \cdot \mathrm{d}\boldsymbol{S}$ 称为通过高斯面 S 的电位移通量。这个结论虽然是从平板电容器中得出的,但是可以证明,在一般情况下它也是正确的。故在一般情况下,电介质中的高斯定理可叙述为:在任何电场中,通过任意一个闭合曲面的电位移通量等于该曲面内所包围的所有自由电荷的代数和,其数学表达式可以写为

$$\oiint_S \boldsymbol{D} \cdot \mathrm{d}\boldsymbol{S} = \sum_{S内} q, \tag{6-15}$$

对于各向同性的电介质,由极化规律 $\boldsymbol{P} = \chi_e \varepsilon_0 \boldsymbol{E}$,代入(6-13)式可得

$$\boldsymbol{D} = \varepsilon_0 \boldsymbol{E} + \boldsymbol{P} = \varepsilon_0 \boldsymbol{E} + \chi_e \varepsilon_0 \boldsymbol{E} = \varepsilon_0 (1 + \chi_e) \boldsymbol{E}。$$

令 $\varepsilon_r = 1 + \chi_e$,$\varepsilon = \varepsilon_r \varepsilon_0$。$\varepsilon_r$ 称为电介质的相对介电常数,ε 称为介质的绝对介电常数(简称介电常数),ε_0 则是真空的介电常数。ε 和 ε_r 都是表征电介质性质的,由电介质本身决定。ε_r 无量纲,是一个大于1的纯数。由此可得

$$\boldsymbol{D} = \varepsilon \boldsymbol{E}, \tag{6-16}$$

(6-16)式称为各向同性电介质的电磁性能方程(又称电介质的物质方程)。

利用介质中的高斯定理,可以方便地求解充满均匀电介质的电场问题。当已知自由电荷的分布时,可先由高斯定理求得介质中的电位移 $\boldsymbol{D}$,再由物质方程(6-16)求出电介质中的场强 $\boldsymbol{E}$。但要注意,$\boldsymbol{D}$ 只是一个辅助物理量,利用它来描述电介质中电场时,可以使问题简化。但描写电场性质的物理量仍是电场强度 $\boldsymbol{E}$ 和电势 U。若将一个检验电荷 q_0 放到电场中去,决定它的受力的是场强 $\boldsymbol{E}$,而不是电位移 $\boldsymbol{D}$。在国际单位制(SI)中,$\boldsymbol{D}$ 的单位是库仑·米$^{-2}$(C·m^{-2}),与电极化强度 $\boldsymbol{P}$ 的单位相同。

由以上讨论可知,真空中场强大小为 E_0,电势为 U_0,若充满相对介电常数为 ε_r 的电介质时,电介质中的场强和电势的大小削弱为真空中的 $1/\varepsilon_r$,即

$$E = \frac{E_0}{\varepsilon_r}, \quad U = \frac{U_0}{\varepsilon_r},$$

由电容的定义式可知,充满了电介质的电容为真空中的 ε_r 倍,即
$$C = \varepsilon_r C_0,$$
相应地,电介质中库仑定律的数学形式(标量式)为
$$F = \frac{1}{4\pi\varepsilon}\frac{q_1 q_2}{r^2}。$$

(6-12)式和(6-15)式说明,电介质中的静电场仍然是有源无旋(保守力)场。

例 6-4 平板电容器充电后去掉电源,此时上板的电荷密度为 σ_0,现插入一个介质板,占两极间的一部分空间,其余空间则为空气,试分别求空气和电介质中的 D, E 和 P。

解 此题中极板上的电荷分布均匀,电场是均匀场,场的方向垂直向下。可以考虑用高斯定理解题。相关参数如图 6-15 所示。

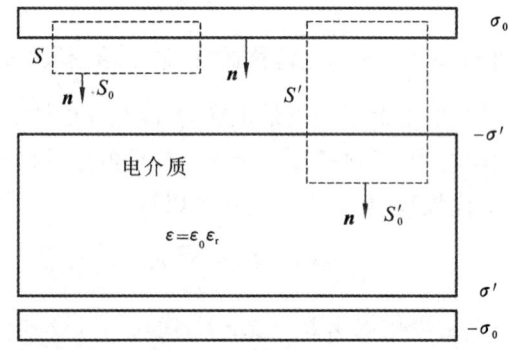

图 6-15

(1) 先求空气中的 D, E 和 P。作高斯面 S,则由高斯定理,有
$$\oint_S \boldsymbol{D} \cdot d\boldsymbol{S} = \sigma_0 S_0,$$
由此得
$$DdS = \sigma_0 S_0,$$
于是得到
$$D = \sigma_0,$$
或写成矢量式
$$\boldsymbol{D}_空 = \sigma_0 \cdot \boldsymbol{n},$$
则有
$$\boldsymbol{E}_空 = \frac{\boldsymbol{D}}{\varepsilon_0} = \frac{\sigma_0}{\varepsilon_0}\boldsymbol{n},$$
$$\boldsymbol{P}_空 = x_e \varepsilon_0 \boldsymbol{E}_空 = 0(因为在空气中:x_e = \varepsilon_r - 1 = 0)。$$

(2) 求介质中的 D, E 和 P。同理,作高斯面 S',则由高斯定理,有
$$\oint_S \boldsymbol{D} \cdot d\boldsymbol{S}' = \sigma_0 S_0',$$

由此得
$$D dS' = \sigma_0 S'_0,$$
于是得
$$D = \sigma_0 \quad \text{或} \quad D_{\text{介}} = \sigma_0 \cdot n,$$
则有
$$E_{\text{介}} = \frac{D}{\varepsilon} = \frac{\sigma_0}{\varepsilon} n = \frac{\sigma_0}{\varepsilon_0 \varepsilon_r} n = \frac{1}{\varepsilon_r}\left(\frac{\sigma_0}{\varepsilon_0} n\right) = \frac{1}{\varepsilon_r} E_{\text{空}},$$
$$P_{\text{介}} = x_e \varepsilon_0 E_{\text{介}} = (\varepsilon_r - 1)\varepsilon_0 E_{\text{介}} = \left(1 - \frac{1}{\varepsilon_r}\right)\sigma_0 n = \sigma \cdot n。$$

注意，在空气中和介质中的 D 是相同的（值是连续的），但介质中与空气中的 E 则不同：
$$E_{\text{介}} = \frac{1}{\varepsilon_r} \cdot E_{\text{空}}。$$

例 6-5 如图 6-16 所示，设有一电介质球体，其半径为 R，均匀带电 q，球体的介电常数为 ε_r，球外电介质的介电常数为 ε_2。试计算：(1) 球内任意点 P_1 处的场强。(2) 球外任意点 P_2 处的场强。

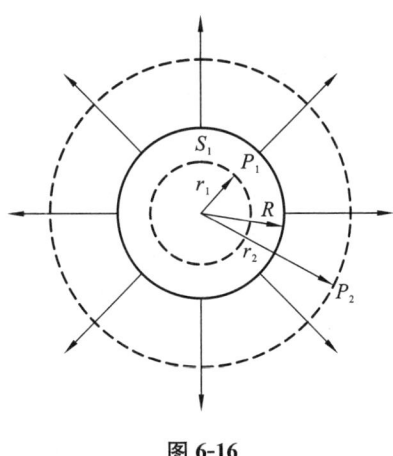

图 6-16

解 (1) 先研究球内 P_1 处的情况。通过 P_1 点作半径为 r_1 的同心球面 $S_1(r_1 < R)$ 作为高斯面，由于球对称关系，S_1 上各点的电位移矢量应与球面垂直且大小相同，设为 D_1。相应地，通过球面 S_1 的电位移通量为 $4\pi r_1^2 D_1$。高斯面 S_1 内所包围的自由电荷为 $\frac{4}{3}\pi r_1^3 \rho$。

由介质中的高斯定理，可得
$$4\pi r_1^2 D_1 = \frac{4}{3}\pi r_1^3 \frac{q}{\frac{4}{3}\pi R^3},$$
由此得
$$D_1 = \frac{q r_1}{4\pi R^3},$$

由物质方程 $D_1 = \varepsilon_1 E_1$,可得

$$E_1 = \frac{qr_1}{4\pi\varepsilon_1 R^3}。$$

(2) 再研究球外 P_2 处的情况。过 P_2 点作半径为 r_2 的同心球面 $S_2(r_2 > R)$,设球面 S_2 上电位移量值为 D_2。同理,由高斯定理可得

$$D_2 = \frac{q}{4\pi r_2^2},$$

由物质方程 $\boldsymbol{D}_2 = \varepsilon_2 \boldsymbol{E}_2$,可得

$$E_2 = \frac{q}{4\pi\varepsilon_2 r_2^2}。$$

$\boldsymbol{E}_1,\boldsymbol{E}_2$ 的方向与 $\boldsymbol{D}_1,\boldsymbol{D}_2$ 方向一致,沿球体的径向。

我们要明确,由电位移 D 表述的高斯定理是存在介质情况下的普遍关系式,但从上例可看出,如利用它求出位移 D 则是有条件的,即要求自由电荷的分布和电介质的分布具有相同的对称性。

6.4 静电场的能量

6.4.1 点电荷系统的静电能(相互作用能)

设有两个点电荷 q_1 和 q_2 相距无穷远,然后使它们相互靠近,求出使它们相距为 r_{12} 时,外力所做的功就应是此时它们的相互作用能,或使两个点电荷从相距为 r_{12} 处到相距无穷远,电场力所做的功就等于它们的相互作用能。因为静电场是保守力场,做功与路经无关。令 q_1 不动,q_2 处于 q_1 的电场中,使 q_2 从图 6-17 中 2 点移至无限远(此时设不存在 q_3),电场力所做的功为

$$W_{12} = q_2 U_{12},$$

式中,U_{12} 是电荷 q_1 产生的电场在 2 点(即 q_2 处)的电势。同理,若令 q_2 不动,q_1 处于 q_2 的电场中,q_1 从 1 点移至无限远时,电场力所做的功为

$$W_{21} = q_1 U_{21},$$

式中,U_{21} 为 q_2 产生的电场在 1 点(即 q_1 处)的电势。显然有

$$W_{12} = W_{21},$$

所以两点电荷 q_1,q_2 体系的相互作用能为

$$W = \frac{1}{2}(q_1 U_{21} + q_2 U_{12})。$$

同理,若有三个静止点电荷 q_1,q_2,q_3 组成的体系,如图 6-17 所示,它们的相互作用能应为

$$W = W_{12} + W_{23} + W_{31},$$

式中,

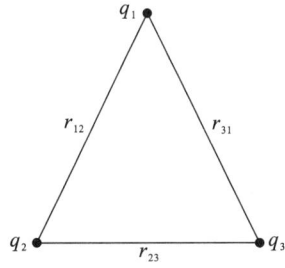

图 6-17 电荷体势能

$$W_{12} = \frac{1}{2}(q_1 U_{21} + q_2 U_{12}),$$

$$W_{23} = \frac{1}{2}(q_2 U_{32} + q_3 U_{23}),$$

$$W_{13} = \frac{1}{2}(q_1 U_{31} + q_3 U_{13}),$$

式中，U_{23} 为 q_3 的电场在 q_2 处的电势，其余以此类推，不再赘述。

这里，我们不加证明地将上述结论推广到由 n 个点电荷组成的一般带电系统，其相互作用能为

$$W = \frac{1}{2}\sum q_i U_i, \tag{6-17}$$

注意，式中的 U_i 是除第 i 个电荷 q_i 之外的其他所有电荷在 q_i 处的电势。

6.4.2 电容器中的储能

电容器是积蓄电荷的元器件，实际上就是存储电能的装置。下面以平板电容器为例，简要分析电容器的储能问题。设想电容器的带电过程（从不带电到最终带电为 $+Q$ 和 $-Q$）是不断地从原来电中性的 B 板上取正电荷移到 A 板上逐步建立的，如图 6-18 所示。

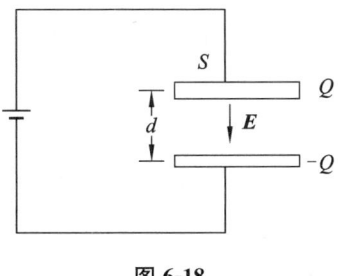

图 6-18

设电容器的电容为 C，当两极板上已分别带有电荷 $+q$ 和 $-q$ 时，两极板间电势差为 U_{AB}，若再将 $+dq$ 的电荷从 B 板移到 A 板上，外力克服电场力所做的功为

$$dA = U_{AB}dq = \frac{q}{C}dq,$$

则在全部过程中,外力所做的总功为

$$A = \int dA = \int U_{AB}dq = \int_0^Q \frac{q}{C}dq = \frac{1}{2}\frac{Q^2}{C},$$

该功应等于带电电容器的能量,即

$$W = A = \frac{1}{2}\frac{Q^2}{C},$$

注意到 $Q = CU_{AB}$,得到电容器的储能公式

$$W = \frac{1}{2}\frac{Q^2}{C} = \frac{1}{2}CU_{AB}^2 = \frac{1}{2}U_{AB}Q, \tag{6-18}$$

需要说明的是,(6-18)式虽然是以平板电容器为例推出的,但却对任意形状的电容器都成立,即电容器的储能公式是普遍成立的。

6.4.3 静电场的能量

一个带电体或一个带电系统的带电过程,实际上也是带电体或带电系统的电场的建立过程。我们从电场的观点来看,带电体或带电系统的能量也就是电场的能量。仍然以上述平板电容器为例,将带电电容器的电势差 $U_{AB} = Ed$ 及电容 $C = \dfrac{\varepsilon S}{d}$ 代入电容器的能量公式 $W = \dfrac{1}{2}CU_{AB}^2$ 中,可得

$$W_e = \frac{1}{2}CU_{AB}^2 = \frac{1}{2}\frac{\varepsilon S}{d}(Ed)^2 = \frac{1}{2}\varepsilon E^2 Sd = \frac{1}{2}\varepsilon E^2 V,$$

式中,V 表示电容器内电场空间所占的体积。结果表明,平板电容器所储存的电能与电容器内的电场强度、电介质的介电系数以及电场空间体积有关。由于电容器中的电场是均匀分布的,所以其储存的电场能量也应该是均匀分布的,则单位体积内所储存的电场能量(电场的能量密度)为

$$w_e = \frac{W_e}{V} = \frac{1}{2}\varepsilon E^2,$$

注意到 $\boldsymbol{D} = \varepsilon \boldsymbol{E}$,有

$$w_e = \frac{W_e}{V} = \frac{1}{2}\varepsilon E^2 = \frac{1}{2}\boldsymbol{E} \cdot \boldsymbol{D}。 \tag{6-19}$$

上述结果虽然是从匀强电场的特例中导出的,但可以证明,这是一个普遍适用的公式。

知道了单位体积电场中的能量,则任一带电系统整个电场中所储存的总能量为

$$W_e = \iiint_V w_e dV = \iiint_V \left(\frac{1}{2}\boldsymbol{E} \cdot \boldsymbol{D}\right)dV = \iiint_V \frac{1}{2}\varepsilon E^2 dV, \tag{6-20}$$

式中,积分区域遍及电场整个空间 V。

在物理学的发展过程中,人们曾经争论过电场和电荷谁是能量的负载(携带)者的问题,一种观点认为电荷是能量的负载者,另一种观点则认为电场是能量的负载者。

在静电场中,电荷和电场都不发生变化,而场总是随着电荷而存在,因此无法用实验来证明电能究竟是以哪种方式储存的。但是在交变电磁场的实验中,已经证实了能量是能够以电磁波的形式脱离电荷而传播的,这一事实支持了能量储存在场中的观点。因此,现在已经知道,场是能量的携带者,电能定域在电场中。前面我们曾经提到过,电场是一种特殊的物质,而电场具有能量正是电场物质性的表现之一。

例 6-6 如图 6-19 所示,设有一个球形电容器(内外半径分别为 R_1 和 R_2),两极板间充电至 $\pm Q$,两极板间充满介电常数为 ε 的电介质。试计算此球形电容器电场中所储存的能量。

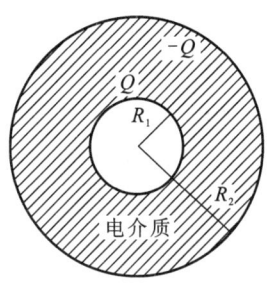

图 6-19

解 两极板之间的电场具有球对称性,由高斯定理不难求得极间的电场强度的大小为

$$E = \frac{q}{4\pi\varepsilon r^2},$$

由于在半径为 r 的球面上场强是等值的,故可以取球壳形的体积元 $dV = 4\pi r^2 dr$,其中的电场能量为

$$dW_e = W_e dV = \frac{1}{2}\varepsilon E^2 dV$$

$$= \frac{1}{2}\varepsilon E^2 (4\pi r^2) dr = 2\pi\varepsilon E^2 r^2 dr,$$

则全部电场中储有的能量为

$$W_e = \iiint_V dW_e = \int_{R_1}^{R_2} 2\pi\varepsilon \frac{q^2}{(4\pi\varepsilon)^2 r^4} r^2 dr$$

$$= \frac{q^2}{8\pi\varepsilon} \int_{R_1}^{R_2} \frac{dr}{r^2} = \frac{q^2}{8\pi\varepsilon}\left(\frac{1}{R_1} - \frac{1}{R_2}\right)$$

$$= \frac{1}{2} \frac{q^2}{4\pi\varepsilon \frac{R_1 R_2}{R_2 - R_1}} = \frac{1}{2} \frac{Q^2}{C}.$$

注意,此结论为我们前面所说的"电容器的储能公式是普遍成立的"提供了一个例证,同时,也提示我们,在求电容时,若问题条件允许,可以先求出电容电场的能量,再求电容。

思 考 题

6-1 无限大均匀带电平面两侧的场强为 $E = \frac{\sigma}{2\varepsilon_0}$,而在静电平衡时,导体表面的场强为 $E = \frac{\sigma}{\varepsilon_0}$,后者比前者大一倍,为什么?

6-2 一孤立带电导体球,其表面附近的场强沿什么方向?当把另一个带电体移近这个导体球时,球表面附近的场强将沿什么方向?

6-3 一大一小两个彼此远离的金属球,所带电荷等量同号,则两个球的电势是否相等?电容是否相等?若用一细导线把两球相连接起来,是否会有电荷流动?

6-4 将一带正电荷的导体分别靠近一个接地导体和绝缘导体,则接地导体和绝缘导体的电势将如何变化?

6-5 如何描述导体表面的曲率与表面电荷密度的关系?能否说表面曲率与表面电荷面密度成正比?

6-6 一带电导体放在封闭的金属壳内部,若将另一带电导体从外面移近金属壳,壳内的电场是否会改变?金属壳及壳内带电体的电势是否会改变?金属壳和壳内带电体间的电势差是否会改变?

6-7 金属壳内部有两个带异号等值电荷的带电体,则壳外的电场如何?

6-8 一个封闭的导体壳能够屏蔽静电场,一个封闭的物质壳能够屏蔽万有引力场吗?说明两者的不同。

6-9 两个带电导体球之间的库仑力等于将每个球的电量集中于球心所得到的两个点电荷之间的库仑力,这个说法是否正确?

6-10 一对相同的电容器,分别串联、并联后连接到相同的电源上,试问哪种情况用手去触及极板较为危险?说明原因。

6-11 点电荷系统的相互作用能的公式 $W = \frac{1}{2} \sum q_i U_i$ 中有因子 $\frac{1}{2}$,而点电荷在外电场中的电势能公式 $W = qU$ 中没有这个因子?请简要分析之。

6-12 为什么高压电气设备周围通常会围上一接地金属栅栏网?试简述其原理。

6-13 电介质的极化现象和导体静电感应现象有些什么区别?

6-14 自由电荷与极化电荷的主要区别是什么?

6-15 试指出下列公式的成立条件:
$$D = \varepsilon_0 E + P,$$
$$D = \varepsilon E,$$
$$P = \chi_e \varepsilon_0 E。$$

习 题 6

6-1 将一块面积为 S 的金属平板放到一个场强为 E 的匀强电场中,板平面与场强方向垂直,问:在此金属平板的每个面上感应出多少电荷?

6-2 一导体球壳内是球形空腔,空腔的中心有一电荷量为 q_2 的点电荷,球壳外离球心为 r 处有一电荷量为 q_1 的点电荷,如图所示。已知导体球壳上所有电荷量代数和为零,试求:(1) q_1 作用在 q_2 上的力。(2) q_2 所受的力。

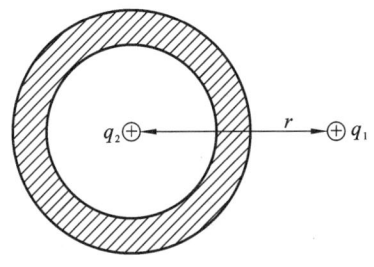

第 6-2 题图

6-3 两块大小相同的平行金属板,所带的电量 Q_1 和 Q_2 不相等,如 $Q_1 > Q_2$,略去边缘效应。证明:(1) 相向的两面上电荷的面密度大小相等而符号相反,相背的两面上电荷的面密度大小相等而符号相同。(2) 相向面上的电量分别为 $(Q_1-Q_2)/2$ 和 $(Q_2-Q_1)/2$,相背面上的电量均为 $(Q_1+Q_2)/2$。

6-4 如图所示,三个面积 $S = 200 \text{ cm}^2$ 的金属板 A, B, C,$d_{AB} = 4 \text{ mm}, d_{AC} = 2 \text{ mm}, B, C$ 两板接地。若使得 A 板带电荷 $Q = 3 \times 10^{-7}$ C。略去边缘效应,试求:B 板和 C 板上的感应电荷量以及 A 板的电势。

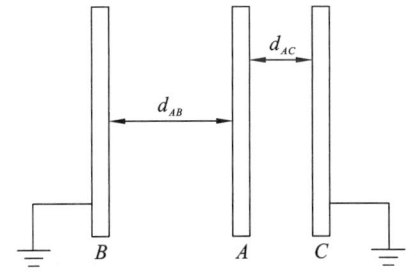

第 6-4 题图

6-5 一金属球带有电量 Q,其半径为 a,球外有一内半径为 b 的同心金属球壳,球壳接地,球与壳间充满介质,其相对介电常数与到球心的距离 r 的关系为 $\varepsilon_r = \dfrac{K+r}{r}$,式中 K 是常数。证明:在介质中,离球心为 r 处的电势 $U = \dfrac{Q}{4\pi\varepsilon_0 K}\ln\dfrac{b(r+K)}{r(K+b)}$。

6-6 有一个带电小球,外有一同心的接地导体球壳(球壳的外半径为 R),在球壳外距离球心为 d 处有一电荷量为 q 的点电荷。试求:导体球壳外表面上的总电荷量。

6-7 金属球 A 的半径为 R_1,外面套有一个同心的金属球壳 B,B 的内、外半径分别为 R_2 和 R_3($R_3 > R_2 > R_1$),现在给 A 带上电量 q,求:

(1) 离球心为 r 处的电场强度 E 和电势 U。

(2) 球与壳的电势差。

6-8 三个不带电的同心导体薄球壳,壳厚度都可忽略不计,半径分别为 $2r,4r,6r$;现在球心放一点电荷 Q,如图所示,A,B,C 三点到球心的距离分别为 $1r,3r,5r$。问:在三个导体球壳上分别放上多少电荷量,才能使 A,B,C 三点电场强度大小都相等?

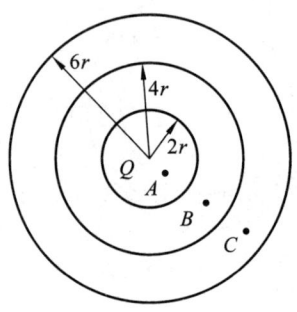

第 6-8 题图

6-9 一扁平的电介质板,其 $\varepsilon_r = 4$,垂直放置在一均匀电场中,若电介质表面上的极化电荷面密度为 $\sigma' = 0.5\,\text{C/m}^2$,试求:(1) 电介质里的电极化强度和电位移。(2) 介质板外的电位移。(3) 介质板内和板外的场强。

6-10 一平行板电容器两极板的面积都是 S,相距为 d,分别维持电势 $U_A = U$ 和 $U_B = 0$ 不变。现将一块带有电荷量 q 的导体薄片(其厚度可略去不计)放在两极板的正中间,薄片的面积也是 S,如图所示,略去边缘效应,试求薄片的电势。

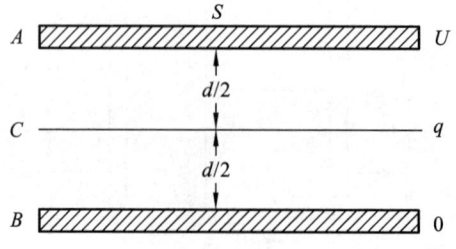

第 6-10 题图

6-11 同轴传输线由很长的圆柱形长直导线和套在它外面的同轴导体圆管构成,导线的半径为 R_1,电势为 U_1,圆管的内半径为 R_2,电势为 U_2,如图所示。试求它们之间离轴线 r 处($R_1 < r < R_2$)的电势。

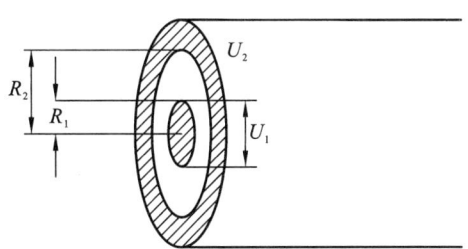

第 6-11 题图

6-12 一电容器由三片面积是 $6.0\ \text{cm}^2$ 的锡箔构成,相邻两箔间的距离都是 $0.10\ \text{mm}$,外边两箔片连在一起构成为一极,中间箔片作为另一极,如图所示。(1) 求电容 C。(2) 若在这电容器上加 $220\ \text{V}$ 的电压,则三锡箔上电荷的面密度将各是多少?

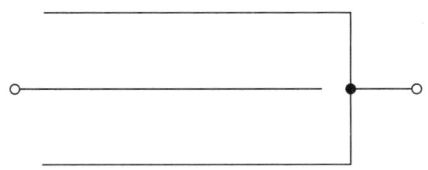

第 6-12 题图

6-13 如图所示,$C_1 = 3.0\ \mu\text{F}$,$C_2 = 4.0\ \mu\text{F}$,$C_3 = 2.0\ \mu\text{F}$,$U_a = 120\ \text{V}$,b 点接地(电势为零),求各电容器上的电量和 c 点的电势 U_c。

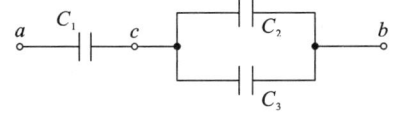

第 6-13 题图

6-14 如图所示,一平板电容器充有三种电介质,极板面积为 S,板间距为 $2d$,试求此电容器的电容。

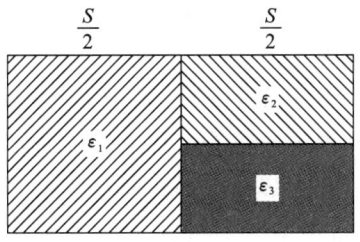

第 6-14 题图

6-15 两个电容器 C_1 和 C_2，分别标明为 $C_1:200\,\mu\text{F}$—$500\,\text{V}$，$C_2:300\,\mu\text{F}$—$500\,\text{V}$，把它们串联后，加上 $1\,\text{kV}$ 电压后，是否会被击穿？

6-16 一平行板电容器两极板间充满了电容率为 ε 的均匀介质，已知两极板上电荷量的面密度分别为 σ 和 $-\sigma$，如图所示，略去边缘效应，试求介质中的电场强度 E、极化强度 P、电位移 D 和极化电荷面密度 σ'。

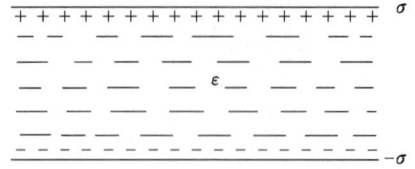

第 6-16 题图

6-17 有一个平板电容器，两极板间距为 d，面积均为 S，极板间充满电介质，且电介质的相对介电系数是线性变化的，在一个极板处为 ε_1，在另一极板处为 ε_2，且满足 $\varepsilon_r = \varepsilon_1 + \dfrac{\varepsilon_2 - \varepsilon_1}{d}x$，若略去边缘效应，试计算此电容器的电容 C。

6-18 置于球心的点电荷 $+Q$ 被两同心球壳包围，大球壳为导体，小球壳为电介质，相对介电系数为 ε_r，球壳的尺寸如图所示。试求：(1) 电位移矢量 D。(2) 电场强度 E。(3) 极化强度矢量 P。(4) 电荷密度 ρ。

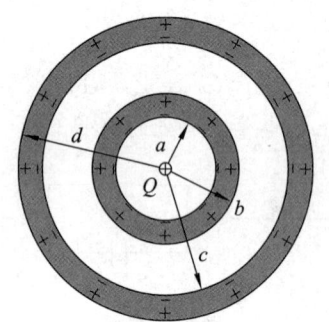

第 6-18 题图

6-19 电势差为 U 的电源与一个平行板电容器相连接，电容量极板间的距离为 d。将一电介质放入电容器内，充满两极板间的全部空间，此电介质的相对介电常数为 ε_r。问：两极板上电荷面密度变化多少？

6-20 球形电容器是由两个同心的导体球壳构成，内壳的外半径为 a，外壳的内半径为 b，两壳间是空气。(1) 试求这电容器的电容 C。(2) 试证明：当两球壳相距很近（即 $b-a \ll a$）时，C 趋于一个平板电容器的电容公式。

6-21 如图所示，一平板电容器，两极板的面积都是 S，相距为 d，今在其间平行

地插入厚度为 l、相对介电常数为 ε_r 的均匀电介质,其面积为 $\dfrac{S}{2}$。设两板分别带电荷 $+q$ 和 $-q$,略去边缘效应,求:(1) 两极板间的电势差。(2) 电容 C。(3) 介质的极化电荷面密度 σ'。

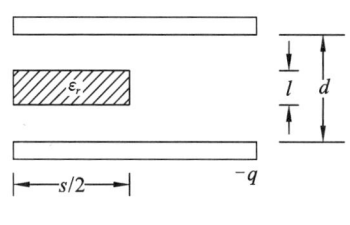

第 6-21 题图

6-22 有两根平行长直导线(半径都为 a)相距为 d,且满足条件 $d \gg a$,求单位长度的电容。

6-23 半径为 R 的金属球带有电荷量 Q,处在电容率为 ε 的无限大均匀介质中。试求介质内离球心为 r 处的电场强度 E、电位移 D、极化强度 P 和极化电荷面密度 σ'。

6-24 如图所示,在相对介电系数为 ε_r 的无限大均匀电介质中,有均匀外电场 E_0,在介质中挖出一个球形空腔,求在空腔中心(球心)处的电场强度 E 的大小。

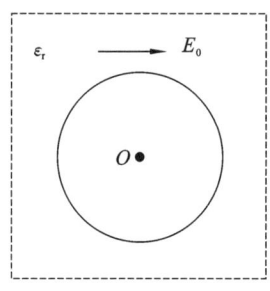

第 6-24 题图

6-25 如图所示,$C_1 = 8\,\mu\text{F}$,$U_0 = 120\,\text{V}$,$C_2 = 4\,\mu\text{F}$,K 为单刀双掷开关,将 K 接到 1 处,给 C_1 充电到 $120\,\text{V}$,再将 K 接 2 处,试计算电容器中能量的变化。

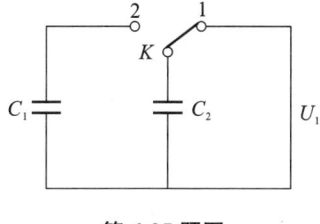

第 6-25 题图

6-26 有两个同心导体球壳,半径分别为 R_1 和 R_2。外球壳半径 R_2 的厚度可略。今使内球壳带电量 Q,求空间的能量密度及整个电场的能量。又若用导线连接内、外球壳,上述答案有何变化?

6-27 一个圆柱形电容器,是由一长直导线(半径为 R_1)和套在其外面且与之共轴的导体圆筒(内半径为 R_2)构成。试证:电容器所存储的能量,有一半是在半径为 $r = \sqrt{R_1 R_2}$ 的圆柱体内。

6-28 平行板电容器极板面积 S,间距为 d,其中夹了一厚度为 d 的玻璃介质板,相对介电系数为 ε_r。现在下述情况下将玻璃板移开:(1)电容器始终与电动势为 U 的电源相接;(2)将电容器充电至 U 后,断开电源,再抽出玻璃板。问:电容器能量如何变化?移开玻璃板所需做的机械功是多少?

第 7 章　稳恒磁场

在第 5 章与第 6 章中,我们分别讨论了真空中的静电场和物质中的静电场,其共同点是激发电场的场源电荷静止不动。本章以及后面两章,将进一步讨论电荷运动时的有关电磁现象。静止电荷在其周围可以激发电场,而运动电荷在其周围不仅可以激发电场,同时还可以激发磁场。只要存在运动电荷(或者说存在电流,因为电荷的运动形成电流),就必然会有磁效应存在。本章主要研究稳恒电流以及稳恒磁场(稳恒电流产生的磁场)的规律与性质。

7.1　稳恒电流

7.1.1　稳恒电流

1. 电流与电流强度

带电粒子做定向运动形成电流,宏观电流是大量带电粒子做规则运动的结果。

电流可分为两类:传导电流和运流电流。带电粒子在导体内定向移动形成的电流叫传导电流;由宏观带电体在空间中做机械运动形成的电流称为运流电流。这里我们只讨论传导电流。

电流产生的条件有两个:

(1) 物体内要存在可以自由运动的带电粒子 —— 载流子(即物体必须是导体)。

(2) 导体内存在电场。

以上两点也可以表述为,导体两端存在电势差(电压)是电流产生的条件。

电流的强弱用电流强度 I 来加以量度:如果在 dt 时间内通过某一截面的电荷量为 dq,则定义通过该截面的电流强度为

$$I = \frac{dq}{dt} = \lim_{\Delta t \to 0} \frac{\Delta q}{\Delta t}, \tag{7-1}$$

也就是说,通过某截面的电流强度 I,是用单位时间内通过该截面的电量来量度的一个物理量。如果流过导体的电流强度不随时间而变化,这种电流就称为稳恒电流(即恒定电流或直流电)。

在国际单位制(SI)中,规定电流强度为基本量,其单位为安培(A)。

由(7-1)式可知,$1\,\text{A} = 1\,\text{C}\cdot\text{s}^{-1}$。常用的电流单位还有毫安(mA)和微安($\mu$A),

$$1\,\text{mA} = 10^{-3}\,\text{A},$$

$$1\,\mu\text{A} = 10^{-6}\,\text{A},$$

应当指出,电流强度是标量(代数量),一般规定正电荷移动的方向为电流的方向。电流的方向只是表明电流的一个整体流向,与矢量的方向有本质的区别。

2. 电流密度矢量

电流强度虽然能够描写电流的强弱,但它只是反映导体某一截面的电流的整体特征,而无法描述导体内每一点的电流分布情况。当稳恒电流通过一段粗细不均匀的导体时,各截面的电流强度相等,但截面上不同点的电流分布一般却不是均匀的。因此,为了细致地描述导体内各点的电流分布情况,有必要引入一个新的物理量,称为电流密度矢量,一般用 j 表示。

电流密度 j 是一个矢量,导体中某一点的电流密度矢量,其方向为该点正电荷的运动方向(即与该点的场强的方向一致),其大小等于通过该点且与该点电流方向垂直的单位面积的电流强度。

如图 7-1 所示,设在导体中某点处取一个与电流方向垂直的小面积元 $dS_\perp$,通过此面积元的电流强度为 dI,则该点的电流密度的大小为

$$j = \frac{dI}{dS_\perp}, \tag{7-2}$$

一般地,若小面积元 dS 的法线方向 $\boldsymbol{n}$ 与电流方向间的夹角为 θ,如图 7-1 所示,设 dS 在与电流垂直方向上的投影为 $dS_\perp$(此时,通过 dS 和 $dS_\perp$ 的电流强度都是 dI),可得

$$dI = jdS_\perp = j\cos\theta dS = \boldsymbol{j} \cdot d\boldsymbol{S},$$

则通过导体任一截面 S 的电流强度为

$$I = \iint_S \boldsymbol{j} \cdot d\boldsymbol{S} = \iint_S j\cos\theta dS。 \tag{7-3}$$

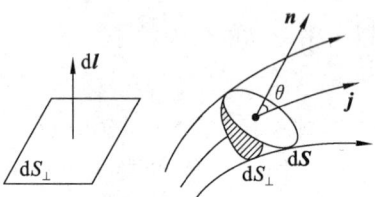

图 7-1　电流密度

根据金属导电的分子运动论,可以推出电流密度的表达式为

$$j = qnv,$$

式中,q 为载流子的电荷量,n 为载流子的体密度,v 为载流子宏观定向移动的速度。在国际单位制(SI)中,j 的单位为安培·米$^{-2}$(A·m^{-2})。

7.1.2　电流稳恒的条件

1. 电流的连续性方程

电流密度矢量 j 形成一个矢量场,称为电流场(j 场),类似于电场线,可以用电流

线（j 线）来形象描绘电流场。如图 7-2 所示，为了讨论电流场的性质，研究 j 对任意闭合面的通量。

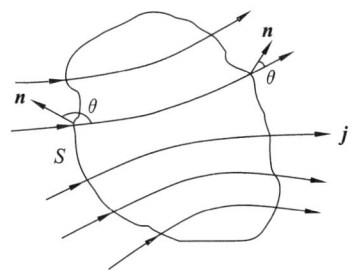

图 7-2 电流场的性质

在 j 场中，对任意闭合曲面 S（外法线 n 为正方向），有 $\oiint_S j \cdot dS$。由电荷守恒定律，$\oiint_S j \cdot dS$ 应等于单位时间里，S 面所包围的体积内所减少的（或增加的）电荷量，则有

$$\oiint_S j \cdot dS = -\frac{dq}{dt}。 \tag{7-4}$$

(7-4) 式称为电流的连续性方程，它实质上是电荷守恒定律的数学表达式。

2. 电流稳恒的条件

一般而言，j 是随时间变化的，若导体内各点的 j 都不随时间变化，因而 I 也不随时间变化，则这种电流称为稳恒电流。电流稳恒的条件是导体内各处的电荷分布不随时间变化，即 $\frac{dq}{dt} = 0$，则 (7-4) 式变为

$$\oiint_S j \cdot dS = 0, \tag{7-5}$$

(7-5) 式表明：在稳恒电路中，任意封闭面 S 内无电荷积累，单位时间内流入多少电荷，就同时流出多少电荷。通量为零，也表明了稳恒电流中的闭合性，即 j 线是闭合线，稳恒电路必须为闭合电路。

7.1.3 电动势

1. 电源

如何才能在导体中维持稳恒电流呢？根据已学过的知识，我们知道，要在导体内产生电流，就必须在导体内维持电场的存在，或者说在导体的两端维持电势差（电压）。而要在导体内产生稳恒电流，就必须在导体两端维持恒定的电势差。

我们先以电容器充放电实验为例进行分析。

如图 7-3 所示，电容器已经先充满电，当用导线把充过电的电容器的正、负极连

接以后(接通开关 K),正电荷就在静电力的作用下从正极板通过导线向负极板流动而形成电流。可以发现检流计的指针发生偏转,但马上就又回到零点。显然这种电流是一种瞬时电流,因为两极板上正、负电荷逐渐中和而减少,两板间电势差也逐渐减小而趋于零,导线中电流也逐渐减弱直到停止。

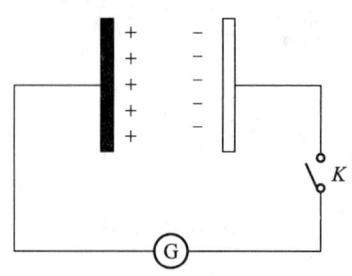

图 7-3　电容器充、放电

由此可见,仅有静电力的作用是不能形成稳恒电流的。为了要形成稳恒的电流,必须存在一种本质上与静电力不同的力(即非静电性质的力),它能够不断地分离正、负电荷来补充两极板上减少的电荷,这样才能使两极板间保持恒定的电势差,从而维持恒定的电流。

能提供这种非静电力的装置称为电源。常用的干电池就是一种电源,电池中的非静电力起源于化学作用。显然,电源维持恒定电流时,电源中的非静电力将不断做功,从而把已经流到低电势处的正电荷不断地送回至高电势处,所以电源是一种能够不断地将其他形式的能量转变为电能的装置,电源并不创造电荷,也不创造能量。

如图 7-4 所示,每一个电源都有正、负两个极。正电荷由正极流出,经过外电路流入负极,然后,在电源内非静电力的作用下,从负极经过电源内部流回到正极。电源内部的电路称为内电路。内电路与外电路连接而成闭合电路。在电源的作用下,电荷在闭合电路中持续不断地流动,从而形成稳恒电流。

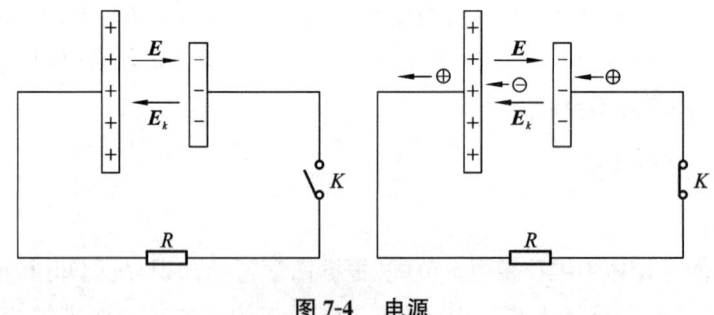

图 7-4　电源

若用 F_k 表示电荷 q 在电源中所受到的非静电力,并仿照定义静电场强的方式,用 E_k 表示单位正电荷在电源中所受非静电力(即非静电场强),则有

$$E_k = \frac{F_k}{q},$$

注意，在电源的外部，F_k 为零，E_k 也为零。

2. 电动势

非静电力在电源内驱动电荷是需要做功的，不同电源在搬运相同电荷时，非静电力做的功可能不同，因此需要引进一个物理量——电动势来描述电源内非静电力做功的本领。

当电荷 q 在含有电源的闭合电路内环绕一周时，电源所做的功（即电源中的非静电力所做的功）为

$$A = \oint_L q E_k \cdot dl。$$

单位正电荷绕闭合回路一周时，电源所做的功（即电源中的非静电力所做的功）称为电源的电动势，用符号 $\mathscr{E}$ 表示，所以，由上式可知

$$\mathscr{E} = \frac{A}{q} = \oint_L E_k \cdot dl。 \tag{7-6}$$

在很多情况下，非静电力仅仅在电源内部存在，其作用并不存在于整个电流回路之中，例如干电池，非静电力作用只存在于正、负极之间的电源内部，则电动势的表达式也可写成

$$\mathscr{E} = \int_-^+ E_k \cdot dl, \tag{7-7}$$

即电源电动势是将单位正电荷从电源负极，经由电源内部移到正极的过程中，非静电力所做的功。

在实际应用中，不同的电源，其非静电力的本质也不同。例如干电池中非静电力源于化学作用；在发电机中非静电力源于电磁感应的效应。

要注意，电动势和电流强度一样是标量。通常规定非静电力做正功时电流的流向（即 E_k 的方向，由负极经电源内部指向正极的方向）作为电动势的方向。在国际单位制（SI）中，电动势的单位和电势相同，为伏特（V）。

7.2 毕奥-萨伐尔定律

7.2.1 磁感应强度

1. 基本磁现象

在物理学的历史上，磁现象的发现比电现象要早得多。我国是最早发现和应用磁现象的国家之一。早在春秋战国时期（公元前 770 年至公元前 300 年）就发现了天然磁石，并有了"司南勺"（见图 7-5）的记载；西汉时期（公元前 206 年至公元 23 年）发现磁力，即磁石能够吸铁；东汉时期（公元 24 年）发现了磁极，王充在《论衡》中有相关

描述。到了 11 世纪时的北宋初期,我国科学家创制了航海用的指南针,并发现了地磁偏角,沈括在《梦溪笔谈》中对此有详细的总结。直到 13 世纪,西方的研究才逐步开始,有了指南针的记载。

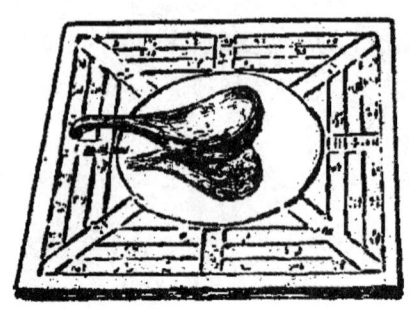

图 7-5　司南勺

最初,人们是从天然磁铁矿(Fe_3O_4)上首先观察到磁现象的。天然或人造磁铁能吸引铁、钴、镍等物质的性质称为磁性。具有磁性的物体称为磁体。

一块磁铁两端磁性最强的区域称为磁极。将一个条形磁铁悬挂起来,磁铁将自动地转向南北方向,指北的磁极称北极(N 极),指南的磁极称南极(S 极)。两块磁铁的磁极之间有相互作用力存在,称为磁力。同性磁极相斥,异性磁极相吸。磁铁的两个磁极,不可能分割成为独立存在的 N 极或 S 极。到目前为止,在自然界中没有发现独立存在的 N 极或 S 极。

在很长的时期内,磁学与电学是各自独立地发展。直到 1820 年,奥斯特通过实验,如图 7-6 所示,发现了电流的磁效应(即电流对小磁针的作用)之后,才揭开了磁现象与电现象的内在联系,人们逐渐认识到磁性起源于电荷的运动。

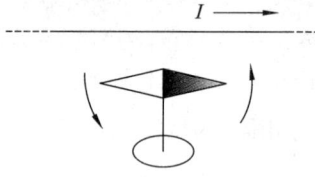

图 7-6　奥斯特实验

1822 年,安培提出了分子电流假说(有关物质磁性起源与本质的假说)。他认为一切磁现象的根源是电流。磁性物质的分子中存在着小环形等效电流,称为分子电流。分子电流相当于小的基元磁铁,物质的磁性决定于物质中的分子电流。近代物理已经证实,分子电流相当于分子中电子绕原子核的轨道运动和电子本身的"自旋"运动的合成结果。可以说,磁现象来源于电荷的运动。

2. 磁场

磁的相互作用是如何传递的？这个问题在历史上有过很长时间的讨论与研究。现在实验已经证实，磁力是通过磁场来传递的。运动电荷（包括传导电流和永久磁铁）在其周围空间激发磁场，磁场再作用于运动电荷（或传导电流和永久磁铁）。这实际上可归结为电流之间通过磁场来传递相互作用，如图7-7所示。

图 7-7　电流通过磁场传递相互作用

由于磁场可以脱离产生它的"源"而独立存在于空间之中，所以磁场是一种场物质。磁场对外的重要表现是：

（1）磁场对运动电荷或载流导体有磁力的作用。

（2）载流导体在磁场内移动时，磁场的作用力对它做功。

注意，电荷无论运动还是静止，它们之间都有库仑力相互作用，但只有运动电荷才有磁场相互作用。

3. 磁感应强度矢量

实验表明，和电场力一样，磁场力既有强弱也有方向。在电场中我们引入电场强度来描述电场的客观施力本领等性质，这里我们引入磁感应强度这一矢量来描述磁场的客观施力本领等性质，用字母 B 表示。

常用的引入 B 定义可以有三种等价方法，它们分别是：

（1）根据运动电荷在磁场中的受力。

（2）根据电流元在磁场中的受力。

（3）根据载流元线圈在磁场中所受力矩。

此处引入磁感应强度矢量 B，我们采用上述第一种方法。

讨论静电场时，用电场强度矢量来描述电场，是通过电场对静止的检验电荷的作用而引入的。与此相似，我们引入磁感应强度矢量这一物理量来定量描述磁场，可以通过磁场对运动检验电荷的作用引入。所谓运动检验电荷是指一个在研究的问题中其电荷量可以忽略不计的、相对于磁场运动的正点电荷。

实验表明，磁场作用在运动电荷上的力，不仅与运动电荷所带的电荷量有关，而且还与运动电荷的速度（包括大小和方向）以及磁场的强弱及方向有关。显然，磁场力的情况比电场力要复杂一些，因此定义磁感应强度同样比定义电场强度要复杂一些。

通过实验考察，发现磁场对运动检验电荷的磁力与运动电荷的电荷量及速率成正比，并随电荷的运动方向与磁场方向之间的夹角的改变而变化。具体存在以下规律：

(1) 运动电荷在磁场中以同一速率沿不同方向通过磁场中某任意点 P 时，所受磁场力的大小不同。

(2) 运动电荷在磁场中任意点 P 所受磁场力的方向，总是与运动电荷的速度方向垂直。

(3) 磁场中每一任意点 P 都存在一个特殊的方向，当运动电荷沿此方向通过 P 点时，无论速率大小，都不受磁场力的作用，此方向可以称为零力线方向。

(4) 当运动电荷沿与零力线垂直的方向通过 P 点时，受磁场力最大。

显然，零力线可以反映磁场中各场点的某种固有性质，且与运动检验电荷无关。

由此我们定义磁感应强度矢量 $\boldsymbol{B}$，它满足关系式

$$\boldsymbol{F} = q(\boldsymbol{v} \times \boldsymbol{B}), \tag{7-8}$$

写成标量式则为

$$F = qvB\sin\theta,$$

即

$$B = \frac{F}{qv\sin\theta}.$$

若 $\theta = \dfrac{\pi}{2}$，则 $\sin\theta = 1$，此时运动电荷所受磁场力最大，用 $F_{\max}$ 表示，为

$$B = \frac{F_{\max}}{qv}. \tag{7-9}$$

由(7-8)式和(7-9)式，并参见图 7-8，可知磁感应强度矢量 $\boldsymbol{B}$ 的方向沿着零力线。

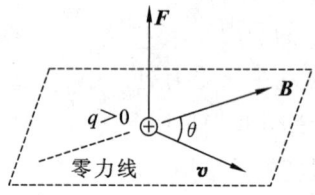

图 7-8 磁感应强度的定义

通过以上讨论，可以归纳并定义磁感应强度 $\boldsymbol{B}$ 的方向和大小：

(1) 在磁场中某点，若运动电荷沿着零力线方向（其方向与放在该点的小磁针 N 极的指向相同）运动，其所受磁力为 0，这个方向规定为该点的磁感应强度 $\boldsymbol{B}$ 的方向。

(2) 若运动电荷沿着与磁场方向垂直的方向运动时，所受的最大磁力 $F_{\max}$ 与其电荷量 q 和速率 v 的乘积成正比。对磁场中某一确定点而言，比值 $\dfrac{F_{\max}}{qv}$ 是一定的；对于磁场中不同的点而言，这个比值则有不同的确定值。显然，各点比值 $\dfrac{F_{\max}}{qv}$ 的大小反映

了各点处磁场的强弱。我们把这个比值定义为磁场中某点磁感应强度 **B** 的大小(在静电场中,我们是用 $E = \dfrac{F}{q_0}$ 来定义电场强度 **E** 的大小)。

磁感应强度 **B** 是描述磁场中各点磁场的强弱和方向的物理量,它与电场中的电场强度 **E** 的地位相当,同样是矢量点函数。若磁场中各点 **B** 均相同,则称为匀强磁场。

在国际单位制(SI)中,磁感应强度 **B** 的单位是特斯拉(T),

$$1\,\text{T} = 1\,\text{N} \cdot \text{A}^{-1} \cdot \text{m}^{-1},$$

注意,$1\,\text{A} = 1\,\text{C} \cdot \text{s}^{-1}$。

特斯拉(T)这个单位非常大,因此 **B** 的常用单位还有高斯(G),它与特斯拉的关系为

$$1\,\text{T} = 10^4\,\text{G}。$$

4. 磁感应线

在讨论静电场时,我们曾用电场线(**E** 线)来形象地描绘静电场,这里,同样也可以引入磁感应线(**B** 线)来形象地描绘磁场。它同样是为了研究问题的方便,为了形象化地考察磁场而引入的假想的曲线。

磁感应线的画法一般有如下规定:

(1) 在磁场中画出一些有向曲线,使这些曲线上任一点的切线方向和该点的磁感应强度的方向一致。

(2) 在磁场中任意一点处的磁感应线的数密度等于该点磁感应强度 **B** 的大小。

图 7-9 所示是几种不同形状电流所产生的磁场的磁感应线。

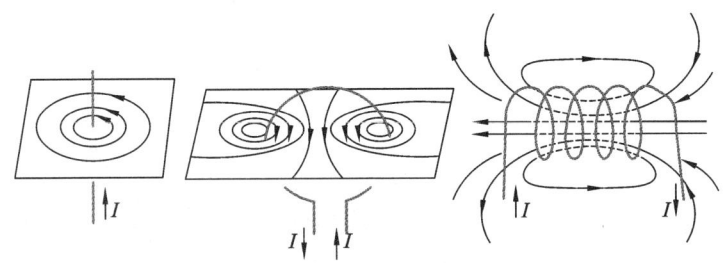

图 7-9　几种不同形状的磁感应线示意图

若磁感应线是按照上述规定画出的,则一般具有如下特征:

(1) 由于磁场中某点的磁感应强度的方向是确定的,所以磁场中任意两条磁感应线不会相交,磁感应线的这一特性与电场线是一样的。

(2) 每一条磁感应线都是环绕电流的无头无尾的闭合曲线,与闭合电路互相套合。磁感应线的这一特性与电场线完全不同,这表明磁场是一种涡旋场。

(3) 磁感应线与电流互相连环(相互套链),且它们之间的方向服从右手螺旋定则。

(4) 磁感应线的疏密表示了磁感应强度的大小(强弱分布)。磁感应线稠密的地方表示磁感应强度大;磁感应线稀疏的地方表示磁感应强度小。

7.2.2 毕奥-萨伐尔定律

磁场是由电流所激发的,稳恒磁场则由稳恒电流激发。稳恒电流产生磁场的规律可以由毕奥-萨伐尔定律这一实验定律来定量描述(定律给出了稳恒电流周围磁感应强度 B 的分布)。

1. 毕奥-萨伐尔定律

回顾前面静电场部分,我们在计算任意连续带电体在场中某点的电场强度 E 时,是将带电体分成无限多个小电荷元 dq,每个电荷元在该点的电场强度 dE 可以用点电荷的场强公式计算,整个带电体在该点的 E 则是所有电荷元在该点的 dE 的叠加(积分),由此得到任意带电体在空间某点电场强度的分布。

同理,此处为了得到稳恒磁场分布,在计算任意载流导线(线状稳恒电流)在空间某点产生的磁感应强度时,我们可以采用类似的方法。

我们先引入电流元的概念。如图 7-10(a) 所示,在载流导线上取长度为 dl(视为无限短)的有向小线段,将它规定为矢量,方向与电流方向相同,则称载有电流的矢量线元 Idl 为电流元。

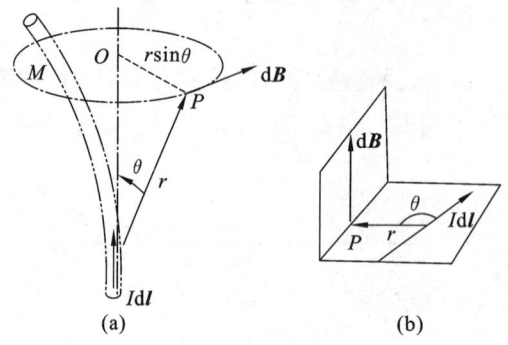

图 7-10 毕奥-萨伐尔定律

与静电场中的处理方法类似,可以将任意一载流导线无限细分为许多个电流元 Idl,若先找到了电流元产生磁场的规律,即计算出了 Idl 在场中某点产生的磁感应强度 dB 的定量关系,则根据磁场的叠加原理,就可以求出整个载流导线在场中任意点产生的磁感应强度 B 的分布情况。以上方法是计算稳恒磁场磁感应强度 B 的基本和普遍的方法。

毕奥-萨伐尔定律是法国科学家毕奥和萨伐尔对前人大量的实验进行了研究和推理,经拉普拉斯进一步从数学上归纳,得到的关于电流元 Idl 产生磁场 dB 的规律,此实验定律可以表述如下:如图 7-10 所示,载流导线上任一电流元 Idl,在真空中任意一个给定场点 P 所产生的磁感应强度 dB 的大小与电流元 Idl 的大小成正比,与电

流元和由电流元到 P 点的矢径 r 之间的夹角的正弦成正比,并与电流元到 P 点的距离的平方成反比。$\mathrm{d}\boldsymbol{B}$ 的方向垂直于 $\mathrm{d}\boldsymbol{l}$ 和 $\boldsymbol{r}$ 所组成的平面,并沿矢量积 $\mathrm{d}\boldsymbol{l}\times\boldsymbol{r}$ 的方向(用右手螺旋定则判定)。

即有 $\mathrm{d}\boldsymbol{B}$ 的大小为

$$\mathrm{d}B = k\frac{I\mathrm{d}l\sin\theta}{r^2}。$$

在国际单位制(SI)中,比例系数 k 规定为 $k=\dfrac{\mu_0}{4\pi}$,μ_0 称为真空磁导率,且有 $\mu_0 = 4\pi\times 10^{-7}\ \mathrm{T\cdot m\cdot A^{-1}}$。

于是,上述表达式写成

$$\mathrm{d}B = \frac{\mu_0}{4\pi}\frac{I\mathrm{d}l\sin\theta}{r^2},$$

写成矢量式,得到毕奥-萨伐尔定律的表达式为

$$\mathrm{d}\boldsymbol{B} = \frac{\mu_0}{4\pi}\frac{I\mathrm{d}\boldsymbol{l}\times\boldsymbol{r}^0}{r^2}, \tag{7-10}$$

式中,$\boldsymbol{r}^0$ 是矢径 $\boldsymbol{r}$ 方向上的单位矢量。

2. 磁感应强度的叠加原理

磁场与电场一样是矢量场,都具有可叠加的性质,因此磁感应强度矢量 $\boldsymbol{B}$ 同样应该遵循叠加原理。

毕奥-萨伐尔定律给出了电流元 $I\mathrm{d}\boldsymbol{l}$ 在场中任意场点 P 产生磁场的规律。进一步利用磁场的叠加原理,不难求得任意载流导线在 P 点的磁感应强度 $\boldsymbol{B}$ 为

$$\boldsymbol{B} = \int_L \mathrm{d}\boldsymbol{B} = \int_L \frac{\mu_0}{4\pi}\frac{I\mathrm{d}\boldsymbol{l}\times\boldsymbol{r}^0}{r^2}。 \tag{7-11}$$

应当指出,由于稳恒电流的孤立电流元原则上无法单独获得,因此毕奥-萨伐尔定律无法由实验直接验证。由于通过定律计算出的磁场强度和通过实际测量达到的磁场强度结果总是相符合,毕奥-萨伐尔定律的正确性才得到了间接的证明。

7.2.3　毕奥-萨伐尔定律的应用

毕奥-萨伐尔定律提供了计算稳恒磁场的最普遍方法,下面通过几种典型的电流分布,讨论如何用毕奥-萨伐尔定律计算其磁场的分布。

1. 载流直导线的磁场分布

设在真空中,有一条长为 L 的载流直导线,导线中通有稳恒电流 I,要求此直导线旁任意一点 P 的磁感应强度 $\boldsymbol{B}$。

在直线上任取一电流元 $I\mathrm{d}\boldsymbol{l}$,根据右手螺旋定则可以判断出,直导线上所有电流元在场点 P 产生的 $\mathrm{d}\boldsymbol{B}$ 的方向相同,都垂直于电流元 $I\mathrm{d}\boldsymbol{l}$ 与矢径 $\boldsymbol{r}$ 所决定的平面,即垂直于纸面向里,如图 7-11 所示。

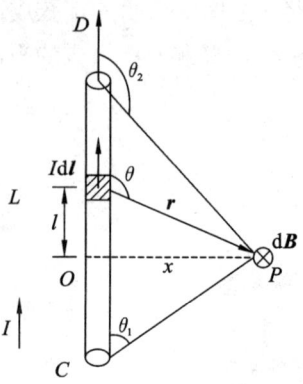

图 7-11 载流直导线

由毕奥-萨伐尔定律可得,电流元 Idl 在任意给定场点 P 所产生的磁感应强度的大小为

$$dB = \frac{\mu_0}{4\pi} \frac{Idl\sin\theta}{r^2},$$

对所有电流元求和,可得整段载流直导线在 P 点产生的磁感应强度大小为

$$B = \int_C^D dB = \frac{\mu_0}{4\pi} \int_C^D \frac{Idl\sin\theta}{r^2},$$

进行积分运算时,首先统一变量,将变量 l, r 用 θ 表示为

$$l = x\cot(\pi - \theta) = -x\cot\theta,$$

$$dl = \frac{xd\theta}{\sin^2\theta},$$

$$r = \frac{x}{\sin(\pi - \theta)} = \frac{x}{\sin\theta},$$

代入得磁感应强度大小为

$$B = \frac{\mu_0}{4\pi} \int_{\theta_1}^{\theta_2} \frac{I\sin\theta d\theta}{x} = \frac{\mu_0 I}{4\pi x}(\cos\theta_1 - \cos\theta_2), \tag{7-12}$$

式中,x 是场点到载流直导线的垂直距离,而 θ 是 Idl 的方向与矢径 r(电流元指向场点)之间的夹角。

最后,简要讨论一下极限情形:

(1) 当载流直导线无限长(即 $L \to \infty$)时,有

$$\theta_1 = 0, \quad \theta_2 = \pi,$$

则

$$B = \frac{\mu_0 I}{4\pi x}(\cos\theta - \cos\pi) = \frac{\mu_0 I}{2\pi x}。$$

无限长载流直导线周围各点的磁感应强度的大小与各点到导线的垂直距离 x 成反

比,以长直导线上的点为圆心,作垂直于长直导线的同心圆系,则长直导线在各点 B 的方向沿圆的切线方向,其指向与电流方向满足右手螺旋定则。

(2) 当场点非常靠近有限长载流直导线附近(即 $a \ll l$ 时),有 $\theta_1 \approx 0, \theta_2 \approx \pi$,则得

$$B = \frac{\mu_0 I}{4\pi x}(\cos 0 - \cos \pi) = \frac{\mu_0 I}{2\pi x}, \tag{7-13}$$

上式说明,当场点十分靠近有限长直导线(除两端头外)时,导线可以视为无限长直导线。实际上,无限长载流直导线的模型正是这样被抽象出来的。

2. 圆形电流轴线上的磁场分布

设在真空中,有一半径为 R 的载流圆线圈,通有稳恒电流 I,要求载流圆线圈轴线上任意 P 点的磁感应强度 B。

如图 7-12 所示,取线圈的轴线为 Ox 轴,原点 O 在载流圆线圈的圆心。

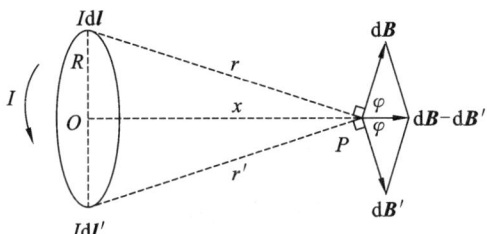

图 7-12 载流圆线圈

在圆线圈上任取一电流元 Idl,在其直径的另一端取对称的另一个电流元 Idl',$dl = dl'$,则它们在轴上的任意场点 P 产生的磁感应强度 B 的大小相等,即

$$dB = \frac{\mu_0}{4\pi} \frac{Idl\sin 90°}{r^2} = \frac{\mu_0}{4\pi} \frac{Idl}{r^2},$$

$$dB' = \frac{\mu_0}{4\pi} \frac{Idl'\sin 90°}{r^2} = \frac{\mu_0}{4\pi} \frac{Idl}{r^2},$$

dB 与 dB' 大小相等,它们对轴线而言是对称的,合成以后,其垂直轴线的分量相互抵消,而平行轴线的分量则相互叠加,故整个载流圆线圈在 P 点产生的总磁感应强度的大小为

$$B = \oint_L dB_{//} = \oint_L dB\cos\varphi = \oint_L \frac{\mu_0}{4\pi} \frac{Idl}{r^2}\cos\varphi,$$

由于有几何关系

$$\cos\varphi = \frac{R}{r}, \quad r = \sqrt{R^2 + x^2},$$

故可得

$$B = \frac{\mu_0 IR}{4\pi r^3}\int_0^{2\pi R} dl = \frac{\mu_0}{2} \frac{R^2 I}{(x^2+R^2)^{3/2}} = \frac{\mu_0 SI}{2\pi(x^2+R^2)^{3/2}}。 \tag{7-14}$$

下面讨论两种特殊情况：

(1) 在载流圆线圈圆心处，由于 $x=0$，则有

$$B=\frac{\mu_0 I}{2R}。 \tag{7-15}$$

由于圆电流线圈上每一电流元在圆心处所产生的磁感应强度方向均相同，所以求长为 l 的一段圆弧在圆心处所产生的磁感应强度可通过下式计算：

$$B=\frac{\mu_0 R}{2R}\cdot\frac{l}{2\pi R}。$$

(2) 在载流圆线圈轴线上离圆心很远处，由于 $x\gg R$，则有

$$B=\frac{\mu_0 \pi}{2\pi}\frac{R^2 I}{x^3}=\frac{\mu_0 SI}{2\pi x^3},$$

即有

$$\boldsymbol{B}=\frac{\mu_0}{2\pi}\frac{\boldsymbol{p}_{\mathrm{m}}}{x^3},$$

式中，$\boldsymbol{p}_{\mathrm{m}}=IS\boldsymbol{n}$，称为载流线圈的磁矩。

3. 载流直螺线管内部轴线上的磁场分布

设在真空中有一半径为 R 的载流密绕螺线管，管中载有稳恒电流 I，其单位长度上的匝数为 n，要求管内轴线上任意一点的磁感应强度。

因为螺线管上的载流线圈是密绕的，所以每匝线圈可近似当作闭合的圆形电流，载流直螺线管在其内部轴上某点 P 处所产生的磁感应强度应等于各匝圆线圈在该点所产生的磁感应强度的总和。

如图 7-13 所示，在螺线管上取长为 $\mathrm{d}l$ 的一小段，$\mathrm{d}l$ 上有 $n\mathrm{d}l$ 匝线圈，利用(7-14)式，这小段 $\mathrm{d}l$ 上的线圈(圆环电流)在轴线上某点 P 所产生的磁感应强度大小为

$$\mathrm{d}B=\frac{\mu_0 IR^2 n\mathrm{d}l}{2(R^2+l^2)^{3/2}}。$$

由右手螺旋定则，可以判断其方向沿轴线向右。

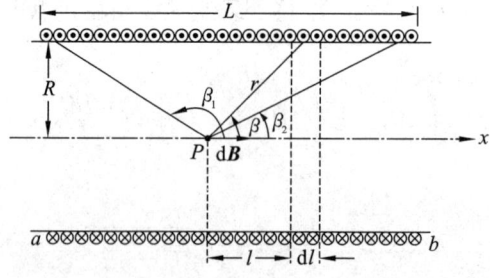

图 7-13　密绕螺线管

因为螺线管的各小段 $\mathrm{d}l$ 在 P 点所产生的磁感应强度的方向都相同，因此由叠加

原理，整个螺线管在 P 点的磁感应强度的大小为

$$B = \int \mathrm{d}B = \int \frac{\mu IR^2 n\mathrm{d}l}{2\left(R^2+l^2\right)^{\frac{3}{2}}}。$$

进行运算时，为了方便积分，将变量 l 用角变量 β 表示（β 为螺线管的轴线与从 P 点到 $\mathrm{d}l$ 处小段线圈上任一点的矢径之间的夹角）。

根据几何关系，有

$$l = R\cot\beta, \quad \mathrm{d}l = -R\csc^2\beta \mathrm{d}\beta,$$
$$R^2 + l^2 = R^2 \csc^2\beta,$$

所以

$$B = \int \mathrm{d}B = \int_{\beta_1}^{\beta_2} \frac{\mu_0}{2} nI(-\sin\beta)\mathrm{d}\beta$$
$$= \frac{1}{2}\mu_0 nI(\cos\beta_2 - \cos\beta_1), \tag{7-16}$$

式中，β_2 和 β_1 分别表示场点 P 到螺线管两端的连线和轴线之间的夹角。

下面讨论两种特殊的极限情况：

(1) 如果螺线管为无限长（即 $L \gg R$），有 $\beta_1 = \pi, \beta_2 = 0$，则管内轴线上的磁感应强度为

$$B = \mu_0 nI_0, \tag{7-17}$$

可见，无限长密绕螺线管轴线上的磁场为匀强磁场。

(2) 如果 P 点处于半无限长载流螺线管的一端（比如左端），有 $\beta_1 = \frac{\pi}{2}, \beta_2 = 0$，则管内轴线上有限端 P 点的磁感应强度为

$$B = \frac{1}{2}\mu_0 nI,$$

可见，该处磁感应强度是内部磁感应强度的一半。

图 7-14 显示出了均匀密绕载流螺线管轴线上的磁场分布情况，从图中可看出，密绕长直载流螺线管内中部轴线附近的磁场可近似当作匀强磁场。

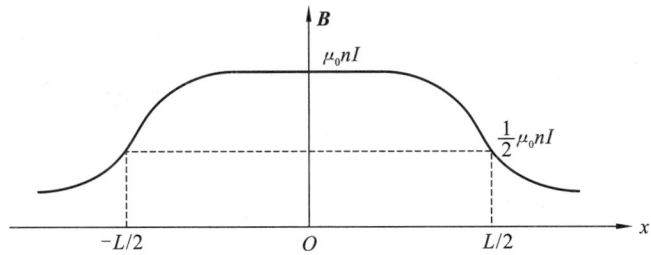

图 7-14　螺线管轴线上的磁场分布

7.2.4　运动电荷的磁场

通电导线中的电流是导线中大量自由电子做定向运动形成的。因此，电流所产生

的磁场,可以看作大量运动电荷所产生磁场的总和。实验与理论都表明,运动电荷所产生的磁场与电流所产生的磁场是等效的。电流产生磁场的本质,就是由于带电粒子的运动。

运动电荷所产生的磁感应强度,可以很方便地利用毕奥-萨伐尔定律导出(这实际上是从理论上研究毕奥-萨伐尔定律的微观意义)。

设有一个横截面积为 S 的电流元 $Id\boldsymbol{l}$,若设导体内单位体积内的带电离子(载流子)数为 n,每个带电离子的电荷量为 q,且速度都为 $\boldsymbol{v}$。根据前面已有的讨论,电流密度的表达式为

$$\boldsymbol{j} = qn\boldsymbol{v},$$

通过电流元 $Id\boldsymbol{l}$ 截面 S 的电流强度由(7-3)式给出,为

$$I = \iint_S \boldsymbol{j} \cdot d\boldsymbol{S} = j \cdot S,$$

即可以得到

$$I = qnvS,$$

由毕奥-萨伐尔定律,可得

$$d\boldsymbol{B} = \frac{\mu_0}{4\pi} \frac{Id\boldsymbol{l} \times \boldsymbol{r}^0}{r^2} = \frac{\mu_0}{4\pi} \frac{qnvSd\boldsymbol{l} \times \boldsymbol{r}^0}{r^2},$$

式中,$\boldsymbol{r}^0$ 是单位矢量。

注意到在电流元 $Id\boldsymbol{l}$ 中,做定向运动的带电粒子数目为

$$dN = nSdl。$$

从微观意义上讲,电流元 $Id\boldsymbol{l}$ 所产生的磁感应强度就是这 dN 个运动电荷产生的。于是,可得每一个以速度 $\boldsymbol{v}$ 运动的电荷 q 所产生的磁感应强度的大小为

$$B = \frac{dB}{dN} = \frac{\mu_0}{4\pi} = \frac{qv\sin(\boldsymbol{v},\boldsymbol{r}^0)}{r^2},$$

用矢量式表示为

$$\boldsymbol{B} = \frac{\mu_0}{4\pi} \frac{q\boldsymbol{v} \times \boldsymbol{r}^0}{r^2}。 \tag{7-18}$$

如图 7-15 所示,$\boldsymbol{B}$ 的方向垂直于 $\boldsymbol{v}$ 和 $\boldsymbol{r}$ 所构成的平面。当 q 为正电荷时,$\boldsymbol{B}$ 的方向为矢量积 $\boldsymbol{v} \times \boldsymbol{r}^0$ 的方向;当 q 为负电荷时,$\boldsymbol{B}$ 的方向则与矢量积 $\boldsymbol{v} \times \boldsymbol{r}^0$ 的方向相反。

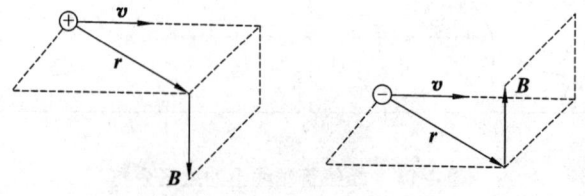

图 7-15 运动电荷的磁场

例 7-1 有一长直导线 aa' 与一半径为 R 的导体圆环相切于 a 点,另一长直导线

bb' 沿半径方向与圆环相切于 b 点,如图 7-16 所示,有稳恒电流 I 从 a 端流入,而从 b 端流出,求:圆环中心 O 点的磁感应强度 $\boldsymbol{B}$。

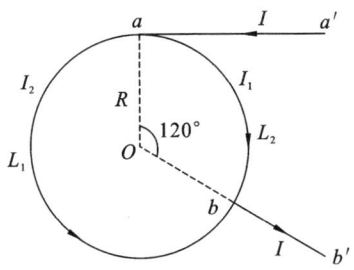

图 7-16 环中心点的磁场

解 此题可用毕奥-萨伐尔定律求解。分析知 O 点的 $\boldsymbol{B}_0$ 由四部分组成:
$$\boldsymbol{B}_0 = \boldsymbol{B}_{aa'} + \boldsymbol{B}_{bb'} + \boldsymbol{B}_{L_1} + \boldsymbol{B}_{L_2},$$
半无限长直载流导线 aa' 与 bb' 在 O 点产生的场分别为
$$B_{aa'} = \frac{\mu_0 I}{4\pi R}\left(\cos 0 - \cos \frac{\pi}{2}\right) = \frac{\mu_0 I}{4\pi R},$$
其方向垂直纸面向外;
$$B_{bb'} = 0 \text{(因为场点在 } bb' \text{ 的延长线上)},$$
另外,电流流入 a 点,分成两路 L_1,L_2,再从 b 点流出,且设圆环周长为 L,有
$$L_1 = \frac{1}{3}L, \quad L_2 = \frac{2}{3}L,$$
因载流导线是均匀的,由欧姆定律 $U = IR$,可得 L_1,L_2 两分路电流分别为 $\frac{2}{3}I$ 和 $\frac{1}{3}I$,则得在 O 点产生的场分别为
$$B_{L_1} = \frac{\mu_0 \times \frac{2}{3}I}{2R} \times \frac{1}{3} = \frac{\mu_0 I}{9R},$$
其方向垂直纸面向内;
$$B_{L_2} = \frac{\mu_0 \times \frac{1}{3}I}{2R} \times \frac{2}{3} = \frac{\mu_0 I}{9R},$$
其方向垂直纸面向外。

以矢量式表达即有:
$$\boldsymbol{B}_{L_1} = -\boldsymbol{B}_{L_2},$$
所以
$$\boldsymbol{B}_0 = \boldsymbol{B}_{aa'} + \boldsymbol{B}_{bb'} + \boldsymbol{B}_{L_1} + \boldsymbol{B}_{L_2} = \boldsymbol{B}_{aa'},$$
$$B_0 = \frac{\mu_0 I}{4\pi R},$$
由右手螺旋定则可知,其方向垂直纸面向外。

7.3 磁场的高斯定理和安培环路定理

在研究静电场时，根据库仑定律和场的叠加原理，导出了高斯定理和安培环路定理。在稳恒磁场中，我们根据毕奥-萨伐尔定律和场的叠加原理，也可以导出磁场的高斯定理和安培环路定理，从而了解磁场的性质。

7.3.1 稳恒磁场的高斯定理

1. 磁通量

静电场中我们引入了电通量的概念，其直观解释是穿过某一面积的电场线的条数。这里，与静电场类似，我们引入磁通量（即磁感应强度通量），其直观意义则是，通过某曲面的磁通量等于穿过磁场中该曲面的磁感应线的条数。磁通量用符号 Φ_m 表示。

下面计算任意一磁场中，通过任一曲面 S 的 Φ_m（方法类似于电通量的计算）。

一般地，磁场是非均匀磁场，曲面 S 也是任意的。因此，我们在 S 面上取小面积元 dS，在 dS 上 B 可以视为是均匀的，dS 的法线方向 n 与该点处磁场 B 方向之间的夹角为 α，如图 7-17 所示。于是，通过面积元 dS 的磁通量为

$$d\Phi_m = \boldsymbol{B} \cdot d\boldsymbol{S} = B\cos\theta dS,$$

所以，通过任意曲面 S 的磁通量为

$$d\Phi_m = \iint_S \boldsymbol{B} \cdot d\boldsymbol{S} = \iint_S B\cos\theta dS. \tag{7-19}$$

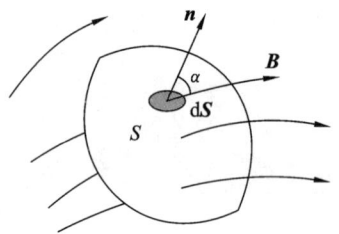

图 7-17 磁通量

在国际单位制(SI)中，磁通量的单位为韦伯(Wb)，$1 \text{ Wb} = 1 \text{ T} \times 1 \text{ m}^2$。

如果磁场中各点的磁感应强度的大小和方向都相同，则该磁场称为匀强磁场。若 S 是闭合曲面，此时一般规定外法线方向为正法线方向，则当磁感应线从闭合曲面内穿出时，磁通量为正；而当磁感应线从闭合曲面外穿入时，磁通量为负。闭合曲面上的磁通量是研究磁场的高斯定理时需要考虑的。

例 7-2 相距为 $d = 40 \text{ cm}$ 的两根平行长直导线 1 和 2 放在真空中，每根导线载有电流 $I_1 = I_2 = 20 \text{ A}$，如图 7-18 所示。试求：

(1) 两导线所在平面内与两导线等距的一点 A 处的磁感应强度。

(2) 通过图中斜线所示面积 S 的磁通量(设 $r_1 = r_3 = 10$ cm, $r_2 = 20$ cm, $l = 25$ cm)。

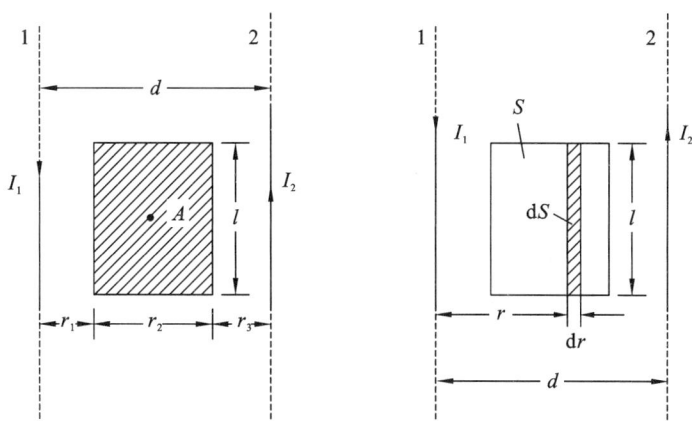

图 7-18

解 (1) 计算 A 处的磁感应强度。

根据右手螺旋定则，载流导线 1 和 2 在 A 点处磁感应强度 $\boldsymbol{B}_1$ 和 $\boldsymbol{B}_2$ 的方向都是垂直纸面向外的。

$\boldsymbol{B}_1$, $\boldsymbol{B}_2$ 的大小可由无限长直导线的公式(7-13)式计算。

由于 $I_1 = I_2$，且 A 点与两导线等距，即得

$$B_1 = B_2 = \frac{\mu_0}{2\pi} \frac{I_1}{\left(r_1 + \dfrac{r_2}{2}\right)} = \frac{4\pi \times 10^{-7} \times 20}{2\pi \times 0.20} = 2.0 \times 10^{-5} (\text{T}),$$

所以 A 点的总磁感应强度

$$B = B_1 + B_2,$$
$$B = 2B_1 = 4.0 \times 10^{-5} (\text{T}),$$

其方向垂直纸面向外。

(2) 计算通过图中斜线所示面积的磁通量。

可将该面积 S 分割为许多小矩形面积元 $\mathrm{d}S = l\mathrm{d}r$，如图 7-18 所示，小面积元 $\mathrm{d}S$ 与导线 l 相距 r，与导线 2 相距 $\mathrm{d}r$，该处(即小面积元上)磁感应强度 $\boldsymbol{B}$ 垂直纸面向外，大小为

$$B = \frac{\mu_0}{2\pi} \frac{I_1}{r} + \frac{\mu_0}{2\pi} \frac{I_2}{d-r},$$

所以通过面积元 $\mathrm{d}S$ 的磁通量为

$$\mathrm{d}\Phi_\mathrm{m} = \boldsymbol{B} \cdot \mathrm{d}\boldsymbol{S} = \frac{\mu_0 l}{2\pi}\left(\frac{I_1}{r} + \frac{I_2}{d-r}\right)\mathrm{d}r,$$

则通过 S 的总的磁通量为

$$\Phi_\mathrm{m} = \int \mathrm{d}\Phi_\mathrm{m} = \frac{\mu_0 l}{2\pi}\int_{r_1}^{r_1+r_2}\left(\frac{I_1}{r} + \frac{I_2}{d-r}\right)\mathrm{d}r = \frac{\mu_0 l I_1}{2\pi}\ln\frac{r_1+r_2}{r_1} + \frac{\mu_0 l I_2}{2\pi}\ln\frac{d-r_1}{d-r_1-r_2}。$$

注意到 $I_1 = I_2$，且有 $d = r_1 + r_2 + r_3$，$r_1 = r_3$，所以

$$\Phi_m = \frac{\mu_0 l I_1}{2\pi}\left(\ln\frac{r_1+r_2}{r_1} + \ln\frac{r_2+r_3}{r_3}\right) = \frac{\mu_0 l I_1}{\pi}\ln\frac{r_1+r_2}{r_1},$$

代入数据后求得

$$\Phi_m = \frac{4\pi \times 10^{-7} \times 0.25 \times 20}{\pi}\ln\frac{0.30}{0.10} = 20 \times 10^{-7} \times \ln 3 = 2.2 \times 10^{-6}\,(\text{Wb})。$$

2. 稳恒磁场的高斯定理（通量定理）

为了得到稳恒磁场的性质，我们考察磁场在闭合曲面上的磁通量。

前面已经讲过，磁感应线总是闭合的线，表明磁场中不存在磁感应线的首和尾，磁场是无源场。若在磁场中作一个任意形状的闭合曲面，则根据磁感应线的闭合特性，穿入闭合曲面的磁感应线的条数必然等于穿出闭合曲面的磁感应线的条数。上述结论的数学表达式为

$$\oint_S \boldsymbol{B} \cdot \mathrm{d}\boldsymbol{S} = 0, \tag{7-20}$$

即通过任一闭合曲面的总磁通量必为零，这就是磁场的高斯定理（磁场的通量定理）。

回顾一下静电场中的高斯定理

$$\oint_S \boldsymbol{E} \cdot \mathrm{d}\boldsymbol{S} = \sum q/\varepsilon_0。$$

在电磁学中，两者的地位相当，但它们描述的场却有着本质上的区别。通过任意闭合曲面的电通量一般不为零，说明静电场是有源场；而通过闭合曲面的磁通量恒等于零，说明磁场是无源场。

电场的高斯定理和磁场的高斯定理在形式上并不对称，其原因是自然界中存在独立的电荷却不存在独立的磁荷（磁单极子）。磁场不是由磁荷激发的，而是由运动电荷激发的。

磁单极子概念是狄拉克于 1931 年提出来的，其是否存在，目前物理学家仍在研究。如果找到磁单极子（独立磁荷），将会对物理学产生重大影响，例如磁场的高斯定理就要作出修改。

7.3.2 稳恒磁场的安培环路定理

考察任何矢量场的性质，都要从通量和环流两个方面入手。在静电场中，我们已知电场强度沿任意闭合路径的环流为零，即 $\oint_L \boldsymbol{E} \cdot \mathrm{d}\boldsymbol{l} = 0$，说明静电场是保守力场（即无旋性）。这里我们讨论磁感应强度 $\boldsymbol{B}$ 的环流，即安培环路定理。

1. 安培环路定理

电场强度沿任意闭合路径的环流为零，那么磁感应强度沿任意闭合路径的环流是否也为零？磁场是否保守力场？下面通过一个特例来导出安培环路定理。

设在无限长的直导线内通有稳恒电流 I，在垂直于导线的平面内，任取一围绕该电流的闭合曲线 L 作为进行积分的路线，称为安培环路。如图 7-19 所示，沿 L 积分时

的绕行方向与电流 I 的流向符合右手螺旋定则。今在 L 上 G 点处取线元 $\mathrm{d}l$,而导线与平面的交点 O 至 G 点的矢径为 r,由(7-13)式可知,G 点处的磁感应强度 $\boldsymbol{B}$ 的大小为 $\dfrac{\mu_0 I}{2\pi r}$,方向与 r 垂直。

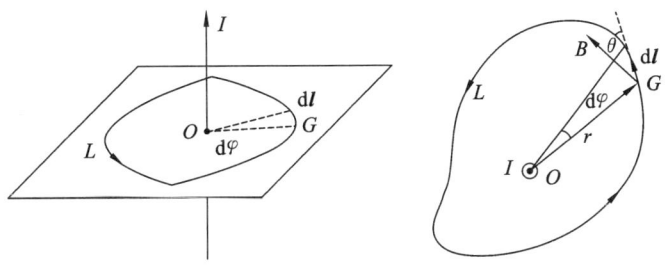

图 7-19　安培环路定理

$\mathrm{d}l$ 与 $\boldsymbol{B}$ 之间的夹角为 θ,有几何关系有

$$\cos\theta \mathrm{d}l = r\mathrm{d}\varphi,$$

此处 $\mathrm{d}\varphi$ 是 $\mathrm{d}l$ 对 O 点的张角,于是得到

$$\boldsymbol{B}\mathrm{d}l = Br\mathrm{d}\varphi = \dfrac{\mu_0 I}{2\pi}\mathrm{d}\varphi,$$

这一结果对安培环路 L 上任意一个小线元 $\mathrm{d}l$ 都成立,因此 $\boldsymbol{B}$ 对 L 的线积分(即环流)为

$$\oint_L \boldsymbol{B} \cdot \mathrm{d}l = \int_0^{2\pi} \dfrac{\mu_0 I}{2\pi}\mathrm{d}\varphi = \mu_0 I。$$

如果电流的流向与上述假定方向相反,不难得到

$$\oint_L \boldsymbol{B} \cdot \mathrm{d}l = -\mu_0 I。$$

当有多根载流长直导线穿过 L 所包围的面积时,若每个电流单独存在时所激发的磁感应强度分别为 $\boldsymbol{B}_1, \boldsymbol{B}_2, \cdots, \boldsymbol{B}_n$,则根据叠加原理,总的磁感应强度为

$$\boldsymbol{B} = \boldsymbol{B}_1 + \boldsymbol{B}_2 + \cdots + \boldsymbol{B}_n,$$

因而

$$\oint_L \boldsymbol{B} \cdot \mathrm{d}l = \oint_L \boldsymbol{B}_1 \mathrm{d}l + \oint_L \boldsymbol{B}_2 \mathrm{d}l + \cdots + \oint_L \boldsymbol{B}_n \cdot \mathrm{d}l = \mu_0 I_1 + \mu_0 I_2 + \cdots + \mu_0 I_n,$$

即有

$$\oint_L \boldsymbol{B} \cdot \mathrm{d}l = \mu_0 \sum_{i=1}^{n} I_i, \tag{7-21}$$

上式就是磁场的安培环路定理的数学表达式,它表明在真空中,磁感应强度 $\boldsymbol{B}$ 沿任意闭合环路 L 的线积分(即环流),等于该环路所包围的所有电流强度的代数和的 μ_0 倍。

以上安培环路定理虽然是在特殊情况下导出的,但是可以根据毕奥-萨伐尔定律和场的叠加原理严格证明,定理对任意稳恒电流的磁场中的任意闭合曲线都是普遍成立的。

安培环路定理是反映稳恒磁场性质的两个基本定理之一。前面磁场的高斯定理（磁感应强度 B 通过任一闭合曲面的总磁通量必为零）说明了稳恒磁场是无源场，而这里的安培环路定理（磁感应强度 B 沿任意闭合环路 L 的环流不为零）则说明了磁场是有旋场，即非保守力场，这是磁场的又一个重要性质。所以，通常说稳恒磁场是一种无源有旋场或无源非保守力场。

对于如何理解安培环路定理，需要进一步说明以下几点：

（1）$\sum_{i=1}^{n} I_i$ 只是 L 所包围的所有传导电流的代数和。

（2）I 的正负按前述规则决定，即当电流方向与 L 的环绕方向成右手螺旋关系时，I 为正，反之为负。

（3）如果某一电流 I 不被环路 L 所包围，则该电流对环路积分的值没有贡献，但该电流对磁场中各点磁感应强度仍是有贡献的。

安培环路定理反映了磁场与电流之间的定量关系，是描述稳恒磁场特性的重要规律之一，无论磁场有无对称性都是普遍成立的。在磁场分布具有对称性的情况下，它则提供了一种求磁场空间分布的简便方法。在磁场分布不具有对称性的情况下，定理仍然是成立的，但很难或无法求出磁场的分布。

2. 安培环路定理的应用

已知电流求磁场的一般方法，前面已经介绍过根据毕奥-萨伐尔定律和场的叠加原理来求解。而对于一些具有对称性的稳恒磁场（电流分布具有对称性，导致磁场具有对称性），则可以考虑运用安培环路定理求解。这就和在静电场中，当电荷具有某种对称性时，可以用高斯定理来求解电场一样。

应用安培环路定理求磁场分布的关键在于根据磁场分布的对称性选择合适的安培环路，即要求闭合环路要通过待求的场点，在该闭合环路上磁感应强度 B 大小最好恒定，且 B 与 dl 的方向关系较简单（最好平行或者垂直），这样可以简化积分运算。

下面以两个典型的电流分布为例，讨论如何用安培环路定理求解问题。

（1）无限长载流螺线管内外的磁场分布。

设在真空中，有一个载有电流 I 的无限长密绕螺线管，其单位长度上的线圈匝数为 n，试计算管内和管外的磁感应强度分布。

分析对称性可知，由于螺线管无限长，管内各场点磁感应强度的方向应平行于螺线管的轴线，且在距离轴线等距离处磁感应强度的大小应相等。

先求管内的磁场。

如图 7-20 所示，通过管内某一任意点 P 作一矩形闭合线 $abcda$（安培环路），沿此闭合线求磁感应强度矢量的线积分。

由安培环路定理，有

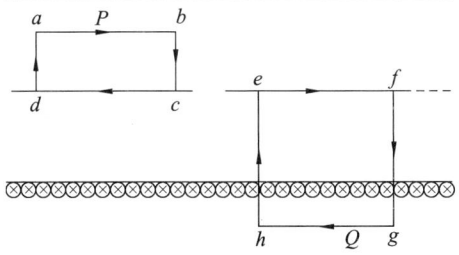

图 7-20 无限长密绕螺线管

$$\oint_L \boldsymbol{B} \cdot \mathrm{d}\boldsymbol{l} = \int_a^b \boldsymbol{B} \cdot \mathrm{d}\boldsymbol{l} + \int_b^c \boldsymbol{B} \cdot \mathrm{d}\boldsymbol{l} + \int_c^d \boldsymbol{B} \cdot \mathrm{d}\boldsymbol{l} + \int_d^a \boldsymbol{B} \cdot \mathrm{d}\boldsymbol{l} = 0,$$

在 $\overline{bc}$ 和 $\overline{da}$ 段，由于 $\boldsymbol{B} \perp \mathrm{d}\boldsymbol{l}$，则 $\int_b^c \boldsymbol{B} \cdot \mathrm{d}\boldsymbol{l} = \int_d^a \boldsymbol{B} \cdot \mathrm{d}\boldsymbol{l} = 0$，且利用(7-17)式，得

$$\oint_L \boldsymbol{B} \cdot \mathrm{d}\boldsymbol{l} = \int_a^b \boldsymbol{B} \cdot \mathrm{d}\boldsymbol{l} + \int_c^d \boldsymbol{B} \cdot \mathrm{d}\boldsymbol{l} = B \cdot \overline{ab} + (-\mu_0 nI) \cdot \overline{cd} = 0,$$

注意到 $\overline{ab} = \overline{cd}$，于是得任意场点 P 的磁感应强度的大小为

$$B = \mu_0 nI。$$

场点 P 是螺线管内任意一个场点，其磁感应强度与轴线上的结果相同，由此可知，载流长直螺线管内的磁场是匀强磁场。

再求管外的磁场。

同理，通过管外某一任意点 Q 作一矩形闭合线 $efghe$（安培环路），沿此闭合线求磁感应强度矢量的线积分。由安培环路定理，有

$$\oint_{L'} \boldsymbol{B} \cdot \mathrm{d}\boldsymbol{l} = \int_e^f \boldsymbol{B} \cdot \mathrm{d}\boldsymbol{l} + \int_f^g \boldsymbol{B} \cdot \mathrm{d}\boldsymbol{l} + \int_g^h \boldsymbol{B} \cdot \mathrm{d}\boldsymbol{l} + \int_h^e \boldsymbol{B} \cdot \mathrm{d}\boldsymbol{l} = 0,$$

在 $\overline{fg}$ 和 $\overline{he}$ 段，由于 $\boldsymbol{B} \perp \mathrm{d}\boldsymbol{l}$，则 $\int_f^g \boldsymbol{B} \cdot \mathrm{d}\boldsymbol{l} = \int_h^e \boldsymbol{B} \cdot \mathrm{d}\boldsymbol{l} = 0$，同样利用(7-17)式，得

$$\oint_{L'} \boldsymbol{B} \cdot \mathrm{d}\boldsymbol{l} = \int_e^f \boldsymbol{B} \cdot \mathrm{d}\boldsymbol{l} + \int_g^h \boldsymbol{B} \cdot \mathrm{d}\boldsymbol{l} = (\mu_0 nI) \cdot \overline{ef} + B \cdot \overline{gh} = \mu_0 nI \overline{ef},$$

注意到 $\overline{ef} = \overline{gh}$，于是得管外任意场点 Q 的磁感应强度的大小为

$$B = 0,$$

由此可知，载流长直螺线管外无磁场，磁场集中在管内。

(2) 无限长直载流圆柱导体内外的磁场分布。

设在真空中有一无限长直载流圆柱导体，半径为 R，电流 I 沿轴线方向，且在圆柱导体的横截面上电流是均匀分布的，试计算空间磁场的分布。

先求圆柱导体外任一点 P 的磁感应强度。

设 P 点距离轴线的垂直距离 $r(r>R)$，通过 P 点作半径为 r 的圆，圆所在的平面与圆柱体的轴线垂直，如图 7-21 所示。

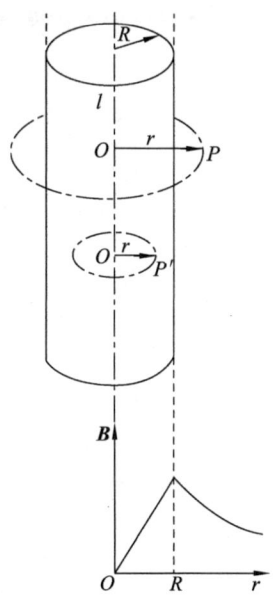

图 7-21　载流圆柱导体

取此圆作为积分的闭合路径(安培环路),积分时绕行方向为顺时针,由于对称性,闭合路径上任一点 B 的量值均相等,方向处处与环路相切,闭合路径所包围的电流强度为 I。

由安培环路定理,可得

$$\oint_L \boldsymbol{B} \cdot \mathrm{d}\boldsymbol{l} = \oint_L B\mathrm{d}l = B\oint_L \mathrm{d}l = 2\pi rB = \mu_0 I,$$

于是,圆柱导体外任一点 P 的磁感应强度为

$$B = \frac{\mu_0 I}{2\pi r},$$

这个结果与前面无限长载流直导线的磁场相同。

再求圆柱体内任一点 P' 的磁感应强度。

设 P' 点在圆柱体内($r<R$),计算方法与上述相同,即

$$\oint_L \boldsymbol{B} \cdot \mathrm{d}\boldsymbol{l} = 2\pi rB = \mu_0 I',$$

此时闭合路径所包围的电流强度为

$$I' = \frac{I}{\pi R^2}\pi r^2 = \frac{Ir^2}{R^2},$$

所以有

$$2\pi rB = \mu_0 \frac{Ir^2}{R^2},$$

由此得

$$B = \frac{\mu_0 Ir}{2\pi R^2}.$$

可见在圆柱体内部,磁感应强度的大小与 r 成正比。场的分布曲线如图 7-21 所示。

由以上两个问题的分析与求解可知,当电流有某些对称性时,应用安培环路定理求解磁场要比应用毕奥-萨伐尔定律求解磁场简单。

例 7-3 如图 7-22 所示,有一个载流螺绕环(螺绕环是绕在圆环上的螺绕形线圈),设其总匝数为 N,通有稳恒电流 I,电流圆环的直径为 $(R_2 - R_1)$,试求载流螺绕环内、外的磁场 $\boldsymbol{B}$ 的分布。

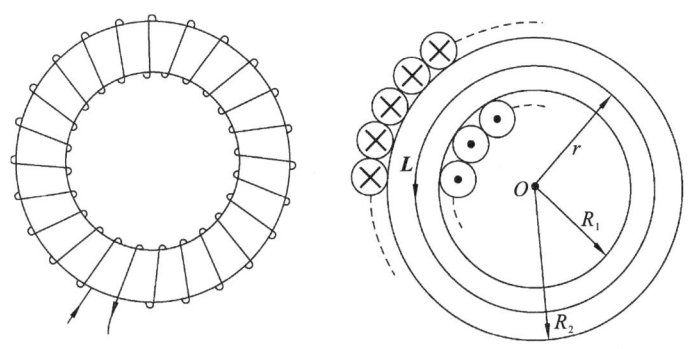

图 7-22 载流螺绕环

解 由对称性分析可知,磁场 $\boldsymbol{B}$ 沿着以 O 为圆心的圆的切线方向,且与电流 I 成右手螺旋关系,r 相等处,$\boldsymbol{B}$ 大小相等。可以考虑用安培环路定理求解。

(1) 先求环内 ($R_1 < r < R_2$) 的 $\boldsymbol{B}$。

在环内作圆环状的安培环路 L,由安培环路定理,得

$$\oint_L \boldsymbol{B} \cdot \mathrm{d}\boldsymbol{l} = 2\pi r B = \mu_0 N I,$$

由此得到

$$B = \frac{\mu_0 N I}{2\pi r} \quad (R_1 < r < R_2).$$

(2) 再求环外 ($r < R_1$ 或 $r > R_2$) 的 $\boldsymbol{B}$。同理,在环外作圆环状的安培环路(有两种情况,图中没有画出),由安培环路定理,对于 $r < R_1$ 的情况,有

$$\oint_L \boldsymbol{B} \cdot \mathrm{d}\boldsymbol{l} = 2\pi r = 0,$$

由此得

$$B = 0。$$

对于 $r > R_2$ 的情况,有

$$\oint_L \boldsymbol{B} \cdot \mathrm{d}\boldsymbol{l} = 2\pi r B = \mu_0 (NI - NI) = 0,$$

同样有

$$B = 0。$$

可见,载流螺绕环的环外无磁场,磁场都集中在环内。

此例中有一种极限的情形需要简要讨论:若螺绕环很细,有 $R_1 \approx R_2 \approx R$(设平均半径为 R),则有 $R_2 - R_1 \ll R$,可得

$$B = \frac{\mu_0 NI}{2\pi R} = \mu_0 \frac{N}{2\pi R} I = \mu_0 n I,$$

上式表明细螺绕环内各处的 $\boldsymbol{B}$ 大小近似相等,此时,螺绕环近似于一无限长直的螺线管。

7.4 洛伦兹力和安培力

前面几节讨论了稳恒电流激发磁场的规律以及稳恒磁场的性质。本节则进一步介绍处于外磁场中的运动电荷和电流所受到的磁场作用力。

7.4.1 洛伦兹力

1. 洛伦兹力公式

运动电荷在磁场中所受到的作用力称为洛伦兹力。由前面磁感应强度矢量的定义可知,电荷量为 q 的正电荷,在均匀磁场中以速度 $\boldsymbol{v}$ 垂直于磁感应强度 $\boldsymbol{B}$ 运动时,它所受到的磁场力为

$$\boldsymbol{F} = q\boldsymbol{v} \times \boldsymbol{B}, \tag{7-22}$$

上式即洛伦兹力公式。

在一般情况下,运动电荷 q 的速度 $\boldsymbol{v}$ 与磁感应强度 $\boldsymbol{B}$ 可以成任意角度 θ。如图 7-23 所示。

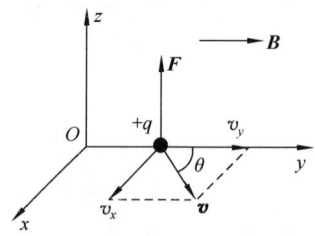

图 7-23 洛伦兹力

由于运动电荷的运动方向与 $\boldsymbol{B}$ 的方向一致时电荷所受的磁力为零,所以,运动电荷所受的洛伦兹力的大小为

$$F = Bqv_x = Bqv\sin\theta。$$

由右手螺旋定则可以确定洛伦兹力的方向总是垂直于 v 和 B 所构成的平面。当 q 为正时，F 的方向为 $v \times B$ 的方向；当 q 为负时，F 的方向为 $-v \times B$ 的方向。

注意，由于 F 总是垂直于运动电荷的速度 v，所以洛伦兹力永远不对运动电荷做功。

若空间中既有电场又有磁场，则运动电荷受力的更一般的表达式为

$$F = q(v \times B + E)。$$

2. 带电粒子在均匀磁场中的运动

一个电量为 q、质量为 m 的带电粒子，以初速 v_0 进入磁感应强度为 B 的均匀磁场中，将受到洛伦兹力的作用。若略去重力作用，粒子的运动情况将因 v_0 和 B 间的夹角不同而有所不同。可分为三种情况：

(1) 当 v_0 和 B 同方向时（带电粒子平行入射），则有 $v_0 \times B = 0$，所以 $F = 0$，即带电粒子做匀速直线运动。

(2) 当 v_0 和 B 垂直时（带电粒子垂直入射），则有 $F = F_{\max} = q v_0 \times B$，其方向垂直于 v_0 与 B 所组成的平面，如图 7-24 所示。

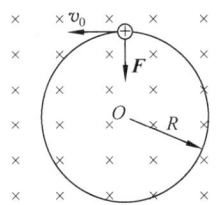

图 7-24 垂直入射

由于 F 与 v_0 垂直，所以 F 只改变带电粒子的速度方向，而不改变速度的大小，带电粒子在磁场中做匀速圆周运动，洛伦兹力就是粒子做匀速圆周运动时所需的向心力。根据牛顿第二定律可得

$$q v_0 B = m \frac{v_0^2}{R},$$

由此求得轨道半径

$$R = \frac{m v_0}{q B}, \qquad (7\text{-}23)$$

上式表明，R 与 v_0 成正比，与 B 成反比。

带电粒子绕圆形轨道运动一周所需的时间称为回旋周期，用 T 表示，有

$$T = \frac{2\pi R}{v_0} = \frac{2\pi m}{q B}, \qquad (7\text{-}24)$$

于是得出一个重要的结论：回旋周期 T（以及回旋频率 $\frac{1}{T}$）只由 m，q 及 B 决定，而与 v_0 及 R 无关。

(3) 当 v_0 与 B 间有一任意夹角 θ 时（普遍情况），如图 7-25 所示，可将 v_0 分解成

平行 $\boldsymbol{B}$ 的分量 $v_{//}$ 和垂直于 $\boldsymbol{B}$ 的分量 $v_{\perp}$，即

$$v_{\perp} = v_0 \sin\theta,$$
$$v_{//} = v_0 \cos\theta。$$

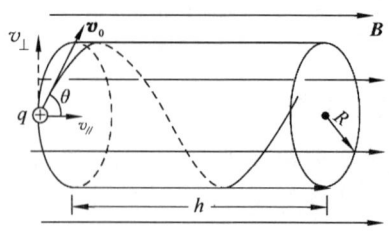

图 7-25　螺旋线运动

利用前面讨论的结论，在磁场的作用下，速度的垂直分量将使带电粒子在垂直 $\boldsymbol{B}$ 的平面内做匀速圆周运动，而速度的平行分量将使带电粒子沿 $\boldsymbol{B}$ 的方向上做匀速直线运动。

根据运动叠加原理，粒子将做螺旋线运动。螺旋线的螺旋半径为

$$R = \frac{mv_{\perp}}{qB} = \frac{mv_0 \sin\theta}{qB}, \tag{7-25}$$

旋转（螺旋）周期为

$$T = \frac{2\pi R}{v_{\perp}} = \frac{2\pi m}{qB}。 \tag{7-26}$$

粒子旋转一周所前进的距离称为螺距，以 h 表示，其值为

$$h = v_{//} T = \frac{2\pi m}{qB} v_0 \cos\theta, \tag{7-27}$$

上式表明，螺距 h 与 $v_{\perp}$ 无关，只与 $v_{//}$ 成正比。利用上述结果可以实现磁聚焦，例如，在一均匀磁场中某点发射一束发散角不大的带电粒子束，尽管这些粒子的 $v_{\perp}$ 各不相同，但它们的 $v_{//}$ 却是基本相同的。因此这些带电粒子尽管螺旋线的半径各不相同，但其螺距却是相同的，即各自旋转一个周期后，都会重新相交于一点，这个现象称为磁聚焦，与光束通过光学透镜聚焦的现象很相似，在实际中有着广泛的应用。

7.4.2　洛伦兹力应用实例

除磁聚焦之外，下面再简要介绍几个应用洛伦兹力的典型实例。

1. 回旋加速器

回旋加速器是利用磁场使带电粒子做回旋运动，带电粒子在运动中经高频电场反复加速的装置，是高能物理研究的重要工具，其构造庞大，而且控制系统很复杂，但基本原理却很简单。如图 7-26 所示，加速器的核心部分：两个半圆形的扁平金属盒（D 形盒）作为电极，与高频振荡电源相接，放在高真空容器里，置于巨大的电磁铁两极之间，并使磁场 $\boldsymbol{B}$ 与盒面垂直。两 D 形盒间的缝隙中产生交变电场。

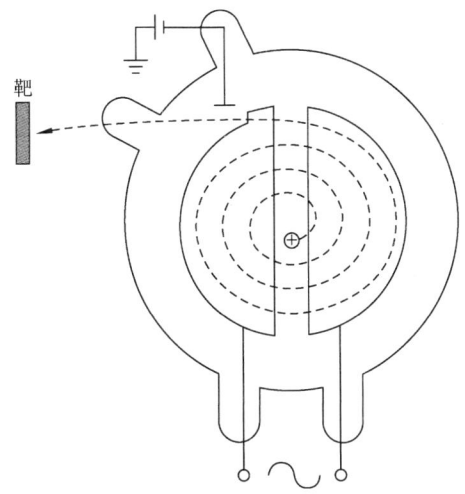

图 7-26 回旋加速器

回旋加速器的工作原理就是利用了带电粒子垂直磁场入射,其圆周运动的回旋周期 T(以及回旋频率 $\frac{1}{T}$)只由 m,q 及 B 决定,而与 v_0 及 R 无关这一性质。

粒子源发出的带电粒子,在两 D 形盒缝隙中的交变电场作用下不断被加速,而在两 D 形盒内部垂直磁场的洛伦兹力作用下做圆周运动,其回旋半径一次次增大,但粒子回旋半周所用的时间 t 始终不变,都等于回旋周期 T 的一半,即

$$t = \frac{T}{2} = \frac{\pi m}{qB}。$$

粒子被加速到最后,通过偏转装置引出打在"靶"上。设最后一圈的半径为 R,可得粒子的最大动能为

$$E_{km} = \frac{1}{2}mv^2 = \frac{q^2 B^2 R^2}{2m}。$$

由于相对论效应的限制,回旋加速器只适合加速质量大的粒子,例如质子。

2. 质谱仪

质谱仪是用于测定带电粒子的电量与质量之比(简称荷质比)的仪器。质谱仪的构造与原理如图 7-27 所示。

离子源 N 产生质量为 m、电量为 q 的离子,离子产生出来时速度很小,可以看作静止的。离子飞出 N 后经过 $S_1 S_2$ 狭缝电极间的加速电场(电压 V)加速,然后经过速度选择器 $P_1 P_2$($P_1 P_2$ 两极间有磁场 $\boldsymbol{B}$ 与电场 $\boldsymbol{E}$),在速度选择器中,只有速度满足 $qE = qvB$,即 $v = \frac{E}{B}$ 的离子可以通过 $P_1 P_2$ 进入匀强磁场 $\boldsymbol{B}'$。

离子进入匀强磁场 $\boldsymbol{B}'$ 后,在洛伦兹力的作用下将沿着半个圆周运动,达到记录它的底片上的 P 点。

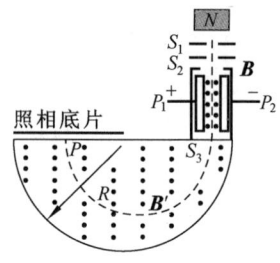

图 7-27　质谱仪的构造

由于此处回旋半径 R 与离子质量 m 成正比，因此质量不同的离子的回旋半径不同，从而到达底片的位置不同，按质量大小形成了所谓的一系列谱线，即质谱。这就是质谱仪中谱的含义。

设离子经电场加速后，在入口 S_3 处达到的速度大小为 v，由

$$R = \frac{mv}{qB'} \quad \text{和} \quad v = \frac{E}{B},$$

可得回旋半径

$$R = \frac{mv}{qB'} = \frac{m}{qB'}\frac{E}{B},$$

于是得离子的质量为

$$m = \frac{qB'B}{E}R,$$

离子的荷质比为

$$\frac{m}{q} = \frac{B'B}{E}R。$$

只要各电场与磁场已知，测出 R 即可得到荷质比。

作为同位素和物质的分析仪器，质谱仪已被广泛应用于科学技术的许多领域，如核物理、原子能技术、半导体物理、地质科学、化学、石油、医学、农业等。

3. 汤姆孙实验

汤姆孙实验是汤姆孙(1856—1940)在1897年做的著名实验。他研究了运动电子 e 在均匀电场和磁场中的受力规律，测出了电子的荷质比 e/m（电子的电荷与质量之比）。其基本原理很简单，同样是利用运动电荷在电场与磁场中受力来分析问题。

如图 7-28 所示，电子 e 被加速后进入电场与磁场所在的偏转区域。

当 E 和 B 都等于 0 时，电子将直接打在荧光屏的中心 O 点处。当偏转区域中只有均匀的 B 时，电子受到洛伦兹力向下偏转，其圆弧半径为 $R = mv/eB$，则电子将打在荧光屏 O' 点处。当再加上 E，且调节 E 与 B 使得作用在电子 e 上的电场力和洛伦兹力平衡时，有

$$eE = evB,$$

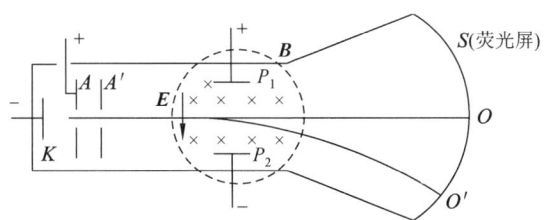

图 7-28　汤姆孙实验

或

$$v = E/B,$$

此时，电子将重新打在中心 O 点处。测出此时的 E 和 B，就可知道电子的速度 v，于是可得

$$\frac{e}{m} = \frac{v}{RB} = \frac{E}{RB^2}。$$

1973 年，国际科学理事会(International Council for Science, ICSU) 下属的科学与技术数据委员会(Committee on Data for Science and Technology, CODATA) 公布的电子荷质比的数值为

$$\frac{e}{m} = 1.7588047(49) \times 10^{11} \text{ C} \cdot \text{kg}^{-1}。$$

4. 霍尔效应

霍尔效应是磁电效应的一种，这一现象是霍尔(1855—1938) 于 1879 年在研究金属的导电问题时发现的。当电流垂直于外磁场通过导体时，在导体的垂直于磁场和电流方向的两个端面之间会出现横向电势差，这一现象便是霍尔效应(又称经典霍尔效应)。这个电势差 U_H 称为霍尔电势差(霍尔电压)。

实验表明，霍尔电势差 U_H 的大小与磁感应强度的大小 B 以及电流强度 I 都成正比，而与金属板的厚度 d 成反比，即有

$$U_H = R_H \frac{IB}{d},$$

式中，比例系数 R_H 是仅仅与导体材料有关的常数，称为霍尔系数。

霍尔效应可以用带电粒子在磁场中运动时受到的洛伦兹力作简要解释。如图 7-29 所示，将通有电流 I 的导体板放入磁场 B 中，导体板内定向流动的自由电子 e(形成电流的载流子)要受到洛伦兹力 $\boldsymbol{F} = -e\boldsymbol{v} \times \boldsymbol{B}$ 的作用，并在此力的作用下，沿 $\boldsymbol{F}$ 所指的方向漂移，结果使得导体的上表面积累过多的电子(即带负电荷)，下表面出现电子不足(即带正电荷)，从而在导体内产生方向向上的电场。当电子所受的电场力正好与磁场的洛伦兹力相平衡时，达到稳恒状态。此时有

$$eE = evB,$$

由此得

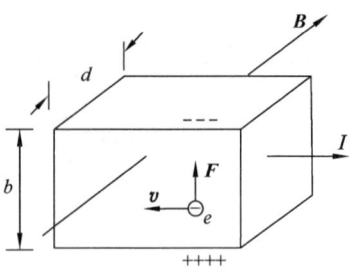

图 7-29 霍尔效应

$$E = vB。$$

注意到导体上、下两表面之间的电势差为

$$U_H = Eb,$$

则有

$$U_H = vBb。$$

设导体内电子的数密度为 n，且注意到垂直电流的界面积 $S = bd$，于是

$$I = nqvS = nqvbd,$$

即可得

$$U_H = vBb = \left(-\frac{I}{ne}\right)\frac{IB}{d},$$

可见霍尔系数为

$$R_H = -\frac{I}{ne}。$$

霍尔效应不只是在金属导体中会产生，在半导体中也会产生。不同的是，金属导体中形成电流的运动电荷负载者(即载流子)只有带负电的电子，而在半导体中的载流子有的是以带负电的电子为主(n 型半导体)，有的则是以带正电的空穴为主(p 型半导体)。

通过对霍尔系数的实验测定(是正值还是负值)，就可判定半导体的类型。根据霍尔系数的大小，可以测定载流子的浓度，还可测磁感应强度。霍尔效应在实际中的运用十分广泛，如测量磁场、测量电流、判断半导体的类型等。

7.4.3 安培力 安培定律

1. 安培定律

载流导线在磁场中要受到磁场力的作用。磁场的这种力的属性是其最基本的特征之一，磁场对载流导线的作用力称为安培力。安培力所遵循的定量规律即为安培定律，它是由安培通过实验首先总结出来的基本规律。

安培定律表述如下：如图 7-30 所示，实验表明，磁场 B 对场中任意一个电流元 Idl 的作用力，在数值(即大小)上等于电流元的大小 Idl、电流元所在处磁感应强度

的大小 B 以及电流元与场强间夹角 θ 的正弦 $\sin\theta$ 的乘积,即
$$\mathrm{d}F = I\mathrm{d}l \cdot B \cdot \sin\theta。 \tag{7-28}$$

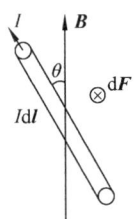

图 7-30 磁场对电流元的作用

其矢量式为
$$\mathrm{d}\boldsymbol{F} = I\mathrm{d}\boldsymbol{l} \times \boldsymbol{B}。 \tag{7-29}$$

(7-28)式和(7-29)式即是安培定律的数学表达式,也称为安培力公式。安培力的方向一般用右手螺旋定则确定。

根据力的叠加原理,磁场对场中任意一段载流导线 L 的安培力,是对载流导线上各电流元的安培力求矢量和,即
$$\boldsymbol{F} = \int_L \mathrm{d}\boldsymbol{F} = \int_L I\mathrm{d}\boldsymbol{l} \times \boldsymbol{B}。 \tag{7-30}$$

2. 洛伦兹力与安培力的关系

我们知道,载流导线中的电流是由大量自由电子的定向运动形成的,由于运动电荷在磁场中要受到洛伦兹力的作用,所以载流导线在磁场中所受到的磁力的本质是:在洛伦兹力的作用下,导体中做定向运动的电子和导体中晶格上的正离子不断地碰撞,把动量传给了导体,从而使整个载流导体在磁场中受到磁力作用。因此可以这样说,载流导线所受到的安培力是导体中做定向运动的带电粒子所受到的洛伦兹力的宏观效果,而洛伦兹力则是安培力的微观本质。

下面我们通过洛伦兹力公式推导安培力公式,从而加深对此问题的理解。

如图 7-31 所示,设在载流导线上取一电流元 $I\mathrm{d}l$,将其置于外磁场 $\boldsymbol{B}$ 中,导线的横截面积为 S,导线中每一载流子(电子)的电荷量为 $-e$,平均定向运动速度为 $\boldsymbol{v}$,单位体积中载流子数目为 n。

每一个电子所受的洛伦兹力为
$$\boldsymbol{f}_B = -e\boldsymbol{v} \times \boldsymbol{B},$$
电流元中所有定向运动的自由电子所受的洛伦兹力的合力,即是电流元(载流导线)所受到的磁力——安培力。

而电流元中的载流子总数为 $nS\mathrm{d}l$ 个,因此,电流元所受到的洛伦兹力的合力为
$$\mathrm{d}\boldsymbol{F} = nS\mathrm{d}l(-e)\boldsymbol{v} \times \boldsymbol{B},$$
注意到 $\boldsymbol{v}$ 与 $I\mathrm{d}\boldsymbol{l}$ 方向相反,所以上式可改写为

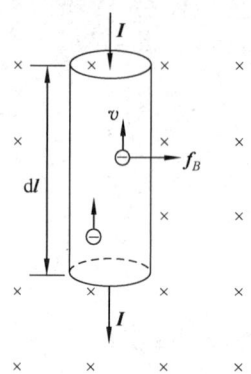

图 7-31 安培力的微观本质

$$d\boldsymbol{F} = (nevS)d\boldsymbol{l} \times \boldsymbol{B},$$

已知 $I = nevS$，故得到

$$d\boldsymbol{F} = I d\boldsymbol{l} \times \boldsymbol{B},$$

上式正是安培力公式。

例 7-4 设有一垂直放置的无限长载流直导线，其中通有稳恒电流 I_1，另有一水平放置的直导线，长度为 L，通有稳恒电流 I_2，两导线在同一平面内。试求水平放置的载流直导线所受的安培力。

解 如图 7-32 所示，在 L 上任取一段电流元 $I_2 d\boldsymbol{l}$，它与无限长载流直导线的距离为 l，电流元所在处磁感应强度为

$$B = \frac{\mu_0 I_1}{2\pi l},$$

其方向垂直指向纸里。

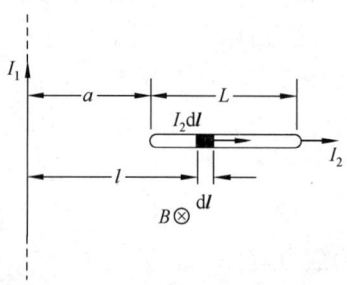

图 7-32 直导线所受的安培力

由安培力公式，电流元所受安培力的大小为

$$dF = B I_2 \sin\frac{\pi}{2} dl = I_2 \frac{\mu_0 I_1}{2\pi l} dl,$$

其方向由右手螺旋定则可知为垂直 $I_2 d\boldsymbol{l}$ 向上。

由于 L 上各电流元所受磁力的方向都是相同的,因此,整个 L 上所受的力可用积分法求出:

$$F = \int_L dF = \int_a^{a+L} \frac{\mu_0 I_1 I_2}{2\pi l} dl = \frac{\mu_0 I_1 I_2}{2\pi l} \ln\frac{a+L}{a},$$

其方向垂直导线 L 向上。

3. 电流强度的单位"安培"的定义

电流强度的单位"安培",是国际单位制(SI)中除了长度的单位"米"、质量的单位"千克"以及时间的单位"秒"之外的第四个基本单位。在 1960 年第十一届国际计量大会上,"安培"被正式采用为国际单位制的基本单位之一。

下面我们通过考察平行载流直导线间的相互作用力,来介绍"安培"的定义。如图 7-33 所示,设两根无限长平行载流直导线相距为 a,分别通有电流 I_1 和 I_2。

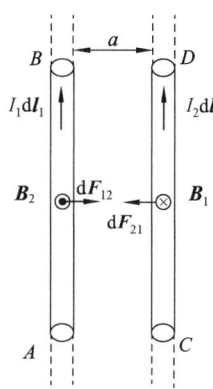

图 7-33 载流导线间的相互作用

由毕奥-萨伐尔定律可知,导线 l(即 AB)中的电流 I_1 在导线 2(即 CD)处各点产生的 $\boldsymbol{B}_1$ 的大小为

$$B_1 = \frac{\mu_0 I_1}{2\pi a},$$

其方向垂直纸面向里(即 $\otimes$),则电流元 $I_2 d\boldsymbol{l}_2$ 受到的安培力的大小为

$$dF_{21} = I_2 dl_2 B_1 \sin\frac{\pi}{2} = \frac{\mu_0 I_1 I_2}{2\pi a} dl_2,$$

其方向在两平行导线所在的平面内,并垂直导线 CD 指向导线 AB(方向向左),则导线 CD 单位长度上所受到的安培力的大小为

$$F_{21} = \frac{dF_{21}}{dl_2} = \frac{\mu_0 I_1 I_2}{2\pi a},$$

同理,导线 CD 产生的 $\boldsymbol{B}_2$ 对导线 AB 单位长度上所受到的安培力的大小为

$$F_{12} = \frac{dF_{12}}{dl_1} = \frac{\mu_0 I_1 I_2}{2\pi a} = F_{21},$$

可见两者大小相等,方向相反,故同向平行电流间相互吸引(反向平行电流间则相互排斥)。

电流强度的单位"安培",就正是根据平行长直载流导线之间的相互作用力来定义的。设上述两平行导线中,有 $I_1 = I_2 = I$(即两导线中通有相等的电流),则两者间单位长度上的相互作用力为

$$F = \frac{\mathrm{d}F}{\mathrm{d}l} = \frac{\mathrm{d}F_{21}}{\mathrm{d}l_2} = \frac{\mathrm{d}F_{12}}{\mathrm{d}l_1} = \frac{\mu_0 I^2}{2\pi a},$$

所以电流强度为

$$I = \sqrt{\frac{2\pi a F}{\mu_0}},$$

注意到 $\mu_0 = 4\pi \times 10^{-7}$ T·m·A^{-1},使平行导线间相距 $a = 1$ m,则有

$$I = \sqrt{\frac{F}{2 \times 10^{-7}}}。$$

调节两平行导线中的电流强度 I,使得两者间单位长度上的相互作用力 $F = 2 \times 10^{-7}$ N,则

$$I = \sqrt{\frac{2\pi \times 1 \times 2 \times 10^{-7}}{4\pi \times 10^{-7}}} = 1 \text{ A},$$

即安培的定义为:放在真空中的两无限长平行直导线,各通有相等的稳恒电流,当两导线相距 1 m 时,每一导线每米长度上受力为 2×10^{-7} N 时,每根导线上的电流强度为 1 A。

4. 载流线圈所受力矩

下面应用安培定律来研究磁场对载流线圈的作用。如图 7-34 所示,设在磁感应强度为 B 的匀强磁场中,有一刚性矩形平面载流线圈,其边长分别为 l_1 和 l_2,通有稳恒电流 I。设线圈平面与磁场的方向间成任意角 θ,对边 AB 和 CD 与磁场垂直。这时,导线 BC 和 DA 所受安培力分别为 F_1 和 F_1',则

$$F_1 = BIl_1\sin\theta,$$
$$F_1' = BIl_1\sin(\pi - \theta) = BIl_1\sin\theta。$$

如图 7-34 所示,这两个力在同一直线上,大小相等,方向相反,所以互相抵消,合力为零。

设导线 AB 边和 CD 边所受的安培力分别为 F_2 和 F_2',有 $F_2 = F_2' = BIl_2$,由于这两个力大小相等,方向相反,但不作用在同一直线上,因此形成一对力偶,力臂为 $l_1\cos\theta$,所以磁场作用在线圈上的力矩的大小为

$$M = F_2 l_1 \cos\theta = BIl_1 l_2 \cos\theta = BIS\cos\theta,$$

式中,$S = l_1 l_2$ 表示线圈的面积。

我们引入线圈的面积矢量 $\boldsymbol{S}$,其大小为 $S = l_1 l_2$,方向为面积(线圈平面)的正法线方向 $\boldsymbol{n}$。正法线的指向可用右手螺旋定则来规定,即右手伸出拇指,如果其余四指

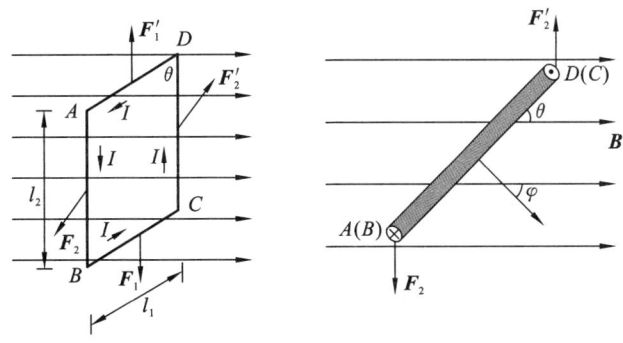

图 7-34 载流圈所受力矩

弯曲方向表示线圈内的电流流向,则大拇指指向就是线圈平面的正法线方向。令
$$p_m = IS = ISn,$$
p_m 称为载流线圈的磁矩,是反映载流线圈特性的物理量。线圈磁矩的大小等于线圈的面积与线圈中电流强度的乘积,磁矩的方向为线圈平面的正法线方向。

若用线圈平面的正法线方向与磁场间的夹角 φ 来代替 θ,由于 $\varphi + \theta = \dfrac{\pi}{2}$,则磁场作用在线圈上的力矩的大小又可写为
$$M = BIS\sin\varphi = p_m B\sin\varphi。$$
如果线圈有 N 匝,那么线圈所受的力矩大小则为
$$M = NBIS\sin\varphi = Np_m B\sin\varphi, \tag{7-31}$$
式中,$p_m = NIS$,就是 N 匝线圈磁矩的大小。平面线圈所受磁力矩 M 的方向与 $p_m \times B$ 的方向是一致的,所以上式可写成矢量式
$$M = p_m \times B。 \tag{7-32}$$

一般地,对于在匀强磁场中的任意形状的平面载流线圈,(7-32) 式都是成立的。

在国际单位制(SI)中,磁矩 p_m 的单位为 $A \cdot m^2$,力矩 M 的单位为 $m \cdot N$。

当平面线圈和均匀磁场给定时(即 p_m 和 B 给定),力矩 M 只与 φ 角(即方位)有关。

下面分析几种特殊情形:

(1) 当 $\varphi = \dfrac{\pi}{2}$ 时,n 与 B 垂直,即线圈的平面与 B 平行,通过线圈平面的磁通量为零,线圈所受到的力矩为最大值,即 $M_{\max} = p_m B$。

(2) 当 $\varphi = 0$ 时,线圈平面与 B 垂直,通过线圈平面的磁通量最大,线圈所受力矩为零,线圈处于稳定平衡。

(3) 当 $\varphi = \pi$ 时,线圈平面与 B 垂直,通过线圈平面的磁通量是负的最大值,线圈所受力矩为零,线圈处于不稳定平衡。

可见,载流线圈处于匀强磁场中,在磁力矩的作用下会发生转动(力矩的作用总

是使线圈的磁矩 p_m 转向外场的方向),但不会发生整个线圈的平动(因合力为零)。当然,如果载流线圈处于非匀强磁场中,由于合力与和力矩一般都不为零,因此线圈的运动既有平动也有转动,较为复杂。

7.4.4 磁力做的功

载流导线或载流线圈在磁场内受到磁力或磁力矩的作用,发生平移和转动时,安培力就要做功。

1. 磁力对运动载流导线所做的功

设有一匀强磁场 B 的方向垂直纸面向外,如图 7-35 所示,磁场中有一载流的闭合电路 $abcd$,通有稳恒电流 I,导线 ab 长为 l,可沿着 da 和 cb 滑动。

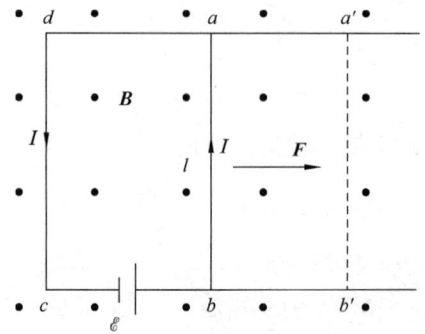

图 7-35 磁力所做的功

根据安培定律,导线 ab 在磁场中所受的力 F 的方向水平向右,大小为 $F = BIl$。在 F 作用下,ab 将从初始位置水平向右移动,当移动到终了位置 $a'b'$ 时,磁力 F 所做的功为

$$A = F \cdot aa' = BIl \cdot aa'。$$

注意到,磁通量的增量为

$$\Delta\Phi_m = B \cdot \Delta S = B \cdot l \cdot aa',$$

则磁力 F 所做的功写为

$$A = BIl \cdot aa' = I\Delta\Phi_m。$$

上式说明,当载流导线在磁场中运动时,若电流保持不变,磁力做的功等于电流强度乘以通过回路所环绕的面积内磁通量的增量。

2. 磁力矩对转动载流线圈所做的功

设有一载流线圈在匀强磁场中转动,线圈初始位置如图 7-36 所示(法线与外场间夹角为 φ),且其中电流不变。

若线圈转过极小的角度 $d\varphi$,磁力矩 $M = BIS\sin\varphi$,磁力矩所做的功为

$$dA = -Md\varphi = -BIS\sin\varphi d\varphi = BISd(\cos\varphi) = Id\Phi_m,$$

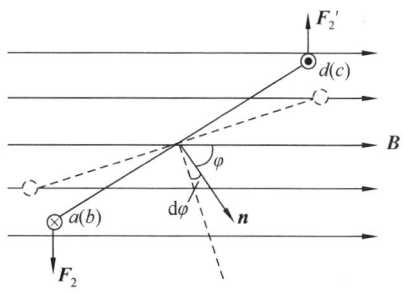

图 7-36 磁力矩所做的功

式中,负号表示磁力矩做正功时将使 φ 减小。当载流线圈从磁通量 Φ_{1m} 转到磁通量为 Φ_{2m} 时,磁力矩所做的总功为

$$A = \int_{\Phi_{1m}}^{\Phi_{2m}} I d\Phi_m = I(\Phi_{2m} - \Phi_{1m}) = I\Delta\Phi_m。 \tag{7-33}$$

可以证明,一个任意的闭合电流回路在磁场中改变位置或改变形状时,如果保持回路中电流不变,磁力或磁力矩所做的功都可按 $A = I\Delta\Phi_m$ 计算。

7.5 磁 介 质

7.5.1 磁介质

前面几节讨论了真空中磁场的性质和基本规律。但是在实际的磁场中,一般都存在着各种物质,这些物质既受到磁场影响,同时又会对磁场产生影响。本节简单介绍物质对磁场的影响,即磁介质磁化的理论。研究磁化的理论有两种:一种是分子电流观点,另一种是磁荷观点。这里我们仅简要介绍分子电流的观点。

1. 磁介质的磁化

在磁场作用下能发生变化并能反过来影响磁场的实物物质称为磁介质。磁介质在磁场作用下的变化称为磁化。我们知道,电介质放入电场中会产生电极化现象,产生一个附加电场,从而使得介质中的总的电场发生改变。与此类似,磁介质放入磁场中,会受到磁场的作用,也会产生一个附加磁场,使得总的磁场发生改变。因此,可以说磁化就是磁介质在磁场中产生附加磁场的现象。设原磁场为 $\boldsymbol{B}_0$,附加磁场为 $\boldsymbol{B}'$,则总的磁场为两者的矢量之和

$$\boldsymbol{B} = \boldsymbol{B}_0 + \boldsymbol{B}', \tag{7-34}$$

磁具有普遍性,即一切实物物质都具有磁性,都是磁介质。

实验表明,若均匀的各向同性磁介质充满磁场存在的空间,则附加磁场 $\boldsymbol{B}'$ 的方向或与原磁场 $\boldsymbol{B}_0$ 相同,或与原磁场 $\boldsymbol{B}_0$ 相反;$\boldsymbol{B}'$ 的大小或远小于 $\boldsymbol{B}_0$,或远大于 $\boldsymbol{B}_0$。于是人们根据 $\boldsymbol{B}'$ 与 $\boldsymbol{B}_0$ 之间相对大小与方向的关系,将磁介质(按磁特性)大致分为三类:

(1) 顺磁质。这类磁介质磁化后,其内部任一点 $\boldsymbol{B}'$ 的方向与 $\boldsymbol{B}_0$ 方向相同,且有 $\boldsymbol{B}' \ll$

B_0,即有 $B \approx B_0$。例如铝、氧、锰等物质为顺磁质。

(2) 抗磁质。这类磁介质磁化后,其内部任一点 B' 的方向与 B_0 方向相反,且有 $B' \ll B_0$,即有 $B \approx B_0$。例如铜、铋、氢等为抗磁质。

无论是顺磁质还是抗磁质,附加磁场 B' 都要比原磁场 B_0 小得多(约为十万分之几),即对原磁场 B_0 的影响比较微弱。所以,顺磁质和抗磁质又统称为弱磁(性)介质。

(3) 铁磁质。这类磁介质磁化后,其内部任一点 B' 的方向与 B_0 方向相同,但有 $B' \gg B_0$,即有 $B \gg B_0$。例如铁、钴、镍等物质以及它们的合金为铁磁质。由于磁化后其内部磁场显著地增强(远远大于原磁场),这类介质又称为强磁(性)介质。

2. 弱磁介质磁化机制的定性说明

磁介质的磁化(磁性的起源、磁性的本性)可以用安培的分子电流假说来解释。安培认为,由于电子的运动,每个磁介质的分子(或原子)都相当于一个等效的小环形电流,称为分子电流。分子电流是一个统称,可以理解为分子或原子中各个电子对外界所产生的磁效应的总和,又称为磁偶极子。而分子电流(即磁偶极子)正是我们研究物质磁性的基本单元。按照安培的观点,分子电流的存在,是物质磁性的根源,是物质显示磁性的内在因素。

分子电流的磁矩统称为分子磁矩,用符号 p_m 表示。按玻尔理论,原子中的电子绕原子核做圆轨道运动从而形成等效电流,于是产生轨道运动磁矩,同时电子还有自旋,相应有自旋磁矩(可由量子理论说明,经典理论对其无法解释),原子中所有电子轨道运动磁矩和自旋磁矩的总和构成了原子磁矩,而分子中所有原子磁矩的总和则构成了分子磁矩 p_m(又称为分子的固有磁矩)。分子磁矩 p_m 是我们研究物质磁性的出发点。

前面说过,弱磁(性)介质分为顺磁质和抗磁质,这里简要讨论弱磁介质的磁化机制,强磁质的磁化特性将在后面单独介绍。

(1) 顺磁质的磁化。顺磁质物质分子的特点是固有磁矩不为零,即 $p_m \neq 0$,如图 7-37 所示。因此,在无外磁场作用时,由于分子的热运动,分子磁矩取向各不相同,排列杂乱无章,则 $\sum p_m = 0$,即整个介质对外不显磁性。而当加有外磁场时,分子磁矩(小环形电流)将受到磁力矩的作用,使分子磁矩转向外磁场的方向,分子磁矩在转向过程中产生的磁场,在方向上逐渐和外磁场方向趋同,则导致 $\sum p_m \neq 0$,即对外在宏观上显出有磁性。磁化的结果是在顺磁质中形成附加磁场,使得介质内部磁场增强,即

$$B = B_0 + B' (B > B_0),$$

这就是顺磁质的磁化过程。物质的顺磁效应来源于介质分子的分子固有磁矩。

(2) 抗磁质的磁化。抗磁质磁化的情形要复杂一些。抗磁质物质分子的特点是固有磁矩为零,即 $p_m = 0$,无外磁场作用时,$\sum p_m = 0$,对外不显磁性。放入外磁场中

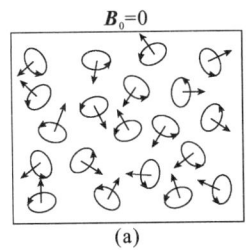 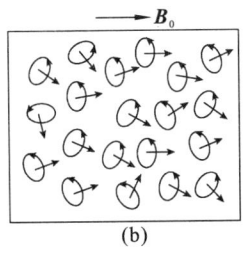

图 7-37 顺磁质的磁化

后,虽然仍有 $\sum p_m = 0$,但抗磁质的每个分子都会由于电子的进动(又称旋进)而产生一种附加磁矩 Δp_m,且所有分子的 $\sum \Delta p_m \neq 0$。可以证明:Δp_m 总是与外磁场反向,即电子在磁场中运动的附加磁矩总是起到削弱外磁场的作用,使得 $B < B_0$,即物质的抗磁效应来源于介质分子在外磁场中产生的附加磁矩。

需要注意,抗磁性是普遍的,是一切磁介质共同具有的特性。在顺磁质物质中同样具有抗磁质效应,只不过顺磁质的抗磁效应远低于顺磁效应。

7.5.2 磁化强度与磁化电流

1. 磁化强度矢量

为了描述磁介质磁化的状态(磁化的程度与磁化的方向),可以类比电介质理论中电极化强度矢量 P 的定义,引入一个宏观物理量——**磁化强度矢量** M。

在被磁化的磁介质内任取一体积元 ΔV,一般地,在体积元中,设所有分子磁矩为固有磁矩的矢量和加上附加磁矩的矢量和,即 $\sum m = \sum p_m + \sum \Delta p_m$,则我们定义磁化强度矢量为单位体积内所有分子磁矩的矢量和,用 M 表示,其数学表达式为

$$M = \frac{\sum m}{\Delta V}, \tag{7-35}$$

M 是宏观矢量点函数。对于顺磁质,$\sum \Delta p_m$ 可以忽略;而对于抗磁质,$\sum \Delta p_m$ 则不可以忽略。

在磁介质被磁化后,介质内各点的 M 可以不同,这反映了不同点的介质被磁化程度的不同。如果在介质中各点的 M 均相同,则称此磁介质被均匀磁化。在国际单位制(SI)中,M 的单位是安·米$^{-1}$(A·m^{-1})。

在顺磁质和抗磁质中,M 的方向是不同的。顺磁质被磁化后,M 的方向与该处的磁场 B 的方向一致,可见,顺磁质的磁化和有极分子的电极化有部分类似之处,两者都是起源于分子固有磁矩或固有电矩在外磁场或外电场中的取向作用。但是,两者所产生的效果又有所不同,顺磁质磁化后产生的附加磁场 B' 与外磁场同方向,而电介质电极化后在电介质内的附加电场 E' 却总是与外电场 E_0 反方向。

抗磁质被磁化后，M 的方向与该处磁场 B 的方向相反。可见，抗磁质的磁化与无极分子的电极化完全类似，分子磁矩或分子电矩都是在外磁场或外电场中产生的，在介质内部的附加磁场或附加电场的方向也都与外磁场或外电场的方向相反。

注意，在真空中的磁化强度矢量 $M=0$。

2. 磁化电流

磁化电流是因磁化而出现的宏观电流。在外磁场中，磁化了的磁介质会产生附加磁场。此附加磁场起源于磁化了的介质内所出现的磁化电流（实质上是分子电流的宏观表现）。下面考察磁化电流及其与 M 的关系。为了简化问题，我们选取一特例来讨论。

设有一无限长载流直螺线管，管内充满均匀磁介质，电流在螺线管内激发匀强磁场。在此磁场中磁介质被均匀磁化，这时磁介质中各个分子电流平面将转到与磁场的方向相垂直，如图 7-38 所示。从螺线管内磁介质的一个截面看，磁介质内部任意一点处，总是有两个方向相反的分子电流通过，结果相互抵消，而只有在截面边缘处，分子电流未被抵消，形成与截面边缘重合的圆电流。对磁介质的整体来说，未被抵消的分子电流是沿着柱面流动的，称为磁化面电流（又称为安培表面电流）。

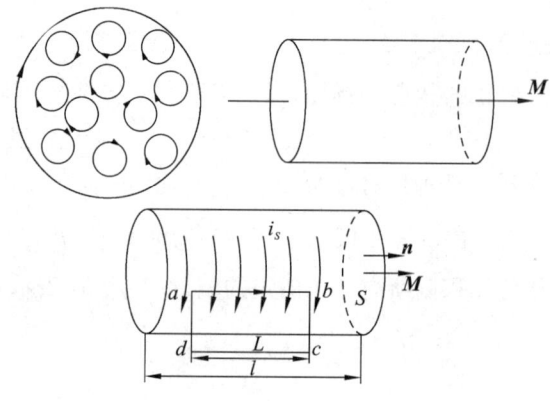

图 7-38　磁化电流

对顺磁性物质，磁化面电流和螺线管上导线中的电流方向相同；对抗磁性物质，则两者方向相反。图 7-38 中所示是顺磁质的情况。

设 i_S 为圆柱形磁介质表面上的单位长度的磁化面电流，即磁化面电流密度。若 S 为磁介质的截面积，l 为所选取的一段磁介质的长度，在 l 长度上，圆柱形表面的磁化面电流强度为 $I_S = l \cdot i_S$，因此在这段磁介质总体积 $V = Sl$ 中的总磁矩为

$$\sum p_m = I_S S = i_S l S,$$

由磁化强度 M 为单位体积内的磁矩的矢量和，可得 M 的大小为

$$M = \frac{\sum p_m}{V} = \frac{i_S S l}{S l} = i_S, \tag{7-36}$$

即磁介质表面某处单位长度的磁化面电流密度的大小等于该处磁化强度的大小。这和电介质中极化强度与极化面电荷的关系十分相似。上述结果是从均匀磁介质被均匀磁化的特例导出来的,在一般情况中,应该是磁介质表面上某处单位长度的磁化面电流(即磁化面电流密度)等于该处磁化强度的切线分量,而且在不均匀磁介质内部,由于排列着的分子电流未能相互抵消,此时磁介质内各点都有磁化电流分布。

(7-36)式的矢量式为

$$\boldsymbol{M} = i_S \cdot \boldsymbol{n},$$

或写成

$$i_S = \boldsymbol{M} \cdot \boldsymbol{n}。 \tag{7-37}$$

上式反映了某点的磁化面电流密度与该点处磁化强度的关系,式中 $\boldsymbol{n}$ 的方向是磁介质的外法线方向。

下面进一步讨论通过任一曲面的磁化电流与磁化强度的关系。我们仍以上述无限长载流直螺线管为例,计算磁化强度对闭合回路的线积分

$$\oint_L \boldsymbol{M} \cdot \mathrm{d}\boldsymbol{l},$$

在圆柱形磁介质的边界附近,取一长方形闭合回路 $abcd$,ab 边在磁介质内部,它平行于柱体轴线,长度为 l,而 bc 和 ad 两边则垂直于柱面。在磁介质内部各点处,$\boldsymbol{M}$ 都沿 ab 方向,大小相等,在柱外各点处 $\boldsymbol{M} = 0$,所以 $\boldsymbol{M}$ 沿 bc,cd,da 三边的积分为零,因而 $\boldsymbol{M}$ 对闭合回路 $abcd$ 的积分等于 $\boldsymbol{M}$ 沿 ab 边的积分,即

$$\oint_L \boldsymbol{M} \cdot \mathrm{d}\boldsymbol{l} = \int_a^b \boldsymbol{M} \cdot \mathrm{d}\boldsymbol{l} = M \cdot ab = ML,$$

将(7-36)式代入,可得

$$\oint_L \boldsymbol{M} \cdot \mathrm{d}\boldsymbol{l} = i_S l = I_S, \tag{7-38}$$

这里,$i_S L = I_S$ 是通过以闭合回路 $abcd$ 为边界的任意曲面的总磁化电流,所以(7-38)式表明磁化强度对闭合回路的线积分等于通过回路所包围的面积内的总磁化电流强度。该式虽是从均匀磁化介质及长方形闭合回路的简单特例导出的,但却适用于任何情况。

7.5.3 磁介质中的磁场

前面已经介绍过反映真空中稳恒磁场的性质的两个定理,即磁场的高斯定理和磁场的安培环路定理。如何将以上两个定理推广到磁介质中,是我们下面要讨论的内容。

1. 磁介质中的场方程

(1) 磁介质中磁场的高斯定理。在真空中,磁场的高斯定理为

$$\oiint_S \boldsymbol{B} \cdot \mathrm{d}\boldsymbol{S} = 0,$$

式中,$\boldsymbol{B}$ 是传导电流激发的磁场。上式表明真空中的稳恒磁场是无源场,其场线是闭合的曲线。

在磁介质中,由于磁化,产生了磁化电流,而磁化电流和传导电流产生磁场的规

律是相同的,都遵循毕奥-萨伐尔定律,所以磁场的高斯定理 $\oint_S \boldsymbol{B} \cdot \mathrm{d}\boldsymbol{S} = 0$ 在磁介质中依然成立,即有

$$\oint_S \boldsymbol{B} \cdot \mathrm{d}\boldsymbol{S} = 0,$$

注意,式中的 $\boldsymbol{B} = \boldsymbol{B}_0 + \boldsymbol{B}'$ 是传导电流所激发的磁场与磁化电流所激发的磁场的矢量和,表明介质中的稳恒磁场仍是无源场,其场线是闭合的曲线。

(2) 磁介质中磁场的安培环路定理。真空中稳恒磁场的安培环路定理,其表达式为

$$\oint_L \boldsymbol{B} \cdot \mathrm{d}\boldsymbol{l} = \mu_0 \sum_{i=1}^n I_i。$$

同样,在有磁介质存在的情况下,有 $\boldsymbol{B} = \boldsymbol{B}_0 + \boldsymbol{B}'$,即在磁介质中应用安培环路定理时,不仅要考虑传导电流的影响,还要考虑磁化电流的影响。计入被安培环路 L 所包围的所有电流(传导电流和磁化电流),则真空中稳恒磁场的安培环路定理被推广到了磁介质中,即有

$$\oint_L \boldsymbol{B} \cdot \mathrm{d}\boldsymbol{l} = \mu_0 \Sigma(I_i + I_{iS})。 \qquad (7\text{-}39)$$

上式是有磁介质时的安培环路定理,式中,$\boldsymbol{B} = \boldsymbol{B}_0 + \boldsymbol{B}'$,而 I_i 和 I_{iS} 分别为传导电流和磁化电流(此处是指被安培环路所包围的电流)。

注意到(7-39)式两边都含有与磁化有关的量,而磁化电流 I_{iS} 依赖于磁化状态(即磁化强度 $\boldsymbol{M}$),磁化状态又依赖于总的磁感应强度 $\boldsymbol{B}$,$\boldsymbol{B}$ 则又依赖于磁化电流 I_{iS}(磁化电流 I_{iS} 所决定的 $\boldsymbol{B}'$),于是形成了一种计算上的循环。

在讨论电介质中的高斯定理时,我们遇到过类似的困难,为了从方程中消去极化电荷,设法引入了一个辅助性矢量——电位移矢量 $\boldsymbol{D}$,利用极化电荷面密度与极化强度之间的关系,得到关于 $\boldsymbol{D}$ 的高斯定理,其表达式中不再显含极化电荷。这里,可以用完全类似的思路与方法解决问题,可以利用磁化电流与磁化强度之间的关系,达到从安培环路定理中消去磁化电流的目的。

由(7-38)式,对上述安培环路 L 有

$$\oint_L \boldsymbol{M} \cdot \mathrm{d}\boldsymbol{l} = i_S l = \sum I_{iS},$$

将上式代入(7-39)式,可得

$$\oint_L \boldsymbol{B} \cdot \mathrm{d}\boldsymbol{l} = \mu_0 \Sigma I_i + \mu_0 \oint_L \boldsymbol{M} \cdot \mathrm{d}\boldsymbol{l},$$

移项并除以 μ_0 得

$$\oint_L \left(\frac{\boldsymbol{B}}{\mu_0} - \boldsymbol{M}\right) \cdot \mathrm{d}\boldsymbol{l} = \sum I_i,$$

这里，我们引入一个辅助性的矢量——磁场强度矢量 H，其定义为

$$H = \frac{B}{\mu_0} - M_{\circ} \tag{7-40}$$

在国际单位制(SI)中，磁场强度的单位与磁化强度一样，也是安培·米$^{-1}$(A·m^{-1})。于是得到

$$\oint_L H \cdot dl = \sum I_{i\circ} \tag{7-41}$$

上式即称为磁介质中的安培环路定理。定理表明：磁场强度 H 沿任何闭合路径的线积分（即 H 矢量的环流），等于该闭合路径所围绕的传导电流的代数和。(7-41) 式虽是从特殊情况下导出的，但可以证明，在稳恒电流的磁场中，无论是在真空还是在磁介质的情况下都是适用的。定理说明，在磁介质中的磁场仍然是非保守力场（即有旋场）。

注意，H 只是为了解决问题的方便而引入的一个辅助性的物理量，真正描述磁场性质的物理量是磁感应强度 B。若一电荷在磁场中运动，决定它受力的是 B，而不是 H。

2. 磁介质的磁化规律和电磁性能方程

在磁介质中我们已经有了三个宏观的物理量，磁化强度矢量 M、磁场强度矢量 H 以及总的磁感应强度 B。下面简要分析它们之间的关系。

实验表明，各向同性的弱磁介质中任一点的磁化强度 M 与磁场强度 H 成正比，即

$$M = \chi_m H, \tag{7-42}$$

(7-42) 式称为各向同性弱磁介质的磁化规律。式中 χ_m 称为介质的磁化率，它是随磁介质的性质而异的纯数，是描述磁介质磁化特性的物理量。若磁介质中各点的 χ_m 均相同，则称为均匀磁介质。

将 (7-42) 式代入磁场强度的定义式 (7-40) 式，得

$$H = \frac{B}{\mu_0} - M = \frac{B}{\mu_0} - \chi_m H,$$

即

$$B = \mu_0(1 + \chi_m)H,$$

令

$$\mu_r = 1 + \chi_m, \quad \mu = \mu_0 \mu_r,$$

式中，μ_r 称为磁介质的相对磁导率，是一个纯数。在顺磁质中 $\mu > 1$ 且 $\mu_r \approx 1$；在抗磁质中 $\mu < 1$ 且 $\mu_r \approx 1$；而在铁磁质中 $\mu_r \gg 1$，且不是常数。

μ 称为磁介质的绝对磁导率（简称磁导率），其单位与真空的磁导率 μ_0 相同。于是

$$B = \mu_0(1 + \chi_m)H = \mu_0 \mu_r H,$$

即有
$$\boldsymbol{B} = \mu \boldsymbol{H}. \tag{7-43}$$

(7-43)式称为磁介质的电磁性能方程(又称磁介质的物质方程),它反映了磁介质的宏观电磁性质。

在电流有某种对称性的情况下,由磁介质中的安培环路定理和磁介质的电磁性能方程联合,可以很方便地求解磁介质中磁场的问题。

例 7-5 在密绕螺绕环中充满均匀的非铁磁性介质,螺绕环通有传导电流 I_0,设磁介质的磁导率为 μ,螺绕环的总匝数为 N,平均半径为 R,且环上每个线圈的半径远小于 R。试求螺绕环内外的磁场强度 $\boldsymbol{H}$ 和磁感应强度 $\boldsymbol{B}$。

解 由于磁场的分布具有高度对称性,可用安培环路定理计算 $\boldsymbol{H}$。

如图 7-39 所示,在环内取与环同心的半径为 R 的圆形回路 l_1(即安培环路),l_1 上各点的 $\boldsymbol{H}$ 数值相等、方向沿切向,根据安培环路定理可得

$$\oint_{(l_1)} \boldsymbol{H} \cdot \mathrm{d}\boldsymbol{l} = 2\pi R H = NI_0,$$

即

$$H = \frac{N}{2\pi R} I_0 \approx nI_0,$$

式中,$n = \dfrac{N}{2\pi R}$ 表示螺绕环单位长度上的匝数。

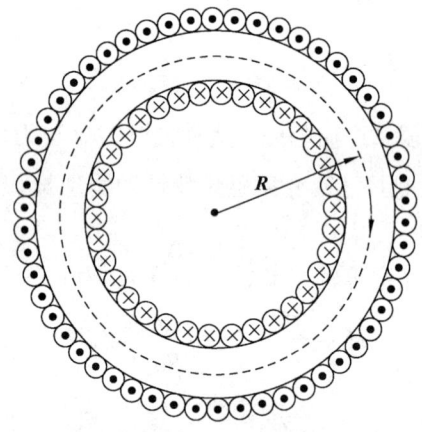

图 7-39 密绕螺绕环

用同样的分析和计算方法,可得螺绕环外任一点的 $H = 0$。然后,由磁介质的电磁性能方程 $\boldsymbol{B} = \mu \boldsymbol{H}$,可得环内任一点 $\boldsymbol{B}$ 的大小为

$$B = \mu H \approx \mu n I_0,$$

$\boldsymbol{B}$ 的方向与 $\boldsymbol{H}$ 的方向相同。

同理,可得环外任一点 $B = 0$。

7.5.4 铁磁质

铁磁质(即强磁介质)是磁介质中磁性最强的一种物质,它具有很大的相对磁导率($\mu_r \gg 1$),数量级为$10^2 \sim 10^3$,甚至在10^5以上,且μ_r不是常数,而是磁场强度H的函数。在外磁场中放入铁磁质,铁磁质对外磁场的影响最大,其内部总的磁感应强度B比原来的外磁场要大得多,可以大数百倍甚至数千倍。由于铁磁质具有弱磁质所不具备的一些特殊性质,因此它的应用也最为广泛,特别是在信息的记录和存储等方面。

1. 铁磁质的磁化规律

下面我们仅简单介绍铁磁质的磁化规律。因为铁磁质的相对磁导率μ_r不是常量,而是H的函数,由$B = \mu_0 \mu_r H$可知,铁磁质中的磁感应强度并不随磁场强度线性变化。利用实验方法,就可证明这一点。

通过实验,测绘出铁磁质的B与H之间的关系曲线,称为磁化曲线(即B—H曲线),如图7-40所示。

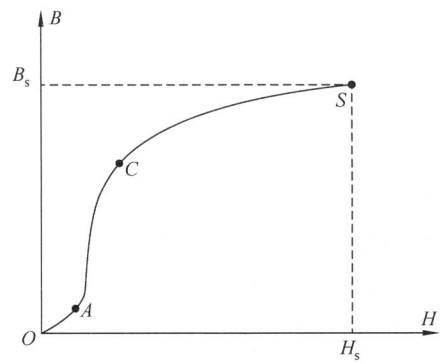

图7-40 起始磁化曲线

分析以上B—H曲线可知,在H从零逐渐增大而使得铁磁质磁化的过程中,开始时B随H的增加而很快增长;当H增大到一定程度再继续增大时,B却增长得极为缓慢,这种状态称为磁饱和现象。图7-40所示的B—H曲线,就是铁磁质从未磁化到饱和磁化这一过程的起始磁化曲线。

如图7-41所示,当铁磁质磁化到饱和状态(a点)后,再逐渐使H减小时,B也随之相应减小,但不是沿oa,而是沿另一条曲线ab减小,当H减小为零(即没有外磁场)时,B并不等于零,而是等于ob段对应的值B_r,B_r称为剩余磁感应强度(简称剩磁)。

要使剩磁降低到零值,就需施加反向的外磁场。当反向的磁场强度(即$-H$)由零增至某一数值H_c时,B减小为零(沿bc),H_c称为这种铁磁质的矫顽力。继续增加反向磁场强度H,铁磁质就发生反向磁化,沿曲线cd,磁感应强度B反方向增加,直到达到反向饱和(d点),此时,若再将反向磁场强度减小到零,然后又沿正方向增加,则B将沿着曲线$defa$变化,并回到曲线上的正向饱和点a。这样,铁磁质在反复磁化

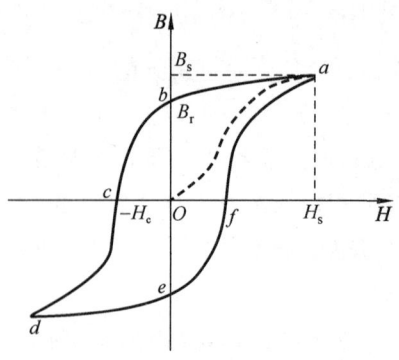

图 7-41 磁滞回线

的过程中,形成的磁化曲线是一条具有方向性的闭合曲线 $abcdefa$。从这条磁化曲线可知,磁感应强度 B 的变化总是落后于磁场强度 H 的变化,这种现象称为磁滞现象,而上述反复磁化形成的闭合曲线称为磁滞回线。实验表明,反复磁化需要消耗额外的能量,并以热的形式从铁磁质中放出,即产生磁滞损耗。磁滞回线所包围的面积越大,磁滞损耗也越大。

另外,从磁滞回线中可以明显看出,在磁化过程中铁磁质的磁感应强度 B 具有非线性与非单值的性质。

从铁磁质的性能和使用目的来说,主要是根据矫顽力的大小,一般被分为两大类,即软磁材料和硬磁材料。软磁材料的矫顽力很小,约为 $1\ \text{A}\cdot\text{m}^{-1}$。这种材料容易磁化,也容易退磁,它的磁滞回线面积很小,反复磁化时能量损失小,因而适于做变压器、电磁铁、电机等设备的铁芯。硬磁材料(又称永磁材料)的矫顽力很大,为 $10^4\ \text{A}\cdot\text{m}^{-1} \sim 10^6\ \text{A}\cdot\text{m}^{-1}$。这种材料在外磁场去掉后,仍能保留较强的剩磁,且不容易退磁,其磁滞回线面积很大,因而适于做永久磁铁。

2. 铁磁质的磁化机制

前面用安培的分子电流假说定性说明了弱磁介质的磁化机制,而铁磁质的磁化机制则无法用一般弱磁质的磁化理论来解释。实验表明,铁磁质的磁性主要来源于电子的自旋磁矩。目前,人们一般用磁畴理论来定性说明铁磁质磁化的微观机制(铁磁性的起源)。

磁畴理论认为,从微观结构上看,即使在没有外场时,铁磁质中电子的自旋磁矩也可以在小范围内自发地沿特定方向规则排列,形成许多小的自发磁化区,这些自发形成的磁化区称为磁畴。由于无外磁场作用,各磁畴的排列是不规则的,各磁畴的磁化方向不同,产生的磁效应相互抵消,因而从宏观上来说整个铁磁质不呈现磁性,如图 7-42(a) 所示。

当有外磁场存在,且外磁场不断增大时,铁磁质内部的磁畴会发生壁移现象,即铁磁质中那些磁化方向与外磁场方向相同或接近的磁畴,体积会不断扩大,而磁化方

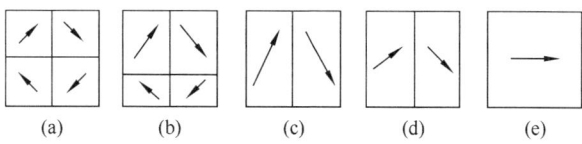

图 7-42　磁畴示意图

向与外磁场方向相反的磁畴,体积则会不断缩小,直到磁化方向与外磁场方向相反的磁畴完全消失,只剩下与外磁场方向相同或接近的磁畴,如图 7-42(b)—(d) 所示。如果继续增强外磁场,就会发生取向现象,即各磁畴的磁化方向会发生转向,直至所有磁畴的磁化方向都转到和外磁场相同,如图 7-42(e) 所示,铁磁质就达到饱和状态,从而产生一个非常大的附加磁场 $\boldsymbol{B}'$。这个过程是不可逆的,即当外磁场撤去后磁畴并不能恢复原状,这表现在退磁时磁化曲线不沿原路退回而造成磁滞现象。

铁磁性是与磁畴结构分不开的。当铁磁质受到强烈的振动时,尤其是在高温下,由于分子的剧烈运动,都能使磁畴瓦解。这时,与磁畴相联系的一系列铁磁性质(如高磁导率、磁滞等)将全部消失,铁磁质就退化为顺磁质。使铁磁质失去其铁磁性的临界温度 T_c 称为居里点,即当铁磁质的温度高于 T_c 时,其转变为顺磁质。但是磁畴的瓦解不是不可逆的,当温度再降到 T_c 以下时,铁磁性又将得到恢复。

思　考　题

7-1　通过某一截面的电流强度 $I=0$,则截面上的电流密度是否为零?截面上的电流密度为零,则是否有通过某一截面的电流强度 $I=0$?

7-2　电流是电荷的流动,在电流密度等于零的地方,电荷的体密度 ρ 是否可能等于零?

7-3　若通过导体中各处的电流密度不相同,那么电流是否是稳恒电流?为什么?

7-4　在一块玻璃中加任意大小的电场时,玻璃中能否形成电流?试简要分析。

7-5　静电平衡时,导体表面场强与表面垂直。若导体中有稳恒电流,导体表面的场强是否仍然与导体表面垂直?为什么?

7-6　电源中存在的电场和静电场有何不同?

7-7　电源的电动势和端电压有什么区别?两者在什么情况下才相等?

7-8　一个电池内的电流是否会超过其短路电流?电池的路端电压是否会超过电动势?

7-9　试比较点电荷的场强公式和毕奥-萨伐尔定律。

7-10　磁铁产生的磁场与电流产生的磁场本质上是否相同?产生的机理有何区别?

7-11　一个弯曲的载流导线在均匀磁场中应如何放置才不受磁力的作用?

7-12 用安培环路定理能否求出一段有限长载流直导线周围的磁场?

7-13 为什么不将磁场作用于运动电荷的力的方向定义为磁场强度的方向?

7-14 运动电荷是否在空间每一点均产生电场?是否在空间每一点均产生磁场?

7-15 下面的几种说法是否正确?试说明理由。

(1) 若闭合曲线内没有包围传导电流,则曲线上各点的 **H** 必为零。

(2) 若闭合曲线上各点的 **H** 为零,则该曲线所包围的传导电流代数和为零。

(3) 以闭合曲线为边界的任意曲面的 **B** 通量相等。

(4) 以闭合曲线为界的任意曲面的 **H** 通量相等。

(5) **H** 仅与传导电流有关。

(6) 无论抗磁介质还是顺磁介质,**B** 总是与 **H** 同向。

7-16 处于电场中的电荷是否一定受到电场的作用?处于磁场中的电流元是否一定受到磁场的作用?

习 题 7

7-1 有一任意形状的电容器,其中充满了相对介电常数为 ε_r、电导率为 σ 的均匀物质。求证:此电容器为 C 时,两极板间的直流电阻为 $R = \dfrac{\varepsilon_0 \varepsilon_r}{\sigma C}$。

7-2 如图所示,有一个电阻形状为一个截头圆锥体。其底面半径分别为 a 和 b,高为 l。(1) 试计算此物体的电阻。(2) 试证:对于锥度为零($a = b$)的特殊情况,答案将简化为 $\rho \dfrac{l}{S}$,式中 S 是底面积。

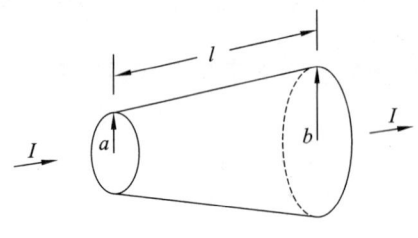

第 7-2 题图

7-3 一个很小的放射源,每秒钟放射出 N 个带电粒子,每个粒子所带的电荷量为 q。设放射是各向同性的,试求离这放射源为 r 处的电流密度 j。

7-4 两条无限长平行直导线相距为 $2d$,分别通有同方向的电流 I_1 和 I_2。设空间中任意一点 P 到 I_1 的垂直距离为 x_1,到 I_2 的垂直距离为 x_2,试求 P 点的磁感应强度。

7-5 有一种铜丝的横截面积为 0.10 mm^2,电阻率为 $\rho = 4.9 \times 10^{-7}\ \Omega \cdot \text{m}$,用它绕制一个 $6.0\ \Omega$ 的电阻,需要多长的铜丝?

7-6 如图所示,有一个半径为 R 的均匀带电圆盘(电荷面密度为 $+\sigma$),以 ω 的角速度绕过盘心且与盘面垂直的轴转动,试求带电圆盘中心处的磁感应强度。

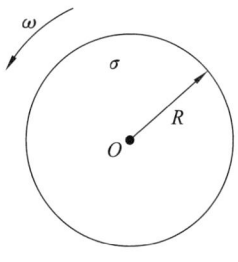

第 7-6 题图

7-7 一无穷长导线载有电流 I,在中间弯折成一半径为 R 的半圆弧,其余部分则与圆弧的轴线平行,如图所示,试求圆弧中心 O 的磁感应强度 B,并计算 $I = 8.0\,\text{A}$, $R = 10.0\,\text{cm}$ 时 B 的值。

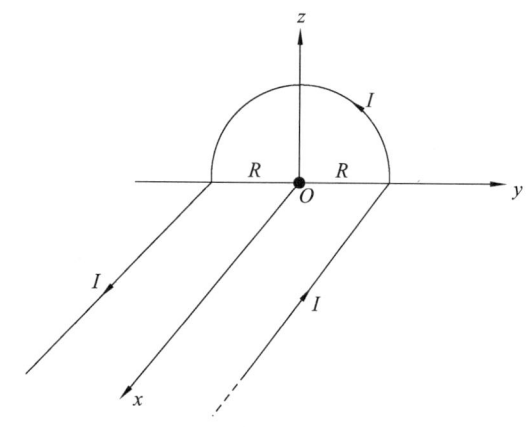

第 7-7 题图

7-8 如图所示,一条无限长的直导线在一处弯成 1/4 圆弧,圆弧的半径为 R,圆心在 O,直线的延长线都通过圆心。已知导线中的电流为 I,求 O 点的磁感应强度。

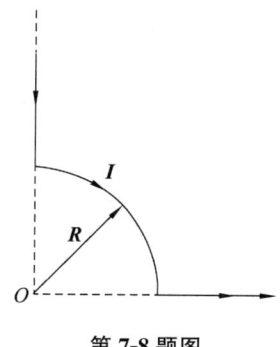

第 7-8 题图

7-9 两载流原线圈共轴,半径分别为 R_1 和 R_2,电流分别为 I_1 和 I_2,电流方向相反,两圆心 O_1 和 O_2 相距为 $2a$,连线的中心为 O,如图所示。试求轴线上距离 O 为 r 处的磁感应强度 $\boldsymbol{B}$。

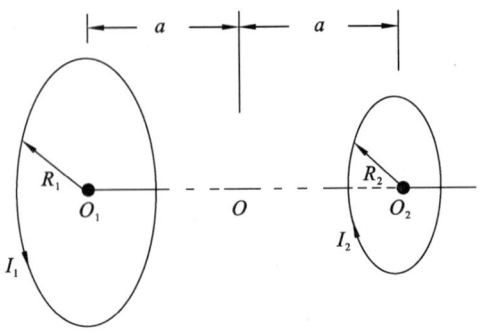

第 7-9 题图

7-10 如图所示,设有一无限长导线,通有电流 I,其中部折成一个长为 a、宽为 b 的开口矩形。试计算矩形中心 O 点处的磁感应强度。

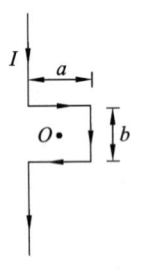

第 7-10 题图

7-11 如图所示,一导线回路是由两个径向线段连接的两个同心半圆构成,这个回路载有电流 I,求圆心 O 处的磁场。

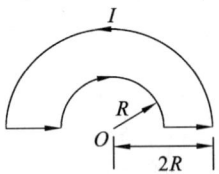

第 7-11 题图

7-12 一载有电流 I 的导线弯成椭圆形,椭圆的方程为 $\dfrac{x^2}{a^2}+\dfrac{y^2}{b^2}=1$,如图所示,试求 I 在焦点 F 处产生的磁感应强度 B_F。

7-13 通有电流为 I 的长直导线附近放一与导线处于同一平面的单匝矩形线圈,其边长为 a 和 b,平行于导线的一边与导线相距为 d,如图所示,求通过矩形线圈的磁通量。

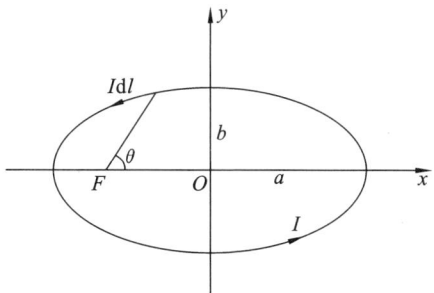

第 7-12 题图

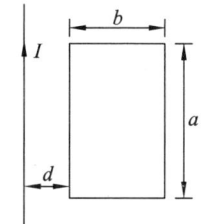

第 7-13 题图

7-14 一无限长直载流导线通有电流 I,被弯折成如图所示的形状,试求 O 点处的磁感应强度。

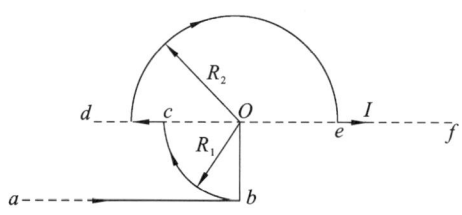

第 7-14 题图

7-15 长为 l 的均匀带电细杆,带电量为 q,它以速率 v 沿 x 轴正方向平动,当细杆与 y 轴重合时,其下端距原点为 d,如图所示。求此时杆在原点 O 处产生的磁感应强度。

7-16 一根很长的同轴电缆,由一导体圆柱(半径为 a)和一同轴的导体圆管(内、外半径分别为 b,c)构成,沿导体柱和导体管通以反向电流,电流强度均为 I,且均匀地分布在导体的横截面上,如图所示。试求:(1)导体圆柱内($r<a$)的磁感应强度大小。(2)两导体之间($a<r<b$)的磁感应强度大小。(3)导体圆管内($b<r<c$)的磁感应强度大小。(4)电缆外($r>c$)的磁感应强度大小。

7-17 矩形截面的螺绕环,尺寸如图所示。(1)求环内磁感应强度的分布。(2)证明通过螺绕环截面(图中阴影区)的磁通量为 $\Phi_B = \dfrac{\mu_0 NIh}{2\pi}\ln\dfrac{d_2}{d_1}$,其中 N 为螺绕环总匝数,I 为其中的电流强度。

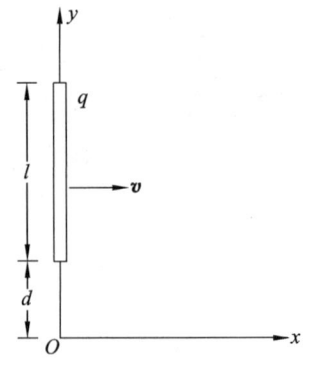

第 7-15 题图

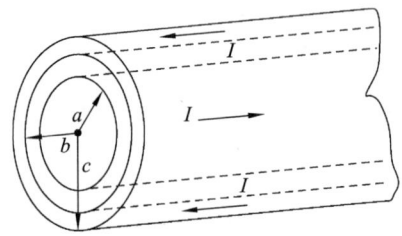

第 7-16 题图

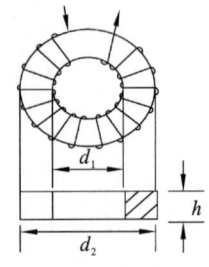

第 7-17 题图

7-18　如图所示,一对同轴无穷长直的空心导体圆筒,内、外筒半径分别为 R_1 和 R_2(筒壁厚度可以忽略)。电流 I 沿内筒流去,沿外筒流回。试求:(1) 两筒间的磁感应强度 B。(2) 通过长为 l 的一段截面(图中阴影区)的磁通量 Φ_m。

7-19　如图所示,一电子在 $B = 2.0 \times 10^{-3}$ T 的磁场中做螺旋线运动,半径为 $R = 20$ cm,螺距为 $h = 5.0$ cm。已知电子的荷质比 $e/m = 1.76 \times 10^{11}$ C/kg,求此电子的速度。

7-20　一电子的动能为 10 eV,在垂直于匀强磁场的平面内做圆周运动。已知磁场为 $B = 1.0$ Gs,电子电荷量 $e = 1.6 \times 10^{-19}$ C,质量 $m = 9.1 \times 10^{-31}$ kg。(1) 求电子的轨道半径 R。(2) 电子的回旋周期 T。(3) 顺着 B 的方向看,电子是顺时针回旋吗?

7-21　氘核的质量是质子质量的 2 倍,其电荷量则与质子相同;α 粒子的质量是

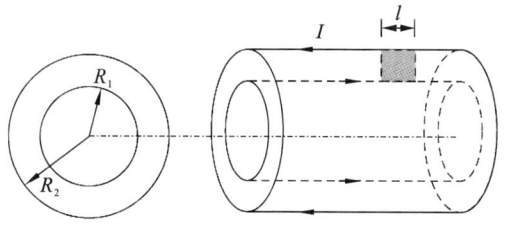

第 7-18 题图

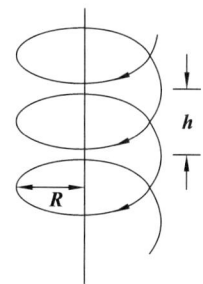

第 7-19 题图

质子质量的 4 倍,其电荷量则是质子的 2 倍。问:(1) 静止的质子、氘核、α 粒子经相同电压加速之后,它们的动能之比是多少?(2) 加速后进入同一均匀磁场,测量得到质子的轨道半径 $R_1 = 0.1$ m,则氘核的轨道半径 R_2 与 α 粒子的轨道半径 R_3 各为多大?

7-22 一回旋加速器 D 形圆周的最大半径为 $R = 60$ cm,用它来加速质量为 1.67×10^{-27} kg、电荷为 1.6×10^{-19} C 的质子。要把质子从静止加速到 4.0 MeV 的能量。(1) 求所需的磁感应强度 $\boldsymbol{B}$。(2) 设两 D 形电极间的距离为 1.0 cm,电压为 2.0×10^4 V,其间电场是均匀的,求加速到上述能量所需要的时间。

7-23 如图所示,在长直导线旁有一矩形导线圈,长直导线中通有电流 $I_1 = 20$ A,矩形线圈中通有电流 $I_2 = 10$ A。已知 $d = 1$ cm,$b = 9$ cm,$l = 20$ cm,试求:矩形线圈上受到的合力。

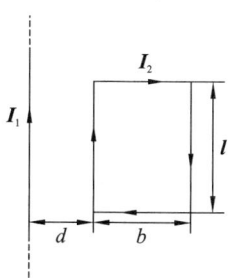

第 7-23 题图

7-24 如图所示,有一根长为 L 的直导线,质量为 m,用绳子平挂在均匀的外磁场 $\boldsymbol{B}$ 中,$\boldsymbol{B}$ 沿水平方向。导线中通有电流 I,I 的方向与 $\boldsymbol{B}$ 垂直。求绳所受张力为 0 时的

电流 I。若 $L=50\,\mathrm{cm}, m=10\,\mathrm{g}, B=1.0\,\mathrm{T}, I$ 在什么条件下导线会向上运动？

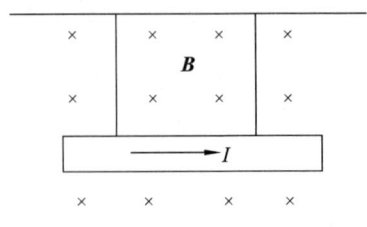

第 7-24 题图

7-25 有三根平行载流的无限长直导线，相距都为 $d=0.1\,\mathrm{m}$，且各通有 $I_1=I_2=I_3=I=10\,\mathrm{A}$ 的电流，方向垂直纸面向外，如图所示。试求各导线单位长度上所受的作用力。

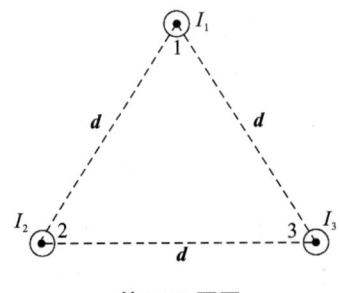

第 7-25 题图

7-26 一块半导体样品的体积为 $a\times b\times c$，如图所示，沿 x 方向有电流 I，在 z 轴方向加有均匀磁场 B，这时实验得出的数据为 $a=0.10\,\mathrm{cm}, b=0.35\,\mathrm{cm}, c=1.0\,\mathrm{cm}$，$I=1.0\,\mathrm{mA}, B=3\,000\,\mathrm{Gs}$，半导体片两侧的电势差为 $U_{AA'}=6.55\,\mathrm{mV}$。(1) 问：这半导体是正电荷导电（P 型）还是负电荷导电（N 型）？(2) 求载流子浓度（即单位体积内参加导电的带电粒子数）。

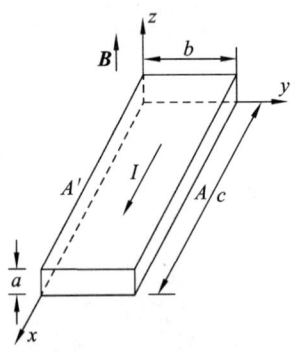

第 7-26 题图

7-27 在一霍尔效应实验中，宽为 $1.0\,\mathrm{cm}$，长为 $4.0\,\mathrm{cm}$，厚为 $10^{-3}\,\mathrm{cm}$ 的导体，沿长度方向载有 $3.0\,\mathrm{A}$ 的电流。当有 $1.5\,\mathrm{T}$ 的磁场垂直通过该薄片时，产生 $1.0\times 10^{-5}\,\mathrm{V}$ 的横向霍尔电压（在宽度两端）。求：(1) 载流子的漂移速度。(2) 每立方厘米的载流子

数目。(3) 假如载流子是(负的)电子,试就一定的电流和磁场的方向,在图上画出霍尔电压的极性。

7-28 如图所示,一矩形线圈长 20 mm,宽 10 mm,由外皮绝缘的细导线密绕而成,共绕有 1 000 匝。将其放在 $B = 1 000$ Gs 的均匀外磁场中,当导线中通有 100 mA 电流时,求图中两种情况下,线圈每边所受的力和整个线圈所受的力和力矩。(1) **B** 与线圈平面的法线重合(图 a)。(2) **B** 与线圈平面的法线垂直(图 b)。

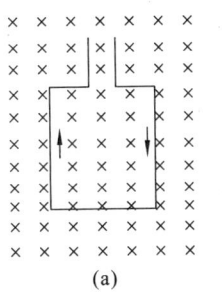 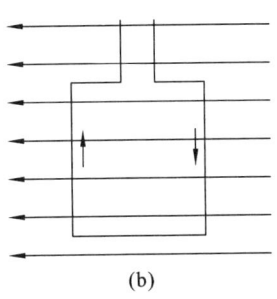

第 7-28 题图

7-29 铂(Pt)的相对磁导率为 $\mu_{Pt} = 1.000\,026$,银(Ag)的相对磁导率为 $\mu_{Ag} = 0.999\,974$,计算它们的磁化率,并说明它们各属于哪类磁介质。

7-30 螺绕环中心周长为 0.1 m,绕线圈为 200 匝,线圈中通有电流 0.1 A,管内充满相对磁导率 $\mu_r = 4\,200$ 的介质,求管内的磁感应强度 **B** 和磁场强度 **H**。

7-31 如图所示,有一个圆形薄磁片(磁壳)被均匀磁化,磁化强度为 **M**。试求 1、2、3 个点处的磁感应强度 **B** 和磁场强度 **H**。

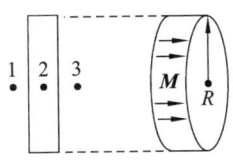

第 7-31 题图

7-32 一无限长圆柱形直导线,外包一层相对磁导率 μ_r 的圆筒形磁介质,导线半径为 R_1,磁介质的外半径为 R_2,导线内有电流 I_0 通过。(1) 求磁介质内、外磁场强度和磁感应强度的分布。(2) 求磁介质内、外表面束缚电流密度 J'。

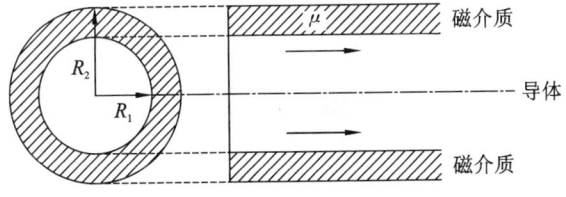

第 7-32 题图

第 8 章　随时间变化的电磁场

前面几章,我们分别研究了静止电荷激发的电场和稳恒电流激发的磁场的基本规律与性质。静电场和稳恒磁场都不随时间变化,且彼此是相互独立,服从各自的基本方程。本章将进一步讨论随时间变化的电场和磁场,研究它们之间相互制约、相互激发的关系。当描述场的矢量随时间变化时,电场与磁场将会不可分割地联系在一起。随时间变化的电磁场服从的基本方程是麦克斯韦方程组。本章首先介绍电磁感应现象及其产生的条件,并重点讨论法拉第电磁感应定律及其应用;其次,简要阐述麦克斯韦电磁场理论的产生过程、两个基本假说以及麦克斯韦方程组的表述与影响。

8.1　电磁感应现象和法拉第电磁感应定律

电磁感应现象的发现,阐明了电与磁相互联系和转化的规律,使人们对于电磁现象的本质有了更加深入的理解,从而推动了电磁理论的发展,不仅对科技的发展提供了理论根据,同时为人类获取巨大而廉价的电能开辟了道路。因此这一现象的发现是电磁学发展史上重要而辉煌的成就之一。

8.1.1　电磁感应现象

自从 1820 年奥斯特通过实验发现电流的磁效应之后(运动电荷可以激发磁场,即电生磁),人们很快提出了一个共同的逆问题:既然电流可以产生磁场,那么能否利用磁效应产生电流(磁能否生电)?一大批科学家开始对这一当时的未知领域(磁生电)展开了探索。最终,法拉第通过了十多年的努力,在 1831 年 8 月通过实验,发现了人类历史上第一例电磁感应现象(法拉第发现的实际上是我们后面要讲到的互感现象)。图 8-1 是法拉第实验所用的法拉第环。

图 8-1　法拉第环

法拉第的实验表明:当穿过闭合线圈的磁通量发生改变时,闭合线圈中就会产生电流,这种现象称为电磁感应现象。而在电磁感应现象中产生的这种电流,称为感应电流。

我们可以通过以下几个演示实验,讨论电磁感应现象产生的条件。

实验 I　如图 8-2 所示,将一条形磁铁插入线圈,在插入的过程中可以观察到电流计 G 的指针发生了偏转,表明线圈中有电流通过。再将磁铁从线圈内抽出,在抽出的过程中,电流计指针又反向偏转,表明此时线圈里产生了反方向电流。实验发现,若磁铁不动而使线圈相对磁铁运动,或两者同时相对运动,线圈中都会有电流产生。上述各情形中,当相对运动停止时,电流也会随之消失。

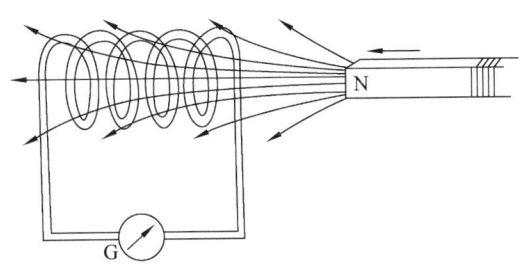

图 8-2　磁铁插入线圈

那么,究竟是由于相对运动还是由于线圈所在处的磁场的变化,导致电流的产生? 为此,需要看实验 II。

实验 II　如图 8-3 所示,有两个靠近的线圈相对静止,当右边线圈的回路在接通电键 K 的瞬间,左边线圈回路中电流计 G 的指针会突然偏转并很快回到零点(产生了一个瞬时电流);而在断开 K 的瞬间,电流计的指针突然反向偏转并很快回到零点。此时没有任何相对运动发生,相对运动本身不应是左边线圈中产生电流的原因,只能是在通电或断电的瞬间,左边线圈处的磁场发生了变化,而使其回路中产生了电流。

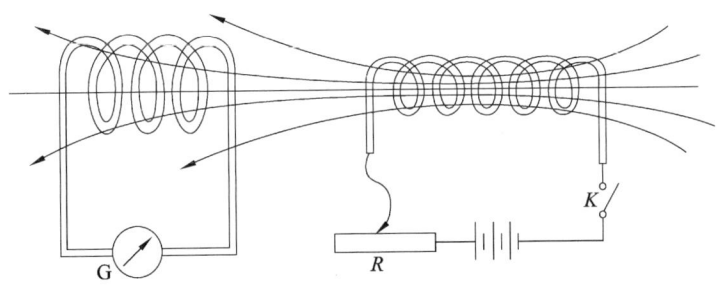

图 8-3　线圈通电和断电

要考察上述结论(磁场的变化导致电流的产生)是否全面,还需要看实验 III。

实验 III　如图 8-4 所示,在稳恒磁场内有一金属线框,线框上有一可沿水平方向滑动的金属棒 AB。当金属棒 AB 水平向右滑动时,电流计 G 的指针发生偏转(表明有电流产生),滑动的速度越快,指针偏转越大。当金属棒水平向左滑动时,电流计 G 的指针则发生反向偏转。若金属棒匀速运动,则金属线框中产生的电流不变。

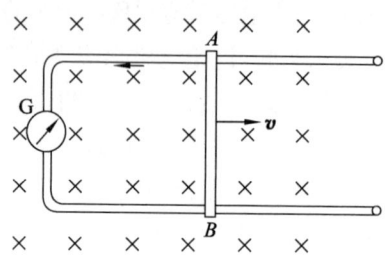

图 8-4　金属棒水平滑动

此实验中,由于磁场并没有变化,因而线框中产生电流的原因不能归结成磁场的变化。但注意到,金属棒相对于磁场的运动,使得线框的面积发生了变化,结果也产生了电流。

综合上述几个实验,我们可以归纳出,有两类方法可以产生感应电流:

(1) 磁场不变,而使导体回路或回路的一部分相对于磁场运动。

(2) 导体回路不动,回路周围的磁场发生变化。

由 $\Phi_B = \iint_S \boldsymbol{B} \cdot \mathrm{d}\boldsymbol{S}$ 不难看出,这两类方法的共同点是:穿过闭合回路的磁通量发生了变化。于是我们可得到产生感应电流的条件是:当穿过闭合回路的磁通量发生变化时,回路中就产生感应电流。

8.1.2　法拉第电磁感应定律

从本质上说,感应电流仅是次级现象,由欧姆定律知,电路中有电流就表明电路中有电动势存在。在电磁感应现象中,不论何种原因,只要穿过回路的磁通量发生变化,就一定会产生电动势 $\mathscr{E}_i$(即感应电动势)。

若导体回路闭合,回路中就会有感应电流;若回路不闭合,则虽然没有感应电流,但仍然存在感应电动势。因此,可以说感应电流只是次级现象,而感应电动势比感应电流更能反映电磁感应现象的本质。于是,电磁感应现象应该这样定义:当穿过导体回路所包围面积的磁通量发生改变时,回路中就会产生感应电动势的现象。下面研究感应电动势所遵从的物理规律。

法拉第通过大量的实验,发现并总结出了感应电动势与磁通量变化之间的关系,即导体回路中感应电动势的大小与穿过导体回路的磁通量对时间的变化率 $\dfrac{\mathrm{d}\Phi_m}{\mathrm{d}t}$ 成正比,这一结论称为法拉第电磁感应定律(又称为电磁感应的通量法则),其数学表达式为

$$\mathscr{E}_i = -k\dfrac{\mathrm{d}\Phi_m}{\mathrm{d}t},$$

式中,k 是比例常量,在国际单位制(SI)中,$k=1$,于是定律的数学表达式写为

$$\mathscr{E}_i = -\frac{\mathrm{d}\Phi_\mathrm{m}}{\mathrm{d}t}, \tag{8-1}$$

即感应电动势等于穿过回路的磁通量的时间变化率的负值。

(8-1)式只对单匝线圈组成的回路成立。若回路由 N 匝线圈串联组成,且通过每匝线圈的磁通量相同,均为 Φ_m,则线圈中总的电动势就等于各匝所产生的电动势之和,即

$$\mathscr{E}_i = -\frac{\mathrm{d}\psi}{\mathrm{d}t} = -\frac{\mathrm{d}(N\Phi_\mathrm{m})}{\mathrm{d}t} = -N\frac{\mathrm{d}\Phi_\mathrm{m}}{\mathrm{d}t}, \tag{8-2}$$

式中,$\psi = N\Phi_\mathrm{m}$ 称为线圈的磁通匝链数(简称磁链)。(8-2)式表明,一个线圈总的感应电动势与它的磁链变化率的数值成正比。(8-1)式和(8-2)式中的负号是回路中感应电动势方向的标志(负号实际上是楞次定律的数学体现)。

由于电动势和磁通量都是标量(代数量),它们的正、负都是相对于某一个指定的方向而言的。因此,在应用法拉第电磁感应定律确定感应电动势方向时,首先,要指定回路的绕行正方向,并规定电动势方向与绕行方向一致时为正;然后,根据回路的绕行正方向,按右手螺旋定则确定回路所包围面积的正法线方向 $\boldsymbol{n}$。若 $\boldsymbol{B}$ 与 $\boldsymbol{n}$ 的夹角小于 $\frac{\pi}{2}$,则穿过回路的磁通量 $\Phi_\mathrm{m} > 0$;若夹角大于 $\frac{\pi}{2}$,则有 $\Phi_\mathrm{m} < 0$。于是,$\mathscr{E}_i$ 或 I_i 的正、负完全由 $\frac{\mathrm{d}\Phi_\mathrm{m}}{\mathrm{d}t}$ 决定,若 $\frac{\mathrm{d}\Phi_\mathrm{m}}{\mathrm{d}t} < 0$,则 $\mathscr{E}_i > 0$,表示感应电动势的方向与绕行正方向相同;若 $\frac{\mathrm{d}\Phi_\mathrm{m}}{\mathrm{d}t} > 0$,则 $\mathscr{E}_i < 0$,表示感应电动势的方向与绕行正方向相反,如图 8-5(a) 和 (b) 所示。

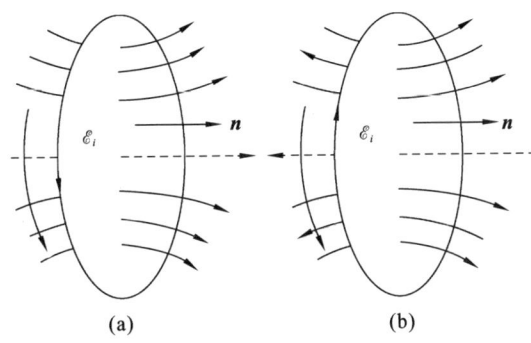

图 8-5　感应电动势的方向

若设闭合回路的电阻为 R,则通过回路的感应电流为

$$I = -\frac{1}{R}\frac{\mathrm{d}\Phi_\mathrm{m}}{\mathrm{d}t}, \tag{8-3}$$

而在 $\Delta t = t_2 - t_1$ 时间内通过回路中的感应电荷量则为

$$q_i = \int_{t_1}^{t_2} I_i \, dt = -\frac{1}{R}\int_{\Phi_{1m}}^{\Phi_{2m}} d\Phi_m = \frac{1}{R}(\Phi_{1m} - \Phi_{2m}), \qquad (8-4)$$

即感应电荷量与通过回路面积的磁通量的改变成正比，而与磁通量变化的快慢无关。如果测得感应电量，而回路中的电阻又为已知时，就可以计算磁通量。常用的磁通计就是根据这个原理设计制成的。

8.1.3 楞次定律

1834年，楞次（1804—1865）在概括了大量实验事实的基础上，总结出一种直接判断感应电流方向的法则，即楞次定律。楞次定律是判断感应电流方向（进而确定感应电动势方向）的实验定律，可以简单地表述为：感应电流的效果总是反抗引起感应电流的原因。

在实际应用中，为了使用方便，通常可以将楞次定律表述为以下两种形式：

（1）楞次定律的第一种表述是：在闭合回路中，感应电流的磁通量总是力图阻碍（反抗或补偿）原磁通量的变化（增加或减少）。

如图 8-6 所示，当永久磁棒的 N 极向线圈移动时，通过线圈的磁通量增加，由楞次定律，感应电流产生的磁场方向（图中用虚线表示）应当与永磁铁所产生的磁场方向（图中用实线表示）相反，以反抗线圈内磁通量的增加。根据右手螺旋定则，若从永久磁棒向线圈看去，感应电流应是逆时针方向的。而当永久磁棒的 N 极离开线圈时，线圈内的磁通量减少，则感应电流所产生的磁场方向与永久磁棒的磁场方向相同，以补偿线圈内的磁通量的减少量，这时从永久磁棒向线圈看去，感应电流方向应是顺时针的。

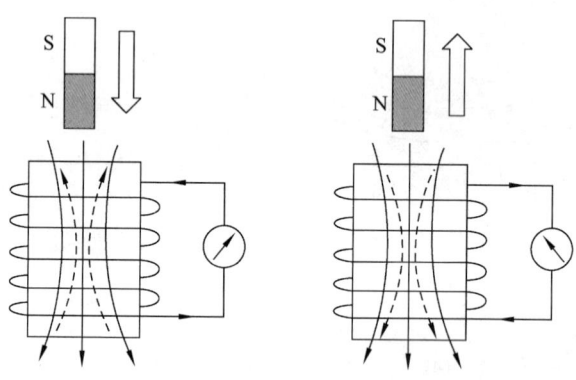

图 8-6 永磁铁的两种运动

（2）楞次定律的第二种表述是：当导体在磁场中运动时，感应电流受到的磁场力总是阻碍导体的运动（这是从关于感应电流的机械效果来表达定律）。

如图 8-7 所示，在外力 F' 作用下，导体棒以速度 v 水平向右运动，则由楞次定律，感应电流 I_i 受到的磁场力 $\boldsymbol{F} = \int_L I_i \, d\boldsymbol{l} \times \boldsymbol{B}$ 会阻碍其运动，即磁场力的方向应该水平向左。根据右手螺旋定则不难判定,在导体棒中会产生向上的感应电流 I_i。

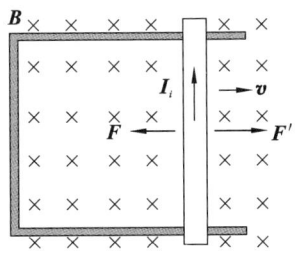

图 8-7 导体在磁场中的运动

在楞次定律的两种表述中,虽然第二种表述的适用范围没有第一种表述的大,但两种表述是有其一致性的,它们的共同点是:感应电流产生的效果总是力图反抗引起此感应电流的原因。

实际上,楞次定律的本质是能量守恒和转换定律。在图 8-7 所示的情形中,感应电流所受到的磁场力是反抗导体棒的运动的,因此,要使导体棒持续移动,就需要外力持续做功。导体棒的移动在回路中产生感应电流,这时在回路中也会有一定的电能消耗(如转变为热能等)。事实上,这些能量的来源就是外力所做的功。

我们设想一下,若感应电流所受到的磁场力,不是阻止相对运动而是促进运动,则只要我们把磁铁稍稍推动一下,感应电流的作用将使磁铁动得更快一些,于是更增大了感应电流的强度,感应电流强度的增大又会进一步加速相对运动。如此不断地反复加强,由最初微小移动做的功,就能得到无穷大的机械能和电能,这显然是与能量守恒和转换定律相违背的。可见,楞次定律实际上就是能量守恒与转换定律在电磁感应现象中的具体体现。

用楞次定律判断感应电流(进而判断感应电动势)的方向,与用法拉第电磁感应定律[即(8-1)式]判断方向,结果是完全一致的,因为前面说过,(8-1)式中的负号实际上就是楞次定律的数学表示。

例 8-1 如图 8-8 所示,由导线绕成的空心细螺绕环,单位长度上的匝数 $n = 5\,000$ 匝,截面面积 $S = 2 \times 10^{-3} \text{ m}^2$,螺绕环和电源以及电阻器串联成一闭合电路,在环上绕有一个匝数 $N = 5$、电阻 $R = 2\ \Omega$ 的线圈 A,调节滑线变阻器使通过螺绕环的电流 I 每秒减少 20 A,试求:(1) 线圈 A 中的感应电动势。(2) 线圈 A 中的感应电流。

解 (1) 细螺绕环可以视为长直螺线管,其内部的磁感应强度大小为
$$B = \mu_0 nI,$$
设磁场 $\boldsymbol{B}$ 沿逆时针方向,且垂直于线圈 A 的平面。由于磁场完全集中在螺绕环内,所以穿过线圈 A 的磁通量为
$$\Phi_\text{m} = \mu_0 nIS,$$
由法拉第电磁感应定律,可得线圈 A 中感应电动势的大小为

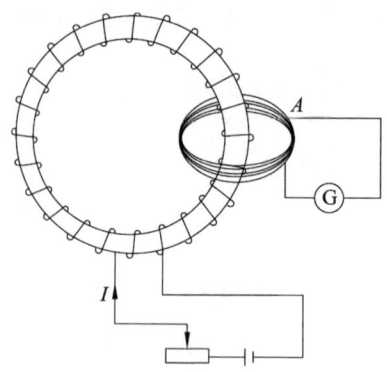

图 8-8　线圈中的感应电动势

$$\mathscr{E}_i = \left| -N \frac{\mathrm{d}\Phi_m}{\mathrm{d}t} \right| = \mu_0 nNS \frac{\mathrm{d}I}{\mathrm{d}t}$$

$$= 12.57 \times 10^{-7} \times 5\,000 \times 5 \times 2 \times 10^{-3} \times 20 = 1.26 \times 10^{-3}(\mathrm{V}),$$

由楞次定律可以判定，$\mathscr{E}_i$ 的方向为从上往下看逆时针方向。

（2）由欧姆定律可知，线圈 A 中的感应电流为

$$I_i = \frac{\mathscr{E}_i}{R} = \frac{1.26 \times 10^{-3}}{2} = 6.3 \times 10^{-4}(\mathrm{A})。$$

法拉第电磁感应定律（即通量法则）从实验现象上给出了回路中磁通量的变化率和感应电动势之间的联系（共同特点），但没有涉及产生感应电动势的分类以及其物理实质是什么的问题。

由前面的讨论可知，根据磁通量发生变化的方式不同，可以将感应电动势分为两大类：当磁场不变时，因导体的运动而产生的感应电动势称为动生电动势；而当导体不动，因磁场的变化而产生的感应电动势称为感生电动势。在第 8.2 节和第 8.3 节将分别讨论它们的起因和规律。

8.2　动生电动势

在前一章中，我们已经知道，电动势是单位电荷运动时非静电力所做的功。因此，任何电动势的产生，都必然有其对应的非静电力。要知道动生电动势的起源，就需要找到其非静电力是什么。

8.2.1　动生电动势

在稳恒磁场中运动着的导体内产生的感应电动势，称为动生电动势。

1. 动生电动势的起因

从物理实质上看，它的产生是由于磁场作用在导体中载流子上的洛伦兹力的结果。我们通过下面的典型实例来加以分析。

如图 8-9(a) 所示,设有长为 l 的导体棒 ab,在稳恒的均匀磁场中以匀速度 v 沿着垂直于磁场 $\boldsymbol{B}$ 的方向运动,此时,这时导体棒中的自由电子将随着棒一起以速度 v 在磁场 $\boldsymbol{B}$ 中运动,因而每个自由电子都将受到洛伦兹力 $\boldsymbol{F}$ 的作用

$$\boldsymbol{F} = -e(\boldsymbol{v} \times \boldsymbol{B})。$$

显然,$\boldsymbol{F}$ 的方向由 a 指向 b,在洛伦兹力 $\boldsymbol{F}$ 的作用下,自由电子沿棒向 b 端运动。自由电子运动的结果,使得棒 ab 两端出现了上正下负的电荷堆积,从而产生自 a 指向 b 的静电场,设其电场强度为 $\boldsymbol{E}$,于是电子还将受到一个与洛伦兹力方向相反的静电力 $\boldsymbol{F} = -e\boldsymbol{E}$,此静电力随着电荷量的累积而增大。当静电力的大小增大到等于洛伦兹力的大小时,a 与 b 两端则形成一定的电势差。

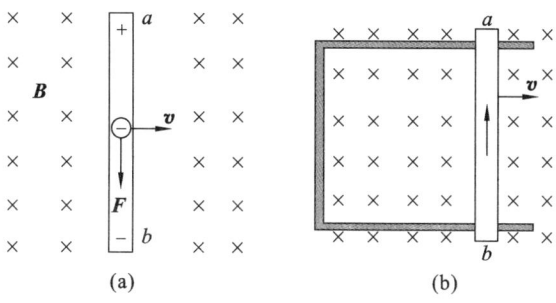

图 8-9 动生电动势的起因

此时,若导体棒 ab 与一个导体框形成了闭合回路,如图 8-9(b) 所示,则在外电路上,自由电子在静电力作用下,将由负极的 b 端沿导体框(即外电路)运动到正极的 a 端。由于电荷的移动,使导体棒 a,b 两端堆积的电荷减少,从而静电场的电场强度 $\boldsymbol{E}$ 变小,于是棒内原来两力平衡的状态被破坏,电子又会沿洛伦兹力方向运动,补充 a 和 b 两端减少的电荷,使匀速运动的导体棒两端维持一定的电势差,这时的导体棒 ab 相当于一个具有一定电动势的电源。显然,洛伦兹力充当了此电源的非静电力,它不断地在此电源内部将电子从高电势处搬移到低电势处,使运动导体棒内形成动生电动势,并在闭合回路中产生感应电流。

这里,我们可以定义运动导体棒内与洛伦兹力相对应的非静电场强度为

$$\boldsymbol{E}_k = -\frac{\boldsymbol{F}}{e} = \boldsymbol{v} \times \boldsymbol{B},$$

则导体棒 ab 上的动生电动势为

$$\mathscr{E}_i = \int_a^b \boldsymbol{E}_k \cdot \mathrm{d}\boldsymbol{l} = \int_a^b (\boldsymbol{v} \times \boldsymbol{B}) \cdot \mathrm{d}\boldsymbol{l} = Bvl。$$

可以证明,对于任意形状的一段导线 L,在外磁场中运动时,都有动生电动势为

$$\mathscr{E}_i = \int_L \boldsymbol{E}_k \cdot \mathrm{d}\boldsymbol{l} = \int_L (\boldsymbol{v} \times \boldsymbol{B}) \cdot \mathrm{d}\boldsymbol{l}。 \tag{8-5}$$

这里的积分线元矢量 $\mathrm{d}\boldsymbol{l}$ 是在积分路径上是任意选定的,当 $\mathrm{d}\boldsymbol{l}$ 同 $\boldsymbol{v} \times \boldsymbol{B}$ 呈锐角时,

$\mathscr{E}_i$ 为正；呈钝角时，$\mathscr{E}_i$ 为负。

如果导线构成回路，则有

$$\mathscr{E}_i = \oint_L (\boldsymbol{v} \times \boldsymbol{B}) \cdot \mathrm{d}\boldsymbol{l}。 \tag{8-6}$$

当回路中只有分部导线段运动时，则上式中只对该部分导线积分，且电动势只存在于那些运动着的导线段上；若整个回路都有运动，就应对整个闭合回路积分，此时电动势存在于整个回路中。

在运动导体构成回路的情况下，可以证明，(8-6)式与法拉第电磁感应定律(8-1) 式是一致的。

注意，动生电动势的方向就是非静电场强$\boldsymbol{E}_k$的方向，即$(\boldsymbol{v} \times \boldsymbol{B})$的方向。

2. 动生电动势的能量转换问题

前面已知，动生电动势的起因是洛伦兹力驱动电子运动的结果，洛伦兹力驱动电子运动需要做功。但在第 7 章里我们说过，洛伦兹力永远不对运动电荷做功。这两者之间似乎产生了矛盾。下面简要分析一下这个问题。首先，要明确两个概念：

(1) 总力不做功，不等于各个分力不做功(只要一些分力的正功与其他各分力的负功相等即可)。

(2) 一个系统不提供能量，并不等于它不传递能量(只要它所接收进来的和传递出去的能量永远相等即可)。

如图 8-10 所示，取导体棒 ab 中的一小段，分析其中电子的运动与受力情况。

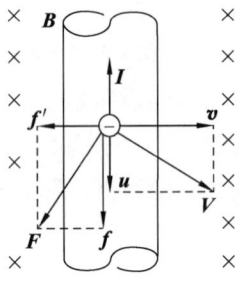

图 8-10　能量转换问题

电子所受总的洛伦兹力 $\boldsymbol{F} = -e(\boldsymbol{u}+\boldsymbol{v}) \times \boldsymbol{B}$，则电子运动的合速度为 $\boldsymbol{V} = \boldsymbol{u}+\boldsymbol{v}$，可见，$\boldsymbol{F}$ 的方向与 $\boldsymbol{V}$ 垂直，故总的洛伦兹力是不做功的。但是，$\boldsymbol{F} = \boldsymbol{f}+\boldsymbol{f}'$ 的两个分力，分别要对电子做正功和负功：分力 $\boldsymbol{f} = -e(\boldsymbol{v} \times \boldsymbol{B})$ 对电子做正功，起着电源中非静电力的作用，形成动生电动势；而分力 $\boldsymbol{f}' = -e(\boldsymbol{v} \times \boldsymbol{B})$，沿着负 $\boldsymbol{v}$ 的方向，阻碍导体运动，做负功，宏观上即表现为导体棒所受到的安培力。

单位时间内两分力做的功(即功率)为

$$\boldsymbol{f} \cdot \boldsymbol{u} = -e(\boldsymbol{v} \times \boldsymbol{B}) \cdot \boldsymbol{u},$$
$$\boldsymbol{f}' \cdot \boldsymbol{v} = -e(\boldsymbol{u} \times \boldsymbol{B}) \cdot \boldsymbol{v} = e(\boldsymbol{B} \times \boldsymbol{u}) \cdot \boldsymbol{v} = e(\boldsymbol{v} \times \boldsymbol{B}) \cdot \boldsymbol{u} = -\boldsymbol{f} \cdot \boldsymbol{u}。$$

上式说明,总的洛伦兹力不做功,但两个分力要做功,但它们所做的功的代数和为零。于是我们得到结论:洛伦兹力虽然不提供能量,但起能量传递的作用,即外力克服洛伦兹力的一个分量 f' 所做的功,通过另一个分量 f 转变成导体的动生电动势,可见,从能量转换上看,动生电动势的产生完全符合能量转化与守恒定律。下面我们看一个典型实例:交流发电机的基本原理。

动生电动势实际应用的一个典型实例是交流发电机。如图 8-11 所示,设一矩形刚性线圈,匝数为 N,面积为 S,使这线圈在均匀磁场中以角速度 ω 绕固定的轴线 OO' 转动,磁感强度 B 与 OO' 轴垂直。

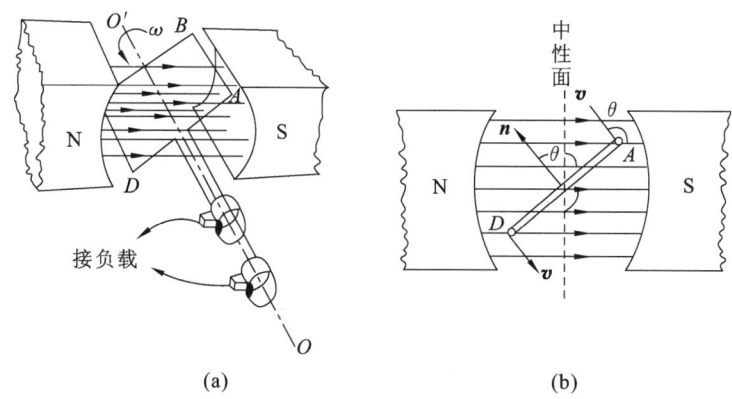

图 8-11 交流发电机的基本原理

当线圈平面的法线 n 与 B 之间的夹角为 θ 时,对于每匝线圈,穿过线圈平面的磁通量为

$$\Phi_m = BS\cos\theta,$$

当线圈绕 OO' 轴转动时,夹角 θ 随时间改变,所以磁通量 Φ_m 也随时间改变。

由法拉第电磁感应定律,N 匝线圈中所产生的感应电动势为

$$\mathscr{E}_i = -\frac{d\Phi_m}{dt} = NBS\sin\theta\frac{d\theta}{dt},$$

式中,$\frac{d\theta}{dt}$ 是线圈转动的角速度 ω。

若 ω 是恒量,且设 $t = 0$ 时,有 $\theta_0 = 0$(初始条件),则有 $\theta = \omega t$,代入上式得

$$\mathscr{E}_i = NBS\sin t。$$

可令 $NBS\omega = \mathscr{E}_0$,表示当线圈平面平行于磁场方向的瞬时感应电动势(即线圈中感应电动势的最大量值),于是得到

$$\mathscr{E}_i = \mathscr{E}_0\sin\omega t。$$

由上式可知,在均匀磁场内,以匀角速转动的线圈中产生的感应(动生)电动势是随时间按正弦规律做周期性变化的,周期为 $\frac{2\pi}{\omega}$,这种电动势称为交变电动势。在交

变电动势的作用下,线圈中产生的电流也是交变的,称为交变电流(即简谐交流电)。以上所述即交流发电机的工作原理(运用电磁感应定律将机械能转换成电能)。

8.2.2 动生电动势的计算

计算动生电动势一般有两种方法:

(1) 直接积分法求解问题。

$$\mathcal{E}_i = \int_L (\boldsymbol{v} \times \boldsymbol{B}) \cdot \mathrm{d}\boldsymbol{l},$$

式中,l 可以闭合也可以不闭合。

(2) 用法拉第电磁感应定律(即通量法则)求解问题。

$$\mathcal{E}_i = \frac{\mathrm{d}\psi}{\mathrm{d}t} = -N\frac{\mathrm{d}\Phi_\mathrm{m}}{\mathrm{d}t}。$$

注意:当导体不形成闭合回路时,可作一假想的辅助线,形成合理的回路,以便应用定律计算磁通量。

例 8-2 设有一铜棒 ab 长为 L,在纸面内以恒定的角速度 ω 按顺时针方向绕 a 点转动,铜棒与均匀的稳恒磁场 $\boldsymbol{B}$ 垂直,求铜棒中动生电动势的大小和方向。

解 如图 8-12 所示,在铜棒上,距 a 点 l 处取一线元 $\mathrm{d}l$,其方向指出 b,则该线元相对磁场的运动线速度 v 垂直于 $\mathrm{d}l$ 和 $\boldsymbol{B}$,其大小为 $v = \omega l$。

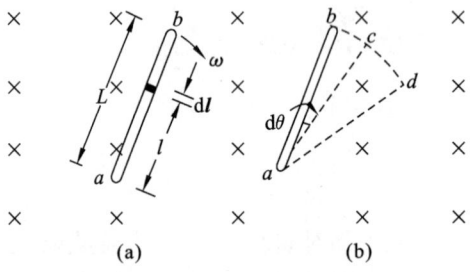

图 8-12 铜棒中的动生电动势

故在 $\mathrm{d}l$ 上产生的动生电动势为

$$\mathrm{d}E_i = (\boldsymbol{v} \times \boldsymbol{B}) \cdot \mathrm{d}\boldsymbol{l} = B\omega l\,\mathrm{d}l,$$

于是铜棒中总的电动势为

$$\mathcal{E}_i = \int \mathrm{d}\mathcal{E}_i = \int_O^L B\omega l\,\mathrm{d}l = \frac{1}{2}B\omega L^2,$$

由 $(\boldsymbol{v} \times \boldsymbol{B})$ 不难得到,动生电动势是由 a 指向 b,即 b 点电势高。

此题也可以作辅助线形成闭合回路,应用法拉第电磁感应定律来求解(略)。

例 8-3 如图 8-13 所示,有一导体细棒,由 $ab = bc = L$ 两段在 b 处相接,弯曲处形成 θ 角 $\left(\theta < \dfrac{\pi}{2}\right)$,导体细棒在均匀磁场 $\boldsymbol{B}$ 中以速率 v 水平向右运动,试求:ac 间的电势差,哪一点电势较高?

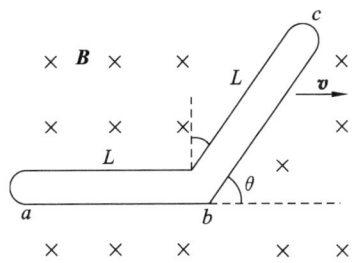

图 8-13 运动导体细棒

解 可将此导体细棒分成 ab 和 bc 两部分,用直接积分的方法,分别求各段的动生电动势。

对于 ab 段,利用动生电动势定义式,可得

$$\mathscr{E}_{ab} = \int_a^b (\boldsymbol{v} \times \boldsymbol{B}) \cdot \mathrm{d}\boldsymbol{l} = \int_a^b vB\sin 90°\cos 90°\mathrm{d}l = 0,$$

同理,对于 bc 段,利用动生电动势定义式,可得

$$\mathscr{E}_{bc} = \int_b^c (\boldsymbol{v} \times \boldsymbol{B}) \cdot \mathrm{d}\boldsymbol{l} = \int_b^c vB\sin 90°\cos\left(\frac{\pi}{2}-\theta\right)\mathrm{d}l = vB\cos\left(\frac{\pi}{2}-\theta\right)\int_b^c \mathrm{d}l$$
$$= vBL\sin\theta,$$

可见,ab 段上的动生电动势为零,则整个导体细棒的动生电动势

$$\mathscr{E}_{ac} = \mathscr{E}_{ab} + \mathscr{E}_{bc} = vBL\sin\theta,$$

其方向由 $\boldsymbol{v} \times \boldsymbol{B}$ 确定,为由 b 指向 c,故 ac 间的电势差为 $U_{ab} = vBL\sin\theta$,c 点电势高。

8.3 感生电动势

8.3.1 感生电动势

与动生电动势相对应,导体静止而因磁场随时间变化产生的感应电动势,称为感生电动势。

1. 感生电场与感生电动势

动生电动势的起因是由于洛伦兹力充当了非静电力,那么,感生电动势产生的过程中,充当非静电力的是否还是洛伦兹力呢?下面作简要分析。

在此情形下,磁场变化原因可能是磁场源的运动或是载流导线中电流的变化,无论是哪一种原因,其结果都是使得磁场不再保持恒定。

通过实验发现,当磁场变化时,静止导体中同样会产生感应电动势。这时产生电动势的非静电力显然不可能是洛伦兹力,因为磁场对静止电荷是没有作用的。而且实验表明,只要有变化的磁场存在,不仅处在其中的静止电荷会受到力的作用,而且处在磁场区域之外的静止电荷也会受到力的作用。因此,这种非静电力不可能是洛伦兹力。

从本质上说,这种力应该是电场力。为了解释这种力的来源,1861 年,麦克斯韦在分析了一系列实验之后,从场的观点出发,突破电场只能起源于对电荷的认识,大胆提出了关于感生电场的假说。麦克斯韦认为变化的磁场在其周围空间会激发一种电场,称为感生电场(又称涡旋电场)。

空间里即使没有导体存在,但只要存在着变化的磁场,就一定会存在感生电场,而且感生电场可以扩展到原磁场未达到的区域。在变化着的磁场中,导体内之所以会出现感应电动势,正是这种非静电性质的感生电场力对导体内载流子作用的结果。感生电场的存在,得到了众多实验结果的证实。

这里,可以设感生电场的场强为 E_k(即单位正电荷所受到的感生电场力),则由电动势的一般定义,沿任意闭合回路的感生电动势为

$$\mathscr{E}_i = \oint_L E_k \cdot \mathrm{d}l, \tag{8-7}$$

将上式代入(8-1)式,得

$$\oint_L E_k \cdot \mathrm{d}l = -\frac{\mathrm{d}\Phi_m}{\mathrm{d}t},$$

式中,Φ_m 是穿过以回路 L 为边界的任意曲面 S 的 B 通量,即

$$\Phi_m = \iint_S B \cdot \mathrm{d}S,$$

因而

$$\oint_L E_k \cdot \mathrm{d}l = -\frac{\mathrm{d}}{\mathrm{d}t}\iint_S B \cdot \mathrm{d}S。$$

因为回路是静止的,即 S 不随时间变化,微分与积分可以互换,上式可表示为

$$\oint_L E_k \cdot \mathrm{d}l = -\iint_S \frac{\partial B}{\partial t} \cdot \mathrm{d}S, \tag{8-8}$$

式中,负号表示正的磁通量增加时产生的感生电场(涡旋电场)E_k 与 $\frac{\partial B}{\partial t}$ 构成左手螺旋关系。

一般地,空间中还存在静电场(库仑电场),即总的电场为 $E = E_库 + E_k$,则有

$$\oint_L E \cdot \mathrm{d}l = -\iint_S \frac{\partial B}{\partial t} \cdot \mathrm{d}S。 \tag{8-9}$$

上式是随时间变化的电磁场的基本方程之一。

2. 静电场(库仑场)与感生电场(涡旋电场)的异同

空间中的总的电场为 $E = E_库 + E_k$,其中静电场(库仑电场)与感生电场(涡旋电场)的性质是不同的,下面做一个简单的比较。

两者的共同点是:都对进入场中的电荷产生力的作用,即有

$$F_库 = qE_库, \quad F_k = qE_k。$$

两者的不同点则是:

(1) 场源不同。库仑电场由电荷所激发,而感生电场不是由电荷激发,而是由变化的磁场所激发。

(2) 场的性质不同。静电场的通量不为零但环流为零,表示静电场是有源的保守力场,静电场线是非闭合的;而感生电场的通量为零但环流不等于零,即感生电场是无源的非保守力场(涡旋场),感生电场线是闭合的,且感生电场的电场线总是和变化磁场的磁感应线互相套连。

下面我们看一个典型实例:电子感应加速器。

电子感应加速器是利用变化磁场产生的涡旋电场加速电子以获得高能量电子束的装置,因此它也是感生电场存在的最重要的例证之一。

图 8-14 是电子感应加速器的示意图,其中 N 和 S 为电磁铁的两极,其间有一环形真空管道。电磁铁的电流为每秒几十赫兹的强大的交变电流。在交变电流激发下两极之间出现交变磁场,其磁感应线是对称分布的,设某一瞬间的 B 线如图 8-14 所示。此交变磁场又在真空管道中产生很强的涡旋电场,在水平面上其电场线为许多同心圆,如图 8-14 中虚线所示。

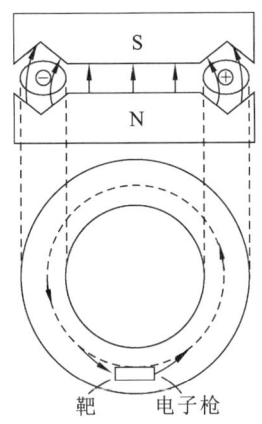

图 8-14 电子感应加速器

当电子从电子枪中射入环形真空管道时,电子便受到两个力作用,即涡旋电场的作用力和电子所在处的磁场的洛伦兹力。电子感应加速器的工作原理简单说就是:利用涡旋电场力使电子加速,而利用磁场对电子的洛伦兹力作为向心力,形成圆周运动。为了保证电子在加速器中不断地被加速,且受向心力而做圆周运动,必须在极短的时间内使得射入的电子完成加速并引离加速器,这个时间称为工作时间。现简要分析如下。

交变磁场随时间做正弦变化,在一个周期内磁场变化的情况如图 8-15 所示(B 为正表示 B 方向向上,B 为负表示 B 方向向下)。

先考虑感生电场。在第一个 1/4 周期中 B 向上,且 $|B|$ 增加,则由左手定则知感

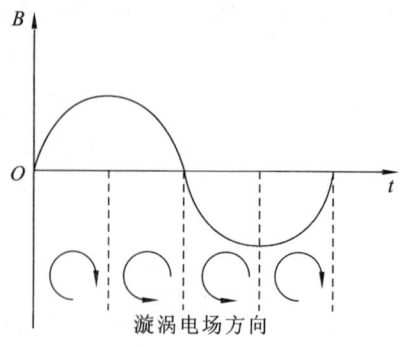

图 8-15　感生电场的方向

生电场 E_k 是沿顺时针方向;在第四个 1/4 周期中 B 向下,且 $|B|$ 减少,同样 E_k 也是沿顺时针方向。而在第二个和第三个 1/4 周期中,E_k 则是沿逆时针方向。因此只有在第一个和第四个 1/4 周期中,电子才能被加速。

再考虑洛伦兹力,只有在前 1/2 周期中,B 方向向上,洛伦兹力 $(-e)v \times B$ 才能指向圆心,在后 1/2 周期中,B 方向向下,洛伦兹力 $(-e)v \times B$ 不能指向圆心,因此,只有在前 1/2 周期中,电子才受到向心力的作用而做圆周运动。

综合以上两点不难发现,电子感应加速器的工作时间只有第一个 1/4 周期,因为在整个周期中只有第一个 1/4 周期能使电子做加速圆周运动。好在电子在不到 1/4 周期的时间内已经转了几十万圈,只要在该 1/4 周期之末将电子引离轨道进入靶室,就已能使其能量达到足够的数值。电子感应加速器在科研、医疗以及工业上,都有着广泛的应用。

8.3.2　涡电流

1. 涡电流

前面我们只讨论了导体回路中的电磁感应现象,然而,人们发现当有大块金属在磁场中运动或者放入变化的磁场中时,金属内也会产生感应电流。这种电流在金属体内形成自我闭合的涡旋状,所以称为涡电流(简称涡流)。

2. 涡电流的物理效应

如图 8-16 所示,绕在圆柱形铁芯上的线圈中通以交变电流,就会在铁芯内沿轴线方向产生交变的磁通量,从而在铁芯横截面上激发交变的感生电场。铁芯中的自由电子就在此感生电场作用下绕铁芯轴线做涡旋运动,形成感生电流(涡电流)。由于产生涡电流的感应电动势与磁通量的变化率成正比,所以涡电流强度与加在线圈上的交变电流频率成正比。又由于大块金属的电阻很小,所以不大的感应电动势就可以激发出强大的涡电流。

涡电流的物理效应主要有热效应和磁效应(机械效应)。涡电流与普通电流一样

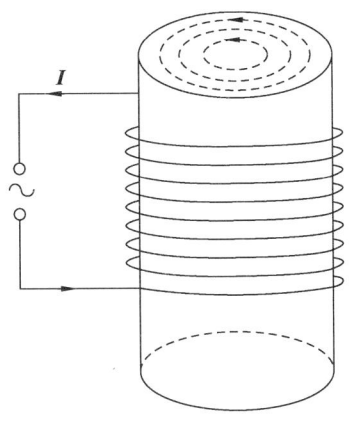

图 8-16　涡电流

有热效应,会放出大量的焦耳热。工业上用以冶炼金属的高频感应炉和家用电磁灶等就是根据这一原理制成的。涡电流的热效应也有其危害的一面,涡流不仅浪费了电能,而且可使电器的铁芯发热以致烧坏。涡电流还有磁效应(机械效应)。当大块金属进入或离开磁场区域时,导体内会产生涡流。涡流要受安培力的作用,且方向与金属运动方向相反,结果是阻碍导体的相对运动,此现象称为电磁阻尼。在电磁仪表中,为了在测量时能使指针的摆动尽快停下来,线圈框架采用了闭合的铝框架,就是应用了电磁阻尼的原理。

而当磁场相对于大块金属运动时,涡流受到的安培力则会驱使大块金属跟随磁场一起运动,此现象称为电磁驱动。异步感应发电机就是利用了电磁驱动的原理。

3. 趋肤效应

当交变电流通过导体(线)时,电流密度在导线横截面上的分布将是不均匀的,并且随着电流变化频率的升高,电流将越来越集中于导线的表面附近,靠近导体表面处的电流密度越来越大于导体内部的电流密度,这种现象称为趋肤效应(又称为集肤效应)。趋肤效应使导体的电阻增大,电感减小。

图 8-17 所示是不同频率的电流通过导线时,电流密度在横截面上分布的情形。当电流的频率在 1 kHz 以下时,趋肤效应不明显,而达到 100 kHz 时,电流明显地集中于表面附近。

引起趋肤效应的原因,就是交变电流通过导体时产生的涡电流。

如图 8-18 所示,当交变电流 I 通过导体时,在它的内部和周围空间就产生环状的交变磁场 $\boldsymbol{B}$,在导体内部,此交变磁场激发涡电流 i。由楞次定律可知,感应电流的效果总是反抗引起感应电流的原因,因而涡电流 i 的方向在导体内部(即靠近导线中心附近)总是与电流 I 的变化趋势相反,即阻碍 I 的变化,而在导体表面附近,却与电流 I 的变化趋势相同。从总的效果上来说,就使得交变电流不易在导体内部流动,而易

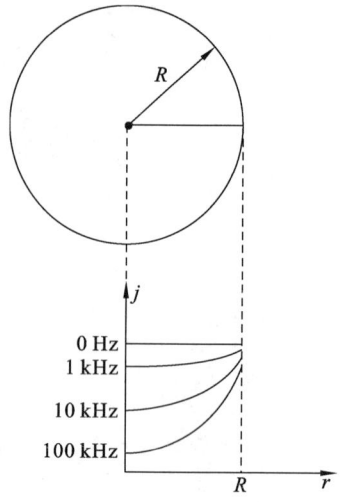

图 8-17　趋肤效应

于在导体表面附近流动,形成了趋肤效应。

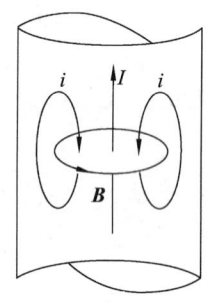

图 8-18　涡电流导致趋肤效应

  由于趋肤效应的产生,使导线通过交变电流的有效截面积减小了,当频率很高的电流通过导线时,可以认为电流只在导线表面上很薄的一层中流过,这等效于导线的截面减小而电阻增大。

  为了减小趋肤效应的不利影响,通常采用的方法有:采用多股相互绝缘的细导线束(称为辫线)来代替总截面积与其相等的实心导线,从而抑制涡电流;可以在导线表面镀银,这种方法实际上是降低导线表面的电阻率;既然导线的中心部分几乎没有电流通过,因此在高频电路中常采用空心导线代替实心导线,以节约材料。

  此外,在工业应用方面,利用趋肤效应可以进行金属表面的热处理(即表面淬火),使高频强电流通过金属导体,或将金属导体置于交变磁场中,由于趋肤效应,导体表面温度上升,当升至淬火温度时,放入水中使其迅速冷却,使其表面硬度增大。而此时导体内部的温度还远低于淬火温度,在迅速冷却后仍保持韧性。

8.3.3 感生电动势的计算

计算感生电动势也有两种方法：

(1) 若磁场在空间中的分布具有对称性，在磁场中的导体又不成回路时，可利用方程

$$\oint_L \boldsymbol{E}_k \cdot \mathrm{d}\boldsymbol{l} = -\iint_S \frac{\partial \boldsymbol{B}}{\partial t} \cdot \mathrm{d}\boldsymbol{S},$$

求出 E_k 的空间分布，然后再利用

$$\mathscr{E}_i = \int_a^b \boldsymbol{E}_k \cdot \mathrm{d}\boldsymbol{l},$$

求出导体 ab 上的感生电动势。

(2) 若导体为闭合回路（或可作辅助线形成闭合回路），可直接利用法拉第电磁感应定律

$$\mathscr{E}_i = -\frac{\mathrm{d}\Phi_\mathrm{m}}{\mathrm{d}t}$$

进行计算。

如果问题中既有动生电动势又有感生电动势，则总的感应电动势的计算公式为

$$\mathscr{E}_i = \int_a^b (\boldsymbol{v} \times \boldsymbol{B}) \cdot \mathrm{d}\boldsymbol{l} + \int_a^b \boldsymbol{E}_k \cdot \mathrm{d}\boldsymbol{l} \quad (\text{导体不闭合}),$$

或

$$\mathscr{E}_i = \oint_L (\boldsymbol{v} \times \boldsymbol{B}) \cdot \mathrm{d}\boldsymbol{l} - \iint_S \frac{\partial \boldsymbol{B}}{\partial t} \cdot \mathrm{d}\boldsymbol{S} \quad (\text{导体回路}).$$

例 8-4 在半径为 R 的无限长螺线管内部，磁场随时间变化，其变化率为 $\dfrac{\mathrm{d}\boldsymbol{B}}{\mathrm{d}t}$ 时，求管内、外的感生电场强度。

解 如图 8-19 所示，根据磁场分布的对称性可知，变化磁场激发的感生电场的电场线是一系列的同心圆，圆心在磁场的对称轴上，且同一圆周上各点感生电场的大小相同。

以任意半径为 r 的圆周作为积分回路计算感生电场强度 $\boldsymbol{E}_k$ 的环流，则

$$\oint_L \boldsymbol{E}_k \cdot \mathrm{d}\boldsymbol{l} = E_k 2\pi r = -\iint_S \frac{\partial \boldsymbol{B}}{\partial t} \cdot \mathrm{d}\boldsymbol{S},$$

设磁场为匀强，且随时间减小，则有

$$2\pi r E_k = -\pi r^2 \frac{\mathrm{d}B}{\mathrm{d}t},$$

所以

$$E_k = -\frac{r}{2} \frac{\mathrm{d}B}{\mathrm{d}t},$$

式中负号表示 $\boldsymbol{E}_k$ 与 $\dfrac{\mathrm{d}\boldsymbol{B}}{\mathrm{d}t}$ 成左手螺旋。

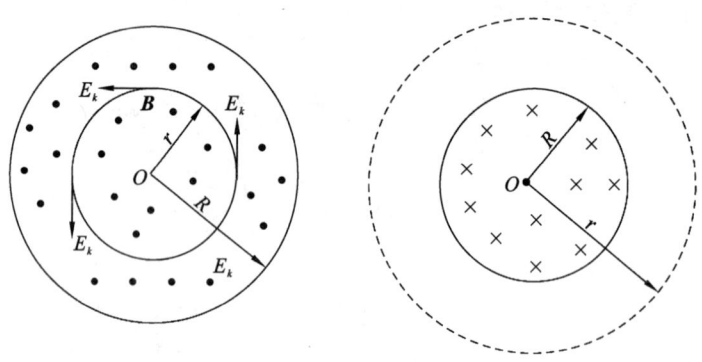

图 8-19 长直螺线管中的感生电场

同理,以 $r' > R$ 为半径的圆周为积分回路,计算 E_k 的环流

$$\oint_L \boldsymbol{E}_k \cdot \mathrm{d}\boldsymbol{l} = E_k 2\pi r',$$

则

$$-\iint_S \frac{\partial \boldsymbol{B}}{\partial t} \cdot \mathrm{d}\boldsymbol{S} = -\pi R^2 \frac{\mathrm{d}B}{\mathrm{d}t},$$

于是有

$$2\pi r' E_k = -\pi R^2 \frac{\mathrm{d}B}{\mathrm{d}t},$$

所以

$$E_k = -\frac{R^2}{2r'} \frac{\mathrm{d}B}{\mathrm{d}t}。$$

即在没磁场的区域也有感生电场。

例 8-5 在半径为 R 的圆柱形空间中存在着均匀磁场 $\boldsymbol{B}$,其方向与柱的轴线平行,如图 8-20 所示,有一长为 L 的金属棒放在磁场中,设 $\boldsymbol{B}$ 的变化率为 $\dfrac{\mathrm{d}\boldsymbol{B}}{\mathrm{d}t}$,试求棒上感应电动势的大小。

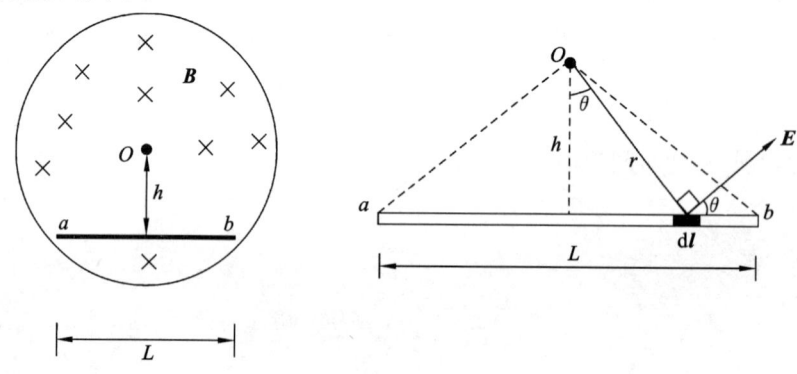

图 8-20 金属棒中的感应电动势

解 本题可用求感生电动势的两种方法求解。

(1) 用 $\mathscr{E}_{\text{感}} = \int_L \boldsymbol{E}_k \cdot \mathrm{d}\boldsymbol{l}$ 求解。

根据上例所得结果可知,在螺线管内 $\boldsymbol{E}_k$ 沿切线方向,并有

$$\boldsymbol{E}_k = \frac{r}{2}\frac{\mathrm{d}\boldsymbol{B}}{\mathrm{d}t} \quad (r<R)。$$

如图 8-20 所示,在金属棒上取 $\mathrm{d}\boldsymbol{l}$,$\mathrm{d}\boldsymbol{l}$ 上的感生电动势为

$$\mathrm{d}\mathscr{E}_{\text{感}} = \boldsymbol{E}_k \cdot \mathrm{d}\boldsymbol{l} = \frac{r}{2}\frac{\mathrm{d}B}{\mathrm{d}t}\cos\theta\mathrm{d}l = \frac{h}{2}\frac{\mathrm{d}B}{\mathrm{d}t}\mathrm{d}l,$$

所以 ab 棒上的感应电动势为

$$\mathscr{E}_{ab} = \int_a^b \mathrm{d}\mathscr{E}_{\text{感}} = \int_0^L \frac{h}{2}\frac{\mathrm{d}B}{\mathrm{d}t}\mathrm{d}l = \frac{1}{2}hL\frac{\mathrm{d}B}{\mathrm{d}t},$$

由于 $\frac{\mathrm{d}B}{\mathrm{d}t}>0$,故 $\mathscr{E}_{ab}>0$,说明 $\mathscr{E}_{ab}$ 的方向由 a 指向 b,a 为负极,b 为正极。

(2) 用法拉第电磁感应定律求解。

如图 8-20 所示,取 $OabO$ 为闭合回路,回路的面积为

$$S = \frac{1}{2}hL,$$

穿过 S 的磁通量为

$$\Phi_{\mathrm{m}} = -\frac{1}{2}hLB,$$

式中,负号的出现是因为 $\boldsymbol{B}$ 与回路所包围面积的法线方向 $\boldsymbol{n}$ 反向。由法拉第定律可知

$$\mathscr{E} = -\frac{\mathrm{d}\Phi_{\mathrm{m}}}{\mathrm{d}t} = \frac{1}{2}hL\frac{\mathrm{d}B}{\mathrm{d}t},$$

由于 Oa 和 Ob 沿半径方向,不产生感生电动势,所以

$$\mathscr{E}_{ab} = \frac{1}{2}hL\frac{\mathrm{d}B}{\mathrm{d}t},$$

由于 $\mathscr{E}_{ab}>0$,则其方向由 a 指向 b。

例 8-6 如图 8-21 所示,设均匀磁场方向垂直向内,且 $B=kt$ 随时间变化(设为增大),当导体杆 ab 沿着导体框以匀速 $\boldsymbol{v}$ 水平向右移动时,试求 $abcd$ 回路中的感应电动势。

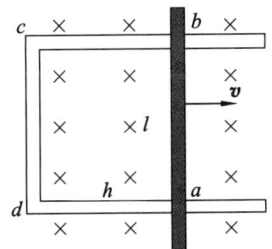

图 8-21 导体杆在变化磁场中的运动

解 问题中,导体杆有运动,同时磁场也在随时间而变化,因此由分析可知,在回路中的感应电动势,既有动生的部分也有感生的部分。

可取绕行方向为逆时针方向($a \to b \to c \to d \to a$),则回路所包围的面积的法线方向 n 垂直纸面向外(与磁场的方向相反),利用动生电动势以及感生电动势的定义式,可得回路中的感应电动势为

$$\mathscr{E}_i = \oint_L (\boldsymbol{v} \times \boldsymbol{B}) \cdot \mathrm{d}\boldsymbol{l} - \iint_S \frac{\partial \boldsymbol{B}}{\partial t} \cdot \mathrm{d}\boldsymbol{S},$$

其中,动生电动势部分为

$$\mathscr{E}_{动生} = \oint_L (\boldsymbol{v} \times \boldsymbol{B}) \cdot \mathrm{d}\boldsymbol{l} = \int_a^b vB\,\mathrm{d}l = vBl = vktl,$$

由右手螺旋定则可知,其方向为由 a 指向 b。

感生电动势部分为

$$\mathscr{E}_{感生} = -\iint_S \frac{\partial \boldsymbol{B}}{\partial t} \cdot \mathrm{d}\boldsymbol{S} = +\iint_S \frac{\partial B}{\partial t} \cdot \mathrm{d}S = kl(h+vt),$$

其方向由楞次定律可知为逆时针方向。于是,可得回路中总的感应电动势为

$$\mathscr{E}_i = \mathscr{E}_{动生} + \mathscr{E}_{感生} = \oint_L (\boldsymbol{v} \times \boldsymbol{B}) \cdot \mathrm{d}\boldsymbol{l} - \iint_S \frac{\partial \boldsymbol{B}}{\partial t} \cdot \mathrm{d}\boldsymbol{S},$$
$$= vktl + kl(h+vt) = kl(h+2vt),$$

感应电动势的方向与绕行方向相同,为逆时针方向。

8.4 自感现象和互感现象

下面讨论两种发生在线圈中的典型的电磁感应现象,即自感现象和互感现象。它们遵循前面讨论的电磁感应的一般规律,但同时也有其特殊的规律。

8.4.1 自感现象

在历史上,自感现象实际上是由亨利(1797—1878)在实验中(独立于法拉第)首先发现的,但他仅停留在了实验观察的阶段,没有进一步展开研究。

1. 自感现象

当通过一个线圈的电流改变时,电流所激发的磁场就随之改变,从而使通过线圈本身的磁通量也发生变化,使线圈本身产生感生电动势。这种由线圈中电流变化而在线圈自身中引起的电磁感应现象称自感现象,所产生的电动势称为自感电动势 $\mathscr{E}_L$。

我们通过演示实验来观察自感现象。如图 8-22(a) 所示,N_1 和 N_2 两个相同的小灯泡,L 是有铁芯的线圈,调节电阻 R,使其阻值与线圈 L 的直流阻值相等。在接通 K 的瞬间,灯泡 N_1 立刻变亮,而 N_2 则要经过一小段时间才和 N_1 一样亮,这实际上是发生在通电瞬间的自感现象。当电键 K 接通时,电路中的电流由零开始迅速增加,在 N_2 所在的支路里,由于电流的增加使线圈产生自感电动势,由楞次定律知,自感电动

势将阻碍该支路里的电流增加,因此灯泡 N_2 比 N_1 亮得慢一些。

图 8-22(b) 所示是断电时的自感现象。K 原是闭合的,当迅速将 K 断开时,灯泡 N 并不立即熄灭,而是突然发出强亮光一闪之后才熄灭。这是因为在切断电源的瞬间,电路中电流减小引起线圈中磁场的减小,由楞次定律知,自感电动势将阻碍该支路里的电流减小,且线圈 L 和灯泡 N 组成了闭合电路,自感电动势产生的感应电流通过灯泡 N,因此灯泡发出短暂的强光后熄灭。

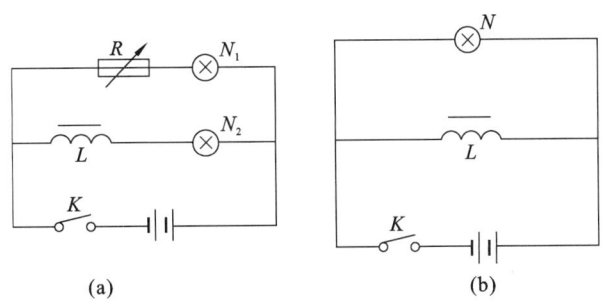

图 8-22　自感现象的演示实验

2. 自感现象的规律

自感现象是一种电磁感应现象,当然也必须遵从法拉第电磁感应定律。

设一个线圈中通有电流 I,由毕奥-萨伐尔定律,线圈在空间中任意一点所激发的磁感应强度与电流成正比。因此,通过线圈的磁通匝链数(设线圈有 N 匝)正比于电流,即有

$$\Psi = LI, \tag{8-10}$$

式中,比例系数 L 称为自感系数(简称自感)。

自感系数 L 在数值等于回路中通有单位电流时通过该回路所包围面积的磁通匝链数,它与线圈的大小、几何形状、匝数以及周围的磁介质有关,它反映了自感现象的强弱程度。

由于铁磁质的磁性是十分复杂的,磁导率不是常量,Ψ 与 I 也不成正比,因此 L 不是常数。但对于一个充满非铁磁质的线圈来说,L 是常数。下面的讨论都假定空间没有铁磁质存在。

当线圈中的电流 I 改变时,Ψ 也随之改变,根据法拉第电磁感应定律,线圈中的自感电动势为

$$\mathscr{E}_L = -\frac{\mathrm{d}\Psi}{\mathrm{d}t} = -\frac{\mathrm{d}(LI)}{\mathrm{d}t} = -\left(L\frac{\mathrm{d}I}{\mathrm{d}t} + I\frac{\mathrm{d}L}{\mathrm{d}t}\right),$$

式中,右边第一项代表由电流变化产生的自感电动势;第二项代表因线圈的几何形状和磁介质的变动产生的自感电动势,它反映在自感系数随时间的改变上。如果 L 保持不变,则自感电动势为

$$\mathscr{E}_L = -L\frac{dI}{dt}, \tag{8-11}$$

式中,负号是楞次定律的数学表示,表明自感电动势总是反抗回路中电流的改变。这就是说,当电流增大时,自感电动势与电流方向相反;当电流减小时,自感电动势与电流的方向相同。由此可见,要使任何回路中的电流发生改变,就必然引起自感应的作用,以此来反抗回路中电流的改变。显然,回路的自感系数愈大,自感应的作用也愈大,回路中的电流也愈不容易改变。也就是说,回路中的自感有使回路电流保持不变的性质。回路的这一性质与力学中物体的惯性有些相似,可称为电磁惯性,而 L 就是回路中电磁惯性的量度。在国际单位制(SI)中,自感系数的单位为亨利(H),

$$1\text{ H} = 1\text{ Wb}\cdot\text{A}^{-1} = 1\text{ V}\cdot\text{S}\cdot\text{A}^{-1},$$

实用中常用毫亨利(mH)和微亨利(μH),则

$$1\text{ H} = 10^3\text{ mH} = 10^6\ \mu\text{H}。$$

下面我们看一个自感现象典型应用:日光灯。自感现象应用的一个典型例子就是日光灯电路中的镇流器。如图 8-23 所示,日光灯线路主要由日光灯管、镇流器、启辉器等元件组成。

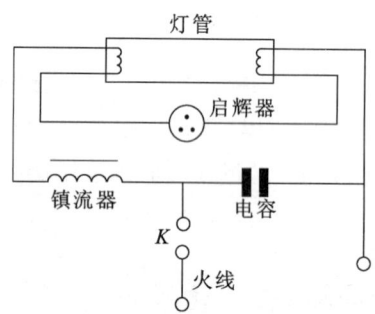

图 8-23 日光灯电路

日光灯的工作原理简述如下:当电源接通后,电源电压同时加在灯管和启辉器的两端,此电压不足以使灯管放电,但可使启辉器产生辉光放电。启辉器中的双金属触片因放电而受热伸直,从而接通电路,电流使灯丝得到预热。几秒钟后,启辉器内辉光放电停止,双金属片冷却使得触片分开,电路中电流突然中断,镇流器中由于自感现象,产生一个约 1 500 V 的高电压,该电压与电源电压叠加在灯管两端,将日光灯管内气体击穿而产生辉光放电。此外,镇流器在启动前灯丝预热瞬间及启动后灯管工作时还起限流作用。

8.4.2 互感应

1. 互感现象

若相邻两线圈回路的电流可以互相提供磁通量,则由其中一个回路中的电流发生变化(还可包括两回路的几何形状、相对位置和磁介质的变动),而在另一回路中产

生感生电动势的现象称为互感现象。在互感现象中出现的电动势称为互感电动势。

2. 互感现象的规律

互感现象是一种电磁感应现象,同样也必须遵从法拉第电磁感应定律。

如图 8-24 所示,设有两个邻近的载流回路 1 和 2,其中电流强度分别为 I_1 和 I_2,电流 I_1 产生磁场,这个磁场的部分磁感应线将通过回路 2 所包围的面积,其磁通匝链数设为 Ψ_{21},当 I_1 变化时,将引起 Ψ_{21} 的变化,并在回路 2 内产生感应电动势 $\mathscr{E}_{21}$。同理,I_2 产生的磁场的部分磁感应线通过回路 1,磁通链数设为 Ψ_{12}。当 I_2 变化时,将引起 Ψ_{12} 的变化,并在回路 1 内产生感应电动势。

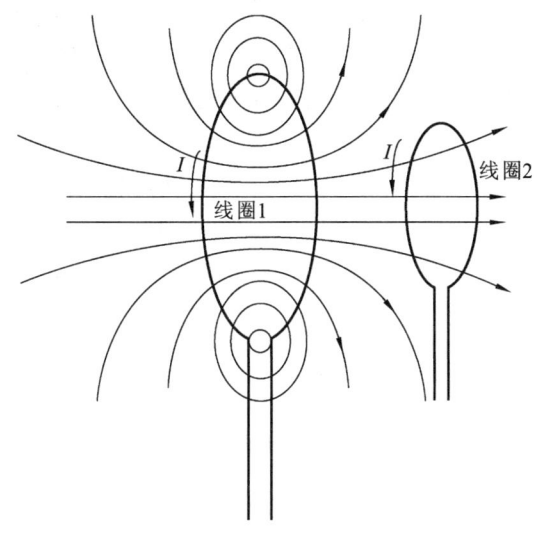

图 8-24 互感现象

由毕奥-萨伐尔定律可知,电流 I_1 在产生的磁场通过回路 2 中的 Ψ_{21} 与 I_1 成正比,即

$$\Psi_{21} = M_{21} I_1,$$

同理,

$$\Psi_{12} = M_{12} I_2,$$

式中,比例系数 M_{21} 和 M_{12} 在数值上只与两个回路的形状、相对位置以及周围磁介质有关。实验和理论均证明 $M_{21} = M_{12}$,故可统一用 M 表示,称为两回路的互感系数(简称互感)。于是,上面的式子可以写成

$$\Psi_{21} = M I_1, \quad \Psi_{12} = M I_2 \text{。} \tag{8-12}$$

由(8-12)式可知,两个回路的互感系数 M 在数值上等于其中一个回路中通有单位电流时通过另一个回路所包围的面积的磁通匝链数。在非铁磁质情形下,M 是一个与电流强度无关的常量。

由法拉第电磁感应定律,互感电动势为

$$\mathscr{E}_{21} = -\frac{\mathrm{d}\Psi_{21}}{\mathrm{d}t} = -\frac{\mathrm{d}(MI_1)}{\mathrm{d}t} = -\left(M\frac{\mathrm{d}I_1}{\mathrm{d}t} + I_1\frac{\mathrm{d}M}{\mathrm{d}t}\right),$$

$$\mathscr{E}_{12} = -\frac{\mathrm{d}\Psi_{12}}{\mathrm{d}t} = -\frac{\mathrm{d}(MI_2)}{\mathrm{d}t} = -\left(M\frac{\mathrm{d}I_2}{\mathrm{d}t} + I_2\frac{\mathrm{d}M}{\mathrm{d}t}\right).$$

以上两式右边的第一项代表对方回路电流变化引起的互感电动势，第二项代表由 M 的变化产生的互感电动势。

若 M 保持不变，则有

$$\mathscr{E}_{21} = -M\frac{\mathrm{d}I_1}{\mathrm{d}t}, \quad \mathscr{E}_{12} = -M\frac{\mathrm{d}I_2}{\mathrm{d}t}。 \tag{8-13}$$

互感系数的单位与自感系数相同，也为亨利（H）。

3. 互感系数 M 与自感系数 L 的关系

下面通过一个特例推导互感系数与自感系数的关系，以加深对自感现象与互感现象的理解。

如图 8-25 所示，设有截面积为 S、长均为 l 的两共轴密绕长直螺线管，分别通有电流 I_1 和 I_2，匝数分别为 N_1 和 N_2，管内充满磁导率为 μ 的非铁磁介质。

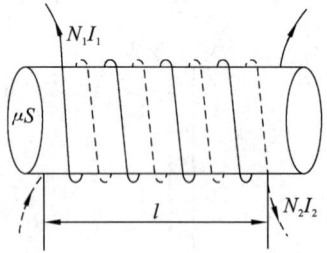

图 8-25 M 与 L 关系推导

由毕奥-萨伐尔定律可得，管内磁感应强度分别为

$$B_1 = \mu\frac{N_1}{l}I_1, \quad B_2 = \mu\frac{N_2}{l}I_2,$$

磁通匝链数分别为

$$\Psi_1 = N_1 B_1 S = \mu\frac{N_1^2 S}{l}I_1, \quad \Psi_2 = N_2 B_2 S = \mu\frac{N_2^2 S}{l}I_2,$$

自感系数分别为

$$L_1 = \frac{\Psi_1}{I_1} = \mu\frac{N_1^2}{l}S, \quad L_2 = \frac{\Psi_2}{I_2} = \mu\frac{N_2^2}{l}S。$$

而由前面已知，螺线管 N_1 中通有电流 I_1 时，通过螺线管 N_2 的磁通匝链数为

$$\Psi_{21} = N_2 B_1 S = \mu\frac{N_1 N_2 S}{l}I_1,$$

由互感系数的定义，可得互感系数为

$$M = \mu\frac{N_1 N_2}{l}S,$$

于是，可得到两螺线管的互感系数与自感系数之间的关系为
$$M = \sqrt{L_1 L_2}。$$
可以证明，在一般情况下有
$$M = k\sqrt{L_1 L_2}, \tag{8-14}$$
式中，k 称为耦合系数，取值在 $0 < k < 1$ 范围内。当 $k = 1$ 时，两线圈为理想耦合。

4. 互感现象典型应用：感应圈

互感现象在工程技术上有着广泛的应用，其中典型的是变压器和感应圈。感应圈从问世至今已有上百年的历史，是工业生产和实验室中用低压直流电获得交变高压的一种装置，它能利用互感的原理产生几万伏的高压。其主要部分由两个绕在铁芯上的绝缘导线线圈（原线圈和副线圈，原线圈的匝数远远小于副线圈）以及断续器（作用是使原线圈中产生断续的直流电）组成，如图 8-26 所示。

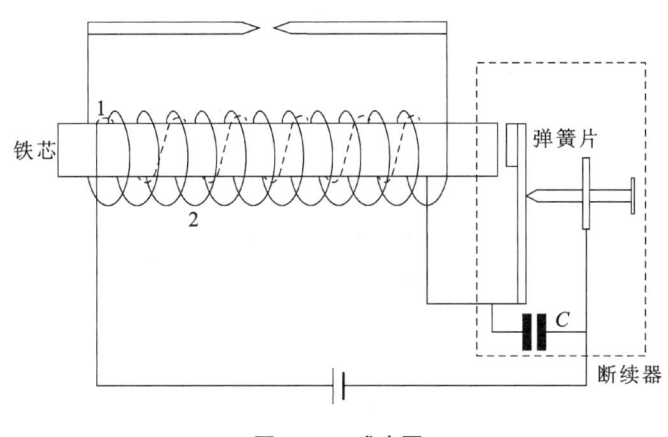

图 8-26 感应圈

其工作原理简述如下：当接通电源时，电流通过原线圈，铁芯被磁化而吸引弹簧片，使得原线圈回路断开，此时铁芯由于失去磁性，弹簧片因弹力又弹回来使得原线圈回路再次接通。这样不断反复接通又断开，由于互感，原线圈中周期性变化的电流就会在副线圈中感应出周期性变化的电动势。由于副线圈的匝数很大，因此互感会使得其中产生一个高频高压的电动势。为了减小火花，缩短开断时间，一般在线路中加装一个电容器 C。

例 8-7 设有两个互相耦合的线圈，其自感系数分别为 L_1 和 L_2，互感系数为 M，求线圈并联之后的等效自感 L。

解 当有变化的电流通过时，考虑互感与自感，两线圈中的感应电动势分别为
$$\mathscr{E}_1 = -L_1 \frac{dI_1}{dt} - M \frac{dI_2}{dt}, \quad \mathscr{E}_2 = -L_2 \frac{dI_2}{dt} - M \frac{dI_1}{dt},$$
因为两线圈并联，故有
$$\mathscr{E}_1 = \mathscr{E}_2 = \mathscr{E}, \quad I_1 + I_2 = I,$$

则
$$\frac{dI_1}{dt} + \frac{dI_2}{dt} = \frac{dI}{dt},$$

上述各式联立,消去 I_2 或 I_1,分别可得

$$L_1 L_2 \frac{dI_1}{dt} - M^2 \frac{dI_1}{dt} = -(L_2 - M)\mathscr{E},$$

$$L_1 L_2 \frac{dI_2}{dt} - M^2 \frac{dI_2}{dt} = -(L_1 - M)\mathscr{E},$$

两式相加,得

$$-(L_1 L_2 - M^2)\frac{dI}{dt} = (L_1 + L_2 - 2M)\mathscr{E},$$

有

$$\mathscr{E} = \frac{L_1 L_2 - M^2}{L_1 + L_2 - 2M}\frac{dI}{dt}$$

根据(8-11)式即 $\mathscr{E}_L = -L\frac{dI}{dt}$,可得并联之后的等效自感为

$$L = -\frac{\mathscr{E}}{\left(\dfrac{dI}{dt}\right)} = \frac{L_1 L_2 - M^2}{L_1 + L_2 - 2M}。$$

例 8-8 图 8-27 所示是两个不含磁介质的等长同轴长直密绕螺线管,已知外管和内管的半径分别为 R_1, R_2,自感系数分别为 L_1, L_2,试求两管的互感系数 M 与耦合系数 k。

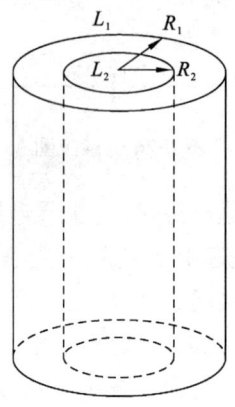

图 8-27 长直密绕螺线管的互感系数

解 设管长为 l,外管和内管分别为 N_1 匝、N_2 匝。设外管电流为 I_1,此时其中的磁感应强度大小为

$$B_1 = \mu_0 \left(\frac{N_1}{l}\right) I_1,$$

外管中电流的磁场在外管横截面的磁通量为

$$\Phi_1 = B_1 \pi R_1^2 = \mu_0 \frac{N_1}{l} \pi R_1^2 I_1,$$

则外管的自感系数为

$$L_1 = \frac{\psi}{I} = \frac{N_1 \Phi_1}{I_1} = \mu_0 \frac{N_1^2}{l} \pi R_1^2,$$

外管电流磁场 B_1 在内管横截面的磁通量为

$$\Phi_{21} = B_1 \pi R_2^2 = \mu_0 \frac{N_1}{l} \pi R_1^2 I_1,$$

因此，内、外管之间的互感系数为

$$M = \frac{N_2 \Phi_{21}}{I_1} = \mu_0 \frac{N_1 N_2}{l} \pi R_2^2,$$

同理，可求得内管的自感系数

$$L_2 = \mu_0 \frac{N_2^2}{l} \pi R_2^2。$$

联立上面各式，不难得到

$$\sqrt{L_1 L_2} = \mu_0 \frac{N_1 N_2}{l} \pi R_1 R_2,$$

故有

$$\frac{M}{\sqrt{L_1 L_2}} = \frac{R_2}{R_1},$$

最终可得

$$M = \frac{R_2}{R_1} \sqrt{L_1 L_2}。$$

8.5 磁场的能量

在前面我们已经知道，电场是具有能量的，且得到过单位体积内所储存电场能量（能量密度）的表达式(6-19)式。磁场和电场一样是一种特殊的物质，同样应该具有能量。

8.5.1 磁场的能量

1. 自感磁能

由于在建立磁场时总是伴随着电磁感应现象的发生，因此，可以从分析电磁感应现象中的能量转换入手，考察磁场中的能量问题。

在只含有电阻的直流电路中，电源供给的能量完全消耗在电阻上而转换成热能。但在一个含有电阻和电感的电路中，情况就不同了。我们考虑如图 8-28 所示的 RL 实验电路，R 是一电阻，L 是一自感线圈，$\mathscr{E}$ 是一电源。

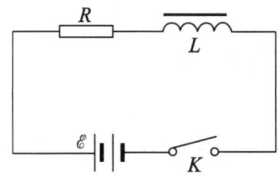

图 8-28　自感磁能

当开关 K 闭合时,线圈中的电流由零逐渐增大,但不能立即增大到稳定值 I_0,因为在电流增大的过程中,线圈中由于自感现象而产生的自感电动势会阻碍线圈中磁场的建立。

电源必须提供能量来反抗自感电动势(在线圈中建立起磁场)做功。可见,在含有电阻和电感的电路中,电源提供的能量分成两个部分:一部分在电阻上转换成焦耳热消耗掉,另一部分则在线圈中转换成磁场的能量储存起来。

设在 dt 内,电流从 0 增加到 I,根据欧姆定律可得

$$\mathscr{E} + \mathscr{E}_L = IR,$$

其中自感电动势为

$$\mathscr{E}_L = -L\frac{dI}{dt},$$

则有

$$\mathscr{E} - L\frac{dI}{dt} = IR。$$

将上式各项乘以 Idt,再两边积分,且设 $t=0$ 时,$I=0$;$t=t_0$ 时,$I=I_0$(稳定值),可得

$$\int_0^{t_0} \mathscr{E}I dt = \int_0^{I_0} LI dI + \int_0^{t_0} I^2 R dt。$$

上式中各项的含义如下:

(1) $\int_0^{t_0} \mathscr{E}I dt$ 表示从 0 到 t_0 时间内电源所做的功,即电源所提供的总的能量。

(2) $\int_0^{t_0} I^2 R dt$ 表示从 0 到 t_0 时间内消耗在电阻上的焦耳热。

(3) $\int_0^{I_0} LI dI$ 表示从 0 到 t_0 时间内反抗自感电动势做功,在线圈中建立起的磁场中所存储的能量。

可见,在自感线圈中,电流从 0 逐步增大到稳定值 I_0,电流周围的磁场也逐步建立起来,在此过程中,电源要消耗能量反抗自感电动势做功,并转换成自感线圈的能量在磁场中存储起来。

自感线圈中的能量为

$$W = \int_0^{I_0} LI dI = \frac{1}{2} LI_0^2。$$

回顾前面断电时的自感现象实验(参见图 8-22)中,将 K 断开时,灯泡 N 并不立即熄灭,灯泡仍然发光,并会很亮地闪一下之后才熄灭。这说明,在电源断开后的很短一段时间内,灯泡所发的光能和热能是由线圈中所储存的磁场能量转换而来的。

一般地,对自感系数为 L 的载流线圈而言,设当其电流达到稳定值 I 时,磁场的能量为

$$W_{\mathrm{m}} = \frac{1}{2}LI^2, \tag{8-15}$$

上式与充电电容器中电场能量公式 $W_{\mathrm{e}} = \frac{1}{2}\frac{Q^2}{C}$ 对比，可以发现两者有相似性。

2. 磁能密度

磁场能量与电场能量一样是定域在场中的，因此，磁场能量也应该可以用场量（即磁感应强度）来加以表示。为简单起见，下面我们从长直螺线管这一特例出发，推导反映磁场能量分布的磁能密度这一物理量。

根据前面已有的结论可知，当长直螺线管（设其长为 l，截面积为 S，匝数 N，磁导率为 μ）中的电流为 I 时，其管内的磁感应强度大小为

$$B = \mu \frac{N}{l}I,$$

可得其自感系数为

$$L = \mu \frac{N^2 S}{l},$$

此时，磁场的能量为

$$W_{\mathrm{m}} = \frac{1}{2}LI^2 = \frac{1}{2}\mu\frac{N^2 S}{l}\frac{B^2}{\left(\mu\frac{N}{l}\right)^2} = \frac{1}{2}\frac{B^2}{\mu}(Sl) = \frac{1}{2}\frac{B^2}{\mu}V,$$

式中，V 表示长直螺线管的体积。

于是，磁场的能量密度为

$$w_{\mathrm{m}} = \frac{W_{\mathrm{m}}}{V} = \frac{1}{2}\frac{B^2}{\mu},$$

利用物质方程

$$\boldsymbol{B} = \mu\boldsymbol{H},$$

可得

$$w_{\mathrm{m}} = \frac{W_{\mathrm{m}}}{V} = \frac{1}{2}\frac{B^2}{\mu} = \frac{1}{2}\mu H^2 = \frac{1}{2}\boldsymbol{B}\cdot\boldsymbol{H}, \tag{8-16}$$

上式虽是由特例导出来的，但可以证明对于一切磁场都成立。

对于任意的磁场，有限体积内的磁场能量为

$$W_{\mathrm{m}} = \iiint_V \mathrm{d}W_{\mathrm{m}} = \iiint_V w_{\mathrm{m}}\mathrm{d}V = \iiint_V \frac{1}{2}\boldsymbol{B}\cdot\boldsymbol{H}\mathrm{d}V, \tag{8-17}$$

式中，体积 V 是指所有磁场存在的空间。

若空间中既存在电场又存在磁场，则空间中电磁场的能量分布为

$$W = \iiint_V (w_{\mathrm{m}} + w_{\mathrm{e}})\mathrm{d}V = \frac{1}{2}\iiint_V (\boldsymbol{D}\cdot\boldsymbol{E} + \boldsymbol{B}\cdot\boldsymbol{H})\mathrm{d}V. \tag{8-18}$$

8.5.2 磁场能量的计算

磁场能量一般有两种常用的计算方法。

(1) 利用线圈中的磁场能量公式 $W_m = \dfrac{1}{2}LI^2$。

只要计算出了自感系数 L，即可求得磁场能量分布(这也是计算自感系数的一种方法，若已知磁场能量，则可由公式计算出自感系数 L)。

(2) 利用磁场能量的一般公式 $W_m = \iiint_V dW_m = \iiint_V w_m dV$。

只要计算出了能量密度 w_m，通过积分即可求得磁场能量分布。

例 8-9 设无限长同轴电缆，其内、外圆筒(厚度不计)的半径分别为 R_1 和 R_2，两筒之间充满磁导率为 μ 的均匀磁介质，电流从外筒流去，内筒流回。试求单位长度上同轴电缆所存储的磁场能量。

解 同轴电缆的磁场只存在于两圆筒之间，如图 8-29 所示，应用安培环路定理，不难求得内、外两筒之间距轴线为 r 处的磁感应强度的大小为

$$B = \frac{\mu I}{2\pi r},$$

而在内筒之内及外筒之外的空间区域中，磁感应强度 B 均为零。

则在两筒之间(磁场不为零的空间内)，磁场的能量密度为

$$w_m = \frac{1}{2}\frac{B^2}{\mu} = \frac{\mu I^2}{8\pi^2 r^2},$$

磁场的总能量为

$$W_m = \iiint w_m dV = \frac{\mu I^2}{8\pi^2} \iiint \frac{1}{r^2} dV,$$

而如图 8-29 所示，体积元的体积为 $dV = 2\pi r dr$，代入得

$$W_m = \frac{\mu I^2 l}{4\pi} \int_{R_1}^{R_2} \frac{dr}{r} = \frac{\mu I^2 l}{4\pi} \ln \frac{R_2}{R_1},$$

于是得到单位长度电缆中的磁场能量为

$$W'_m = \frac{W_m}{l} = \frac{\mu I^2}{4\pi} \ln \frac{R_2}{R_1}。$$

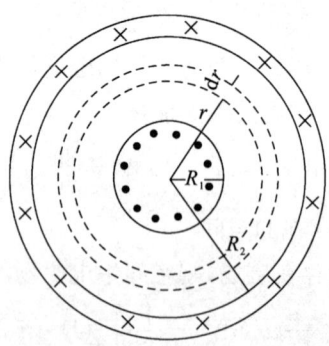

图 8-29 无限长载流同轴电缆

注意，此题还可以由自感磁能的公式进一步求出单位长度同轴电缆的自感系数。

8.6 麦克斯韦电磁场理论的两个基本假说

8.6.1 麦克斯韦电磁场理论的产生

经典宏观电磁场理论的发展,经历了一百年左右的时间。最早是在 1785 年,库仑通过实验发现了电场的库仑定律。到了 1820 年,奥斯特通过著名的实验发现了电流的磁效应,开拓了电磁研究的新纪元。同年,毕奥-萨伐尔定律和安培定律被发现。1831 年,法拉第通过不懈的探索,发现了电磁感应现象,并由后人总结出了法拉第电磁感应定律,他还提出了场的概念。1864 年,麦克斯韦集前人之大成,总结出了以他的名字命名的电磁场的基本方程,次年麦克斯韦还通过对方程的推导,预言了电磁波的存在。至此宏观电磁场理论终于建立起来了,但当时缺乏实验的支持与证实。1887年,德国物理学家赫兹通过一系列实验证实了电磁波的存在,同时证明了电磁波与光波的同一性,于是麦克斯韦电磁场理论也得到了实验的证实。

麦克斯韦大约于 1855 年开始研究电磁学,在研究了法拉第关于电磁学方面的新理论和新思想后,坚信其新理论中包含着真理。于是,他产生了给法拉第的理论提供数学方法基础的愿望,决心将法拉第的思想以清晰、准确的数学形式表示出来。在借鉴前人成就的基础上,麦克斯韦对整个电磁现象做了系统与全面的研究,接连发表了关于电磁场理论的三篇论文:《论法拉第的力线》(1855 年 12 月至 1856 年 2 月)、《论物理的力线》(1861 年至 1862 年)、《电磁场的动力学理论》(1864 年 12 月 8 日)。这三篇论文对前人和他自己的工作进行了高度的综合概括,将电磁场理论用简洁、对称、完美的数学形式表示出来,经后人整理和改写,成为经典电动力学主要基础的麦克斯韦方程组。1873 年麦克斯韦出版了科学名著《电磁通论》,系统、全面、完美地阐述了电磁场理论,这一理论现已成为经典物理学的重要支柱之一。

8.6.2 麦克斯韦电磁场理论的两个假说

麦克斯韦电磁场理论的两个核心思想就是他提出的两个假说:感生电场假说和位移电流假说。

1. 感生电场(涡旋电场)假说

前面我们已经说过,感生电场是感生电动势的起因。麦克斯韦首先注意到了感生电动势的形成机制问题,由于在变化的磁场中,闭合回路中的感生电动势的产生与构成回路的材料无关,因而他猜想可以不用任何材料作回路,将带电粒子注入这个空间区域,它就可以在其中旋转加速。于是麦克斯韦大胆假设:变化的磁场激发了一种涡旋电场(感生电场)。

空间中总的电场为
$$\boldsymbol{E} = \boldsymbol{E}_库 + \boldsymbol{E}_感,$$
由
$$\oint_L \boldsymbol{E}_库 \cdot \mathrm{d}\boldsymbol{l} = 0 \quad 和 \quad \oint_L \boldsymbol{E}_感 \cdot \mathrm{d}\boldsymbol{l} = -\iint_S \frac{\partial \boldsymbol{B}}{\partial t} \cdot \mathrm{d}\boldsymbol{S},$$

可得

$$\oint_L \boldsymbol{E} \cdot \mathrm{d}\boldsymbol{l} = -\iint_S \frac{\partial \boldsymbol{B}}{\partial t} \cdot \mathrm{d}\boldsymbol{S}。$$

上式是在非稳恒情况下对静电场环路定理的修正,而且它包含了静电场的环路定理,因而更具普遍性。

又由

$$\oiint_S \boldsymbol{E}_库 \cdot \mathrm{d}\boldsymbol{S} = \frac{1}{\varepsilon_0} \sum q$$

以及

$$\oiint_S \boldsymbol{E}_感 \cdot \mathrm{d}\boldsymbol{S} = 0,$$

可将静电场的高斯定理推广到非稳恒的情形,即得

$$\oiint_S \boldsymbol{E} \cdot \mathrm{d}\boldsymbol{S} = \frac{1}{\varepsilon_0} \sum q。$$

更一般地,可以写成

$$\oiint_S \boldsymbol{E} \cdot \mathrm{d}\boldsymbol{S} = \frac{1}{\varepsilon_0} \iiint_V \rho \mathrm{d}V,$$

从推导结果看,高斯定理在非稳恒的情形下并不需要修正。

在电介质中,则有

$$\oiint_S \boldsymbol{D} \cdot \mathrm{d}\boldsymbol{S} = q,$$

或更一般地写成

$$\oiint_S \boldsymbol{D} \cdot \mathrm{d}\boldsymbol{S} = \iiint_V \rho \mathrm{d}V。$$

2. 位移电流假说

麦克斯韦两个假说中,最关键的是位移电流假说。在感生电场的讨论中已知,变化的磁场能产生电场,那么一个对应的问题是,变化的电场会不会也产生磁场?如果变化的电场的确能产生磁场,此磁场的环流遵循什么规律?产生磁场的是什么电流?

位移电流这一思想的关键,是将变化的电场也看成一种等效电流(即位移电流),它会激发磁场。麦克斯韦正是在将稳恒磁场的安培环路定理应用于非稳恒情形时发现了矛盾,为了解决这个矛盾而提出了这一著名的假说。

我们知道,稳恒电流磁场的安培环路定理具有如下形式

$$\oint_L \boldsymbol{H} \cdot \mathrm{d}\boldsymbol{l} = \sum I_i,$$

分析稳恒电流的情形,如图 8-30(a) 所示,在一个纯电阻的闭合电路中,传导电流是连续的,即在任一时刻,通过导体上某一截面的电流与通过任何其他截面的电流是相等的。此时,任取一闭合回路 L(安培环路),并以它为边界作两个任意曲面 S_1 和 S_2,则由安培环路定理,有

$$\oint_L \boldsymbol{H} \cdot \mathrm{d}\boldsymbol{l} = I = \iint_S \boldsymbol{j}\mathrm{d}\boldsymbol{S},$$

由于电流稳恒,则由稳恒电流的连续性方程(7-5)式可知

$$\oiint_S \boldsymbol{j}\mathrm{d}\boldsymbol{S} = \iint_{S_2} \boldsymbol{j}\mathrm{d}\boldsymbol{S} - \iint_{S_1} \boldsymbol{j}\mathrm{d}\boldsymbol{S} = 0,$$

则有

$$\oint_L \boldsymbol{H} \cdot \mathrm{d}\boldsymbol{l} = I = \iint_S \boldsymbol{j}\mathrm{d}\boldsymbol{S} = \iint_{S_1} \boldsymbol{j}\mathrm{d}\boldsymbol{S} = \iint_{S_2} \boldsymbol{j}\mathrm{d}\boldsymbol{S},$$

即在稳恒电流条件下,电流的连续性方程(即电荷守恒定律)保证了安培环路定理的成立。

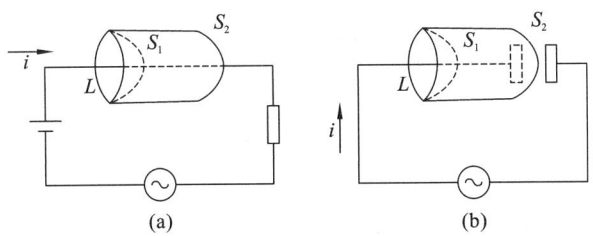

图 8-30 稳恒电流和非稳恒电流情形

再分析非稳恒电流的情形,如图 8-30(b) 所示,在一个含有电容器的电路中,无论电容器被充电还是放电,传导电流都不能在电容器的两极板之间通过,即电流在电容器两极板间是中断的,这时传导电流不连续。

若在电容器的一个极板附近取一闭合回路 L(安培环路),并以它为边界作两个任意曲面 S_1 和 S_2。S_1 与导线相交,而 S_2 则包围了电容的一个极板,并不与导线相交。假设在电容器充电过程中的某时刻,通过导线的传导电流为 I,并在电容器极板处中断,则对 S_1 面(穿过导线)有

$$\oint_L \boldsymbol{H} \cdot \mathrm{d}\boldsymbol{l} = \iint_{S_1} \boldsymbol{j}\mathrm{d}\boldsymbol{S} = I,$$

而对 S_2 面(穿过极板)有

$$\oint_L \boldsymbol{H} \cdot \mathrm{d}\boldsymbol{l} = \iint_{S_1} \boldsymbol{j}\mathrm{d}\boldsymbol{S} = 0,$$

上面两个式子是互相矛盾的。

结果表明,在非稳恒电流的磁场中,沿回路 L 磁场强度的环流与以回路 L 为边界的曲面有关。选取不同的曲面,环流会有不同的值,即有

$$\iint_{S_1} \boldsymbol{j} \cdot \mathrm{d}\boldsymbol{S} \neq \iint_{S_2} \boldsymbol{j} \cdot \mathrm{d}\boldsymbol{S}。$$

不难看出,这实质上是非稳恒电流的连续性方程 $\oiint_S \boldsymbol{j} \cdot \mathrm{d}\boldsymbol{S} = -\dfrac{\mathrm{d}q}{\mathrm{d}t} \neq 0$ 所导致的必然结果。同时,也表明稳恒电流的安培环路定理 $\oint_L \boldsymbol{H} \cdot \mathrm{d}\boldsymbol{l} = I$ 与非稳恒情况下的电

流连续性方程(即电荷守恒定律)相矛盾。安培环路定理在非稳恒电流的情况下是不适用的。

麦克斯韦认为,电荷守恒定律是经过许多实验检验的基础性的普遍定律,不能随意放弃与修改。而应该考虑修改安培环路定理,使之能应用到非稳恒电流的情形。

下面考察电容器充放电时导线上的传导电流和极板上电荷、极板间的电位移对时间的变化率之间的关系。如图 8-31 所示,在电容器充电或放电的过程中,传导电流在电容器的两极板之间中断了,根据电荷守恒定律,这必将导致两极板上自由电荷的积累。在充放电过程中,两极板间虽无传导电流,但在极板间却会出现电场。极板上的电荷积累是随时间变化的,两极板间的电场也在随时间变化着。

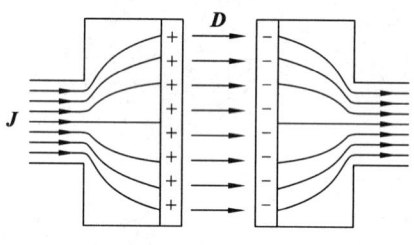

图 8-31 位移电流

一般情况下,可以认为极板间存在着电介质,用电位移矢量 D 来描述介质中的电场。

前面说过,当电容器每一极板上的电量 q 随时间发生变化,则同时电场 E(和 D)也随时间发生变化。在静电场中,q 与 E(或 D)之间的关系由高斯定理表述。麦克斯韦假设在一般(非稳恒)情形下高斯定理仍然成立,即有

$$\oiint_S \boldsymbol{D} \cdot \mathrm{d}\boldsymbol{S} = q.$$

设 q 为闭合面积 S 所包围的自由电荷,S 面在图 8-31 中没有画出。注意到非稳恒电流的连续性方程

$$\oiint_S \boldsymbol{j} \cdot \mathrm{d}\boldsymbol{S} = -\frac{\mathrm{d}q}{\mathrm{d}t},$$

将高斯定理代入上式,可得

$$\oiint_S \boldsymbol{j} \cdot \mathrm{d}\boldsymbol{S} = -\frac{\mathrm{d}q}{\mathrm{d}t} = -\frac{\mathrm{d}}{\mathrm{d}t}\left(\oiint_S \boldsymbol{D} \cdot \mathrm{d}\boldsymbol{S}\right).$$

由于闭合面积 S 是静止的,因此积分与微分可以互换,即有

$$\frac{\mathrm{d}}{\mathrm{d}t}\left(\oiint_S \boldsymbol{D} \cdot \mathrm{d}\boldsymbol{S}\right) = \oiint_S \frac{\partial \boldsymbol{D}}{\partial t} \cdot \mathrm{d}\boldsymbol{S},$$

于是

$$\oiint_S \boldsymbol{j} \cdot \mathrm{d}\boldsymbol{S} = -\oiint_S \frac{\partial \boldsymbol{D}}{\partial t} \cdot \mathrm{d}\boldsymbol{S}.$$

移项整理,可得

$$\oiint_S \left(\boldsymbol{j} + \frac{\partial \boldsymbol{D}}{\partial t}\right) \cdot \mathrm{d}\boldsymbol{S} = 0.$$

由上式可见，$j + \dfrac{\partial \boldsymbol{D}}{\partial t}$ 这个量的通量为零，即它的场线应该是闭合的（连续的）。且看上去 $\dfrac{\partial \boldsymbol{D}}{\partial t}$ 似乎等效于电流密度。麦克斯韦于是提出了存在位移电流的假设，令全电流密度为

$$\boldsymbol{j}_\text{全} = \boldsymbol{j} + \frac{\partial \boldsymbol{D}}{\partial t}, \tag{8-19}$$

并定义电场中某一点的位移电流密度等于该点电位移矢量 $\boldsymbol{D}$ 对时间的变化率，即

$$\boldsymbol{j}_\text{d} = \frac{\partial \boldsymbol{D}}{\partial t}, \tag{8-20}$$

由全电流的闭合性（连续性）

$$\oiint \boldsymbol{j}_\text{全} \cdot \mathrm{d}\boldsymbol{S} = \oiint_S \left(\boldsymbol{j} + \frac{\partial \boldsymbol{D}}{\partial t} \right) \cdot \mathrm{d}\boldsymbol{S} = 0 \text{。}$$

不难证明，对同一闭合回路 L 为边线的任意曲面的全电流密度的通量（即全电流强度）相等，即有

$$\iint_{S_1} \left(\boldsymbol{j} + \frac{\partial \boldsymbol{D}}{\partial t} \right) \cdot \mathrm{d}\boldsymbol{S} = \iint_{S_2} \left(\boldsymbol{j} + \frac{\partial \boldsymbol{D}}{\partial t} \right) \cdot \mathrm{d}\boldsymbol{S} \text{。}$$

于是，在非稳恒情况下，安培环路定理对 $\boldsymbol{j}_\text{全}$ 成立，

$$\oint_L \boldsymbol{H} \cdot \mathrm{d}\boldsymbol{l} = \iint_S \left(\boldsymbol{j} + \frac{\partial \boldsymbol{D}}{\partial t} \right) \cdot \mathrm{d}\boldsymbol{S}, \tag{8-21}$$

即磁场强度 $\boldsymbol{H}$ 沿任意闭合回路 L 的环流等于通过以此闭合回路为边界的任一曲面 S 的全电流。这就是非稳恒情况下的安培环路定理，又称为全电流定理。式中，S 是以闭合环路 L 为边线的任意曲面，且传导电流强度为 $I = \iint_S \boldsymbol{j} \cdot \mathrm{d}\boldsymbol{S}$，位移电流强度为 $I_\text{d} = \iint_S \dfrac{\partial \boldsymbol{D}}{\partial t} \cdot \mathrm{d}\boldsymbol{S}$ (8-21) 式即全电流定理，又可写成

$$\oint_L \boldsymbol{H} \cdot \mathrm{d}\boldsymbol{l} = I + I_\text{d}, \tag{8-22}$$

式中，$I_\text{全} = I + I_\text{d}$ 是全电流强度。它表明磁场永远和电流（包括传导电流和位移电流）联系在一起。由此可见，全电流在任何情况下都是连续的。

应该注意，传导电流和位移电流是两个不同的物理概念。虽然位移电流和传导电流一样，在其周围空间要产生磁场（在激发磁场上两者是等效的），但在其他方面两者并不相同。传导电流是电荷的定向移动形成的，仅存在于导体中；而位移电流则意味着变化着的电场，仅是从产生磁场的角度而言引入的一种等效电流，在真空、介质以及导体中皆可存在。传导电流可以是稳恒的也可以是非稳恒的；而位移电流则一定是非稳恒的。传导电流通过导体时会放出焦耳热；而位移电流通过空间或电介质时并不放出焦耳热。

在通常情况下，电介质中的电流主要是位移电流，传导电流可以忽略不计；而在导体中则主要是传导电流，位移电流可以忽略不计。

从安培环路定理推广到全电流定理,虽然形式上仅仅是在等式右边加了位移电流这一项,但它的意义是很重大的。它说明磁场不仅可由传导电流激发,变化的电场也要激发磁场。

特别是在 $j=0$ 的空间(例如在电容器的两个极板之间,或者在真空中),前面的 (8-21) 式可简化为

$$\oint_L \boldsymbol{H} \cdot \mathrm{d}\boldsymbol{l} = \iint_S \frac{\partial \boldsymbol{D}}{\partial t} \cdot \mathrm{d}\boldsymbol{S},$$

上式说明此时磁场是由变化的电场所激发的。

对比前面关于感生电场的式子,即 $\oint_L \boldsymbol{E} \cdot \mathrm{d}\boldsymbol{l} = -\iint_S \frac{\partial \boldsymbol{B}}{\partial t} \cdot \mathrm{d}\boldsymbol{S}$,这说明电场是由变化的磁场所激发的。

综上所述,麦克斯韦提出的感生电场假说和位移电流假说的核心思想是:变化的磁场可以激发涡旋电场,变化的电场可以激发涡旋磁场;电场和磁场不是彼此孤立的,它们相互联系、互为依存、相互激发,组成一个统一的电磁场。

至此,最后还剩下变化磁场的高斯定理我们还没有考查。

由于和电荷相对应的磁荷(单磁极)不存在,而磁感应线在磁场变化时仍然是闭合线,因此磁感应强度在封闭曲面上的通量仍然是零,即对任意变化的磁场,仍然有

$$\oiint_S \boldsymbol{B} \cdot \mathrm{d}\boldsymbol{S} = 0,$$

式中,$\boldsymbol{B}$ 是任意变化的磁场。上式说明,任意变化的磁场都是无源场,场线都是闭合的(独立磁荷不存在)。

独立磁荷(单磁极子)至今未能找到。如果在实验中找到了单磁极子,那么上式以及整个电磁场理论都将会做出修改,人们对宇宙的认识也会更加深入。

8.7 麦克斯韦方程组

麦克斯韦在其两个著名假说的基础上,形成了普遍情形下宏观电磁场所遵循的麦克斯韦方程组。麦克斯韦方程组在电磁学中的地位,如同牛顿运动定律在力学中的地位一样。费曼(1918—1988) 曾经说过:"从人类历史的漫长远景来看,毫无疑问,在 19 世纪中发生的最有意义的事件将判定是麦克斯韦对电磁定律的发现。"

麦克斯韦方程组指明了电磁场运动变化所遵从的基本规律,它和洛伦兹力公式以及电荷守恒定律一起构成了经典电磁现象的完整理论基础。尽管在高速运动的条件下要考虑电磁场的变换关系,在微观领域里要考虑量子化效应,但作为电磁场的普遍规律的麦克斯韦方程组,其形式仍然成立。

麦克斯韦方程组的诞生是物理学史上一次划时代的大统一。方程将电场和磁场的所有规律综合起来,形成了电磁场理论完整体系的核心。

8.7.1 麦克斯韦电磁方程组的积分形式

在研究静电场和稳恒电流的磁场时,我们曾经得出四条基本规律。

静电场的高斯定理:
$$\oiint_S \bm{D} \cdot \mathrm{d}\bm{S} = \iiint_V \rho \mathrm{d}V;$$

静电场的环路定理:
$$\oint_L \bm{E} \cdot \mathrm{d}\bm{l} = 0;$$

稳恒磁场的高斯定理:
$$\oiint_S \bm{B} \cdot \mathrm{d}\bm{S} = 0;$$

稳恒磁场的环路定理:
$$\oint_L \bm{H} \cdot \mathrm{d}\bm{l} = \sum I_\circ$$

麦克斯韦认为,在一般情形下,上面的第一式和第三式仍然成立,而第二式应以
$$\oint_L \bm{E} \cdot \mathrm{d}\bm{l} = -\iint_S \frac{\partial \bm{B}}{\partial t} \cdot \mathrm{d}\bm{S}$$

代替,而第四式则应以
$$\oint_L H \cdot \mathrm{d}\bm{l} = \iint_S \left(j + \frac{\partial \bm{D}}{\partial t}\right) \cdot \mathrm{d}\bm{S}$$

代替。

由此,得到如下的方程组

$$\begin{cases} \oiint_S \bm{D} \cdot \mathrm{d}\bm{S} = \iiint_V \rho \mathrm{d}V, \\ \oint_L \bm{E} \cdot \mathrm{d}\bm{l} = -\iint_S \frac{\partial \bm{B}}{\partial t} \cdot \mathrm{d}\bm{S}, \\ \oiint_S \bm{B} \cdot \mathrm{d}\bm{S} = 0, \\ \oint_L \bm{H} \cdot \mathrm{d}\bm{l} = \iint_S \left(j + \frac{\partial \bm{D}}{\partial t}\right) \cdot \mathrm{d}\bm{S}_\circ \end{cases} \quad (8\text{-}23)$$

方程组中的电场既包括静电场也包括感生电场,而磁场则既包括传导电流产生的磁场也包括位移电流所产生的磁场。这一组方程就是麦克斯韦方程组的积分形式。

麦克斯韦方程组的物理意义可以表述如下:

(1) 通过任意闭合面的电位移通量等于该曲面所包围的自由电荷的代数和。

(2) 电场强度沿任意闭合曲线的线积分等于以该曲线为边界的任意曲面的磁通量对时间变化量的负值。

(3) 通过任意闭合面的磁通量恒等于零。

(4) 磁场强度沿任意闭合曲线的线积分等于穿过以该曲线为边界的曲面的全电流。

8.7.2 麦克斯韦方程组的微分形式

上面所讨论的麦克斯韦方程组的积分形式,描述的是电磁场在某个有限区域(如一个闭合回路或一个闭合曲面所在区域)内的相互的一个整体的关系,而不能适用于某一给定点上的电磁场。

但在电磁场的实际应用中,经常要知道空间逐点的电磁场量和电荷、电流之间的关系,从数学形式上而言,就是将麦克斯韦方程组的积分形式化为微分形式。

麦克斯韦方程组积的微分形式如下:

$$\begin{cases} \nabla \cdot \boldsymbol{D} = \rho, \\ \nabla \times \boldsymbol{E} = -\dfrac{\partial \boldsymbol{B}}{\partial t}, \\ \nabla \cdot \boldsymbol{B} = 0, \\ \nabla \times \boldsymbol{H} = \boldsymbol{j} + \dfrac{\partial \boldsymbol{D}}{\partial t}, \end{cases} \quad (8\text{-}24)$$

方程组中 ρ 为自由电荷体密度。

为解决电磁场的问题,还要考虑各种介质对电磁场的影响,因此,还要用到各种介质中的物质方程(反映电磁场量与介质特性量之间关系的电磁性能方程)。

在各向同性磁介质中有:

$$\boldsymbol{B} = \mu \boldsymbol{H};$$

在各向同性电介质中有:

$$\boldsymbol{D} = \varepsilon \boldsymbol{E};$$

在导体中则有:

$$\boldsymbol{j} = \gamma \boldsymbol{E}。$$

麦克斯韦电磁场方程再加上三个物质方程,就构成了一个完整的描述电磁场性质的方程组。电磁场的基本问题就是在给定边界条件下,求解 $\boldsymbol{E}$ 和 $\boldsymbol{H}$。根据这组方程,只要知道各场量的边界条件和具体问题中 $\boldsymbol{B}$,$\boldsymbol{H}$ 的初始条件,原则上可以解决宏观电磁场的所有问题,得到场量的时空分布规律,并在工程实际中加以应用。

8.7.3 麦克斯韦电磁场理论的意义和影响

以麦克斯韦方程组为核心的宏观电磁场理论是经典物理学最引以为自豪的成就之一。它所揭示出的电磁相互作用的完美统一,为物理学家树立了这样一种信念:物质的各种相互作用在更高层次上应该是统一的,另外这个理论也被广泛地应用到技术领域。

麦克斯韦理论最光辉的成就是预言了电磁波的存在。麦克斯韦方程组揭示了变化的磁场可以激发变化的电场,同时,变化的电场可以激发变化的磁场,这从两个相对的方面反映了电场和磁场的联系,展现了自然规律美妙的对称性,深刻地揭示了电场和磁场的内在联系,变化的电场和磁场相互依存,彼此激发,互相制约,组成统一的电磁场,以波的形式在空间中传播。同时,这也揭示了电磁场可以独立于电荷、电流之外单独存在,从而加深了我们对电磁场物质性的认识。

麦克斯韦电磁理论另一个成就是将光现象和电磁现象统一起来了。麦克斯韦方程组的计算结果表明光波就是电磁波的一种。于是,麦克斯韦把原来彼此独立的电学、磁学和光学结合起来,成为 19 世纪中叶物理学的一次大统一。人们从此将电、光、声、热、磁等现象联系起来进行综合研究,促进了物理学的迅猛发展。

从物理思想上讲,麦克斯韦方程组以及由此预言的电磁波和光是电磁波的一种,后来都为实验所证实。这也就促使物理学的公理化基础发生了根本的转变,结束了物理学史上以超距作用说为基础的机械论观点的长期统治,确立了场的概念和近距作用观点,具有深远意义。

不仅如此,麦克斯韦电磁理论通过对牛顿力学的内在缺陷的揭示,在理论上导致了狭义相对论的出现,在技术应用上导致了以电力的运用为标志的人类历史上的第二次技术革命。

麦克斯韦电磁理论的建立是 19 世纪科学史上最伟大的成就之一,是继牛顿力学之后又一重大发展。一般认为,麦克斯韦电磁场理论和牛顿力学体系共同构成了经典物理学的两大支柱。

8.7.4 赫兹实验

在自由空间中(即无电荷、无传导电流的无源区域中),麦克斯韦方程组表现为非常对称的形式:

$$\begin{cases} \oint_S \boldsymbol{D} \cdot \mathrm{d}\boldsymbol{S} = 0, \\ \oint_L \boldsymbol{E} \cdot \mathrm{d}\boldsymbol{l} = -\int_S \dfrac{\partial \boldsymbol{B}}{\partial t} \cdot \mathrm{d}\boldsymbol{S}, \\ \oint_S \boldsymbol{B} \cdot \mathrm{d}\boldsymbol{S} = 0, \\ \oint_L \boldsymbol{H} \cdot \mathrm{d}\boldsymbol{l} = \int_S \dfrac{\partial \boldsymbol{D}}{\partial t} \cdot \mathrm{d}\boldsymbol{S}_\circ \end{cases} \qquad (8\text{-}25)$$

由上述方程组中的第二式和第四式,可以得到这样的结论,即周期性变化的磁场必定会激发周期性变化的电场,而周期性变化的电场也会激发周期变化的磁场,如图 8-32 所示。

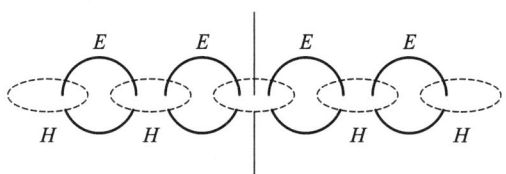

图 8-32 变化的电场和变化的磁场相互激发

变化的电场和变化的磁场互相依存,又互相激发,并以有限的速度在空间传播,就是电磁波。下面的内容我们是从介绍历史上著名的赫兹实验出发,简要讨论电磁波的产生、平面电磁波的性质以及电磁波的能量等问题。

1865 年,麦克斯韦用严格的数学理论论证了电磁波的存在,但由于缺少实验证据,大多数科学家并不接受麦克斯韦方程组,对电磁波的存在也表示怀疑。直到 1887 年,德国物理学家赫兹(1857—1894)做了著名的赫兹实验(系列实验),证实了电磁波的存在,以及光波和电磁波的统一性。

1878 年,柏林大学教授亥姆霍兹(1821—1894)向学生提出了一个物理竞赛题目,要求用实验方法来验证麦克斯韦的理论。从那时起,赫兹就致力于这个课题的研究。1886 年 10 月,赫兹做了一个放电实验,在放电过程中,他偶然发现,附近的一个线圈的端口也有电火花发出,赫兹敏锐地意识到,这可能是线圈中电磁振荡的共振现象。持续的研究一直进行到 1888 年,通过振荡电偶极子的一系列实验,赫兹终于实现了电磁波的发射和接收,证实了电磁波的存在。

图 8-33 所示是当年赫兹实验装置的示意图,他用两片正方形锌板 E,F,每片锌板各连接一根一端有黄铜球的铜棒,两铜棒与感应圈的两极分别相连,小铜球 a 与 b 间留有缝隙,这部分称为赫兹振子(即振荡电偶极子,或偶极振子)。调节感应圈电压使 a 与 b 间电压高到足以使其间的空气被击穿,小铜球 a 与 b 间产生火花放电。由于电路中的电容和自感均很小,因而振荡频率可高达 10^8 Hz,从而强烈地发射出电磁波。

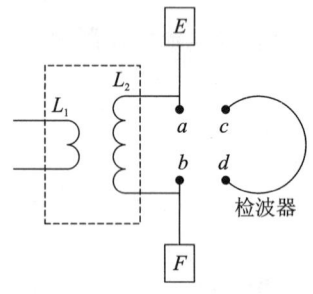

图 8-33　赫兹实验

由于铜杆有电阻且在空气中产生电火花,因而其上的振荡电流是衰减的,发出的电磁波也是减幅的。但感应圈不断地使空隙充电,振荡电偶极子就间隙地发射出减幅振荡电磁波。

接受电磁波可利用电偶极子共振吸收的原理来实现。赫兹用一根铜棒弯成环状,两端装有铜球 c 和 d,其间缝隙的距离可以调节,放在距离偶极振子较远处(10 m 左右),这部分称为检波器(即探测电磁波的谐振器)。实验表明,当偶极振子的铜球 a 与 b 间出现火花放电,则调节检波器中铜球 c 与 d 间的距离到某一位置时(即调节检波器电容的大小,从而改变其固有频率以产生谐振),铜球 c 与 d 的缝隙间也会产生火花。人类历史上第一次通过实验接收到了电磁波。

赫兹还做了一系列实验,证明电磁波也有反射、折射、干涉、衍射和偏振等特性,从而证明了电磁波和光波具有共同的特性。赫兹实验成为麦克斯韦电磁理论坚实的实验基础,验证了麦克斯韦的预言,证明了这一理论的正确性。为了纪念赫兹的贡献,人们用他的名字来命名各种波动频率的单位——Hz(赫兹,简称"赫")。

思 考 题

8-1 将一磁铁插入一个由导线组成的闭合电路线圈中,一次迅速插入,另一次缓慢插入,试问:

(1) 两次插入时在线圈中的感生电荷量是否相同?

(2) 两次手推磁铁的力所做的功是否相同?

(3) 若将磁铁插入一不闭合的金属环中,在环中将发生什么变化?

8-2 法拉第电磁感应定律中出现的负号是什么含义?

8-3 一导体圆线圈在均匀磁场中运动,则在下列几种情况下哪些会产生感应电流?试说明理由。

(1) 线圈沿磁场方向平移。

(2) 线圈沿垂直磁场方向平移。

(3) 线圈以自身直径为轴转动,轴与磁场方向平行。

(4) 线圈以自身直径为轴转动,轴与磁场方向垂直。

8-4 让一块很小的磁铁在一根很长的竖直铜管内下落(不计空气阻力),试定性分析磁铁进入铜管上部、中部和下部的运动情况。

8-5 在两磁极间放一导体圆线圈,线圈平面与磁场方向垂直,则

(1) 将其中一磁极很快移去时,线圈中是否产生感应电流?为什么?

(2) 将两磁极慢慢同时移去时,线圈中是否产生感应电流?为什么?

8-6 当汽车在南极附近的水平地面上行驶时,若考虑地磁场的作用,在汽车的轮子的钢轴上是否会产生感应电动势?

8-7 将尺寸完全相同的铜环和木环适当放置,使通过两环内的磁感应通量变化量相等。问这两个环中的感生电动势及感生电场强度是否相等?

8-8 沿一闭合回路绕行一周,感生电场力对正电荷做功是否为零?静电场力对正电荷做的功是否为零?

8-9 有两个半径相接近的线圈,问如何放置方可使其互感最小?如何放置使其互感最大?

8-10 自感电动势能不能大于电源的电动势?暂态电流可否大于稳定时的电流值?

8-11 用电阻丝绕成的标准电阻要求没有自感,问怎样绕制才能使线圈的自感为零?

8-12 两个螺线管串联相接,两管中任何时候有相同的恒定电流,试问两螺线管之间有没有互感存在?为什么?

8-13 动生电动势的起源是什么?感生电动势的起源是什么?

8-14 下面两个公式中,哪个是普遍成立的公式?为什么?

$$\oint_L \boldsymbol{E} \cdot d\boldsymbol{l} = -\iint_S \frac{\partial \boldsymbol{B}}{\partial t} \cdot d\boldsymbol{S}, \quad \oint_L \boldsymbol{E} \cdot d\boldsymbol{l} = -\frac{d}{dt}\iint_S \boldsymbol{B} \cdot d\boldsymbol{S}.$$

8-15 在电子感应加速器中,电子加速的能量是从哪里来的?简要解释之。

8-16 简述位移电流与全电流的含义。

8-17 试比较位移电流和传导电流的相同点与不同点。

8-18 下述说法是否正确?

(1) 随时间变化的磁场所产生的电场一定也随时间变化。

(2) 随时间变化的电场所产生的磁场一定也随时间变化。

8-19 试分析麦克斯韦方程组的不对称性,并说明这种不对称性的物理内容。

8-20 简要叙述麦克斯韦的主要贡献(感生电场假说与位移电流假说)。

8-21 麦克斯韦方程组的积分形式与微分形式是否等效?为什么要分别写成两种形式?

习 题 8

8-1 一长直导线载有电流强度为 $I = 10\sin(100\pi t)$ A 的交流电流,t 以秒计,旁边有一矩形线圈 ABCD 与载流长直导线共面,线圈长 $l_1 = 0.20$ m,宽 $l_2 = 0.10$ m,长边与长导线平行,AD 边与导线相距 $a = 0.10$ m,线圈匝数为 $N = 1000$,如图所示,试求线圈中的感应电动势。

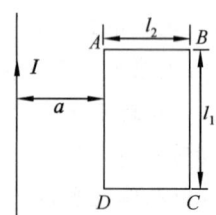

第 8-1 题图

8-2 如图所示,金属棒 ab 以 $v = 2.0$ m/s 的速度平行于一长直导线运动,此长直导线中电流 $I = 40$ A,求棒中感应电动势的大小,哪一端电势高?

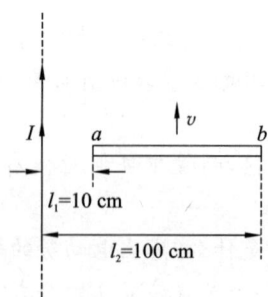

第 8-2 题图

8-3 一矩形导体回路 ABCD 放在均匀外磁场中,磁场的磁感应强度 B 的大小为 $B=6.0\times10^3$ Gs,B 与矩形平面的法线 n 之间夹角为 $\alpha=60°$。回路的 CD 段长为 $l=1.0$ m,以速度 $v=5.0$ m/s 平行于两边向外滑动,如图所示。试求回路中的感应电动势,并指出感应电流的方向。

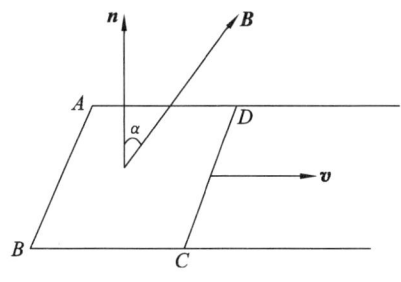

第 8-3 题图

8-4 如图所示,有一金属杆 AB 与一长直载流导线共面,当金属杆以速度 v 运动到图中位置时,杆中的动生电动势 $\mathscr{E}_{AB}$ 等于多少?

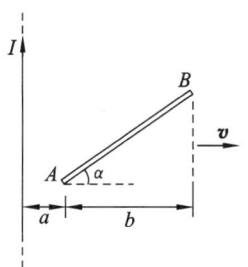

第 8-4 题图

8-5 如图所示,矩形线框 abcd 与长直载流导线 A_1A_2 共面,且 $ad//A_1A_2$,当 A_1A_2 中的电流 $i=I_0\cos\omega t$ 时,导线边 ab 正以速度 v 沿导线框匀速平动,试求线框 abcd 中的感应电动势 $\mathscr{E}$。

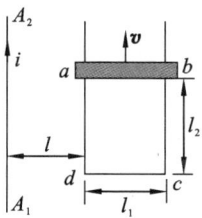

第 8-5 题图

8-6 如图所示,设一无限长直导线中通有电流 $i=I_m\cos\omega t$,在距长直导线 d 处放置一个三角形线圈(线圈的两直角边长分别为 a 和 b),试求三角形线圈中的感应电

动势 $\mathscr{E}_i$。

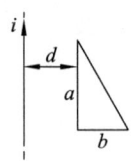

第 8-6 题图

8-7 如图所示,电流强度为 I 的长直导线附近,有边长为 $2a$ 的正方形线圈,绕中心轴 OO' 以匀角速度 ω 旋转。求线圈中的感应电动势(OO' 轴与长直导线相距为 b,且平行于长直导线)。

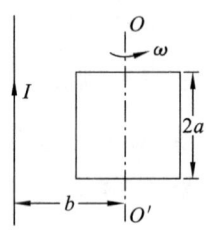

第 8-7 题图

8-8 如图所示,有一导体细棒,由 $ab = bc = L$ 两段在 b 处相接,弯曲处形成 θ 角 $\left(\theta < \dfrac{\pi}{2}\right)$,导体细棒在均匀磁场 $\boldsymbol{B}$ 中以角速度 ω 绕 a 点顺时针旋转,试求导体细棒上的感应电动势 $\mathscr{E}_i$。

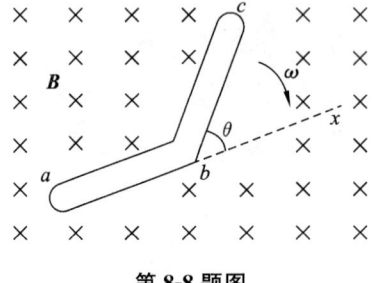

第 8-8 题图

8-9 如图所示,在半径 $R = 10$ cm 的圆柱内充满均匀磁场,其变化率为 $\dfrac{\mathrm{d}B}{\mathrm{d}t} = 3 \times 10^{-2}$ Wb/(m² · s),现有一金属棒 AB 放置在图示位置,若设 $AC = CB = 10$ cm,求棒 AB 两端的感生电动势。

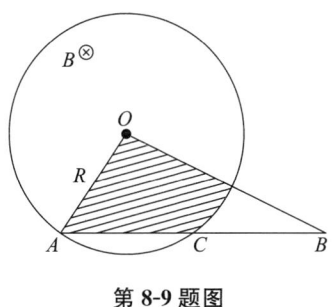

第 8-9 题图

8-10 如图所示，令 B 以 $\dfrac{\mathrm{d}B}{\mathrm{d}t}$ 这个速率增加，令 R 为存在磁场的柱形空间区域的半径，试问在任意半径 r 处电场 $\boldsymbol{E}_k$ 的量值为多大？

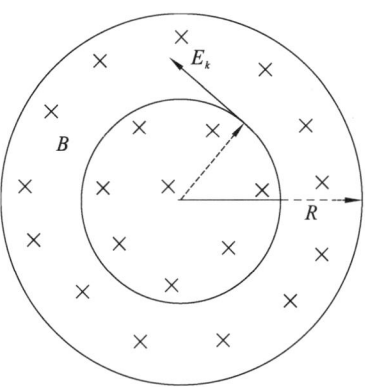

第 8-10 题图

8-11 如图所示的圆柱形磁体，半径为 a，当其内通过随时间变化的涡旋状磁通时，磁体内任意一点 P 的感应电场强度等于多少（设 $\boldsymbol{B}$ 沿圆周切向，且其数值与半径 ρ 成正比）？

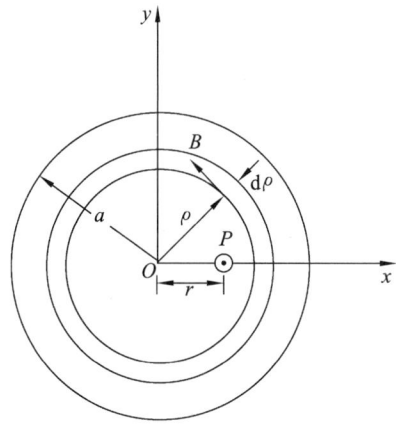

第 8-11 题图

8-12 两平行导线相距为 $l = 50$ cm,通过电阻 $R = 0.20\,\Omega$ 连接在一起,放在磁感强度为 $\boldsymbol{B}$ 的均匀磁场中,$\boldsymbol{B}$ 与导线平面垂直并向内,如图所示,$B = 0.50$ T;另一条导线 ab 横跨在两平行道线上,以匀速 v 向右滑动,v 与两导线平行,$v = 4.0$ m/s。试求:

(1) 导线 ab 的运动在闭合回路中所产生的感应电动势 $\mathscr{E}$。

(2) 电阻 R 所消耗的功率 P。

(3) 磁场 $\boldsymbol{B}$ 作用在导线 ab 上的力 F。

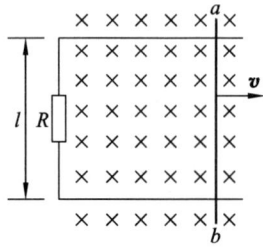

第 8-12 题图

8-13 如图所示,一半圆导线 MN,半径为 b,在长直载流导线附近,环平面与长直导线垂直,环的圆心 O 距离长直导线为 a,如图所示。令长导线中有电流 I,半环以平行于长导线的速度 v 移动,求环两端的感应电动势。

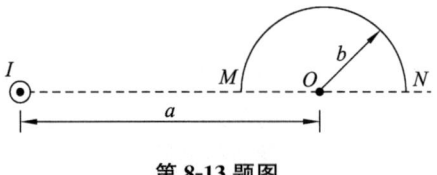

第 8-13 题图

8-14 如图所示,螺线管的管心是两个套在一起的同轴圆柱体,其截面积分别为 S_1 和 S_2,磁导率分别为 μ_1 和 μ_2,管长为 l,匝数为 N,求螺线管的自感系数。

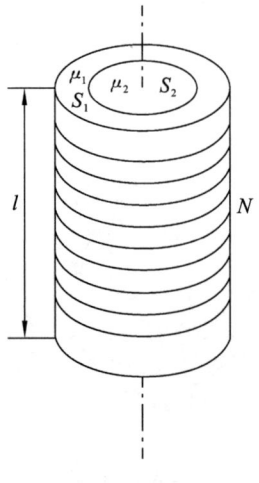

第 8-14 题图

8-15 有一线圈,长度为 $l = 0.3\text{ m}$,横截面积为 $S = 10\text{ cm}^2$,匝数为 $N = 600$ 匝,试求:(1) 无铁芯时线圈的自感。(2) 将相对磁导率 $\mu_r = 500$ 的铁芯放入线圈后线圈的自感。

8-16 一螺绕环由 N 匝表面绝缘的细导线在纸环上密绕而成,横截面是长为 $b-a$,宽为 h 的矩形,环的内外半径分别为 a 和 b,它的一半如图所示,试求它的自感 L,并计算当 $N = 1\,000$ 匝,$a = 5.0\text{ cm}$,$b = 10\text{ cm}$,$h = 10\text{ cm}$ 时 L 的值。

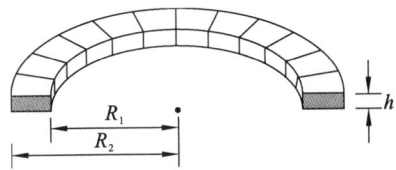

第 8-16 题图

8-17 一个边长为 a 的 N 匝正方形线圈与一长直导线位于同一平面内,二者的相对位置及尺寸如图所示,求互感系数 M。

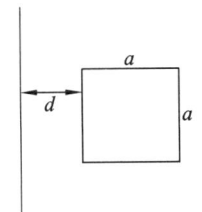

第 8-17 题图

8-18 一密绕的矩形线圈,长 20 cm,宽 10 cm,共有 100 匝。此线圈在一构成闭合电路一部分的极长导线旁,其长边与此导线平行,而电路的其他部分与线圈相距很远,如图所示。求当直导线与矩形线圈近边相距 10 cm 时两电路的互感系数。

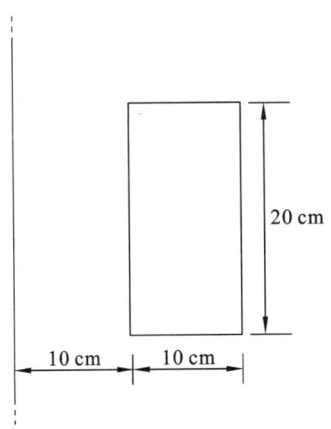

第 8-18 题图

8-19 共轴的两个圆线圈,半径分别为 a_1 和 a_2,匝数分别为 N_1 和 N_2,圆心相距为 l,如图所示。设 $a_2 \ll a_1$ 和 l,试求它们之间的互感 M。

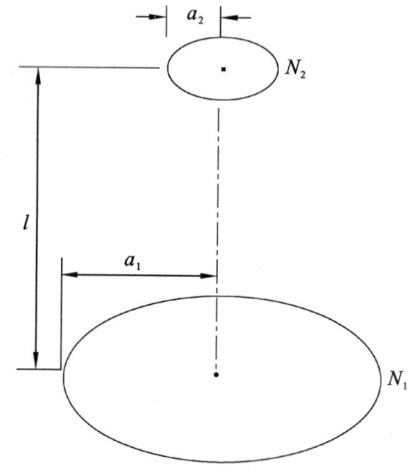

第 8-19 题图

8-20 有一长直导线,通有电流 I,设电流均匀分布在导线的横截面上,试计算导线内部单位长度中贮存的磁场能量。

8-21 两根平行导线,横截面积的半径都是 a,中心相距为 d,载有大小相等、方向相反的电流。设两导线内部的磁通量都可忽略不计,试求:这样一对长度为 l 的平行直导线的自感系数。

8-22 在两根相距 $d = 20 \, \text{cm}$ 的足够长的平行导线中,各通有强度为 20 A 但方向相反的电流。

(1) 若导线半径为 $R = 10 \, \text{mm}$,求两导线间每单位长度的自感系数。

(2) 若将两导线分开到距离为 $d' = 40 \, \text{cm}$,求磁场对导线单位长度所做的功。

8-23 截面为矩形的螺线管共绕 N 匝,尺寸如图所示,在螺线环的轴上有一无限长直导线,若在螺线环的线圈中通以电流 I,求:(1) 螺线管的自感系数。(2) 螺线环与长直导线之间的互感系数。(3) 螺线管内储存的磁能。

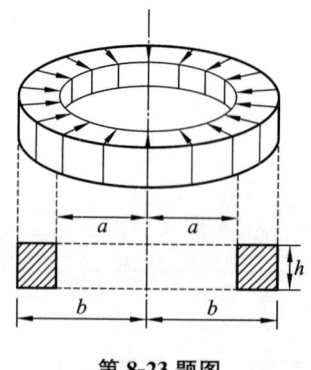

第 8-23 题图

8-24 一平行板电容器的两极板,都是半径 $r=0.5$ cm 的圆导体片,在充电时,其中电场强度的变化率为 $\dfrac{dE}{dt}=1.0\times10^{12}$ V/m·s。求:(1)两极板间位移电流 I_D。(2)极板边缘的磁感应强度 B。

8-25 同轴线终端接一平行板电容,电容极板是半径为 a 的圆形,极板间隔为 b,如图所示,上极板接于同轴线外导体,下极板接于内导体的延伸部分,内导体半径是 a_0。已知 $u_c=U_m\sin\omega t$,求极板间任一点的 H。

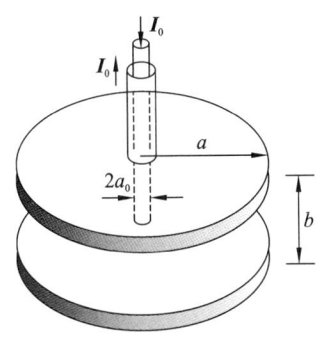

第 8-25 题图

8-26 一同轴电缆由半径为 a 的长直导线和与它共轴的导体薄圆筒构成,圆筒的半径为 b,如图所示,导线与圆筒间充满电容率为 ε、磁导率为 μ 的均匀介质。当电缆的一端接上负载电阻 R,另一端加上电势差时,试证明:如果 $R=\dfrac{1}{2\pi}\sqrt{\dfrac{\mu}{\varepsilon}}\ln\dfrac{b}{a}$,则导线与圆筒间的电场能量等于磁场能量。

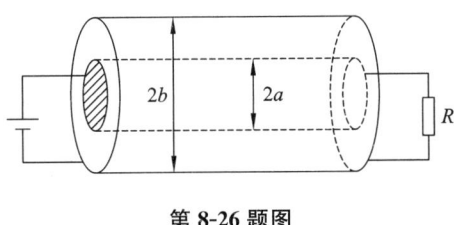

第 8-26 题图

8-27 一球形电容器,其内导体半径为 R_1,外导体半径为 R_2,两极板之间充有相对介电常数为 ε_r 的介质,现在电容器上加上电压,内球与外球的电压为 $V=V_0\sin\omega t$,假设 ω 不太大,以致电容器电场分布与静电场情形近似相等,试求介质中的位移电流密度以及通过半径为 $r(R_1<r<R_2)$ 的球面的位移电流。

8-28 如图所示,电荷量 Q 均匀地分布在半径为 a 的球面上,当这球面以角速度 ω 绕它的一个固定直径旋转时,试求球内的磁场能量。

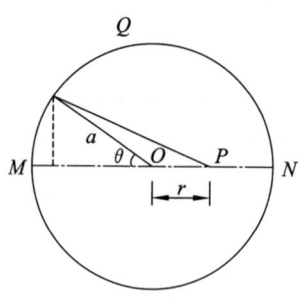

第 8-28 题图

第9章 直流电与交流电

前面几章,我们主要讨论了静电场、稳恒磁场以及变化的电磁场,本章我们着重讨论求解直流电路和交流电路问题的一些普遍方法。

一般认为,电磁理论包括电磁场理论和电路理论两大部分。电磁场理论研究电场和磁场的性质、联系及变化规律,主要是用场量(描述电磁场特征的基本量,如电场强度、电流密度、磁场强度及电位移等)来描述场中各点的电磁特性与能量分布情况;而电路理论则研究电路中的电磁场,主要用易于测量的路量(描述电路特征的基本量,如电流强度、电势差及电荷量等)来描述电路中电磁场的特性与变化规律。

从理论研究的角度而言,电磁场理论和电路理论是研究电磁现象的两种不同观点和方法。前者研究在无限延伸的三维空间中各点处发生的电磁现象,场量一般是空间点函数,且是微分量;而后者则研究在一个特定的局部空间内所发生的电磁现象,路量一般是积分量。场量与路量之间存在着相互联系,比如电路中某两点间的电势差就是电场强度的线积分[参见(5-18)式],电路中的电流强度则表示围绕电路导线截面的磁场强度的线积分[参见(7-41)式]。可见,电磁场理论和电路理论有着紧密的内在联系,场和路是电磁学中的两个主要内容,在学习时,既要注重两者在物理上的内在联系,又要区分它们在研究方法上的差异。

9.1 直流简单电路

在第 7 章,我们曾定义:导体内各点的电流密度 j 都不随时间变化的电流(即电路中电流强度的大小和方向都不随时间变化的电流)称为稳恒电流。载有稳恒电流的电路称为稳恒电路或直流电路。直流电路可以分为简单电路和复杂电路两类,简单电路一般是指可以用欧姆定律和串并联公式求解的电路,而复杂电路则一般是指无法用欧姆定律和串并联公式求解的电路,复杂电路需要用基尔霍夫定律等来求解。本节先讨论直流简单电路。

直流电路一般都是由电源和电阻连接而成的。在电路中,任意一段无分叉的电路(由电源以及电阻串联而成的电流通路)称为支路,由若干条支路构成的闭合通路称为回路,而三条或三条以上支路的连接点(会聚点)则称为节点。

9.1.1 欧姆定律

稳恒电流的主要导电规律有欧姆定律和焦耳-楞次定律。下面先讨论欧姆定律。

1. 部分电路欧姆定律及其微分形式

大量实验证明,当电流通过一段均匀的导体,且其温度不变时,导体中的电流强度 I 与导体两端的电势差(电压) $U = U_1 - U_2$ 成正比,即有

$$I = \frac{U_1 - U_2}{R} = \frac{U}{R}. \tag{9-1}$$

上式称为欧姆定律(即部分电路欧姆定律,或一段不含源电路欧姆定律)。式中 R 是比例系数,称为导体的电阻,它反映导体对电流的阻碍程度。R 与导体的材料及几何形状有关,对于金属导体和电解液等,电阻是常量,与电压 U 和电流 I 都无关,此时的电阻称为线性电阻。

在国际单位制(SI)中,电阻的单位为欧姆(Ω)。电阻 R 的倒数称为电导 G,单位为西门子(S),它反映导体对电流的导通能力,即

$$G = \frac{1}{R}. \tag{9-2}$$

实验表明,当导体的材料与温度都一定时,横截面为 S、长度为 l 的一段柱形均匀导体的电阻为

$$R = \rho \frac{l}{S}, \tag{9-3}$$

式中,比例系数 ρ 称为材料的电阻率,是一个仅与导体材料有关的物理量。在国际单位制(SI)中,电阻率的单位为欧姆·米($\Omega \cdot m$)。电阻率的倒数称为电导率 γ,即

$$\gamma = \frac{1}{\rho}. \tag{9-4}$$

当温度变化时,导体的电阻率也会发生变化。所有金属导体的电阻率都随温度升高而增大。在 0 ℃ 附近,温度变化不大的范围内,导体的电阻率与温度之间近似有以下线性关系:

$$\rho_t = \rho_0(1 + \alpha t), \tag{9-5}$$

式中,ρ_0 是 0 ℃ 时的电阻率;α 称为电阻温度系数。对于纯金属及大多数合金有 $\alpha > 0$,但有些导体,如碳、电解液等,在某一段温度范围内 $\alpha < 0$。

式(9-1)可以称为欧姆定律的积分形式,实际上欧姆定律的微分形式应用更为广泛。

如图 9-1 所示,在导体内取一小圆柱体,其长度为 dl,截面积为 dS,且轴线与该处的电流平行,设圆柱体两端面间的电势差为 dU,由欧姆定律,可得

$$dI = \frac{U - (U + dU)}{R} = -\frac{dU}{R},$$

注意到有 $dI = j \cdot dS$,以及 $R = \rho \frac{dl}{dS} = \frac{dl}{\gamma dS}$,代入上式,可得

$$j \cdot dS = -\gamma \frac{dU}{dl} dS,$$

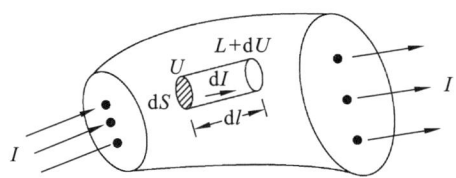

图 9-1 欧姆定律微分形式的推导

再由场强与电势的微分关系

$$E = -\frac{dU}{dl},$$

最后可得

$$j = -\frac{1}{\rho}E = \gamma E,$$

由于导体中各点的电流密度 j 的方向与该点处场强 E 的方向相同,所以上式可写成矢量式:

$$j = \gamma E。 \tag{9-6}$$

上式即为欧姆定律的微分形式,它表述了导体中电流密度与电场强度之间的逐点对应关系,比欧姆定律的积分形式具有更深刻的意义,对非稳恒电流的情况也适用(此式也称为导体的电磁性能方程)。

2. 闭合电路欧姆定律

前面我们讨论了电流通过一段不含源电路时的欧姆定律,是一种最简单的情况,实际上我们经常会遇到包含电源在内的各种电路。

如图 9-2 所示,设有一包含单个电源的闭合电路,电流的流向为顺时针方向。现在分析图中各点电势的变化情况。设从 A 点出发,沿顺时针方向环绕电路一周,经过电阻 R 时,电势的降落为 IR,经过电源时,由于是顺着电动势的方向绕行的,电势不仅没有降落,而且增高了 $\mathscr{E}$,或者说从负极到正极的方向经过电源时,电势降落为 $-\mathscr{E}$,同理,经过电源内阻时,电势降落为 Ir,最后回到 A 点。

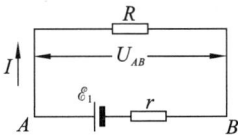

图 9-2 闭合电路

将整个闭合电路各分段上的电势降落相加,总和应为零,即

$$\sum U = IR - \mathscr{E} + Ir = 0,$$

即

$$I = \frac{\mathscr{E}}{R+r}, \tag{9-7}$$

上式即闭合电路的欧姆定律(又称全电路欧姆定律)。

以上全电路欧姆定律只适用于单电源的闭合电路。如果电路中含有多个电源,则需用到下面讨论的更为普遍的一段含源电路欧姆定律来求解。

3. 一段含源电路欧姆定律

在直流电路的计算中,往往需要计算整个电路中某段含有电源的电路两端之间的电势差。

如图 9-3 所示,电路中含有若干个电源和电阻,各支路电流也并不是处处相等,这样的电路称为含源电路(或称为不均匀电路)。用计算电势降落的方法来处理这类问题是很简单的。

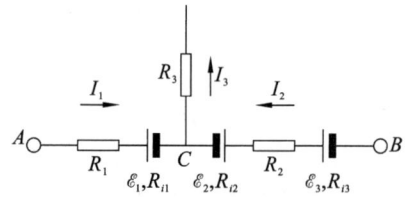

图 9-3　一段含源电路

由电势差(电压)的定义可以证明,若一段电路中有若干个元件串联,则总的电势差等于电路中各元件上电势差的代数和。其中,若有电流 I 流过任意电阻 R 两端时,其两端电势差大小为 IR。电路中的任意实际电源则都看成一个无内阻的理想电源(其路端电压即为电动势 $\mathscr{E}$)与一个等效电阻(阻值等于内阻 r)的串联。

在实际电路问题的研究与计算中,必须对各元件上电势差的正或负进行约定(即符号法则)。先任意选择一个沿电路的巡行正方向(在闭合回路中则是绕行正方向)作为电势降落的标定方向,并任意假定一个电流的正方向(若真实电流方向已知则不用假定)。

(1) 对于各电阻项(包括电源内阻),若电流方向与所选巡行正方向一致时,则 IR 取正,反之取负。

(2) 对于各理想电源项,若电动势方向与巡行正方向一致时,则 $\mathscr{E}$ 取负;反之 $\mathscr{E}$ 取正。

当真实电流方向未知时,根据以上约定,若最终计算出的电流结果为正值,则说明电流的实际方向与假定的电流正方向相同;若结果为负值,则说明电流的实际方向与假定的电流正方向相反。

下面我们计算图 9-3 中 A 与 B 两点间的电势差 U_{AB}。

可以先选择沿电路的巡行正方向为 $A \to B$,则有

$$U_{AB} = U_A - U_B = I_1 R_1 + \mathscr{E}_1 + I_1 r_1 - \mathscr{E}_2 - I_2 r_2 + \mathscr{E}_3 - I_2 r_3,$$

即

$$U_A - U_B = (\mathscr{E}_1 - \mathscr{E}_2 + \mathscr{E}_3) + [I_1(R_1 + r_1) - I_2(R_2 + r_2 + r_3)].$$

可以证明，对于任意的含源电路，一段含源电路欧姆定律可以写成一般形式

$$U_A - U_B = \sum \mathscr{E} + \sum IR。 \tag{9-8}$$

应用上式求一段含源电路两端的电势差时，若所得电势差 $U_A - U_B$ 为正值，则表示 A 点的电势高于 B 点，若为负值，则表示 A 点电势低于 B 点。

由(9-8)式可以得到闭合电路欧姆定律的普遍形式。设一个闭合电路，其电流为 I，其中含有多个电源和电阻，则可从闭合电路中任意一点（比如 A 点）出发，规定一个绕行的正方向，则绕行一周，电势升降的代数和一定为零，即有

$$U_A - U_A = \sum \mathscr{E} + \sum IR = 0,$$

可得

$$I = -\frac{\sum \mathscr{E}}{\sum R},$$

式中，电阻项和电源项之前的符号仍然根据前面的符号法则确定。

例 9-1 如图 9-4 所示电路，其中 $\mathscr{E}_1 = 24\text{ V}$，$\mathscr{E}_2 = 12\text{ V}$，$R_1 = 2\text{ }\Omega$，$R_2 = 1\text{ }\Omega$，$R_3 = 3\text{ }\Omega$，试求：(1) 电路中的电流强度 I。(2) 电势差 U_{AB} 和 U_{BC}。

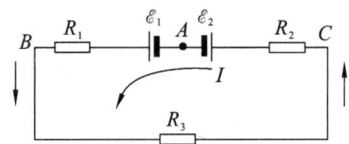

图 9-4　闭合电路

解 (1) 设电路中电流 I 的正方向为逆时针，如图 9-4 所示，并选巡行方向沿 I 的正方向。从 A 出发，沿 $ABCA$ 绕电路一周回到 A 点，由一段含源电路的欧姆定律，可得

$$U_A - U_A = -\mathscr{E}_1 + IR_1 + IR_3 + IR_2 + \mathscr{E}_2,$$

则有

$$I = \frac{\mathscr{E}_1 - \mathscr{E}_2}{R_1 + R_2 + R_3} = 2\text{ A},$$

结果 $I > 0$，说明真实电流方向与所设的正方向相同。

(2) 选巡行方向与(1)相同，由一段含源电路的欧姆定律，可得

$$U_{AB} = U_A - U_B = -\mathscr{E}_1 + IR_1 = -24 + 2 \times 2 = -20\text{ V},$$

说明 A 点电势比 B 点电势低 20 V。

同理可得

$$U_B - U_C = IR_3 = 2 \times 3 = 6 \text{ V},$$

说明 B 点电势比 C 点电势高 6 V。

9.1.2 焦耳定律

1. 电流的功和功率

电流通过导体时,电场力对电荷所做的功称为电流的功(简称电功)。

可以利用导体两端的电压 U 计算电流的功。在前面,我们已知电场力对电荷所做的功为

$$A = qU,$$

式中,q 为通过导体任一横截面的电荷量。

设导体中电流强度为 I,则时间 t 内通过导体任一横截面的电荷量为 $q = It$,故电功为

$$A = IUt。 \tag{9-9}$$

在国际单位制(SI)中,电功的单位为焦耳(J),在实际应用中,还常用千瓦时(kW·h)这一单位,

$$1 \text{ kW} \cdot \text{h} = 3.6 \times 10^6 \text{ J},$$

即通常所说的 1 度电。

对纯电阻电路,因为 $U = IR$,(9-9) 式可改写为

$$A = I^2 Rt = \frac{U^2}{R} t。$$

单位时间内电场力对电荷所做的功称为电功率,用 P 表示,有

$$P = \frac{A}{t} = IU。 \tag{9-10}$$

对纯电阻,由于 $U = IR$,则有

$$P = I^2 R = \frac{U^2}{R}。$$

在国际单位制(SI)中,电功率的单位为瓦特(W),通常还用千瓦(kW)作电功率的单位,

$$1 \text{ kW} = 10^3 \text{ W}。$$

2. 焦耳定律

当电流通过导体时会产生热量,这一现象称为电流的热效应。由功能关系可知,若在导体通电过程中电能完全转化成热能,则产生的热量在数值上等于电流的功。设电流强度为 I,导体两端的电势差为 U 时,在时间 t 内产生的热量(即焦耳热)为

$$Q = A = I^2 Rt = \frac{U^2}{R} t, \tag{9-11}$$

上式称为焦耳定律。焦耳定律表明,电流通过一段导体时放出的热量 Q,与电流强度

的平方、导体的电阻以及电流通过的时间三者的乘积成正比。

电流通过导体时放出焦耳热的现象可以从微观上定性解释。当电流通过导体时(导体两端加有电压),在电场力的作用下,导体内的自由电子逆着电场方向做加速运动,当自由电子与晶体点阵中的原子实碰撞时,会将定向运动的动能传递给原子实,加剧原子实的热振动,这在宏观上就表现为导体的温度升高,向外放出热量。由此可见,焦耳热实际上是通过电场力做功由电能转化来的。

通过以上分析可知,$A = Q$ 的结论是在导体通电过程中电能完全转化成热能的条件下得出的。若在导体通电过程中,电能还转化为机械能(如有电动机)、化学能(如有电解槽)等其他形式的能量,则 $A = Q$ 不成立。

焦耳定律也可表示成微分形式。下面仍以前面图 9-1 中的小圆柱体为例简要推导。

由 $\mathrm{d}I = \boldsymbol{j} \cdot \mathrm{d}\boldsymbol{S}, R = \rho \dfrac{\mathrm{d}l}{\mathrm{d}S} = \dfrac{\mathrm{d}l}{\gamma \mathrm{d}S}, \gamma = \dfrac{1}{\rho}$ 以及 $\boldsymbol{j} = \gamma \boldsymbol{E}$,再根据焦耳定律,电流通过体积为 $\mathrm{d}l \cdot \mathrm{d}S$ 的小柱形导体时,在 $\mathrm{d}t$ 秒内放出的热量为

$$\mathrm{d}Q = (\mathrm{d}I)^2 R \mathrm{d}t = (j\mathrm{d}S)^2 \left(\rho \dfrac{\mathrm{d}l}{\mathrm{d}S}\right) \mathrm{d}t = \gamma E^2 \mathrm{d}l \mathrm{d}S \mathrm{d}t。$$

定义单位时间内从单位体积导体中放出的热量为热功率密度(以 p 表示),则有

$$p = \dfrac{\mathrm{d}Q}{\mathrm{d}t(\mathrm{d}S\mathrm{d}l)} = \dfrac{\gamma E^2 \mathrm{d}S\mathrm{d}l\mathrm{d}t}{\mathrm{d}t(\mathrm{d}S\mathrm{d}l)},$$

即可得到

$$p = \gamma E^2。 \tag{9-12}$$

(9-12)式即为焦耳定律的微分形式,它描述了导体中各点的发热情况,说明宏观导体之所以发热(有能量转换成热能),实质上正是因为导体内存在电场,热能正是由电能转换的。焦耳定律的微分形式虽然是从稳恒情况下推出的,但实验证明,它在非稳恒情况下也成立。

例 9-2 设电热炉有两组炉丝,接入其中一组炉丝时,经过时间 t_1 水被烧开;接入另一组炉丝时,经过时间 t_2 水被烧开。如果把两组炉丝串联或并联同时接入电路,问分别经过多少时间水被烧开?

解 根据焦耳定律和电阻的串并联关系,可直接求解。

设将一定量的水烧开所需要的热量为 Q,当接入第一组炉丝时,有

$$Q = \dfrac{U^2}{R_1} t_1,$$

式中,U 为电路电压,R_1 为第一组炉丝的电阻。

当接入第二组炉丝时,有

$$Q = \dfrac{U^2}{R_2} t_2,$$

式中,R_2 为第二炉丝的电阻。

当两炉丝串接时,总电阻为 $R = R_1 + R_2$,则有

$$Q = \frac{U^2}{R_2 + R_1} t_3,$$

式中,t_3 为两电炉丝串联接入时水被烧开的时间。

当两电炉丝并联接入时,总电阻等于 $\frac{R_1 R_2}{R_1 + R_2}$,则有

$$Q = \frac{U^2(R_1 + R_2)}{R_1 R_2} t_4,$$

式中,t_4 为两组炉丝并联接入时水被烧开的时间。

由前两式可解得

$$R_1 = \frac{U^2 t_1}{Q}, \quad R_2 = \frac{U^2 t_2}{Q},$$

代入后两式可解得

$$t_3 = t_1 + t_2, \quad t_4 = \frac{t_1 t_2}{t_1 + t_2}。$$

9.2 基尔霍夫定律

在直流电路中,复杂的电路原则上可以应用前面的一段含源电路欧姆定律来处理每一段电路,但其计算过于复杂。同时,还有一些电路则无法分解为电阻的串联和并联及其组合。对于上述这些难以或无法用欧姆定律求解的复杂电路,若用基尔霍夫定律计算求解,问题就变得简单而方便,且有规律可循。

基尔霍夫定律(又称基尔霍夫方程组)是求解复杂电路(包括直流电路和交流电路)问题最基本的、最重要的方法。在讨论基尔霍夫定律之前,我们先回顾与介绍几个常用的概念。

支路:任意一段无分叉的电路。

回路:由若干条支路构成的闭合通路。

节点(即分支点):三条或三条以上支路的连接点(会聚点)。

网孔:没有其他支路跨接在里面的闭合回路。网孔是组成电路的基本回路。

9.2.1 基尔霍夫第一定律

基尔霍夫第一定律又称为节点电流定律,可以表述为:在电路中任一节点处,各支路电流强度的代数和必定为零。其表达式为

$$\sum I = 0。 \tag{9-13}$$

电流强度的符号约定:一般规定流出节点的电流为正值,流进节点的电流为负值。

对电路中每个节点都可以列出一个方程,这些方程统称为基尔霍夫节点电流方程组。可以证明,在有 n 个节点的电路中,可以列出 $(n-1)$ 个独立的方程。

在列方程组时,先任意假定每个支路的电流的大小和正方向,再根据电流强度的符号约定列出各个节点的方程。若最终解出某支路的电流为正,则表示该支路电流的实际方向与所设正方向一致;若解出某支路的电流为负,则表示该支路电流的实际方向与所设正方向相反。

基尔霍夫第一定律是电流的稳恒条件在节点处的具体体现,其实质是电荷守恒定律在稳恒电路中的体现。

9.2.2 基尔霍夫第二定律

基尔霍夫第二定律又称为回路电压定律,可以表述为:沿任一闭合回路的电势降落的代数和等于零。其表达式为

$$\sum \mathscr{E} + \sum IR = 0 。 \tag{9-14}$$

闭合回路中各元件上电势差的符号约定与前面一段含源电路欧姆定律的符号约定基本相同。先对各回路任意选择一个绕行正方向,当支路上电流的正方向与绕行方向相同,则该支路上的电阻项 IR 取正,反之取负。对于回路中各理想电源项,若电动势方向与绕行正方向一致时,$\mathscr{E}$ 取负,反之 $\mathscr{E}$ 取正。

并非按所有的回路写出的方程都是独立的。可以证明,对于有 n 个节点、p 条支路的复杂电路,独立回路的个数为 $(p-n+1)$ 个。确定独立回路数目一般用网孔法:将整个电路化为平面电路,即所有的节点和支路都在一平面上而不存在支路相互跨越的情形。这时,我们可以将电路看成一张网格,其中网孔的数目就是独立回路数。网孔法只适用于平面网络,若电路中存在支路相互跨越的情形,即电路构成了非平面网络,则一般采用更为普遍的方法——树图法(此从略)。

原则上讲,基尔霍夫定律可以解决所有线性直流电路的计算问题。

基尔霍夫定律的解题步骤可以归纳如下:

(1) 任意设定各支路电流的大小和方向。

(2) 若电路中有 n 个节点,则任取其中 $(n-1)$ 个节点列出 $(n-1)$ 个独立的节点电流方程。

(3) 若电路中有 p 条支路和 n 个节点,则任意选取 $(p-n+1)$ 个独立回路,列出 $(p-n+1)$ 个独立的回路电压方程,方程中 $\sum \mathscr{E}, \sum IR$ 的符号遵循前面的约定。

(4) 对所列出的 $(n-1)+(p-n+1)=p$ 个方程联立求解。

(5) 根据所解出的电流值的正负判断各电流的实际方向。

例 9-3 有一复杂电路如图 9-5 所示,已知,$\mathscr{E}_1 = 2.15 \text{ V}, \mathscr{E}_2 = 1.9 \text{ V}, r_1 = 0.1 \, \Omega, r_2 = 0.2 \, \Omega, R = 2 \, \Omega$ 试求:

(1) 各支路电流。

(2) A, B 两点间电压。

(3) 两电源的输出功率和电阻 R 上消耗的功率。

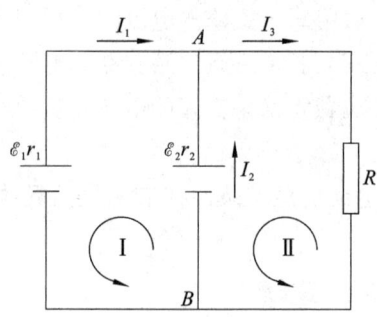

图 9-5 复杂电路

解 (1) 求支路电流。

① 设各支路电流分别为 I_1, I_2, I_3，并假定电流的正方向如图 9-5 中所示。

对节点 A：$\qquad -I_1 - I_2 + I_3 = 0$。

② 选择独立的回路(如图所示，取网孔 Ⅰ，Ⅱ 两个独立回路)，并假设回路电流的绕行方向为逆时针。

对网孔 Ⅰ 有：$\qquad (+\mathscr{E}_1 - \mathscr{E}_2) + (-I_1 r_1 + I_2 r_2) = 0$，

对网孔 Ⅱ 有：$\qquad (+\mathscr{E}_2) + (-I_2 r_2 - I_3 R) = 0$，

代入数值，联立方程组

$$\begin{cases} I_1 + I_2 - I_3 = 0, \\ 0.1 I_1 - 0.2 I_2 = 0.25, \\ 0.2 I_2 + 2 I_3 = 1.9, \end{cases}$$

解方程后可得

$$I_1 = 1.5\,\text{A}, \quad I_2 = -0.5\,\text{A}, \quad I_3 = 1\,\text{A}。$$

(2) 求 A, B 两点间电压：

$$U_{AB} = I_3 R = 2\,\text{V}。$$

(3) 电源的输入功率及电阻 R：

① 电源 $\mathscr{E}_1$ 的输入功率：

$$P_1 = I_1 U_{AB} = 1.5 \times 2 = 3\,\text{W}。$$

② 电源 $\mathscr{E}_2$ 的输入功率：

$$P_2 = I_2 U_{AB} = -0.5 \times 2 = -1\,\text{W} \quad (\text{充电状态})。$$

③ 电阻 R 上消耗的功率：

$$P_3 = I_3^2 R = I_3 U_{AB} = 1^2 \times 2 = 2\,\text{W}。$$

9.3 交流电路概述

前面我们简要介绍了直流电路(稳恒电路)及其基本规律，从本节开始，进一步讨论交流电路，且主要研究简谐交流电路。简谐交流电在科学实验、工农业生产以及日常生活中都有着广泛的应用。

9.3.1 简谐交流电

在一个电路里,如果电源的电动势随时间做周期性变化,从而电路中的电压和电流也都随时间做周期性变化,这种电路称为交流电路,这种电流称为交变电流(简称交流电)。交流电路比直流电路复杂得多,因为变化的电流要产生变化的磁场,而变化的磁场在电路中又会引起感应电动势。

需要指出,若电路中电流仅仅是大小在变化而方向不变,则这种电流一般称为脉动直流,图 9-6(a) 所示即是一种脉动直流电。上节中我们讨论的直流电是特指大小及方向都不变化的电流,即稳恒电流,如图 9-6(b) 所示。

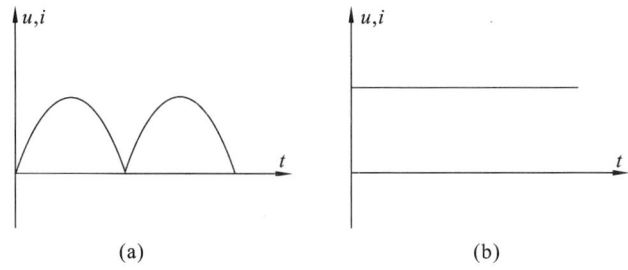

图 9-6 脉动直流电和稳恒电流

交流电的类型很多,图 9-7 给出了几种不同变化规律的交流电,图 9-7(a) 中为简谐波形的交流电,图 9-7(b) 为矩形波形的交流电,图 9-7(c) 为任意无规则波形的交流电。

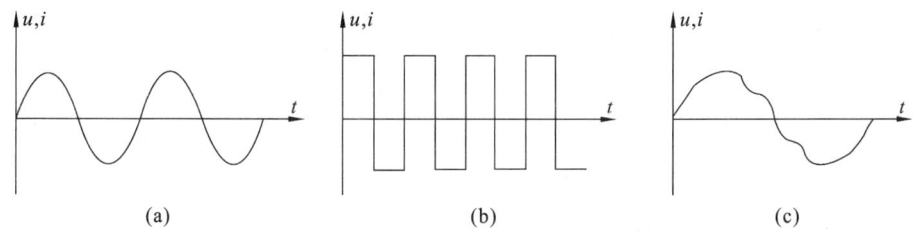

图 9-7 几种交流电的波形

1. 简谐交流电

在交流电中,最简单、最基本也最重要的一种是随时间做简谐变化的交流电,称为简谐交流电,其波形如图 9-7(a) 所示。简谐交流电是处理一切交流电问题的基础,其重要性主要表现在:简谐交流电的运算规律最为简单;任何非简谐交流电都可分解为一系列不同频率的简谐交流电成分;不同频率的简谐成分在线性电路中彼此独立,互不干扰,可以单独分析与处理。

简谐交流电的任何变量(电动势、电压、电流等)的瞬时值都可以写成时间 t 的正

弦函数或余弦函数的形式,即

$$e(t) = \mathscr{E}_\mathrm{m}\cos(\omega t + \varphi_e),$$
$$u(t) = U_\mathrm{m}\cos(\omega t + \varphi_u), \quad (9\text{-}15)$$
$$i(t) = I_\mathrm{m}\cos(\omega t + \varphi_i).$$

从上式中可以看出,描述任何一个电路的变量都需要三个特征量,即频率、峰值(振幅)和相位(又称为位相)。

2. 描述简谐交流电的特征量

描述简谐交流电的三个特征量(三个重要参数)是频率、峰值(振幅)和相位。只要知道这三个量,所要描述的简谐交流电就被完全确定了。

(1) 频率和周期。

在交流电的瞬时值表达式(9-15)式中,ω 是简谐交流电的圆频率(或角频率),其含义是在 2π 秒内交流电做周期性变化的次数。圆频率 ω 与频率 f 之间的关系是

$$\omega = 2\pi f. \quad (9\text{-}16)$$

f 的含义是单位时间内交流电做周期性变化的次数。频率 f 与周期 T 之间的关系是

$$f = \frac{1}{T} = \frac{\omega}{2\pi}. \quad (9\text{-}17)$$

在国际单位制(SI)中,频率 f 的单位是赫兹(Hz),周期 T 的单位是秒(s)。

(2) 峰值和有效值。

在交流电的瞬时值表达式(9-15)式中,U_m、$\mathscr{E}_\mathrm{m}$ 和 I_m 分别为电压、电动势和电流在变化过程中出现的最大值,称为交流电压、交流电动势和交流电流的峰值(即振幅),它们反映了交流电瞬时值变化的幅度。

在实际中,量度交流电的强弱时,既不用瞬时值也不用峰值,而是用有效值来表示。交流电的有效值是根据交流电的热效应来定义的。

设某一交流电流通过某个电阻,一个周期内在电阻上产生的焦耳热,与某一稳恒电流通过同一电阻时,在同样时间内产生的焦耳热相等,则此稳恒电流的大小就称为该交流电流的有效值。有效值与频率以及相位都无关。可以证明,交流电流、电压及电动势的有效值和峰值之间的关系为

$$I = \frac{\sqrt{2}}{2}I_\mathrm{m}, \quad U = \frac{\sqrt{2}}{2}U_\mathrm{m}, \quad \mathscr{E} = \frac{\sqrt{2}}{2}\mathscr{E}_\mathrm{m}. \quad (9\text{-}18)$$

在实际测量中,各种交流电表的读数几乎都是有效值。平时我们所说市电的电压为 220 V,指的就是电压的有效值。

图 9-8 表示了简谐交流电流的周期与峰值。

(3) 相位、初相位、相位差。

除了频率和峰值之外,还需要相位来描述交流电的特性。在交流电的瞬时值表达式(9-15)式中,$(\omega t + \varphi_e)$,$(\omega t + \varphi_u)$,$(\omega t + \varphi_i)$ 称为相位。相位是时间 t 的函数,它决

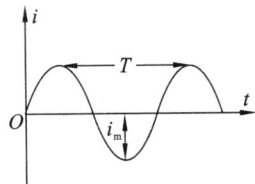

图 9-8　简谐交流电流的周期与峰值

定着交流电某一瞬时达到的瞬时状态。相位既能决定瞬时值的大小与正负,又能决定瞬时值变化的趋势,是交流电路中的一个非常重要的物理量。交流电路的许多重要特性都与交流电的相位有关。

相位中的 $\varphi_e, \varphi_u, \varphi_i$ 表示 $t=0$ 时的相位,称为初相位。初相位决定了交流电初始时刻的状态。

两个简谐量的相位之差称为相位差。如果两个简谐量之间存在相位差,则表明它们变化的步调不一致。当两个简谐量的频率相同时,相位差等于初相位差。

9.3.2　交流电路中的基本元件及其作用

下面主要分析电阻 R、电容 C、电感 L 三种基本元件在简谐交流电路中的作用。

在直流电路中,除电源外只有电阻一种元件,反映一个电阻元件两端电压 U 和其中电流 I 量值大小关系的是二者之比 $\dfrac{U}{I}$,即该元件的阻值。

而在交流电路中,有电阻、电容和电感三种元件,这三种元件的性能又有明显的差别。不仅元件的种类增多了,而且电流和电压之间的关系也变复杂了。在交流电路中某一元件上的电压 $u(t)$ 和通过这一元件的电流 $i(t)$ 的关系,需要从两个方面来考察:

(1) 量值关系。即电压和电流的峰值之比(或有效值之比),称为该元件的阻抗,用 Z 表示

$$Z = \frac{U_m}{I_m} = \frac{U}{I}。 \tag{9-19}$$

(2) 相位关系。即电压和电流的相位之差,用 φ 表示。

$$\varphi = \varphi_u - \varphi_i。 \tag{9-20}$$

而在交流电路中,需要由 Z 和 φ 两者共同反映元件本身的特性和作用。

1. 电阻元件

如图 9-9(a) 所示,电阻 R 接到交流电源上,若设加在电阻两端的电压为

$$u(t) = U_m \cos(\omega t + \varphi_u),$$

由欧姆定律(欧姆定律仍适用于交流电路中的电阻元件),通过电阻的电流为

$$i(t) = \frac{u(t)}{R} = \frac{U_m}{R}\cos(\omega t + \varphi_u) = I_m \cos(\omega t + \varphi_u),$$

式中，$I_m = \dfrac{U_m}{R}$ 为电流的峰值。于是可得

$$\begin{cases} Z_R = R, \\ \varphi = 0. \end{cases} \tag{9-21}$$

上式表明，纯电阻元件的交流阻抗就是它自身的电阻，其电压与电流的相位相同，如图 9-9(b) 所示。

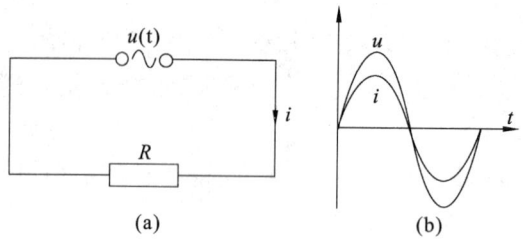

图 9-9 纯电阻

2. 电容元件

如图 9-10(a) 所示，电容 C 接到交流电源上，若设加在电阻容两端的瞬时电压为

$$u(t) = U_m \cos(\omega t + \varphi_u),$$

由电流定义式 $i = \dfrac{\mathrm{d}q}{\mathrm{d}t}$，并注意到电容极板上的瞬时电荷量为

$$q(t) = Cu(t) = CU_m \cos(\omega t + \varphi_u),$$

则电路中的电流为

$$i(t) = \dfrac{\mathrm{d}q}{\mathrm{d}t} = -\omega CU_m \sin(\omega t + \varphi_u) = \omega CU_m \cos\left(\omega t + \varphi_u + \dfrac{\pi}{2}\right).$$

由于 C, ω, U_m 都是常量，可令 $I_m = C\omega U_m$，则得

$$i(t) = I_m \cos\left(\omega t + \varphi_u + \dfrac{\pi}{2}\right),$$

由阻抗的定义得到电容元件的阻抗（即容抗）为

$$Z_c = \dfrac{U_m}{I_m} = \dfrac{1}{\omega C},$$

而相位差为

$$\varphi = \varphi_u - \varphi_i = (\omega t + \varphi_u) - \left(\omega t + \varphi_u + \dfrac{\pi}{2}\right) = -\dfrac{\pi}{2},$$

即有

$$\begin{cases} Z_c = \dfrac{1}{\omega C}, \\ \varphi = -\dfrac{\pi}{2}. \end{cases} \tag{9-22}$$

上式表明，纯电容的阻抗（容抗）等于 $\dfrac{1}{\omega C}$（取决于电容量且与交流电频率成反比），电容上电压的相位落后于电流的相位 $\dfrac{\pi}{2}$，如图 9-10(b) 所示。

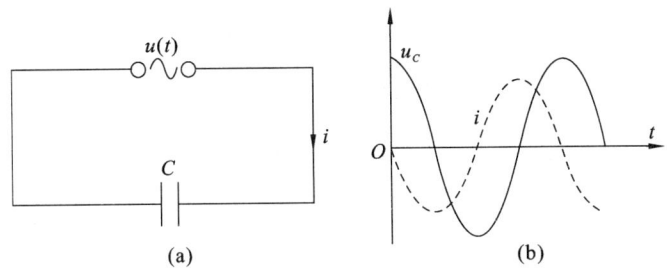

图 9-10　纯电容

3. 电感元件

如图 9-11(a) 所示，电感 L 接到交流电源上，若设加在电感两端的瞬时电压为
$$u(t) = U_{\mathrm{m}}\cos(\omega t + \varphi_u),$$
则电感线圈中将会产生自感电动势为
$$e_L = -L\dfrac{\mathrm{d}i}{\mathrm{d}t}.$$

纯电感的内阻可以忽略不计，由一段含源电路欧姆定律可得电感元件上的电压 $u(t)$ 与自感电动势 e_L 的关系为
$$u(t) = -e_L,$$
则有
$$u(t) = L\dfrac{\mathrm{d}i}{\mathrm{d}t} = U_{\mathrm{m}}\cos(\omega t + \varphi_u),$$
上式积分，可得
$$i(t) = -\dfrac{U_{\mathrm{m}}}{\omega L}\sin(\omega t + \varphi_u) = \dfrac{U_{\mathrm{m}}}{\omega L}\cos\left(\omega t + \varphi_u - \dfrac{\pi}{2}\right),$$
式中，电流的峰值 $I_{\mathrm{m}} = \dfrac{U_{\mathrm{m}}}{\omega L}$，于是有
$$i(t) = I_{\mathrm{m}}\cos\left(\omega t + \varphi_u - \dfrac{\pi}{2}\right).$$

由阻抗的定义得到电感元件的阻抗（即感抗）为
$$Z_L = \dfrac{U_{\mathrm{m}}}{I_{\mathrm{m}}} = \omega L,$$
而相位差为
$$\varphi = \varphi_u - \varphi_i = (\omega t + \varphi_u) - \left(\omega t + \varphi_u - \dfrac{\pi}{2}\right) = \dfrac{\pi}{2},$$

即有

$$\begin{cases} Z_L = \omega L, \\ \varphi = \dfrac{\pi}{2}. \end{cases} \quad (9\text{-}23)$$

上式表明，纯电感的阻抗（感抗）等于 ωL（取决于电感量且与交流电频率成正比），电感上电压的相位超前于电流的相位 $\dfrac{\pi}{2}$，如图 9-11(b) 所示。

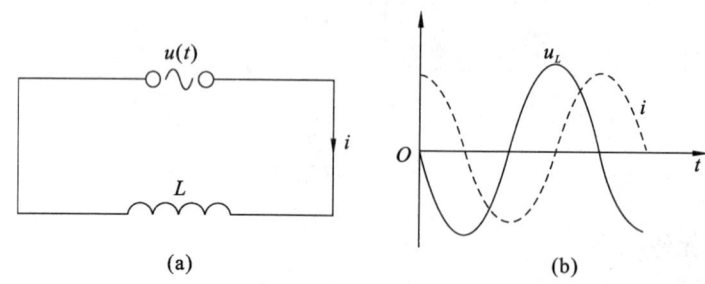

图 9-11 纯电感

以上讨论的元件都是指单纯的理想元件（即纯电阻、纯电容、纯电感）。实际元件一般都不是单纯的元件，比如，线绕的电阻就存在一定的自感，只是在频率不高时其自感很小，于是可以视为纯电阻。一个实际元件通常可以视为理想元件的适当组合。

9.4 简谐交流电路的分析方法

简谐交流电的分析方法很多，任何一种分析方法（或解法）的目的都是要将交流电的瞬时值表示出来，即将交流电的峰值（或有效值）、频率（或周期）以及初相位这三个特征参量表示出来。

下面介绍两种常用的分析和计算交流电路的基本方法：矢量图解法和复数解法。

9.4.1 矢量图解法

交流电路的矢量图解法的优点是形象化，能直观地给出各量的大小和相位之间的关系，其缺点是用它来解复杂电路时难度较大。矢量图解法从本质上说是复数解法的形象表述，可以认为是图解化的复数解法。

矢量图解法是将一个简谐量用一个所谓旋转矢量来表示，并用矢量的合成计算代替简谐量的加减运算，从而简化问题的一种交流电路解法。这种方法常用于解决交流电路中串联电路和并联电路的问题。

如图 9-12 所示，设任意简谐交流电流为

$$i(t) = I_m \cos(\omega t + \varphi_i),$$

它可以用一旋转的矢量在 x 轴上的投影来表示。

规定矢量按逆时针方向匀速旋转，矢量的大小等于交流电流的峰值（或有效值），

第 9 章 直流电与交流电

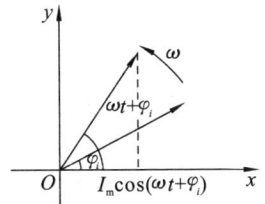

图 9-12 矢量图解法

矢量旋转的角速度等于交流电的圆频率。在 $t=0$ 的初始时刻,该矢量与 x 轴间的夹角等于初相位,而在任意时刻 t,矢量与 x 轴间的夹角 $(\omega t + \varphi_i)$ 则等于该时刻的瞬时相位。

满足以上条件的矢量,可以在直角坐标中将简谐交流电的三个特征量形象地表示出来,也为解决两个同频率简谐交流电的叠加问题提供了直观而简便的方法。

设有两个简谐交流电

$$i_1(t) = I_{1m}\cos(\omega t + \varphi_1), \quad i_2(t) = I_{2m}\cos(\omega t + \varphi_2),$$

它们的频率相同,但峰值和初相位不同。这两个交流电的瞬时值之和为

$$i(t) = i_1(t) + i_2(t) = I_{1m}\cos(\omega t + \varphi_1) + I_{2m}\cos(\omega t + \varphi_2)。$$

显然,用代数方法求解是相当复杂的,但若用矢量图解法,则求和就变成了矢量合成,问题大大简化。图 9-13 所示是初始时刻的矢量图,合成矢量的大小即代表合电流 $i(t)$ 的峰值 I_m,在 $t=0$ 时刻合矢量与 x 轴间的夹角 φ 即合电流的初相位。

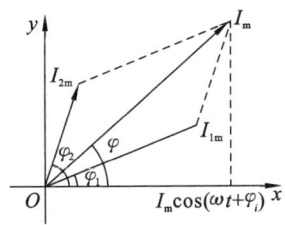

图 9-13 矢量的合成

下面通过两个例子,简要介绍交流串联电路和并联电路的一般矢量图解法。

例 9-4 用矢量图解法求解:

(1) RC 串联电路中的总电压有效值、相位差和总阻抗。

(2) RL 串联电路中的总电压有效值、相位差和总阻抗。

解 (1) 将电阻 R 和电感 L 串联接入交流电路,如图 9-14(a) 所示,设电路中的瞬时电压为

$$u(t) = U_m\cos(\omega t + \varphi_u) = \sqrt{2}U\cos(\omega t + \varphi_u),$$

它应该等于电阻上的电压瞬时值与电容上的电压瞬时值之和

$$u(t) = u_R(t) + u_C(t)。$$

在频率不很高时,串联电路中通过各元件的电流瞬时值 $i(t)$ 是相同的,设其有效值为 I。于是,可在直角坐标中首先画出一个代表串联电流 $i(t)$ 的矢量 $\boldsymbol{I}$(作为一个所谓参考矢量),矢量的大小为串联电流的有效值。

用 U_R 和 U_C 分别代表 R 和 C 元件上分电压的有效值,因为已知电阻上的电压与流过电阻的电流的相位相同,则可以沿着参考矢量(即电路中串联电流的矢量 $\boldsymbol{I}$)方向画出矢量 $\boldsymbol{U_R}$;又因为已知电容上电压的相位比流过电容的电流的相位落后 $\dfrac{\pi}{2}$,则可以沿着垂直于参考矢量的方向画出矢量 $\boldsymbol{U_C}$,如图 9-14(b) 所示。

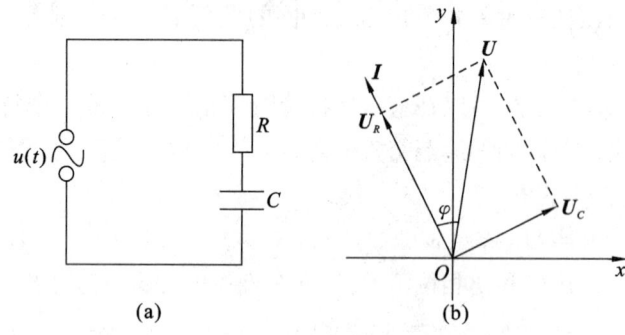

图 9-14 RC 串联电路

根据矢量的合成法则,可得到代表电路总电压有效值 U 的合矢量,其大小为
$$U = \sqrt{U_R^2 + U_C^2},$$
它与矢量 $\boldsymbol{I}$ 间的夹角即为总电压 $u(t)$ 与电流 $i(t)$ 之间的相位差
$$\varphi = -\arctan\frac{U_C}{U_R}。$$
又因为
$$U_R = IZ_R = IR \quad U_C = IZ_C = \frac{I}{\omega C},$$
所以有
$$\frac{U_C}{U_R} = \frac{Z_C}{Z_R} = \frac{1}{\omega CR},$$
故得到
$$\begin{cases} U = I\sqrt{R^2 + \left(\dfrac{1}{\omega C}\right)^2}, \\ \varphi = -\arctan\dfrac{1}{\omega CR}, \\ Z = \dfrac{U}{I} = \sqrt{R^2 + \left(\dfrac{1}{\omega C}\right)^2}, \end{cases} \tag{9-24}$$
式中,Z 为等效总阻抗。

(2) 对于 RL 串联电路,同理可得

$$\begin{cases} U = I\sqrt{R^2 + (\omega L)^2}, \\ \varphi = \arctan\dfrac{\omega L}{R}, \\ Z = \sqrt{R^2 + (\omega L)^2}. \end{cases} \quad (9\text{-}25)$$

以上讨论表明,在串联电路中,总电压的瞬时值等于分电压的瞬时值之和,但总电压的有效值一般不等于分电压的有效值之和,这一特点源于各简谐量之间存在相位差。同时,在串联电路中,分电压有效值的分配则与各元件阻抗的大小成正比。

例 9-5 用矢量图解法求解:
(1) RC 并联电路中的总电流、相位差和总阻抗。
(2) RL 并联电路中的总电流、相位差和总阻抗。

解 (1) 将电阻 R 和电感 C 并联接入交流电路,如图 9-15(a) 所示,设电路中的瞬时电压为

$$u(t) = U_m \cos(\omega t + \varphi_u) = \sqrt{2} U \cos(\omega t + \varphi_u).$$

在并联电路中,各元件上的瞬时电压是相同的,但电路中的瞬时总电流应该等于电阻上的电流瞬时值与电容上的电流瞬时值之和,即有

$$i(t) = i_R(t) + i_C(t).$$

设总电压的有效值为 U,则可在直角坐标中首先画出一个代表并联电压 $u(t)$ 的矢量 $\boldsymbol{U}$(作为一个参考矢量),此参考矢量的大小为并联电压的有效值。

不妨用 I_R 和 I_C 分别代表 R 和 C 元件上分电流的有效值,因为已知电阻上的电压与流过电阻的电流的相位相同,则可以沿着参考矢量方向画出矢量 $\boldsymbol{I}_R$;又因为已知流过电容的电流比流过电容两端的电压的相位超前 $\dfrac{\pi}{2}$,则可以沿着垂直于参考矢量的方向画出矢量 $\boldsymbol{I}_C$,如图 9-15(b) 所示。

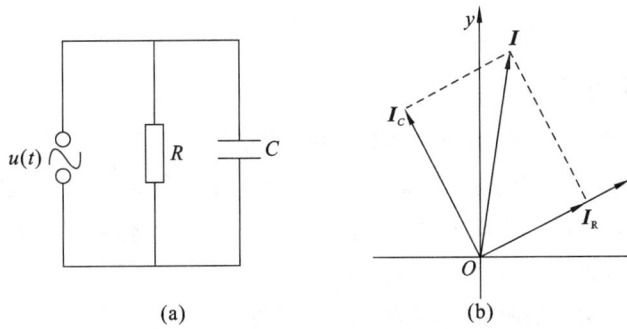

图 9-15 RC 并联电路

根据矢量的合成法则,可得到代表电路总电流有效值 I 的合矢量,其大小为

$$I = \sqrt{I_R^2 + I_C^2},$$

它与矢量 U 间的夹角即为总电压 $u(t)$ 与总电流 $i(t)$ 之间的相位差

$$\varphi = -\arctan\frac{I_C}{I_R}。$$

又因为

$$I_R = \frac{U}{R} \quad I_C = \omega C U,$$

所以有

$$\frac{I_C}{I_R} = \frac{Z_R}{Z_C} = \omega C R,$$

故得到

$$\begin{cases} I = U\sqrt{\left(\dfrac{1}{R}\right)^2 + (\omega C)^2}, \\ \varphi = -\arctan(\omega C R), \\ Z = \dfrac{U}{I} = \dfrac{1}{\sqrt{\left(\dfrac{1}{R}\right)^2 + (\omega C)^2}}。 \end{cases} \tag{9-26}$$

(2) 对于 RL 并联电路，同理可得

$$\begin{cases} I = U\sqrt{\dfrac{1}{R^2} + \dfrac{1}{(\omega L)^2}}, \\ \varphi = \arctan\dfrac{R}{\omega L}, \\ Z = \dfrac{1}{\sqrt{\dfrac{1}{R^2} + \dfrac{1}{(\omega L)^2}}}。 \end{cases} \tag{9-27}$$

以上讨论表明，在并联电路中，总电流的瞬时值等于分电流的瞬时值之和，但总电流的有效值一般不等于分电流的有效值之和，这同样源于各简谐量之间一般存在相位差。同时，在并联电路中，分电流有效值的分配则与各元件阻抗的大小成反比。

9.4.2 复数解法

用矢量图解法解交流电问题虽然直观（各简谐量大小和相位关系在图上一目了然），但除了简单的串并联电路之外，一般其运算是比较复杂的。对于复杂的电路，用复数解法来处理则显得实用与方便。复数解法的一个优点是，其得到的公式往往与直流电路中的公式有相似的形式。

复数解法是解决交流电路问题的一种常用方法，它运用复数理论来讨论简谐交流电问题。其解法的核心是找到交流电各简谐量与复数的对应关系，然后进行相应复数运算。

一般地，交流简谐量都可以用相应的复数来表示，简谐量的峰值（或振幅）对应于复数的模，简谐量的相位则对应于复数的辐角。

设有简谐交流电压和电流,其瞬时值分别为
$$u(t) = U_m \cos(\omega t + \varphi_u),$$
$$i(t) = I_m \cos(\omega t + \varphi_i),$$
则它们对应的复数表示分别是
$$\widetilde{U} = U_m e^{j(\omega t + \varphi_u)} = U_m \cos(\omega t + \varphi_u) + jU_m \sin(\omega t + \varphi_u), \tag{9-28}$$
$$\widetilde{I} = I_m e^{j(\omega t + \varphi_i)} = I_m \cos(\omega t + \varphi_i) + jI_m \sin(\omega t + \varphi_i), \tag{9-29}$$
式中,$\widetilde{U}$ 称为复电压,$\widetilde{I}$ 称为复电流。由(9-28)式和(9-29)式可知,复电压的实部即为交流电压的瞬时值,复电流的实部即为交流电流的瞬时值。

定义某一段电路或某个元件上的复电压 $\widetilde{U}$ 和复电流 $\widetilde{I}$ 之比为该段电路或该元件的复阻抗 $\widetilde{Z}$,即
$$\widetilde{Z} = \frac{\widetilde{U}}{\widetilde{I}} = \frac{U_m e^{j(\omega t + \varphi_u)}}{I_m e^{j(\omega t + \varphi_i)}} = \frac{U_m}{I_m} e^{j(\varphi_u - \varphi_i)} = Z e^{j\varphi}. \tag{9-30}$$

$\widetilde{Z}$ 也是一个复数,它的模就等于这段电路(或某元件)的阻抗 $Z = \dfrac{U_m}{I_m}$,它的辐角 $\varphi = \varphi_u - \varphi_i$ 就是电压和电流之间的相位差。可见,复阻抗 $\widetilde{Z}$ 完全概括了这段电路(或某元件)两个方面的基本性质——阻抗和相位差。知道了复阻抗,这段电路(或某元件)的性质就完全确定了。

由(9-30)式可写
$$\widetilde{I} = \frac{\widetilde{U}}{\widetilde{Z}} \quad \text{或} \quad \widetilde{U} = \widetilde{I}\widetilde{Z}, \tag{9-31}$$

上式与直流电路中的欧姆定律具有完全相同的形式,其中 $\widetilde{Z}$ 与欧姆定律中的电阻 R 地位相当。

对于电阻 R、电容 C、电感 L 这些纯元件,不难推导得出它们的复阻抗分别为
$$\begin{cases} \widetilde{Z}_R = R, \\ \widetilde{Z}_C = \dfrac{1}{\omega C} e^{-j\frac{\pi}{2}} = -\dfrac{j}{\omega C} = \dfrac{1}{j\omega C}, \\ \widetilde{Z}_L = \omega L e^{j\frac{\pi}{2}} = j\omega L. \end{cases} \tag{9-32}$$

可见,电阻提供了复阻抗的实部,而电容和电感则提供了复阻抗的虚部(即电抗,电容提供的称为容抗,电感提供的称为感抗)。

下面我们进一步简要讨论交流串并联电路的复阻抗 $\widetilde{Z}$。

(1) 交流串联电路。如图 9-16 所示,串联电路上总电压的瞬时值等于各段分电压瞬时值之和
$$u(t) = u_1(t) + u_2(t),$$
用相应的复电压来代替,则有

$$\widetilde{U} = \widetilde{U}_1 + \widetilde{U}_2 \text{。}$$

设各段的复阻抗分别为 $\widetilde{Z}_1, \widetilde{Z}_2$,整个电路的复阻抗为 $\widetilde{Z}$,则

$$\widetilde{U}_1 = \widetilde{I}\,\widetilde{Z}_1, \quad \widetilde{U}_2 = \widetilde{I}\,\widetilde{Z}_2, \quad \widetilde{U} = \widetilde{I}\widetilde{Z},$$

从而得

$$\widetilde{Z} = \widetilde{Z}_1 + \widetilde{Z}_2 \text{。}$$

一般地,电路中有多个元件串联,则串联电路的复阻抗为

$$\widetilde{Z} = \widetilde{Z}_1 + \widetilde{Z}_2 + \cdots = \sum_i \widetilde{Z}_i \text{。} \tag{9-33}$$

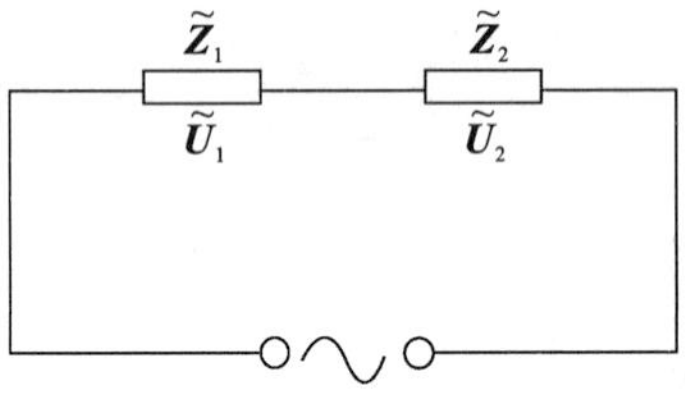

图 9-16 串联电路复阻抗

(2) 交流并联电路。如图 9-17 所示,并联电路中总电流的瞬时值等于各分支电流瞬时值之和

$$i(t) = i_1(t) + i_2(t),$$

用相应的复电流代替它们,则有

$$\widetilde{I} = \widetilde{I}_1 + \widetilde{I}_2 \text{。}$$

设各分支的复阻抗分别为 $\widetilde{Z}_1, \widetilde{Z}_2$,整个电路的等效阻抗为 $\widetilde{Z}$,则

$$\widetilde{I}_1 = \frac{\widetilde{U}}{\widetilde{Z}_1}, \quad \widetilde{I}_2 = \frac{\widetilde{U}}{\widetilde{Z}_2}, \quad \widetilde{I} = \frac{\widetilde{U}}{\widetilde{Z}},$$

从而得

$$\frac{1}{\widetilde{Z}} = \frac{1}{\widetilde{Z}_1} + \frac{1}{\widetilde{Z}_2} \text{。}$$

一般地,电路中有多个元件并联,则并联电路的复阻抗为

$$\frac{1}{\widetilde{Z}} = \frac{1}{\widetilde{Z}_1} + \frac{1}{\widetilde{Z}_2} + \cdots = \sum_i \frac{1}{\widetilde{Z}_i} \text{。} \tag{9-34}$$

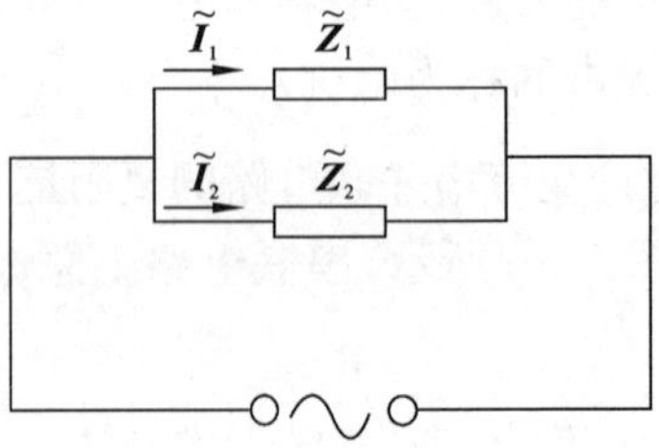

图 9-17 并联电路复阻抗

可见,交流电路复阻抗的串并联公式和直流电路电阻的串并联公式在形式上完全一致。但要注意的是,复阻抗并不相应于简谐量,而只是反映了简谐量 $u(t)$ 和 $i(t)$ 之间的关系。具体而言,复阻抗中有物理意义的是它的模和辐角,它们分别代表了电路的阻抗和相位差。用复数解法求解交流电路问题的关键就是求解复阻抗。

例 9-6 用复数法解 RC 并联电路。

解 由复阻抗的并联公式有

$$\frac{1}{\widetilde{Z}} = \frac{1}{\widetilde{Z}_1} + \frac{1}{\widetilde{Z}_2} = \frac{1}{R} + \mathrm{j}\omega C,$$

则可得

$$\widetilde{Z} = \frac{1}{\frac{1}{R} + \mathrm{j}\omega C} = \frac{\frac{1}{R} - \mathrm{j}\omega C}{\left(\frac{1}{R}\right)^2 + (\omega C)^2} = \frac{R(1 - \mathrm{j}\omega CR)}{1 + (\omega CR)^2},$$

故并联电路的等效阻抗

$$Z = |\widetilde{Z}| = \frac{1}{\sqrt{\left(\frac{1}{R}\right)^2 + (\omega C)^2}},$$

相位差则为

$$\varphi = -\arctan(\omega CR)。$$

以上结果与用矢量图解法得到的结果相同。

9.5 交流电的功率

下面简要分析交流电路中的能量及其转换问题。

9.5.1 功率和功率因数

交流电瞬间消耗的功率称为瞬时功率。和直流电路中的功率类似,交流瞬间功率等于瞬时电压 $u(t)$ 和电流 $i(t)$ 的乘积,即

$$p(t) = u(t)i(t)。 \tag{9-35}$$

交流电路中,由于电压和电流都随时间变化,所以瞬时功率也随时间变化。一般而言,$u(t)$ 和 $i(t)$ 之间有相位差 φ,φ 的大小由元件组合的性质所决定。

设电路中的瞬时电流和电压分别为

$$i(t) = I_\mathrm{m}\cos(\omega t + \varphi_i), \quad u(t) = U_\mathrm{m}\cos(\omega t + \varphi_u),$$

则有

$$p(t) = U_\mathrm{m} I_\mathrm{m} \cos(\omega t + \varphi_i)\cos(\omega t + \varphi_u),$$

通过三角函数计算,可推得

$$p(t) = \frac{1}{2}U_\mathrm{m} I_\mathrm{m} \cos(2\omega t + \varphi_u + \varphi_i) + \frac{1}{2}U_\mathrm{m} I_\mathrm{m} \cos(\varphi_u - \varphi_i),$$

其中，$\varphi = \varphi_u - \varphi_i$ 是电压与电流之间的相位差。

由上式可知，瞬时功率 $p(t)$ 包含两部分，一部分是与时间无关的常数项 $\frac{1}{2}U_m I_m \cos(\varphi_u - \varphi_i)$，另一部分则是以两倍的频率做周期性变化的项 $\frac{1}{2}U_m I_m \cos(2\omega t + \varphi_u + \varphi_i)$。

在实际中有意义的不是瞬时功率，而是瞬时功率在一个周期内的时间平均值 $\overline{P}$，即平均功率（又称为有功功率，简称功率）。

平均功率的定义式为

$$\overline{P} = \frac{1}{T}\int_0^T p(t)\,\mathrm{d}t, \tag{9-36}$$

将瞬时功率 $p(t)$ 代入，可得

$$\overline{p} = \frac{1}{T}\int_0^T \frac{1}{2}U_m I_m [\cos(2\omega t + \varphi_u + \varphi_i) + \cos\varphi]\,\mathrm{d}t$$

$$= \frac{1}{2}U_m I_m \cos\varphi = UI\cos\varphi。 \tag{9-37}$$

(9-37) 式中，$\cos\varphi$ 称为功率因数，表示平均功率（即有功功率）在 UI 中所占的比率。

当电路中电压的有效值 U 和电流的有效值 I 确定之后，平均功率仍不确定，而是还与 $\cos\varphi$ 有关。功率因数的大小既取决于电路本身的参数，又取决于电源的频率。在一般情况下，电路中的电压与电流之间的相位差 $\varphi = \varphi_u - \varphi_i$ 介于 $-\frac{\pi}{2}$ 与 $\frac{\pi}{2}$ 之间，从而有 $0 \leqslant \cos\varphi \leqslant 1$。

有功功率的单位一般用"瓦"或"千瓦"。

下面简要讨论纯电阻、纯电容与纯电感情形下的功率及功率因数。

（1）纯电阻情形下的功率及功率因数。在纯电阻电路中，电流和电压相相位同，则有 $\varphi = 0, \cos\varphi = 1$，故

$$\overline{P} = \frac{1}{2}U_m I_m = \frac{1}{2}I_m^2 R。 \tag{9-38}$$

图 9-18 所示是电路中各个瞬时值 $u(t), i(t), p(t)$ 随时间变化的曲线。

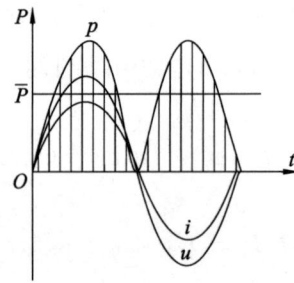

图 9-18　纯电阻的瞬时功率

由于 $u(t)$ 与 $i(t)$ 相位一致,从而任何时刻输入元件中的瞬时功率 $p(t)$ 都是正的,能量全部转化为焦耳热,电路提供给电路的平均功率(有功功率)最大。用交流电路的有效值表示,可写为

$$\overline{P} = UI = I^2 R。$$

(2) 纯电容情形下的功率及功率因数。在纯电容电路中,电流的相位超前电压 $\dfrac{\pi}{2}$,则有 $\varphi = -\dfrac{\pi}{2}$,$\cos\varphi = 0$,从而其平均功率(有功功率)为

$$\overline{P} = UI\cos\varphi = 0。$$

图 9-19 所示是电路中各个瞬时值 $u(t)$,$i(t)$,$p(t)$ 随时间变化的曲线。

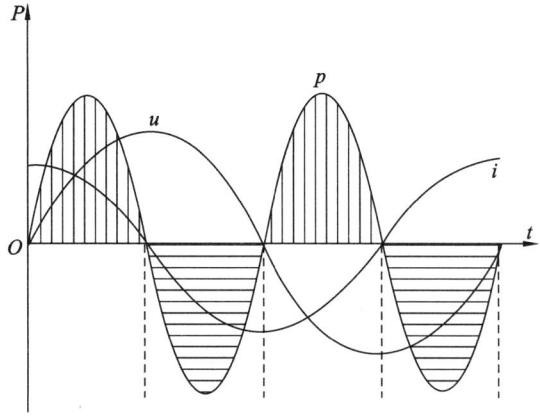

图 9-19　纯电容的瞬时功率

可见,瞬时功率并不总为零,而是每隔 $\dfrac{1}{4}$ 周期改变一次,但瞬时功率在整个周期内的平均值为零,即平均功率为零。

在瞬时值 $p(t) > 0$ 时,表示电源提供能量给电容,以两极板间的电场能量的形式储存起来;在 $p(t) < 0$ 时,表示电场能量从电容释放出来。

(3) 纯电感情形下的功率及功率因数。在纯电感电路中,电流的相位落后电压 $\dfrac{\pi}{2}$,则有 $\varphi = \dfrac{\pi}{2}$,$\cos\varphi = 0$,从而其平均功率(有功功率)为

$$\overline{P} = UI\cos\varphi = 0。$$

图 9-20 所示是电路中各个瞬时值 $u(t)$,$i(t)$,$p(t)$ 随时间变化的曲线。

可见,和电容电路一样,瞬时功率并不总为零,而是每隔 $\dfrac{1}{4}$ 周期改变一次,但瞬时功率在整个周期内的平均值则为零,即平均功率为零。在瞬时值 $p(t) > 0$ 时,表示有能量输入电感元件,以磁场能量的形式储存起来;在 $p(t) < 0$ 时,表示磁场能量从电感元件中释放出来。

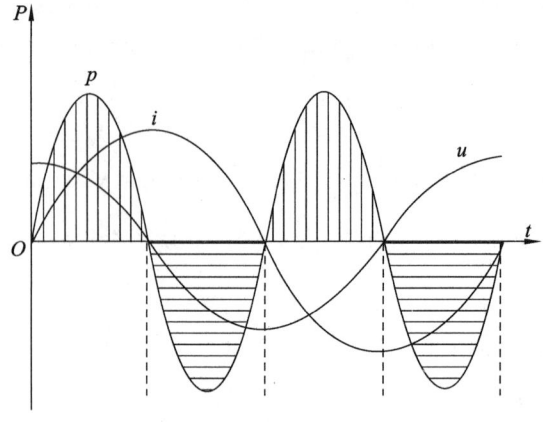

图 9-20 纯电感的瞬时功率

综上所述,纯电阻元件要消耗能量,且全部转化为焦耳热。而纯电容元件和纯电感元件不消耗能量,在一个周期内,电容或电感对能量经过两次吸收、两次释放,且吸收与释放的能量数值相等,于是平均功率为零。这说明在纯电容或纯电感元件中能量的转换过程是完全可逆的。纯电容和纯电感元件也称为无功元件。

9.5.2 视在功率和无功功率

对一个交流电路而言,我们定义电路中电压有效值和电流有效值的乘积为该电路的视在功率(又称表观功率),即

$$S = UI。 \tag{9-39}$$

视在功率并不等于电路或用电器所消耗的功率,电路或用电器所消耗的功率是指平均功率(有功功率),即 $\overline{P} = UI\cos\varphi = S\cos\varphi$。

同样,对发电设备而言,其输出的电压有效值和电流有效值的乘积称为设备的视在功率,也用(9-39)式表示,它实际上指的是发电设备工作时对负载可能输出的最大平均功率。这里要注意,输出的视在功率并不等于输出的平均功率 $\overline{P} = UI\cos\varphi = S\cos\varphi$,一般有 $\overline{P} < S$,只有当负载的功率因素 $\cos\varphi = 1$ 时,才有 $\overline{P} = S$。

为了与有功功率相区别,视在功率的单位一般写成"伏安"或"千伏安",而不写成"瓦"或"千瓦"。

在交流电路中,为了计算 $\cos\varphi$ 方便,还引入无功功率的概念,其定义为

$$P_无 = UI\sin\varphi。 \tag{9-40}$$

当负载是电阻元件时,有 $\varphi = 0$,则 $P_无 = UI\sin\varphi = 0$;当负载是电容元件时,有 $\varphi = -\dfrac{\pi}{2}$,则 $P_无 = UI\sin\varphi = -UI$(即发出无功功率);而当负载是电感元件时,有 $\varphi = \dfrac{\pi}{2}$,则 $P_无 = UI\sin\varphi = UI$(即吸收无功功率)。

无功功率 $P_无$ 的单位一般写成"乏"或"千乏",而不用"瓦"或"千瓦",以区别于有

功功率。

显然,视在功率 S、有功功率 $\overline{P}$ 以及无功功率 $P_\text{无}$ 之间的关系是

$$S^2 = \overline{P}^2 + P_\text{无}^2。 \tag{9-41}$$

例 9-7 在 RL 串联电路中,已知电路两端的电压为 U,电阻为 R,电感的感抗为 Z_L,试问:

(1) 若 R 可变而 Z_L 为常量,电路的有功功率为最大的条件是什么?

(2) 若 R 为常量而 Z_L 可变,电路的有功功率为最大的条件又是什么?

解 已知有功功率为

$$\overline{P} = UI\cos\varphi,$$

依题意有

$$\overline{P} = UI\cos\varphi = \frac{U^2}{Z}\cos\varphi = \frac{U}{R^2 + Z_L^2}R。$$

(1) 由于 R 可变而 Z_L 为常量,则由

$$\frac{\partial \overline{P}}{\partial R} = U^2 \frac{R^2 + Z_L^2 - 2R \cdot R}{(R^2 + Z_L^2)^2} = U^2 \frac{Z_L^2 - R^2}{(R^2 + Z_L^2)^2} = 0,$$

可解得 $R = Z_L$,将 $R = Z_L$ 代入 $\dfrac{\partial^2 \overline{P}}{\partial R^2}$,可得

$$\frac{\partial^2 \overline{P}}{\partial R^2} < 0,$$

故在满足 $R = Z_L$ 这一条件时,电路的有功功率为最大。

(2) 与第(1)问相反,由于 R 为常量而 Z_L 可变,同理,有

$$\frac{\partial \overline{P}}{\partial Z_L} = U^2 \frac{-2RZ_L}{(R^2 + Z_L^2)^2} = 0,$$

可解得 $Z_L = 0$,将 $Z_L = 0$ 代入 $\dfrac{\partial^2 \overline{P}}{\partial Z_L^2}$ 中,可得

$$\frac{\partial^2 \overline{P}}{\partial Z_L^2} < 0,$$

故在满足 $Z_L = 0$ 条件时,电路的有功功率为最大。

9.6 谐振电路

当电容和电感两类元件同时出现在一个电路中时,会发生一种类似机械振动中的共振现象,这种电路中的共振现象称为谐振。谐振电路主要有串联谐振和并联谐振两种,它们在实际中都有着重要的应用。

9.6.1 串联谐振

图 9-21(a) 所示是一个 RLC 串联电路。

因为通过各元件的电流 $i(t)$ 是共同的,运用矢量图解法,取电流为参考矢量,则

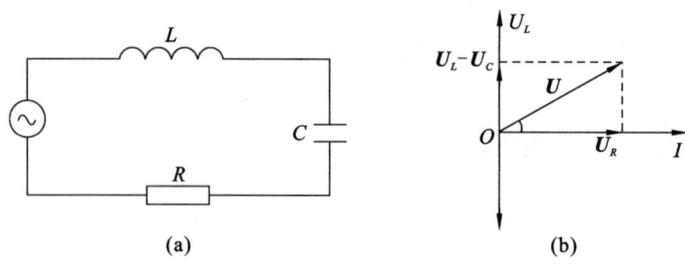

图 9-21 RLC 串联电路

如图 9-21(b) 所示,矢量 U_L 与 U_C 方向恰好相反,因为电路中的 $u_L(t)$ 和 $u_C(t)$ 相位差为 π,任何时刻它们的符号都相反。

于是可得

$$U = \sqrt{U_R^2 + (U_L - U_C)^2} = I\sqrt{R^2 + \left(\omega L - \frac{1}{\omega C}\right)^2},$$

由此可得串联电路的总阻抗为

$$Z = \frac{U}{I} = \sqrt{R^2 + \left(\omega L - \frac{1}{\omega C}\right)^2},$$

相位差为

$$\varphi = \arctan \frac{U_L - U_C}{R} = \arctan \frac{\omega L - \frac{1}{\omega C}}{R}.$$

注意到,上述式子中都出现了 $\omega L - \frac{1}{\omega C}$ 这个因子。

可见,当交流电频率较低时,有 $\omega L < \frac{1}{\omega C}$,即电路中容抗大于感抗,可知 $\varphi < 0$,此时电路中的电容作用大于电感作用,整个电路呈容性;而当交流电频率较低时,有 $\omega L > \frac{1}{\omega C}$,即电路中感抗大于容抗,可知 $\varphi > 0$,此时电路中的电感作用大于电容作用,整个电路呈感性。

很明显,当 $\omega L - \frac{1}{\omega C} = 0$ 时,Z 值将会最小。这意味着当外加电源的圆频率 ω 等于某个特定值 ω_0(电路本身的固有圆频率)时,即满足 $\omega_0 L = \frac{1}{\omega_0 C}$ 或 $\omega_0 = \frac{1}{\sqrt{LC}}$ 时,阻抗达到极小值,而此时电路中的电流则达到极大值,即

$$I_{\max} = \frac{U}{R},$$

这种现象称为串联谐振。

发生谐振时的频率 f_0 称为谐振频率,其大小为

$$f_0 = \frac{1}{2\pi\sqrt{LC}}。 \tag{9-42}$$

在发生串联谐振时,有 $\varphi = 0, Z = R$,此时电容和电感的作用完全抵消,电路显示纯电阻性。电阻上的电压为

$$U_R = \frac{U}{R}R = U,$$

电感和电容上的电压则相等,为

$$U_L = \frac{U}{R}\omega_0 L = \frac{U}{R}\frac{1}{\omega_0 C} = U_C。$$

我们将谐振时电感上的电压 U_L(或电容上的电压 U_C)与总电压 U 的比值,称为谐振电路的品质因数(或称为电路的 Q 值)

$$Q = \frac{U_L}{U} = \frac{U_C}{U} = \frac{\omega_0 L}{R} = \frac{1}{R\omega_0 C}。 \tag{9-43}$$

Q 值是一个标志谐振电路性能好坏的物理量。当总电压一定时,Q 值越高,则 U_L 和 U_C 就越大,电路存储能量的效率就越高,同时也表明电路的频率选择性越好。在电路达到谐振时,电感两端和电容两端的电压会突然增大,甚至可以比外电路的总电压大数百倍,因此 RLC 串联谐振又称电压谐振。

在无线电技术中,串联谐振电路可用于选择信号。当有许多不同频率的信号电压同时加在 RLC 电路两端时,等于谐振频率 ω_0 的那种信号在电容两端产生特别高的电压,而其他频率的信号在电容两端产生的电压很小,这样就把各种信号中属于频率为 ω_0 的特定信号挑选出来了。若谐振频率可调,则可以根据要求将某种特定频率的信号选择出来。

需要说明的是,处理关于串联谐振电路的问题,也可以运用复数解法来分析与求解。

9.6.2 并联谐振

图 9-22 所示是一个 RLC 并联电路。

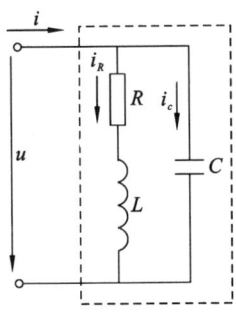

图 9-22 RLC 并联电路

并联谐振电路比串联谐振电路复杂些,最好运用复数解法来分析与求解。可解出并联谐振的频率为

$$f_0 = \frac{1}{2\pi}\sqrt{\frac{1}{LC} - \left(\frac{R}{L}\right)^2}, \tag{9-44}$$

当 R 可以忽略时,可得

$$f_0 = \frac{1}{2\pi}\sqrt{\frac{1}{LC}} = \frac{1}{2\pi\sqrt{LC}}。$$

上式表明,并联谐振电路的频率与串联谐振电路的频率近似相同。在发生并联谐振时,同样有 $\varphi = 0$,整个电路显示纯电阻性。并联谐振时电路总电流 I 和等效阻抗 Z 的频率特性与串联谐振时正好相反。在并联谐振频率下,电流 I 有极小值,阻抗 Z 则有极大值。电路两分电路内的电流 I_L 和 I_C 几乎相等,相位差约等于 π,所以在 LR 和 C 组成的闭合回路中有个很大的电流在其中往复循环,但外电路中的总电流 I 却很小,这时电路的品质因数(Q 值)为

$$Q = \frac{I_L}{I} = \frac{I_C}{I} = \frac{\omega_0 L}{R} = \frac{1}{R\omega_0 C}。$$

当电路的总电流一定时,电路 Q 值越高,则 I_L 和 I_C 就越大,同时表明电路的频率选择性也越好。在并联谐振时,电感和电容两支路中电流是总电流的 Q 倍,而电路的 Q 值一般很大,导致电感和电容两支路中的电流很大,因此,RLC 并联谐振又称电流谐振。

串联谐振和并联谐振在电子技术中应用都非常广泛。比如电子线路中的谐振网络,不管是串联谐振还是并联谐振,都希望采用 Q 值高的电感元件,使电路在谐振点附近工作,以获得良好的频率选择性,从而可以选择信号和消除干扰。

谐振有时也会带来危害,需要加以避免。在电力系统中,由于谐振,将会产生高出额定电压(或额定电流)数倍的过电压(或过电流),对设备的安全造成很大隐患。此时,可增大电阻以降低 Q 值,或适当选择 L 和 C 参数,使电路不在谐振点附近工作,以避免设备运行中出现过电压或过电流。

例 9-8 用复数解法分析如图 9-23 所示的简单串并混联电路的谐振条件与角频率。

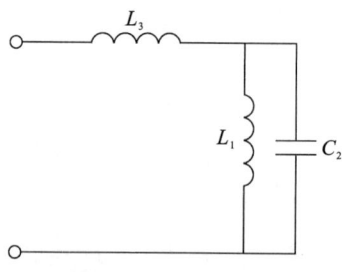

图 9-23　串并混联电路

解 混联电路由纯电感和纯电容所构成由复数解法中复阻抗的串并联公式,可求得整个电路的复阻抗为

$$\widetilde{Z} = j\omega L_3 + \frac{j\omega L_1 \left(-j\frac{1}{\omega C_2}\right)}{j\omega L_1 - j\frac{1}{\omega C_2}} = j\left[\frac{\omega^3 L_1 L_3 C_2 - \omega(L_1 + L_3)}{\omega^2 L_1 C_2 - 1}\right]。$$

我们知道,发生并联谐振时,阻抗会有极大值(极端时可视为无穷大)。而发生串联谐振时,阻抗会有极小值(极端时可视为等于零)。因此,若在电路中当 L_1 与 C_2 的并联部分发生并联谐振时,其阻抗可以看成无穷大,则整个电路的阻抗也可以看成无穷大。

由总复阻抗的表达式可知,当其分母等于零时,即 $\omega^2 L_1 C_2 - 1 = 0$ 时,有

$$\omega = \omega_1 = \frac{1}{\sqrt{L_1 C_2}}。$$

当满足上式所表示的条件时,电路的阻抗无穷大,这时电路中 L_1 与 C_2 构成的并联电路发生并联谐振,其谐振的角频率为 ω_1。

进一步分析,若当整个电路的交流电角频率满足条件 $\omega > \omega_1$ 时,L_1 与 C_2 构成的并联电路部分将会呈现电容性(可以看成一个等效的电容),它与电感 L_3 构成一个 LC 串联电路。

由电路总复阻抗的表达式可知,当分子等于零时,即

$$\omega^3 L_1 L_3 C_2 - \omega(L_1 + L_3) = 0,$$

有

$$\omega = \omega_2 = \sqrt{\frac{L_1 + L_3}{L_1 L_3 C_2}}。$$

当满足上式所表示的条件时,电路的总阻抗为零,电路将发生串联谐振,其谐振的角频率为 ω_2。其他形式的串并联电路混联问题,都可以用类似方法进行近似的分析与求解。

9.7　变压器原理

变压器是通过互感线圈耦合来传递电功率的设备,它可以变换电压、电流、阻抗等。在电路图中,变压器常用如图 9-24 所示的符号表示,原、副线圈间的粗黑线表示铁芯。

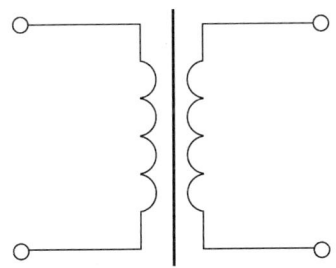

图 9-24　变压器电路符号

变压器广泛地应用于电力工程和无线电技术中。在实际应用中，人们常需要将交流电的电压升高或降低。比如在远距离输送电的过程中，为了减小传输线上焦耳热的损失（即能量损耗），需要升压变压器将电压升高再输送出去，其电压可达十几万伏；而在用户方面，日常照明电压是 220 V，这就需要用降压变压器将电压降低。另外，在一般实验室中，会需要能在一定范围内变化的电压，这也需要变压器。

9.7.1 理想变压器

变压器的工作原理就是电磁感应。构造最简单的变压器是由一个铁心和套在铁心上的两个匝数不等的线圈组成。与电源相连接的线圈称为原线圈，与负载相连接的线圈称为副线圈，如图 9-25 所示。

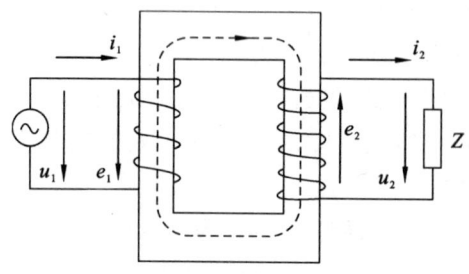

图 9-25　变压器

实际变压器的情况是很复杂的，需要考虑线圈中的漏磁通、磁滞现象以及铁芯中的涡电流等。为了考察变压器的主要原理（特征与性能），我们常忽略一些次要因素而将变压器视为"理想"的变压器，以使得到变压器的简单而主要的结论。

满足以下条件的变压器可以视为理想变压器：

① 忽略漏磁通，即假设磁场全部集中在铁芯中。
② 忽略线圈的电阻，即忽略电流通过线圈中产生的焦耳热（称为铜损）。
③ 忽略铁芯中的损耗，即忽略由于磁滞以及涡流等所产生的能量损失（称为铁损）。
④ 空载电流可以忽略不计。

无线电电路中的小型变压器以及大型电力变压器在满载（即副边输出额定功率）运行时，都接近理想变压器的情形，故理想变压器的结论一般都是适用的。

9.7.2 理想变压器的变比关系

如图 9-25 所示，设变压器原、副线圈匝数分别为 N_1 和 N_2，当变压器原线圈接在交流电源上，铁芯中就会产生交变磁通 Φ_m，对于理想变压器，这个磁通对原、副线圈是相同的。

1. 电压变比关系

由法拉第电磁感应定律可得，原、副线圈中的感应电动势分别为

$$e_1 = -N_1 \frac{d\Phi_m}{dt}, \quad e_2 = -N_2 \frac{d\Phi_m}{dt},$$

其复有效值为
$$\widetilde{e}_1 = -j\omega N_1 \Phi_m, \quad \widetilde{e}_2 = -j\omega N_2 \Phi_m。$$

由图 9-25 可知，u_1 与 e_1 正方向相同，u_2 与 e_2 正方向相反，故有
$$u_1 = -e_1 = N_1 \frac{d\Phi_m}{dt}, \quad u_2 = e_2 = -N_2 \frac{d\Phi_m}{dt},$$

其复有效值为
$$\widetilde{U}_1 = -\widetilde{e}_1 = j\omega N_1 \Phi_m, \quad \widetilde{U}_2 = -\widetilde{e}_2 = j\omega N_2 \Phi_m。$$

以上两式相比，可得
$$\frac{\widetilde{U}_1}{\widetilde{U}_2} = -\frac{N_1}{N_2}。 \tag{9-45}$$

(9-45) 式称为理想变压器的电压变比关系。式中负号说明电压瞬时值 u_1 与 u_2 的相位差为 π。

电压有效值关系为
$$\frac{U_1}{U_2} = \frac{N_1}{N_2}。 \tag{9-46}$$

2. 电流变比关系

根据相关原理进行推导，我们还可以得到理想变压器（其空载电流可以忽略不计）的电流变比关系为
$$\frac{\widetilde{I}_1}{\widetilde{I}_2} = -\frac{N_2}{N_1}, \tag{9-47}$$

上式是理想变压器的原、副边电流的变比关系。式中负号说明电流瞬时值 i_1 与 i_2 的相位差为 π。电流有效值关系为
$$\frac{I_1}{I_2} = \frac{N_2}{N_1}, \tag{9-48}$$

3. 阻抗变比关系

由复阻抗定义，变压器副线圈（即输出电路负载）的复阻抗为
$$\widetilde{Z} = \frac{\widetilde{U}_2}{\widetilde{I}_2},$$

原线圈（即输入电路）的复阻抗为
$$\widetilde{Z}' = \frac{\widetilde{U}_1}{\widetilde{I}_1},$$

则可导出
$$\widetilde{Z}' = \frac{-\frac{N_1}{N_2}\widetilde{U}_2}{-\frac{N_2}{N_1}\widetilde{I}_2} = \left(\frac{N_1}{N_2}\right)^2 \widetilde{Z},$$

阻抗变比关系为

$$\frac{\widetilde{Z}'}{\widetilde{Z}} = \left(\frac{N_1}{N_2}\right)^2 \text{。} \tag{9-49}$$

一般地,称 $\widetilde{Z}$ 为负载阻抗,而称 $\widetilde{Z}'$ 为反射阻抗,其含义是将负载阻抗 $\widetilde{Z}$ 反射到变压器原线圈(即输入电路)中去时,要乘一个折合因子 $\left(\frac{N_1}{N_2}\right)^2$。可见,变压器除了可以变换电压和电流,还有变换阻抗的作用。

9.7.3 理想变压器输出功率和输入功率的关系

最后,我们简要讨论变压器输出功率和输入功率的关系。

理想变压器的电压和电流变比公式表明,$\widetilde{U}_1$ 与 $\widetilde{U}_2$,$\widetilde{I}_1$ 与 $\widetilde{I}_2$ 之间的相位都差 π,从而 $\widetilde{I}_1$ 与 $\widetilde{U}_1$ 的相位是相同的。当负载为纯电阻性时,则变压器的输出电压 $\widetilde{U}_2$ 与输出电流 $\widetilde{I}_2$ 的相位也是相同的。

因此变压器的输出功率为

$$P_2 = U_2 I_2,$$

而输入功率为

$$P_1 = U_1 I_1 \text{。}$$

由前面的电压与电流的变比公式,可得

$$P_1 = U_1 I_1 = \left(\frac{N_1}{N_2} U_2\right)\left(\frac{N_2}{N_1} I_2\right) = U_2 I_2 = P_2,$$

注意,这里的 P_1 和 P_2 指的都是有功功率。即有

$$P_1 = P_2 \text{。} \tag{9-50}$$

上式表明,变压器的原线圈从电源吸收的功率,通过磁场的耦合全部传递到副线圈回路,供输出回路中的负载消耗。即理想变压器不消耗能量,输入的能量全部输送到了负载上。

思 考 题

9-1 用塑料梳子梳头,可能产生上万伏的电压,为什么这么高的电压并不危险,而普通发电机输出的电压远低于这个电压,反而很危险?

9-2 电流通过铁丝,铁丝微热,如果把铁丝的一部分浸入冷水,其余部分会更热,为什么?

9-3 在真空中电子运动的轨迹并不总逆着电场线,为什么在导体内电流永远与电场线重合?

9-4 由电池组提供的电动势方向是否取决于通过电池组的电流的方向?

9-5 下述说法是否正确?

(1) 含源支路中电流必须从高电势到低电势。

(2) 不含源支路中电流必须从高电势到低电势。
(3) 支路电流为 0 时,支路两端电压为一定为 0。
(4) 支路两端电压为 0 时,支路电流一定为 0。

9-6 电流从铜球顶点上一点流入,从相对的一点流出,铜球各部分产生焦耳热的情况是否相同?

9-7 纯电阻、纯电感、纯电容元件分别接入交流电源后,当它们的瞬时功率为最大值时,电压与电流的数值是否同时达到最大值?是最大值的多少倍?

9-8 下述说法是否正确?
(1) 支路电流为 0 时,该支路吸收的电功率一定 0。
(2) 支路两端电压 0 时,该支路吸收的电功率一定 0。
(3) 当电源中非静电力做正功时,一定对外输出功率。
(4) 当电源中非静电力做负功时,一定吸收功率。

9-9 RLC 串联谐振情况下,若电源电压不变,减小 R 的数值,U_R,U_L,U_C 应如何变化?

9-10 电阻性电路的电抗是否一定为 0?电容性电路的电抗是否一定为负?电感性电路的电抗是否一定为正?

9-11 发电机是怎样将机械能转化为电能的?若发电机转动部分的摩擦可以忽略,当发电机转子线圈两端断开时,发电机转子在旋转过程中是否要消耗机械能?

9-12 RLC 串联电路在谐振时的平均功率与非谐振时的平均功率是否相等?

9-13 下面的说法是否正确?达到谐振的条件是无功分量为零,即没有无功电流。

9-14 在实际情形中常有这样的现象发生,一变压器的副线圈短路(其中电流很大),结果却将原线圈烧坏了,这一现象应如何解释?

习 题 9

9-1 一圆柱形电容器,内圆半径为 r_1,外圆半径为 r_2,圆筒长度为 l,两圆筒间充满介电常数为 ε 的电介质,其电导率为 σ,求该电容器的漏电电阻。

9-2 一圆柱形钨丝原来的长度为 L,截面积为 S,现将钨丝均匀拉长,最后的长度为 $L_2 = 10L_1$,并算得拉长后的电阻为 75 Ω,求未拉长时的电阻阻值。

9-3 有一长度为 L、内外半径分别为 R_1 和 R_2 的导体管,电阻率为 ρ,求下列两种情况下导体管的电阻:
(1) 电流沿长度方向流过。
(2) 电流沿径向方向流过。

9-4 当电流为 1 A,端电压为 2 V 时,试求下列各情形中电流的功率以及 1 s 内所产生的热量。
(1) 电流通过导线。
(2) 电流通过充电的蓄电池,这时蓄电池的电动势为 1.3 V。

(3) 电流通过放电的蓄电池,这时蓄电池的电动势为 2.6 V。

9-5 电路如图所示,其中 b 点接地,$R_1 = 10.0\ \Omega, R_2 = 2.5\ \Omega, R_3 = 3.0\ \Omega, R_4 = 1.0\ \Omega, \mathscr{E}_1 = 6.0\text{ V}, r_1 = 0.40\ \Omega, \mathscr{E}_2 = 8.0\text{ V}, r_1 = 0.60\ \Omega$,求:

(1)通过每个电阻的电流。(2)每个电池的端电压。(3)a,b 两点间的电势差。(4)b,c 两点间的电势差。(3)a,b,c,d 各点处的电势。

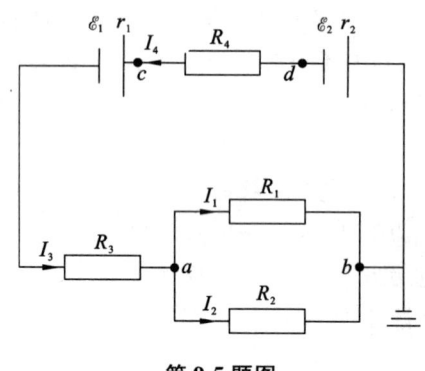

第 9-5 题图

9-6 五个已知电阻 R_1, R_2, R_3, R_4, R_5,连接如图所示,试求 a,b 间的电阻 R_{ab}。

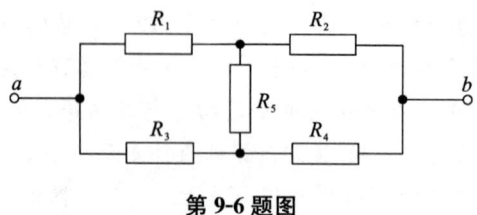

第 9-6 题图

9-7 在如图所示的电路中,已知 $\mathscr{E}_1 = 12\text{ V}, \mathscr{E}_2 = 9\text{ V}, \mathscr{E}_3 = 8\text{ V}, R_{i_1} = R_{i_2} = R_{i_3} = 1\ \Omega, R_1 = R_2 = R_3 = R_4 = 2\ \Omega, R_5 = 3\ \Omega$,求:(1) A,B 两点间的电势差。(2) C,D 两点间的电势差。(3) 如 C,D 两点短路,这时通过 R_5 的电流有多大?

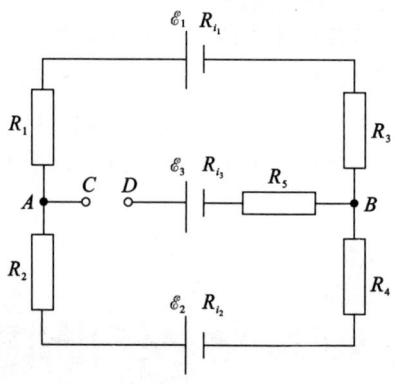

第 9-7 题图

第9章 直流电与交流电

9-8 一电路如图所示,其中 $\mathscr{E}_1 = 1.5\text{ V}, \mathscr{E}_2 = 1.0\text{ V}, R_1 = 50\text{ Ω}, R_2 = 80\text{ Ω}, R = 10\text{ Ω}$,电源的内阻可略去不计,试求通过 R 的电流 I。

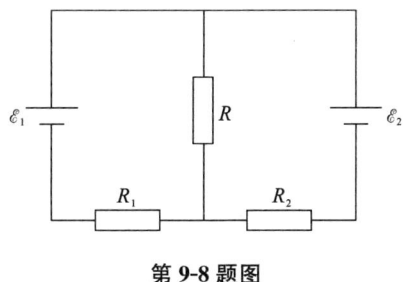

第 9-8 题图

9-9 在如图所示的电路中,已知 $\mathscr{E}_1 = 8.0\text{ V}, \mathscr{E}_2 = 2.0\text{ V}, R_1 = 20\text{ Ω}, R_2 = 40\text{ Ω}, R_3 = 60\text{ Ω}$,求开关 K 合上前后(电路已达稳态)A 点电位 U_A 变化(升高或是降低)了多少伏?

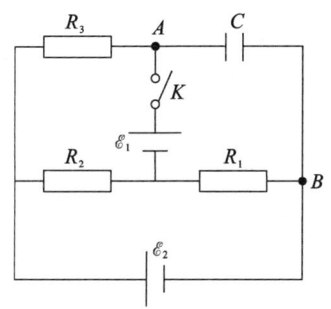

第 9-9 题图

9-10 如图所示的电路中,$U_a - U_b = 3\text{ V}, \mathscr{E}_1 = 9\text{ V}, \mathscr{E}_2 = 3\text{ V}, r_1 = r_2 = 1\text{ Ω}, R_1 = 2\text{ Ω}, R_2 = 2\text{ Ω}$,求 R_3 的值。

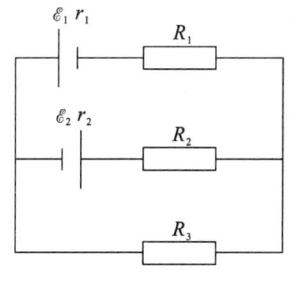

第 9-8 题图

9-11 如图所示,电源提供 500 Hz、3 mA 的电流,未接电容 C 时,电阻 $R = 500\text{ Ω}$ 两端的交流电压是多少?当并联一个 30 μF 的电容后,电阻 R 两端的交流电压降为多少?

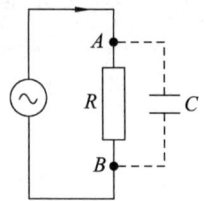

第 9-11 题图

9-12 将 $L=10\text{ mH}$ 的电感线圈接到 $u=100\sin\omega t$ 的电源上,问:在频率为 50 Hz 和 50 kHz 时,电感线圈的感抗及电流各为多少?

9-13 有一个电压为 110 V、功率为 75 W 的白灯泡,用在电压为 220 V 的线路上。为了使灯泡两端电压能够等于它的额定电压 110 V,可以用一个电阻器与灯泡串联,或用一个电感线圈(线圈的电阻比灯泡的电阻小得多,可以忽略不计)与灯泡串联。设电源频率为 50 Hz,求所需的电阻值和电感值,并说明哪一种方法好。

9-14 一台电动机的功率为 1.1 kW,接在 220 V 的工频电源上,工作电流为 10 A,(1) 求电动机的功率因数。(2) 如果在电动机的两端并联一只 $C=79.5\text{ μF}$ 的电容器,求整个电路的功率因数。

9-15 如图所示的电路是作为振荡器谐振器使用的石英晶体的等效电路,其中 $L=14\text{ H}$,$C=0.063\text{ pF}$,$R=120\text{ Ω}$,$C_0=0.2\text{ pF}$。试求该谐振电路的串联谐振频率,以及相对串联谐振频率而言的 Q 值和并联谐振频率。

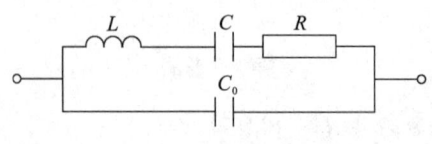

第 9-15 题图

9-16 串联谐振电路如图所示,已知信号源电压 $\mathcal{E}=1$,频率 $f=1\text{ MHz}$,调节电容 C 使回路达到谐振,这时回路电流 $I_0=100\text{ mA}$,电容器两端电压 $U_C=100\text{ V}$,求:

(1) 电路元件参数 R,L,C。

(2) 回路的品质因数 Q。

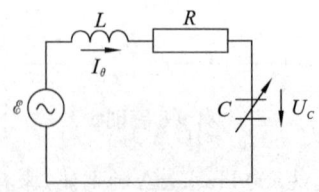

第 9-16 题图

9-17 有一电容 C 为 40 μF,与阻值 $R=60\text{ Ω}$ 的电阻串联后,接在电压为 220 V、

频率为 50 Hz 无内阻的交流电源上,试求:(1) 阻抗 Z。(2) 功率因数 $\cos\varphi$。(3) 有功功率。(4) 无功功率。

9-18 如图所示的电路图,若经两个变比均为 10∶1 的理想变压器逐级变压,问:

(1) 当输入电压为 220 V 时,输出电压是多少?

(2) 输出端如接 10 Ω 的电阻,输入端的阻抗为多少?

(3) 输入电压为 220 V 时输入端的电流为多少?

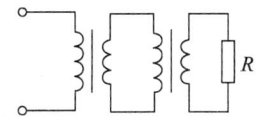

第 9-18 题图

9-19 将一输入 220 V、输出 6.3 V 的变压器,改成输入 220 V、输出 30 V 的变压器,现拆出次级线圈,数出匝数是 38 匝,现应该绕成多少匝?

习题参考答案

习 题 1

1-1 (1)位移 0,平均速度 0。(2)$v=-6$ m/s,$a=-4$ m/s²。(3)直线 $y=6-4t$。

1-2 (1)轨道方程为 $y=-2+\frac{2}{9}x^2$。(2)$\Delta \boldsymbol{r}=3\boldsymbol{i}+6\boldsymbol{j}$。(3)$\boldsymbol{v}=3\boldsymbol{i}+4\boldsymbol{j}$ (m/s),$a=4$ m/s²。

1-3 (1)$\Delta\theta=\frac{1}{5}$ rad,$\omega=\frac{2}{5}$ rad/s。(2)$\boldsymbol{v}=4\boldsymbol{e}_t$,$\boldsymbol{a}=4\boldsymbol{e}_t+1.6\boldsymbol{e}_n$。(3)0.8 圈。

1-4 (1)$a_t=4.8$ m/s²,$a_n=230.4$ m/s²。(2)$t=(\sqrt[3]{6})^{-1}$ s。

1-5 $t=5$ s。

1-6 $\theta=(2\sqrt{3})^{-1}$ rad。

1-7 $v=\sqrt{3^2+4^2}=5$ m/s,方向与水平向东方向间夹角 $\theta=\arctan(4/3)$。

1-8 (1)$h=12.45$ m。(2)$t=1$ s。

1-9 (1)$v=\frac{1}{5}$ m/s。(2)$l=200$ m。(3)$u=\frac{4}{15}$ m/s。

1-10 $t=26\sqrt{7}$ s。

1-11 $v=9.8$ m/s,$v=0$。

1-12 $v=40$ m/s,切向加速度 $a_t=-2$ m/s²,法向加速度 $a_n=\frac{16}{15}$ m/s²。

1-13 $x=A\cos\omega t$。

1-14 (1)-8 m/s。(2)$\frac{32}{3}$ m。

1-15 (1)OA 段匀加速,AB 段匀速,BC 段匀减速,CD 段静止,DE 段反向匀加速,EF 段反向匀减速。

(2)路程 150 m,位移 50 m,平均速度 $\frac{5}{6}$ m/s。

1-16 $v=3.75$ m/s。

习 题 2

2-1 (1)$T=mg\sin\theta+ma\cos\theta$,$N=mg\cos\theta-ma\sin\theta$。(2)$a=g\tan\theta$。

习题参考答案

2-2 $\dfrac{4m_1m_2g}{m_1+m_2}$。

2-3 $h = R - \dfrac{g}{\omega^2}$。

2-4 $l = \dfrac{g}{\omega^2}\dfrac{\sin\theta}{\cos^2\theta}$。

2-5 (1)$F = \dfrac{mg\mu}{\cos\theta - \mu\sin\theta}$。(2) 满足 $\cos\theta - \mu\sin\theta = 0$。

2-6 (1) 物体与板间的摩擦力为 2 N,板与桌面间的摩擦力为 7.5 N。(2)$F > 16.5$ N。

2-7 (1)$mg + ma_0 = ma$,$a = 11.22$ m/s²。(2)$t = 0.7$ s。

2-8 略。

2-9 略。

2-10 (1)$t = 2.4$ s。(2)$v = 13.6$ m/s。

2-11 对斜面 $a' = g\sin\theta - a\cos\theta$;

对地面 $\boldsymbol{a} = (a + g\sin\theta\cos\theta - a\cos^2\theta)\boldsymbol{i} + (g\sin^2\theta - a\sin\theta\cos\theta)\boldsymbol{j}$。

2-12 $W = 4$ J,$v = 2$ m/s。

2-13 $x = \dfrac{m}{c}(v_0 - v)$,$x_{\max} = \dfrac{m}{c}v_0$。

2-14 $v_0 > \sqrt{3gl}$。

2-15 $g\sqrt{\dfrac{m}{k}}$。

2-16 当质点在球面上转过 $\theta = \arctan 2/3$ 时离开球面。

2-17 $v = \sqrt{\dfrac{24}{25}gl}$。

2-18 26 N/m。

2-19 $v = 16$ m/s,$\overline{F} = 4$ N。

2-20 系统质心做匀速直线运动,$L' = \dfrac{m_1m_2\omega l^2}{m_1 + m_2}$。

2-21 $\Delta E = \dfrac{\gamma m v_0^2}{2(1+\gamma)}$,$s = \dfrac{v_0^2}{2(1+\gamma)\mu g}$。

2-22 $I = 7.3$ N·s,$\theta = \arctan(\dfrac{4.23}{6})$,$\overline{f} = 365$ N。

2-23 $v = \sqrt{\dfrac{5}{2}}v_0$,与水平方向间夹角 $\theta = \arctan 2$。

2-24 约 28%。

2-25 $L = mvR$,$N = 0$。

2-26 (1) $\dfrac{l^2}{b^2}$。(2) 角动量不变。

习　题　3

3-1 (1) 质心位于三角形底边的垂线上，距离底边 $\dfrac{\sqrt{3}}{6}L$ 处。(2) $\dfrac{\sqrt{3}}{2}L$ N·m。
(3) $\sqrt{3}$ m/s²。

3-2 (1) 质心位于两质点连线上，距 m 的距离为 $\dfrac{2}{3}L$。(2) $\dfrac{2}{3}mL^2$。

3-3 (1) $\beta = 2.78$ rad/s²，约 1790 转。(2) $\omega = 212$ rad/s。

3-4 (1) $\boldsymbol{r}_c = 2\boldsymbol{i} + \dfrac{2\sqrt{3}}{3}\boldsymbol{j}$。(2) $4\sqrt{3} \times 10^{-2}$ N。

3-5 (1) $Z_C = -\dfrac{b^3}{a^3 - b^3}c$。(2) $I = \dfrac{2}{5}m\left(\dfrac{a^5 - b^5}{a^3 - b^3}\right)$。

3-6 略。

3-7 (1) $2mR^2$。(2) $\dfrac{3}{2}mR^2$。

3-8 $E = \dfrac{3mR^2\omega^2}{4}$，$L = \dfrac{3mR^2\omega}{2}$。

3-9 (1) $N = 50$ N·m。(2) $t = 66$ s。(3) $W = 272\,250$ J。

3-10 (1) $T = \dfrac{mMg}{2m+M}$，$a = \dfrac{2mg}{2m+M}$。(2) $x = \dfrac{mg}{2m+M}$。

3-11 (1) $a = \dfrac{3}{4}g$，$\beta = \dfrac{3g}{2l}$。(2) $\omega = \sqrt{\dfrac{3g}{l}}$，$E = \dfrac{1}{2}mgl$。(3) 不正确。

3-12 $\omega = \dfrac{2mv_0}{(2m+M)r}$，$\theta = \dfrac{4\pi mv_0}{(2m+M)}$。

3-13 $\omega' = \dfrac{8}{5}\omega$，$E = \dfrac{4}{5}mR^2\omega^2$，内力做功 $\dfrac{3}{10}mR^2\omega^2$。

3-14 $v_0 = \dfrac{m_1 + m}{m_1}\sqrt{2gl(1-\cos\theta_0)}$。

3-15 (1) $\Delta\omega = 5.41$ rad。(2) $\theta = \arctan 0.01$。

3-16 (1) $\omega = \dfrac{I_1\omega_1 + I_2\omega_2}{I_1 + I_2}$。(2) $\Delta E = \dfrac{I_1 I_2 (\omega_1 - \omega_2)^2}{2(I_1 + I_2)}$。(3) 不守恒。

3-17 (1) 0.7 N·s。(2) $\Delta\omega = 1.75$ rad。

习　题　4

4-1 底面压力为 8×10^9 N，侧面压力为 3.02×10^8 N。

4-2 $v = 0.43$ m/s。

4-3 $T = 2\pi\sqrt{\dfrac{h}{g}}$。

4-4 $s = 4.04 \times 10^{-4}$ m^2。

4-5 (1) $x = 2\sqrt{h(H-h)}$。(2) h 或 $H-h$。

4-6 (1) $\dfrac{\rho_1}{\rho_2} = 2$。(2) 流量比 $\dfrac{s_1 v_1}{s_2 v_2} = \dfrac{1}{2}$。(3) $\dfrac{h_1}{h_2} = 4$。

4-7 略。

4-8 最高点压强 $P = 8.5 \times 10^{-4}$ Pa, 流量 $Q = 17.3 \times 10^{-4}$。

4-9 $v = 2.5$ m/s。

4-10 会。

习 题 5

5-1 $\dfrac{aQ\lambda z}{2\varepsilon_0 (a^2 + z^2)^{\frac{3}{2}}}$。

5-2 (1) $x = \dfrac{\sqrt{q_1}}{\sqrt{q_1} + \sqrt{q_2}} d$。(2) $x = \dfrac{\sqrt{q_1}}{\sqrt{q_1} - \sqrt{q_2}} d$。

5-3 $E = \dfrac{3\sqrt{3}\lambda}{4\pi\varepsilon_0 a}$, 方向沿 AO 连线。$F_A = \dfrac{\sqrt{3}\lambda^2}{4\pi\varepsilon_0 a}$, $F_B = \dfrac{\sqrt{3}\lambda^2}{8\pi\varepsilon_0 a}$, $F_C = \dfrac{\sqrt{3}\lambda^2}{8\pi\varepsilon_0 a}$。

5-4 $-\dfrac{\sigma_0}{2\varepsilon_0}\boldsymbol{i}$。

5-5 略。

5-6 (1) 6.75×10^2 (V·m^{-1})。(2) 1.50×10^3 (V·m^{-1})。

5-7 $F_e = 8.22 \times 10^{-8}$ (N), $F_g = 3.63 \times 10^{-47}$ (N), $F_e/F_g = 2.26 \times 10^{39}$。

5-8 0.49 (m); 1.96×10^{-3} (N)。

5-9 $\dfrac{q\lambda}{4\pi\varepsilon_0}\left(\dfrac{1}{d} - \dfrac{1}{d+L}\right)$。

5-10 $\pi a^2 E$。

5-11 $E = E_y = \dfrac{\sigma L}{\pi\varepsilon_0 (R^2 + L^2)^{\frac{1}{2}}} \sin\dfrac{\theta_0}{2}$, $E_x = E_z = 0$。

5-12 $E_x = \dfrac{\lambda}{4\pi\varepsilon_0 d}(\sin\theta_2 - \sin\theta_1)$, $E_y = \dfrac{\lambda}{4\pi\varepsilon_0 d}(\cos\theta_1 - \cos\theta_2)$, 合场强 $E = \sqrt{E_x^2 + E_y^2}$。

5-13 (1) Ⅰ: $E = -E_1 - E_2 - E_3 = -\dfrac{3\sigma}{2\varepsilon_0}$, Ⅱ: $E = E_1 - E_2 - E_3 = -\dfrac{\sigma}{2\varepsilon_0}$,

Ⅲ: $E = E_1 + E_2 - E_3 = \dfrac{\sigma}{2\varepsilon_0}$, Ⅳ: $E = E_1 + E_2 + E_3 = \dfrac{3\sigma}{2\varepsilon_0}$。

(2) I：$E=-E_1+E_2-E_3=-\dfrac{\sigma}{2\varepsilon_0}$，II：$E=E_1+E_2-E_3=\dfrac{\sigma}{2\varepsilon_0}$，

III：$E=E_1-E_2-E_3=-\dfrac{\sigma}{2\varepsilon_0}$，IV：$E=E_1-E_2+E_3=\dfrac{\sigma}{2\varepsilon_0}$。

(3) I：$E=\dfrac{\sigma}{2\varepsilon_0}$，II：$E=-\dfrac{\sigma}{2\varepsilon_0}$，III：$E=\dfrac{\sigma}{2\varepsilon_0}$，IV：$E=-\dfrac{\sigma}{2\varepsilon_0}$。

(4) I：$E=\dfrac{\sigma}{2\varepsilon_0}$，II：$E=\dfrac{3\sigma}{2\varepsilon_0}$，III：$E=\dfrac{\sigma}{2\varepsilon_0}$，IV：$E=-\dfrac{\sigma}{2\varepsilon_0}$。

5-14　(1) 1.08×10^{-19} (C)。(2) 3.6×10^{11} (V/m)。

5-15　$\dfrac{qd}{2\pi\varepsilon_0 a(a+d)}$，0。

5-16　$\dfrac{k}{2\varepsilon_0}$，$\dfrac{kR^2}{2\varepsilon_0 r^2}$。

5-17　略。

5-18　场强：$\dfrac{q}{4\pi\varepsilon_0 r^2}(r>R_2)$；$\dfrac{\rho}{3\varepsilon_0 r^2}(r^3-R_1^3)(R_1<r<R_2)$；$0\ (r<R_1)$。

电势：$\dfrac{q}{4\pi\varepsilon_0 r}(r\geqslant R_2)$；$\dfrac{\rho}{3\varepsilon_0}\left[\dfrac{3}{2}R_2^2-\dfrac{1}{2}r^2-\dfrac{R_1^3}{r}\right](R_1\leqslant r\leqslant R_2)$；$\dfrac{\rho}{2\varepsilon_0}(R_2^2-R_1^2)\ (r\leqslant R_1)$。

5-19　(1) $-\dfrac{R_2^2}{R_1^2}\sigma$。(2) $-\dfrac{\sigma R_2^2}{\varepsilon_0 r^2}\hat{r}$。(3) 0。

5-20　$\dfrac{\lambda}{4\pi\varepsilon_0}(2\ln 2+\pi)$。

5-21　(1) $-\dfrac{q}{6\pi\varepsilon_0 l}$。(2) $\dfrac{q}{6\pi\varepsilon_0 l}$。

5-22　$\dfrac{3q^2}{20\pi\varepsilon_0 R}$。

5-23　(1) 2.88×10^3 V。(2) -2.88×10^3 J。(3) 2.88×10^{-6} J。

5-24　(1) $x=\pm\sqrt{3}a$。

(2) $y>a$：$\dfrac{q'y}{2\pi\varepsilon_0(y^2-a^2)}$，$-a<y<+a$：$\dfrac{q'a}{2\pi\varepsilon_0(a^2-y^2)}$，$y<-a$：$\dfrac{q'y}{2\pi\varepsilon_0(a^2-y^2)}$。

习　题　6

6-1　$\varepsilon_0 ES$。

6-2　(1) $\dfrac{1}{4\pi\varepsilon_0}\dfrac{q_1 q_2}{r^2}$。(2) 0。

6-3　略。

6-4　-5×10^{-6} C/m²，-10×10^{-6} C/m²，2.26×10^{-3} V。

6-5　略。

习题参考答案

6-6　$-\dfrac{R}{d}q$。

6-7　(1) $\boldsymbol{E}_1 = 0, r < R_1$；$\boldsymbol{E}_2 = \dfrac{q}{4\pi\varepsilon_0 r^2}\boldsymbol{r}^0, R_1 < r < R_2$；

$\boldsymbol{E}_3 = 0, R_2 < r < R_3$；$\boldsymbol{E}_4 = \dfrac{q}{4\pi\varepsilon_0 r^2}\boldsymbol{r}^0, R_3 < r < \infty$；

$r > R_3, U_1 = \dfrac{q}{4\pi\varepsilon_0 r}$；$R_2 < r < R_3, U_2 = \dfrac{q}{4\pi\varepsilon_0 R_3}$；

$R_1 < r < R_2, U_3 = \dfrac{q}{4\pi\varepsilon_0}\left(\dfrac{1}{r} - \dfrac{1}{R_2}\right) + \dfrac{q}{4\pi\varepsilon_0 R_3}$；$r < R_1, U_4 = \dfrac{q}{4\pi\varepsilon_0}\left(\dfrac{1}{R_1} - \dfrac{1}{R_2}\right) + \dfrac{q}{4\pi\varepsilon_0 R_3}$。

(2) $\dfrac{q(R_2 - R_1)}{4\pi\varepsilon_0 R_1 R_2}$。

6-8　$Q_2 = 8Q$；$Q_4 = 16Q$。

6-9　(1) 0.5 C·m^{-2}，0.67 C·m^{-2}。(2) 0.67 C·m^{-2}。

(3) 板内场强：1.89×10^{10} V·m^{-1}；板外场强：7.57×10^{10} V·m^{-1}。

6-10　$\dfrac{1}{2}\left(U + \dfrac{qd}{2\varepsilon_0 S}\right)$。

6-11　$U_1 - (U_1 - U_2)\dfrac{\ln(r/R_1)}{\ln(R_2/R_1)}$。

6-12　(1) 1.06×10^{-10} (F)。(2) 均为 2.0×10^{-5} (C·m^{-2})。

6-13　$U_c = 40$ (V)，$Q_1 = 2.4 \times 10^{-4}$ (C)，$Q_2 = 1.6 \times 10^{-4}$ (C)，$Q_3 = 0.8 \times 10^{-4}$ (C)。

6-14　$\dfrac{S}{2d}\left(\dfrac{\varepsilon_1}{2} + \dfrac{\varepsilon_2 \varepsilon_3}{\varepsilon_2 + \varepsilon_3}\right)$。

6-15　C_1 和 C_2 均被击穿。

6-16　$\boldsymbol{D} = \sigma \boldsymbol{n}$；$\boldsymbol{E} = \dfrac{\sigma}{\varepsilon}\boldsymbol{n}$；$\boldsymbol{P} = \sigma\left(1 - \dfrac{\varepsilon_0}{\varepsilon}\right)\boldsymbol{n}$；$\rho' = 0$；$\sigma' = \left(\dfrac{\varepsilon_0}{\varepsilon} - 1\right)\sigma$。

6-17　$\dfrac{\varepsilon_0(\varepsilon_2 - \varepsilon_1)S}{d \ln \dfrac{\varepsilon_2}{\varepsilon_1}}$。

6-18　(1) $\dfrac{q_0}{4\pi r^2}$ $(r < C, r > d)$，0 $(0 < r < d)$。

(2) $\dfrac{Q}{4\pi\varepsilon_0 r^2}$ $(r < a, b < r < c, r > d)$；

$\dfrac{Q}{4\pi\varepsilon_r \varepsilon_0 r^2}$ $(a < r < b)$；

0 $(c < r < d)$。

(3) 壳外，0；壳内，$\varepsilon_0(\varepsilon_r-1)E$。

(4) $\sigma'=\pm P\ (r=b,r=a)$，$\sigma_0=\pm D\ (r=d,r=c)$。

6-19　$\dfrac{\varepsilon_0 U}{d}(\varepsilon_r-1)$。

6-20　(1) $\dfrac{4\pi\varepsilon_0 ab}{b-a}$。(2) 略。

6-21　(1) $\dfrac{2qd(\varepsilon_r d-\varepsilon_r t+t)}{\varepsilon_0(2\varepsilon_r d+t-\varepsilon_r t)S}$。(2) $\dfrac{\varepsilon_0(2\varepsilon_r d-\varepsilon_r t+t)}{2d(\varepsilon_r d+t-\varepsilon_r t)}$。(3) $\dfrac{2(\varepsilon_r-1)qd}{(2\varepsilon_r d+t-\varepsilon_r t)S}$。

6-22　$\dfrac{\pi\varepsilon_0}{\ln\dfrac{d}{a}}$。

6-23　$D=\dfrac{Q}{4\pi}\dfrac{r}{r^3},r>R$；$E=\dfrac{Q}{4\pi\varepsilon}\dfrac{r}{r^3},r>R$；$P=\dfrac{(\varepsilon-\varepsilon_0)Q}{4\pi\varepsilon}\dfrac{r}{r^3},r>R$；$\sigma'=-\dfrac{(\varepsilon-\varepsilon_0)Q}{4\pi\varepsilon R^2}$。

6-24　$\dfrac{\varepsilon_r+2}{3}E_0$。

6-25　-1.92×10^{-2} (J)。

6-26　$\dfrac{Q^2}{8\pi\varepsilon_0 R_1}$；$-\dfrac{(R_2-R_1)}{8\pi\varepsilon_0 R_1 R_2}Q^2$。

6-27　略。

6-28　(1) $-\dfrac{(\varepsilon_r-1)}{2}C_0 U^2$，$\dfrac{(\varepsilon_r-1)}{2}C_0 U^2$。(2) $\dfrac{CU^2}{2}(\varepsilon_r-1)$，$\dfrac{CU^2}{2}(\varepsilon_r-1)$。

习　题　7

7-1　略。

7-2　(1) $\dfrac{\rho l}{\pi ab}$。(2) 略。

7-3　$\dfrac{Nq}{4\pi r^3}\boldsymbol{r}$。

7-4　$\dfrac{\mu_0}{2\pi x_1 x_2}\sqrt{(I_1+I_2)(I_1 x_2^2+I_2 x_1^2)-4I_1 I_2 d^2}$。

7-5　1.2 m。

7-6　$\dfrac{1}{2}\mu_0\omega\sigma R$。

7-7　$\dfrac{\mu_0 I}{4R}\left(\boldsymbol{e}_x+\dfrac{2}{\pi}\boldsymbol{e}_z\right)$；$3.0\times 10^{-5}$ (T)，B 与 x 轴间的夹角为 $32°30'$。

习题参考答案

7-8 $\dfrac{\mu_0 I}{8R}$,垂直纸面向内。

7-9 $\dfrac{\mu_0}{2}\left\{\dfrac{I_1 R_1^2}{[(x+a)^2+R_1^2]^{3/2}}-\dfrac{I_2 R_2^2}{[(x-a)^2+R_2^2]^{3/2}}\right\}\boldsymbol{e}$。

7-10 $\dfrac{\mu_0 I}{\pi a}\left(\dfrac{2}{b}\sqrt{a^2+b^2}-1\right)$。

7-11 $\dfrac{\mu_0 I}{8R}$,方向沿轴指向纸内。

7-12 $\dfrac{\mu_0 Ia}{2b^2}\boldsymbol{e}_1$,$\boldsymbol{e}_1$是垂直于纸面向外的单位矢量。

7-13 $\dfrac{\mu_0 Ia}{2\pi}\ln\dfrac{d+b}{d}$。

7-14 $\dfrac{\mu_0 I}{4}\left[\dfrac{1}{R_2}+\left(\dfrac{1}{2}-\dfrac{1}{\pi}\right)\dfrac{1}{R_1}\right]$。

7-15 $\dfrac{\mu_0 qv}{4\pi l}\left(\dfrac{1}{d+l}-\dfrac{1}{d}\right)\boldsymbol{e}_z$。

7-16 (1) $\dfrac{\mu_0 Ir}{2\pi a^2}$ $(r<a)$。(2) $\dfrac{\mu_0 I}{2\pi r}(a<r<b)$。(3) $\dfrac{\mu_0 I}{2\pi r}\cdot\dfrac{c^2-r^2}{c^2-b^2}(b<r<c)$。
(4) $0(r>c)$。

7-17 (1) $\dfrac{\mu_0 NI}{2\pi r}$。(2) 略。

7-18 (1) $\dfrac{\mu_0 I}{2\pi r}$,方向为内筒电流的右手螺旋方向。(2) $\dfrac{\mu_0 Il}{2\pi}\ln\dfrac{R_2}{R_1}$。

7-19 7.05×10^7 m/s。

7-20 (1) 1.1 cm。(2) 0.36 μs。(3) 顺时针方向。

7-21 (1) $E_{k_1}:E_{k_2}:E_{k_3}=1:1:2$。(2) 0.141 m,0.141 m。

7-22 (1) 0.48 T。(2) 2.4×10^{-22} s。

7-23 7.2×10^{-4} N。

7-24 (1) 0.20 A。(2) $I>\dfrac{mg}{LB}$。

7-25 3.46×10^{-4} N。

7-26 (1) N 型。(2) 2.9×10^{29} m^{-3}。

7-27 (1) 6.7×10^{-4} m/s。(2) 2.8×10^{23} cm^{-3}。(3) 略。

7-28 (1) 长边受力:0.20 N,短边受力:1.10 N;合力:0,合力矩:0。
(2) 长边受力:0.20 N,短边受力:0;合力:0,合力矩:2.0×10^{-3} N·m。

7-29 2.6×10^{-5},铂属于顺磁介质;-2.6×10^{-5},银属于抗磁介质。

7-30 31.85 A/m；0.17 T。

7-31 $B_1 \approx 0, H_1 = -M; B_2 = B_3 \approx 0, H_2 = H_3 \approx 0$。

7-32 (1) $0 < r < R_1, H = \dfrac{I_0 r}{2\pi R_1^2}, B = \dfrac{\mu_0 I_0 r}{2\pi R_1^2}$。

$R_1 < r < \infty, H = \dfrac{I_0}{2\pi r}, B = \mu_r \mu_0 \dfrac{I_0}{2\pi r}$ ($R_1 < r < R_2$), $B = \dfrac{\mu_0 I_0}{2\pi r}$ ($R_2 < r < \infty$)。

(2) 磁介质内表面：$\dfrac{(\mu_r - 1)}{2\pi R_1} I_0$，磁介质外表面：$\dfrac{1-\mu_r}{2\pi R_2} I_0$。

习 题 8

8-1 $-8.7 \times 10^{-2} \cos(100\pi t)$ V。

8-2 -3.7×10^{-5} V，a 端电势较高。

8-3 -1.5 (V)，方向沿 $DCBAD$。

8-4 $\dfrac{\mu_0 I}{2\pi} v \tan\alpha \ln \dfrac{a+b}{a}$。

8-5 $\dfrac{\mu_0}{2\pi} \ln \dfrac{l+l_1}{l} (l_2 \omega I_0 \sin\omega t - I_0 v \cos\omega t)$。

8-6 $\dfrac{\mu_0 a}{2\pi} (\dfrac{d+b}{b} \ln \dfrac{d+b}{d} - 1) I_m \omega \sin\omega t$。

8-7 $\dfrac{2\mu_0 I a^2 b \omega (a^2+b^2)}{\pi[(a^2+b^2)^2 - 4a^2 b^2 \cos^2\omega t]} \sin\omega t$。

8-8 $2\omega B L^2 \cdot \cos^2 \dfrac{\theta}{2}$（方向为由 a 指向 b）。

8-9 -2.08×10^5 V。

8-10 $r < R, -\dfrac{1}{2} r \dfrac{dB}{dt}; r > R, -\dfrac{1}{2} \dfrac{R^2}{r} \cdot \dfrac{dB}{dt}$。

8-11 $-\dfrac{a^2 - r^2}{2a} \dfrac{dB_a}{dt}$。

8-12 (1) 1.0 V。(2) 5.0 W。(3) 1.25 N。

8-13 $\dfrac{\mu_0 I v}{2\pi} \ln \dfrac{a+b}{a-b}$，$M$ 点的电势比 N 点高。

8-14 $\dfrac{N^2}{l}(\mu_1 S_1 + \mu_2 S_2)$。

8-15 (1) 1.5×10^{-3} H。(2) 0.75 H。

8-16 $\dfrac{\mu_0 N^2 h}{2\pi} \ln \dfrac{b}{a}$；$1.4 \times 10^{-3}$ H。

8-17 $\dfrac{\mu_0 Na}{2\pi} \ln \dfrac{d+a}{d}$。

8-18 2.77×10^{-6} H。

8-19 $\dfrac{\pi\mu_0 N_1 N_2 a_1^2 a_2^2}{2(l^2+a_1^2)^{3/2}}$。

8-20 $\dfrac{\mu_0 I^2}{16\pi}$。

8-21 $\dfrac{\mu_0 I}{\pi}\ln\dfrac{d-a}{a}$。

8-22 (1)1.3 μH。(2)5.5×10^{-5} J。

8-23 (1)$\dfrac{\mu_0 N^2 h}{2\pi}\ln\dfrac{b}{a}$。(2)$\dfrac{\mu_0 Nh}{2\pi}\ln\dfrac{b}{a}$。(3)$\dfrac{\mu_0 N^2 h}{4\pi}I^2\ln\dfrac{b}{a}$。

8-24 (1)7.0×10^{-2} A。(2)2.8×10^{-7} T。

8-25 $\dfrac{\varepsilon_0\omega U_M}{2b}\left(\dfrac{a^2}{r}-r\right)\cos\omega t$。

8-26 略。

8-27 $\dfrac{4\pi\varepsilon_0\varepsilon_r R_1 R_2\omega V_0}{R_2-R_1}\cos\omega t$。

8-28 $\dfrac{\mu_0 Q^2\omega^2 a}{54\pi}$。

习 题 9

9-1 $\dfrac{1}{2\pi l\sigma}\ln\dfrac{r_2}{r_1}$。

9-2 0.75 Ω。

9-3 (1)$\dfrac{\rho L}{\pi(R_2^2-R_1^2)}$。(2)$\dfrac{\rho}{2\pi L}\ln\dfrac{R_2}{R_1}$。

9-4 (1)2 W,2 J。(2)2 W,0.70 J。(3)2 W,0.60 J。

9-5 (1)-2 A,-0.4 A,-1.6 A。(2)$U_1=5.2$ V,$U_2=6.8$ V。(3)-2.8 V。(4)-4.8 V。(5)-4.0 V,$U_b=0$,-4.8 V,-6.8 V。

9-6 $\dfrac{R_1 R_2(R_3+R_4)+R_3 R_4(R_1+R_2)+(R_1+R_2)(R_3+R_4)R_5}{(R_1+R_3)(R_2+R_4)+(R_1+R_2+R_3+R_4)R_5}$。

9-7 (1)10.5 V。(2)2.5 V。(3)0.38 A。

9-8 3.2×10^{-2} A。

9-9 $\dfrac{60}{11}$ V。

9-10 3 Ω。

9-11 1.5 V,30 mV。

9-12 3.14 Ω,22.5 A;3 140 Ω,22.5 mA。

9-13 161.3 Ω;0.89 H;略。

9-14 (1)0.5。(2)0.845。

9-15 169.5 kHz;1.24×10^5;194 kHZ。

9-16 (1)10 Ω,159 pF,0.159 mH。(2) 100。

9-17 (1)100 Ω。(2)0.6。(3)290 W。(4)387 乏。

9-18 (1)2.2 V。(2)100 kΩ。(3)2.2 mA。

9-19 181 匝。

参 考 文 献

力学部分

[1] HALLIDAY D,et al. Fundamentals of Physics(Extended Edition)[M]. 李学潜,方哲宇,改编. 北京：高等教育出版社,2013.

[2] GIANCOLI D C. Physics for Scientists and Engineers with Modern Physics (Third Edition) [M]. 滕小瑛,改编. 北京：高等教育出版社,2004.

[3] 程守洙,江之永. 普通物理学[M]. 北京：高等教育出版社,2006.

[4] 刘克哲,张承琚. 物理学[M]. 北京：高等教育出版社,2012.

[5] 漆慎安,杜婵英. 力学[M]. 北京：高等教育出版社,2005.

[6] 潘武明. 力学[M]. 北京：科学出版社,2004.

[7] 韩可芳. 基础物理学[M]. 武汉：湖北教育出版社,1999.

电磁学部分

[1] HALLIDAY D,et al. Fundamentals of Physics(Extended Edition)[M]. 李学潜,方哲宇,改编. 北京：高等教育出版社,2013.

[2] GIANCOLI D C. Physics for Scientists and Engineers with Modern Physics (Third Edition) [M]. 滕小瑛,改编. 北京：高等教育出版社,2004.

[3] 东南大学等七所工科院校. 物理学（下册）[M]. 马文蔚,周雨青,改编. 北京：高等教育出版社,1993.

[4] 程守洙,江之永. 普通物理学[M]. 北京：高等教育出版社,2006.

[5] 潘根. 基础物理评述教程[M]. 北京：科学出版社,2001.

[6] 王建邦. 大学物理学 [M]. 2卷. 北京：机械工业出版社,2007.

[7] 梁绍荣,管靖. 基础物理学(下册)[M]. 北京：高等教育出版社,2002.

[8] 朱荣华. 基础物理学（Ⅰ—Ⅲ）[M]. 北京：高等教育出版社,2000.